Dietwart Nehring · Auf Forschungsfahrt in der Ostsee und im Atlantik

D. Nehring, Auf Forschungsfahrt in der Ostsee und im Atlantik

Fotos: D. Nehring privat, Institut für Ostseeforschung Warnemünde, Baltic Marine Service GmbH
Titelgestaltung/Layout/Herstellung: KLATSCHMOHN Verlag Rostock/Bentwisch
1. Auflage 2002
Printed in Germany

Umschlagfotos: Die Forschungsschiffe »A. v. Humboldt« und »Professor Albrecht Penck« des Instituts für Ostseeforschung Warnemünde

Dietwart Nehring

Auf Forschungsfahrt
in der Ostsee und im Atlantik

Erinnerungen eines Ozeanographen

Inhaltsverzeichnis

Vorwort

Dreißig Jahre lang leitete Dietwart Nehring als Meereschemiker Expeditionen in die Ostsee und in die Gewässer rund um Afrika. Die Ostsee kennt er wie kaum ein anderer; um ihren Schutz gegen Verschmutzung und Überdüngung bemühte er sich erfolgreich gemeinsam mit Wissenschaftlern der anderen Ostseeanrainer.

Vom Kalten Krieg bis zur Wende, vom Akademie-Institut für Meereskunde zum heutigen Institut für Ostseeforschung, dessen Neuanfang er mitgestaltete, zeichnet D. Nehring die Geschichte der Meeresforschung in Ostdeutschland. Wir erleben den Institutsalltag in der DDR mit seinen politischen und ökonomischen Zwängen, aber auch die Reisefreiheiten, die sich den seefahrenden Mitarbeitern boten. Wir erfahren, wie sich der Autor innerhalb dieser Grenzen und Möglichkeiten bewegte, wie er wissenschaftliche Kontakte knüpfte zum Wohle des internationalen Ansehens des Instituts.

Auf den DDR-Schiffen waren die Atlantik-Expeditionen lang, denn mit Flugreisen zwischen Heimat und Einsatzgebiet wurde gegeizt. Damit wurde das Schiff monatelang zum Zuhause mit einem klaren Lebensrhythmus von harter Arbeit an Deck, mühsamen Analysen im Labor und vielen Wartezeiten. Auf den An- und Abreisen wurden wissenschaftliche Veröffentlichungen und lange Berichte geschrieben, aber auch Geselligkeit gepflegt. Dietwart Nehring lässt uns die Faszination dieser Seereisen und der exotischen Häfen spüren.

Entstanden ist ein reiches Buch: Lebensbericht eines begeisterten Seefahrers und Ozeanographen, Zeitdokument, Wissenschaftsgeschichte, Einführung in die Meeresforschung. Dank sei dem Verlag für die liebevolle Ausstattung. Der Leser wird Vergnügen bei der Lektüre dieses Buches haben.

Gotthilf Hempel
Kiel, im Oktober 2002

An die Leser

Als ich 1997 aus dem aktiven Arbeitsleben ausschied, stand ich vor der Frage, was fange ich Sinnvolles mit meinem Rentnerdasein an. Eine Möglichkeit wäre gewesen, ein Fachbuch zu schreiben. Dann begann ich jedoch in meinen Erinnerungen zu kramen und stellte fest, daß mir Vieles aus längst vergangenen Zeiten einfiel, obgleich ich mich allenfalls auf Photoalben, nicht jedoch auf Tagebücher stützen konnte. Eine Ausnahme bildeten die meereswissenschaftlichen Forschungsreisen, von denen kurze Aufzeichnungen vorliegen.

Ich begann also meine Lebenserinnerungen aufzuschreiben. Sie waren anfangs nur für den engeren Familienkreis gedacht. Als ein Fachkollege von meinen schriftstellerischen Ambitionen erfuhr, bestärkte er mich in dem Vorhaben, meine Tätigkeit als Meeresforscher in einem Sach- und Erzählbuch zu schildern. Wenn ich dies jetzt getan habe, so deshalb, weil ich hoffe, dem Leser die mit Forschung und Meer verbundene Faszination vermitteln zu können. Da das Berufsleben vom politischen und sozialen Umfeld geprägt wird, ist das vorliegende Buch auch ein zeitgenössisches Dokument. Viele Ereignisse werden in Form ernster und heiterer Geschichten erzählt. In den kurzen, fachbezogenen Teilen des Buches wird in leichtverständlicher Form begründet, warum ich mich mit welchen Untersuchungen und Problemen beschäftigt habe.

Meine Tätigkeit als Meeresforscher fällt überwiegend in die Zeit des »real existierenden Sozialismus« in der DDR. Sie wurde vom politischen Spannungsfeld zwischen Ost und West ebenso beeinflußt wie von DDR-spezifischen Randbedingungen und der Einführung des neuen internationalen Seerechts. Das Buch endet mit der Wiedervereinigung und ihren Folgen auf die Meeresforschung im Osten Deutschlands. Es beinhaltet vor allem Erinnerungen, die Bezug zu meiner Tätigkeit als chemischer Ozeanograph haben und wurde mit dem Vorsatz geschrieben, die Ereignisse und Erfahrungen so wahrheitsgetreu wiederzugeben wie möglich. Ob mir das gelungen ist, vermag ich selbst am allerwenigsten objektiv zu beurteilen.

Bei der zeitlichen Verifikation von Ereignissen war mir der Bericht von H.-J. Brosin »Zur Geschichte der Meeresforschung in der DDR« (Meereswiss. Ber. Warnemünde, No. 17, 1996) eine Hilfe. Für ergänzendes Bildmaterial danke ich der Baltic Marine Service GmbH Rostock und dem Institut für Ostseeforschung Warnemünde sowie Mitarbeitern der Sektion Meereschemie dieses Instituts.

Bevor ich Meeresforscher wurde

Mein Geburtsort ist Königsberg in Ostpreußen. Dort wurde ich am 30. Dezember 1930 als zweites von fünf Geschwistern geboren. Im Jahre 1936 wurde mein Vater Kurt Nehring, der inzwischen zum Professor ernannt worden war, Direktor der Landwirtschaftlichen Versuchsstation in Rostock. Neben dem Institut und der Villa, in der wir wohnten, gehörten zu dieser am Stadtrand liegenden Einrichtung auch Stallgebäude mit Hammeln und Schweinen für Versuchszwecke sowie Versuchsfelder, Scheunen, Wiesen und sogar ein Teich. So verbrachte ich in ländlicher Abgeschiedenheit die ersten glücklichen Jahre meiner Kindheit, an die ich mich erinnere. Dies änderte sich mit dem Ausbruch des 2. Weltkrieges. In dessen Verlauf erlebte ich die schweren Bombenangriffe auf Rostock, ohne daß unsere Familie oder die Gebäude der Versuchsstation Schaden nahmen. Wie alle Jungen in meinem Alter wurde ich 1940 Mitglied im Jungvolk, dem Nationalsozialistischen Deutschen Jugendverband (DJ), und später Pimpf im Feldscherfähnlein. Es folgten 1943 die Evakuierung nach Lalendorf, einem Gut in der Nähe von Güstrow, und die Umschulung von der Siebenlinden-Oberschule in Rostock auf die John-Brinkman-Oberschule in Güstrow. Obgleich sich die Kriegslage für Deutschland immer mehr verschlechterte und die Fronten von allen Seiten näher rückten, war dies für mich eine unbeschwerte Zeit, auch wenn über uns die amerikanischen Bomberpulks mit ihrer todbringenden Last nach Berlin flogen. Da der Vater in Rostock blieb, war ich seiner strengen Aufsicht entzogen und konnte in Lalendorf weitgehend tun und lassen, was ich wollte. Die Schule wurde nicht mehr allzu ernst genommen. Dafür wurden das Angeln, Baden und Umherstrolchen in Wald und Flur groß geschrieben.

Unmittelbar vor Kriegsende kehrten wir in einer Nacht- und Nebelaktion nach Rostock zurück und erlebten zwei Tage später die nahezu kampflose Besetzung der Stadt durch die Rote Armee. Bis kurz vor dem Zusammenbruch Hitler-Deutschlands hatten wir noch geglaubt, jetzt wäre alles zu Ende, aber das änderte sich schnell. Sehr bald hatten wir festgestellt, daß die sowjetischen Soldaten den Kindern nichts taten. Als die Russen in den Scheunen der Landwirtschaftlichen Versuchsstation ihre Pferde einstellten und in Teilen des Instituts ein Hospital einrichteten, begann die Zeit des Tauschhandels: Tabak und Zigarren, die wir in einem verlassenen Unterstand gefunden hatten, gegen Brot, Grütze oder Fahrräder. Für meine Eltern war die erste Nachkriegszeit weitaus schwieriger als für uns Kinder. Mit der Einrichtung des Hospitals mußten wir die meisten Zimmer unseres Hauses räumen. Hinzu kamen die Probleme bei der Beschaffung von Nahrungsmitteln, Kleidung und Heizmaterial für sieben Personen.

Ende 1945 begann der Unterricht an den Rostocker Schulen wieder. Im Sommer 1950 machte ich am mathematisch-naturwissenschaftlichen Zweig der Goethe-Oberschule mein Abitur. In jungen Jahren wäre ich gern zur See gefahren. Da die DDR 1950 noch keine eigene Fischerei- und Handelsflotte besaß, konnte dieser Berufswunsch nicht in Erfüllung gehen. Diesbezüglich beneidete ich einen Schulfreund, der Anfang der 1950er Jahre in den Westen gegangen war und die seemännische Laufbahn eingeschlagen hatte. Gelegentlich, wenn sein Schiff in Wismar anlegte, besuchte er mich in Rostock, bis wir uns Ende der 1950er Jahre aus den Augen verloren.

Unmittelbar nach dem Abitur begann ich mit dem Chemiestudium an der Universität Rostock, bezüglich der Wahl des Studienfaches war ich väterlicherseits vorbelastet. Mir machte das Studium Spaß, nicht zuletzt deshalb, weil man in den 1950er Jahren noch nicht so gegängelt wurde wie später. Wenn uns so war, ließen wir nachmittags Analysen Analysen sein und gingen zum Rudern an die Unterwarnow – Vierer mit Steuermann. Die Rostocker Hochschulsportgemeinschaft (HSG) hatte die meisten ihrer Boote über die Kriegs- und Nachkriegszeit gerettet. Außerdem spielte ich Basketball in der Mannschaft der HSG, zwar nicht die »erste Geige«, sondern in der 2. Mannschaft.

Mein Diplom als Chemiker legte ich im Sommer 1955 an der Martin-Luther-Universität in Halle ab, zu der ich am Ende des Studiums übergewechselt war. Unmittelbar danach nahm ich meine erste berufliche Tätigkeit am Institut für organische Katalyseforschung in Rostock auf. In diesem Institut, das zur Deutschen Akademie der Wissenschaften zu Berlin gehörte, hatte ich bereits meine Diplomarbeit angefertigt. Anfang 1956 heiratete ich, und noch im gleichen Jahr wurde unser Sohn geboren. Neben anderen grundlegenden Veränderungen war die Mark jetzt auf einmal nur noch 50 Pfennig wert. Trotz angenehmer Ablenkungen einerseits und Kindergeplärr andererseits promovierte ich bereits im Sommer 1957 an der Hallenser Universität.

Nach weiteren Jahren am Institut für organische Katalyseforschung erhielt ich im Herbst 1960 das Angebot, als Leiter der chemischen Abteilung an das Institut für Binnenfischerei nach Berlin-Friedrichshagen zu gehen, das zur Deutschen Akademie der Landwirtschaftswissenschaften gehörte. Mit dem Wechsel an dieses Institut wandte ich mich einem neuen Arbeitsgebiet zu. Nach der Entwicklung von Crack-

und Hydrierkatalysatoren für die Benzinveredlung befaßte ich mich jetzt mit der chemischen Untersuchung von Teichen, Seen und Flüssen. Außerdem testete ich die Toxizität von Pflanzenschutzmitteln gegenüber Fischen, erforschte die Verdaulichkeit von Futtermitteln durch Karpfen und die Wirkung mineralischer Dünger auf die Fruchtbarkeit von Teichen. Als Lehrbeauftragter für das Fach »Wasser-, Abwasser- und Fischerei-Chemie« hielt ich Vorlesungen an der Landwirtschaftlich-Gärtnerischen Fakultät der Berliner Humboldt-Universität. Die Annehmlichkeiten, in einer Stadt mit offener Grenze zum Westen zu leben, endeten buchstäblich über Nacht, als am 13. August 1961 mit dem Bau der Mauer quer durch Berlin begonnen wurde. Als wir endlich eine Wohnung bekamen und nach drei Jahren gerade anfingen, uns als Berliner zu fühlen, trat eine überraschende Wende ein, ich hatte die Möglichkeit, Meeresforscher zu werden.

Faszination Meeresforschung – ich, ein Seemann?!

Die Weichen für meine neue Tätigkeit wurden am 3. Juni 1964 gestellt. Ich erinnere mich an das Datum so genau, weil an diesem Tag unsere Tochter geboren wurde. Während ich mich über dieses Ereignis freute und die Glückwünsche meiner Kollegen entgegennahm, hielt eine große schwarze Limousine vor dem Institut für Binnenfischerei. Diesem Auto entstieg ein seriöser, älterer Herr, der sich als Prof. Erich Bruns, Direktor des Warnemünder Instituts für Meereskunde, vorstellte. Dieses Institut gehörte zur Deutschen Akademie der Wissenschaften zu Berlin. Bruns fragte mich, ob ich Interesse hätte, nach Warnemünde zu kommen, die Stelle des Leiters der Abteilung Meereschemie wäre frei. Als Köder ließ er mir einen Zeitungsausschnitt da, der von einer gerade beendeten Expedition mit dem Forschungsschiff »Prof. Albrecht Penck« in den Golf von Guinea handelte. Aber dieses Köders hätte es gar nicht bedurft. Die Leitung der Abteilung Meereschemie bot mir die Möglichkeit, meinen Jugendtraum, zur See zu fahren, mit meinem Beruf als Chemiker zu verbinden. Zur Regelung der Einstellungsmodalitäten trafen Prof. Bruns und ich uns wenig später erneut, dieses Mal bei der Leitung des Forschungsbereiches Geo- und Kosmoswissenschaften, dem das Warnemünder Institut angegliedert war. Als Arbeitsbeginn einigten wir uns auf den 1. Januar 1965. Bereits vorab mußte ich mir beim Medizinischen Dienst des Verkehrswesens der DDR meine Seetauglichkeit attestieren lassen. Das entsprechende Formblatt sowie der Antrag für ein Seefahrtsbuch – das war ja ganz toll, ich, ein zukünftiger Seemann(!) – wurden mir zur Erledigung ausgehändigt.

Als ich an meinem ersten Arbeitstag um sieben Uhr, dem normalen Dienstbeginn, im Warnemünder Institut erschien, verflog meine Euphorie in Bezug auf die Meeresforschung etwas. An der Pforte wurde ich von einem Mitarbeiter in Empfang genommen und über winklige enge Treppen in die Chemische Abteilung geleitet, die beengt im Dachgeschoß der ehemaligen Heinkel-Villa in der Seestraße 15 untergebracht war. Das chemische Labor war ein langer schmaler Raum mit antiquiertem Mobiliar. Das einzig Gute war der Ausblick auf den Strand und die Ostsee. Deshalb war das Labor auch gut mit Ferngläsern versorgt, wie mir gleich zu Anfang mitgeteilt wurde. Mir stand an der Westseite der Villa ein kleiner, sparsam eingerichteter Büroraum zur Verfügung. Ähnlich beengt waren die anderen Abteilungen untergebracht. Nur das Zimmer des Direktors war ein großer pompöser Raum im Erdgeschoß. Ich hatte bereits im Sommer 1964 an einer Dienstberatung des Instituts teilgenommen und war dabei den wichtigsten leitenden Mitarbeitern vorgestellt worden. So blieb mir am ersten Tag meiner Warnemünder Tätigkeit ein Spießrutenlauf erspart. Ich wurde lediglich mit den wissenschaftlichen und technischen Mitarbeitern meiner näheren Umgebung bekannt gemacht und bei der Verwaltung eingeführt. Über die schlechten Arbeitsbedingungen war ich zunächst ziemlich enttäuscht. Meine Frustration wurde jedoch dadurch gemildert, daß sich auf der Rückseite zum Kurpark hin ein neues, modernes Institutsgebäude im Bau befand; die 1-2 Jahre bis zu dessen Fertigstellung würde ich schon überstehen. Außerdem hatte ich in der Kaderabteilung (Personalabteilung) erfahren, daß mein Seefahrtsbuch bereits vorlag und ich somit zur See fahren durfte. Das Seefahrtsbuch war in der DDR Voraussetzung für die Teilnahme an meereswissenschaftlichen Forschungsreisen. Neben dem vom Antragsteller ausgefüllten Formblatt war für seine Beantragung eine Stellungnahme des Institutsdirektors erforderlich, die neben der fachlichen Begründung auch Angaben über die gesellschaftlichen Tätigkeiten und die familiären Verhältnisse des Antragstellers enthielt. Die Ausstellung des Seefahrtsbuches konnte von den zuständigen Stellen beim Ministerium des Inneren der DDR ohne Angabe von Gründen versagt werden. Wenn ein Seefahrtsbuchinhaber politisch unliebsam aufgefallen war, in Scheidung lebte oder gegen ihn Ermittlungen wegen krimineller Delikte liefen, konnte das Seefahrtsbuch eingezogen oder vorübergehend einbehalten werden.

War es Mitte der 1960er Jahre noch verhältnismäßig einfach, ein Seefahrtsbuch zu bekommen, wurde später zunehmend Gewicht auf die gesellschaftlichen Aktivitäten und die Familienverhältnisse des Antragstellers gelegt. Formulierungen wie »steht fest hinter der Politik von Partei und Regierung« waren das Mindeste, was in den Einschätzungen der Institutsleitung stehen mußte. Die Norm für die positive Bewertung der familiären Verhältnisse war der Satz: »Lebt in geordneten Familienverhältnissen«. Denn die Familie war das wichtigste Faustpfand des Staates für die Rückkehr in die DDR.

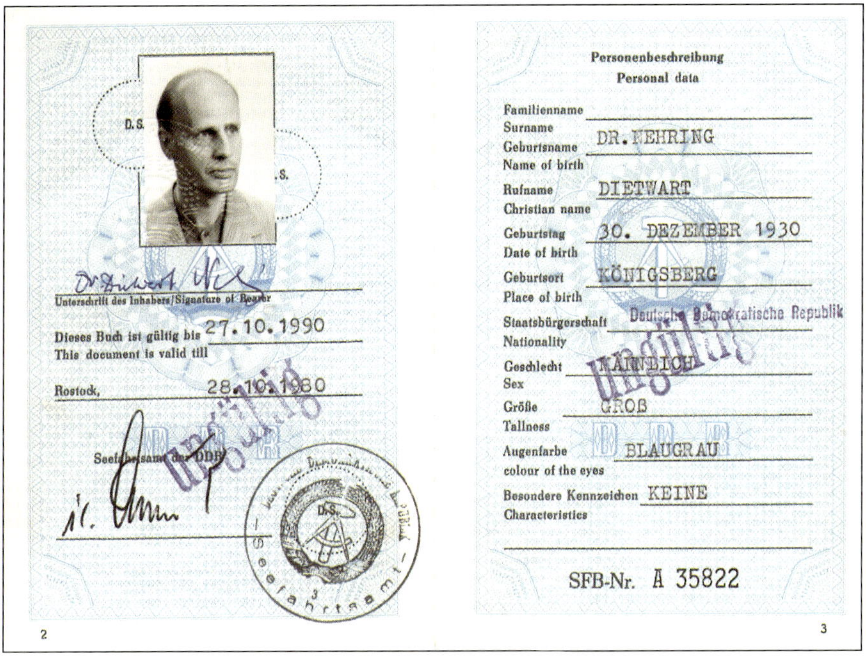

Unterschrift des Inhabers/Signature of Bearer

Dieses Buch ist gültig bis 27.10.1990
This document is valid till

Rostock, 28.10.1980

Seefahrtsamt der DDR

ungültig

2

Personenbeschreibung
Personal data

Familienname
Surname
Geburtsname DR. [illegible]EHRING
Name of birth

Rufname DIETWART
Christian name

Geburtstag 30. DEZEMBER 1930
Date of birth

Geburtsort KÖNIGSBERG
Place of birth

Staatsbürgerschaft Deutsche Demokratische Republik
Nationality

Geschlecht MÄNNLICH
Sex

Größe GROß
Tallness

Augenfarbe BLAUGRAU
colour of the eyes

Besondere Kennzeichen KEINE
Characteristics

ungültig

SFB-Nr. A 35822

3

Mein drittes DDR-Seefahrtsbuch

Da die Wissenschaftler und Techniker, die an Bord von DDR-Forschungsschiffen tätig waren, wie alle anderen Besatzungsmitglieder angemustert wurden, unterstanden sie disziplinarisch dem Kapitän. Sie hatten daher den Anordnungen des Kapitäns Folge zu leisten, allerdings nur in Abstimmung mit dem für das Forschungsprogramm verantwortlichen Leiter. Sein Unterstellungsverhältnis gegenüber dem Kapitän entsprach etwa dem des Chiefs, des leitenden Ingenieurs.

Kurzer Rückblick auf die Geschichte des Instituts und kleiner Exkurs in die Meereskunde (Ozeanographie)

Das 1900 in Berlin gegründete Institut für Meereskunde wurde im 2. Weltkrieg weitgehend zerstört und nicht wieder aufgebaut. Damit war im Osten Deutschlands zunächst keine Einrichtung vorhanden, in der gezielt meereswissenschaftliche Probleme bearbeitet werden konnten. Dies änderte sich im Jahre 1950 mit der Bildung des Seehydrographischen Dienstes (SHD) der DDR. Neben den Aufgaben des nautischen Dienstes, zu denen die Seevermessung und Betonnung sowie die Herausgabe von Seekarten, nautischen Mitteilungen und Seehandbüchern gehörten, wurden dem SHD auch die Durchführung meereskundlicher und erdmagnetischer Forschungen übertragen. Aus der Abteilung Meereskunde, die beim SHD in Berlin angesiedelt war, ging 1953 das Hydrometeorologische Institut des SHD hervor. Dieses Institut, das zunächst in Stralsund ansässig war, wurde 1957 nach Warnemünde verlegt und fand in der ehemaligen Heinkel-Villa sein Domizil.

Prof. Dr. Ing. Erich Bruns
Begründer der Meeresforschung in Warnemünde

Der SHD war den Seestreitkräften der DDR unterstellt, sein erster Chef war der als Sohn deutscher Eltern in St. Petersburg geborene Erich Bruns. Er wurde zunächst Polizeiinspektor, später Oberstleutnant, Fregattenkapitän und schließlich, 1960, Kapitän zur See. Bereits 1952 trat Bruns als Chef des SHD zurück, um sich ganz der Leitung des Hydrometeorologischen Instituts, das 1958 in Institut für Meereskunde umbenannt wurde, widmen zu können.

Wissenschaftspolitische Überlegungen, insbesondere die Zugehörigkeit zu den Seestreitkräften der DDR, ließen es ratsam erscheinen, das Institut für Meereskunde aus dem SHD auszugliedern und der Deutschen Akademie der Wissenschaften (DAW) zu Berlin zu unterstellen. Diese Maßnahme erfolgte zum 1. Januar 1960. Auch nach der Übernahme durch die DAW blieb Bruns bis zu seiner Emeritierung Mitte 1965 Direktor des Warnemünder

Instituts. Er hatte sich 1958 an der Universität Leipzig habilitiert und war 1960 zum Professor für Ozeanologie ernannt worden.

Neben der Abteilung »Chemie und Radioaktivität des Meeres«, deren Leitung ich übernahm, existierten 1965 am Warnemünder Institut noch vier weitere wissenschaftliche Struktureinheiten, nämlich die Abteilungen »Dynamik des Meeres«, »Physik und Struktur des Meeres«, »Meeresgeologie und Geomorphologie« sowie »Gezeiten, Nautisches Jahrbuch und Erdmagnetismus«.

Als ich 1965 im Institut für Meereskunde anfing, wußte ich zwar Bescheid über den Chemismus von Seen, Flüssen und Teichen und kannte die Funktionsweise von Abwasseraufbereitungsanlagen; die im Meer ablaufenden Prozesse waren mir jedoch nur in groben Zügen geläufig. Jetzt wurde ich vor allem mit dem relativ hohen Salzgehalt konfrontiert, der zusammen mit der Wassertemperatur die Dichte und damit die physikalischen Eigenschaften des Meerwassers bestimmt. Dichteunterschiede sind von entscheidender Bedeutung für die vertikalen Schichtungs- und Austauschvorgänge im Meer. Aus biologischer Sicht ist der Salzgehalt verantwortlich für die Entstehung einer charakteristischen maritimen Lebewelt.

Der mittlere Salzgehalt des Weltmeeres beträgt 35±2‰; seine Zusammensetzung aus elf chemischen Hauptkomponenten ist nahezu konstant, wobei das Natriumchlorid der wichtigste Bestandteil ist. Es genügt daher, eine dieser Komponenten, zumeist den einfach zugänglichen Chloridgehalt, zu bestimmen, um daraus die Salzkonzentration mittels eines Umrechnungsfaktors zu berechnen. Noch genauere Werte liefert die Messung des elektrischen Leitwertes, der sich ebenfalls proportional dem Salzgehalt ändert.

Im Zusammenhang mit der Bestimmung des Salzgehalts nach der Methode der elektrischen Leitfähigkeitsmessung, die Anfang der 1960er Jahre entwickelt wurde, rückten die Konstanten (Umrechnungsfaktoren) zur Berechnung des Salzgehalts erneut in das Blickfeld der Meereschemiker. Da der Salzgehalt des Meerwassers eine andere chemische Zusammensetzung hat als der des Süßwassers, sind Abweichungen vor allem im Brackwasser, der Mischung von Meer- und Flußwasser, zu erwarten. Prof. Bruns schlug mir deshalb Untersuchungen über die für die Ostsee geltenden Konstanten vor. Um das Ergebnis vorweg zu nehmen, zeigten die in den Jahren 1965 und 1966 durchgeführten Vergleiche, daß sich nur die Umrechnungsfaktoren von zwei Hauptkomponenten deutlich von denen des Weltmeeres unterschieden. Diese Anomalien waren jedoch nicht so gravierend, daß man für die Berechnung des Salzgehalts im Brackwasser bis etwa 5‰ einen anderen Umrechnungsfaktor benutzen muß als für das Meerwasser.

Während der Salzgehalt im Meerwasser um etwa das Hundertfache größer ist als der des Süßwassers, sind bei den gelösten Gasen nur geringe Unterschiede vorhanden. Die Konzentrationen der anderen im Meerwasser gelösten Substanzen liegen dagegen häufig um mehrere Größenordnungen unter denen der Süßwassersphäre. Dies gilt für Nährstoffe und organische Verbindungen ebenso wie für eventuelle Schadstoffe. Die Bestimmung dieser Spuren- und Ultraspurenstoffe war seit jeher eine Herausforderung an die Meereschemiker.

Anorganische Phosphor- und Stickstoffverbindungen sind im Verein mit der Sonneneinstrahlung unerläßlich für das Wachstum des Phytoplanktons, der im Wasser schwebenden, mikroskopisch kleinen Algen. Fehlen sie, kann sich kein Plankton entwickeln. Die anorganischen Phosphor- und Stickstoffverbindungen werden daher als Nährstoffe bezeichnet. Gebiete extremer Nährstoffarmut sind die tropischen und subtropischen Meere, die wegen ihrer Planktonarmut himmelblau aussehen. Blau wird deshalb auch als Wüstenfarbe des Meeres bezeichnet. Nährstoffreiche Gebiete des Weltmeeres weisen dagegen eine hohe biologische Produktivität auf und sind reich an Fischen. Untersuchungen über die Verteilungsmuster der Nährstoffe im Weltmeer stellen deshalb ein wichtiges Gebiet der Meeresforschung dar. Wegen der Abhängigkeit dieser Verteilungsmuster von den horizontalen und vertikalen Austauschprozessen sowie der marinen Nahrungskette ist hierbei die enge Kooperation von Chemikern, Physikern und Biologen erforderlich. Untersuchungen zu dieser Problematik wurden zu meiner wichtigsten Aufgabe als Meeresforscher.

Als ich meine Tätigkeit in Warnemünde aufnahm, existierten zwar schon Methoden für die Bestimmung des Phosphat- und Nitritgehalts im Meerwasser. Für die beiden anderen anorganischen Stickstoffverbindungen Nitrat und Ammonium, deren Analytik komplizierter ist, sowie für Silikat mußten erst noch Meßverfahren eingeführt werden, die nicht nur im Labor sondern auch auf See reproduzierbare Ergebnisse gewährleisten. Wegen der Vibrationen durch die Maschine sowie die Schiffsbewegungen infolge Seegangs können Analysenwaagen an Bord von Forschungsschiffen nicht eingesetzt werden; damit scheiden gravimetrische Bestimmungsmethoden aus. Geeignet sind dagegen photometrische Meßverfahren, bei denen die Nährstoffe durch Zugabe von Reagenzien in gefärbte Verbindungen umgewandelt werden. Aus der Farbintensität, die in einem Photometer gemessen wird, kann mittels Eichlösungen die Konzentration des untersuchten Nährstoffes ermittelt werden. Dieses Verfahren verbindet die nötige Robustheit auf See mit der erforderlichen Genauigkeit und Schnelligkeit. Letztere ist insbesondere bei Routineuntersuchungen notwendig, bei denen täglich einige Hundert Proben analysiert werden müssen. Wegen der großen Anzahl der auf See zu untersuchenden Wasserproben, hat sich inzwischen der Einsatz von Analysenautomaten an Bord von Forschungsschiffen durchgesetzt. Ende der 1960er Jahre waren wir so weit, daß die von uns verwendeten Verfahren zur Bestimmung der Nährstoffe dem internationalen Stand entsprachen. Zu den Ultraspurenstoffen, die nur in Nano- und Picogrammkonzentrationen (< 0,000 001 bzw. < 0,000 000 001 g/kg) im Meerwasser vorkommen, gehören die Schwermetalle und Erdölkohlenwasserstoffe sowie die chlororganischen Verbindungen. Da diese Substanzen in der Nahrungskette angereichert und die Entwicklung höherer Organismen negativ beeinflussen können, werden sie auch als Schadstoffe bezeichnet. Ihre äußerst geringen Konzentrationen erforderten die Entwicklung neuer Analysenmethoden, die erst in den 1970er und 1980er Jahren zu brauchbaren Meßergebnissen führten. Die für diese Untersuchungen benötigten Geräte waren teuer, sie mußten aus dem NSW (nichtsozialistischer Wirtschaftsbereich) importiert und in harter Währung bezahlt werden. Wegen des chronischen Devisenmangels der DDR war es nur eine Frage der Zeit, bis die im Osten Deutschlands tätigen Meereschemiker nicht mehr mit den internationalen Entwicklungen mithalten konnten. Als nach der Wende die erforderlichen Geräte zur Verfügung standen, war der Zug für mich abgefahren, jüngere Mitarbeiter mußten die Analytik der Ultraspurenstoffe übernehmen. Hinzu kam, daß mich seit jeher die Probleme des Nährstoffkreislaufs mehr als die Verteilung der Schadstoffe im Meer interessiert haben.

Außer mir als Leiter und einem weiteren Chemiker gehörten anfangs drei Techniker zur Abteilung für Chemie und Radioaktivität des Meeres. Wir fünf mußten das chemische Meßprogramm bestreiten, wobei als Pflicht der Salz- und Sauerstoffgehalt und als Kür die Nährstoffe und die Ionen-Anomalien untersucht wurden. Da die Radioaktivitätsmessungen wegen fehlenden Bedarfs zu meiner Zeit bereits eingestellt waren und die Anomalie-Untersuchungen 1966 ausliefen, konnte ich die Nährstoffbestimmungen ins Pflichtprogramm übernehmen, was voll und ganz meinen Ambitionen entsprach. Diese frühzeitige Erweiterung versetzte uns später in die Lage, als erstes Institut die zunehmende Nährstoffbelastung der Ostsee statistisch gesichert nachweisen zu können.

Die Forschungsschiffe sowie erste Seereisen

Das Institut für Meereskunde in Warnemünde verfügte 1965 über zwei Forschungsschiffe, die »Professor Albrecht Penck«, ehemals »Joh. L. Krüger« (39m lang, 316 BRT, 300 PS) und die »Professor Otto Krümmel«, ehemals »Magnetologe« (24m lang, ~200BRT, 250PS), die 1951 bzw. 1954 in Dienst gestellt wurden. Beide Schiffe waren nach der Übernahme durch die Deutsche Akademie der Wissenschaften, der auch ihre Bereederung oblag, umbenannt worden. Damit sollte das ihnen anhaftende Image als Spionageschiffe der DDR-Seestreitkräfte beseitigt werden. Ich weiß nicht, ob dieses Image gerechtfertigt war. Eine entsprechende Spezialausrüstung besaßen sie, soweit mir bekannt ist, nicht. Allerdings hat mir einer meiner Techniker erzählt, daß in den 1950er Jahren häufig dort ozeanographische Messungen durchgeführt wurden, wo Seemanöver der NATO stattfanden. Der Ruf, ein Spionageschiff der Kommunisten zu sein, hat noch zu meiner Zeit dazu geführt, daß die »Penck« Schwierigkeiten beim Anlaufen dänischer und schwedischer Häfen hatte. De facto wurde als Vorwand genommen, daß Forschungsschiffe als Staatsschiffe gelten. Sie besitzen daher den gleichen Status wie Kriegsschiffe, für deren Hafenbesuche Sondergenehmigungen erforderlich sind. Wegen des deutschen Alleinvertretungsanspruches der BRD wurden diesbezügliche Anträge der DDR vielfach ignoriert. Dies änderte sich erst Ende der 1970er Jahre, als die meisten Staaten die DDR anerkannt hatten.

Die neuen Schiffsnamen wurden von Prof. Bruns vorgeschlagen und zwar nach dem bekannten Geographen Albrecht Penck und dem ebenso bekannten physikalischen Ozeanographen Otto Krümmel. Während die »Penck« heute noch für die Meeresforschung im Einsatz ist, wurde die »Krümmel« 1970 an die Wasserwirtschaftsdirektion Küste verkauft und dort für Überwachungsaufgaben in den Küstengewässern eingesetzt. Weitere Schiffseinheiten, die dem Institut damals zur Verfügung standen, waren die »Kranich«, eine kleine, offene Motorbarkasse, die ich nicht mehr im Einsatz erlebt habe, sowie die »Erna«, eine ehemalige Hamburger Hafenbarkasse. Mit dieser Barkasse, die nur für Küstenprogramme geeignet war, hat die Abteilung Meereschemie 1965/66 Untersuchungen über die Ausbreitung des Warnowwassers vor Warnemünde durchgeführt.

In den ersten Jahren meiner Tätigkeit am Warnemünder Institut hatte die »A. Penck« einen frei zugänglichen Liegeplatz in der Nähe der alten Speicher im Rostocker

Stadthafen. Im Ausnahmefall durfte das Schiff zum Aufrüsten am Neuen Strom in Warnemünde festmachen, etwa in Verlängerung des Fußgängertunnels am Bahnhof. Das trug wesentlich zur Erleichterung des Transportes wissenschaftlicher Geräte und anderer Ausrüstungsgegenstände an Bord bei. Zumeist mußte das Auf- und Abrüsten jedoch im Stadthafen durchgeführt werden. Da waren die Transportwege zwischen Institut und Schiff natürlich wesentlich weiter. Der Vorteil im Stadthafen war jedoch, daß der Steward am Morgen des Einlauftages frische Brötchen zum Frühstück besorgte. Außerdem konnte noch schnell ein Frisör aufgesucht werden, bevor man sich nach Hause oder ins Institut begab. Der Liegeplatz beim Kabutzenhof, den das Institut Ende der 1960er Jahre zugewiesen bekam, lag im abgesperrten Teil des Hafengebietes. Besuche an Bord erforderten deshalb ein Ticket von der Hafenwache; sie waren nun schwieriger durchzuführen und für westdeutsche Gäste praktisch unmöglich. Diesen Liegeplatz haben unsere Forschungsschiffe bis zum Ende der 1970er Jahre genutzt. Danach wurden sie in den Hafen des Fischkombinats in Rostock-Marienehe verlegt, wo sie auch heute noch ihr Domizil haben. Zu DDR-Zeiten gehörte der Fischereihafen zum Grenzgebiet und durfte daher nur mit Sondergenehmigung betreten werden.

Die »Penck« vor den Speichern in Rostock, 1968

Forschungsreisen sind Expeditionen. Dieser Begriff wurde für meereswissenschaftliche Forschungsreisen übernommen und wird auch im Zusammenhang mit Expeditionsleiter oder Expeditionsteilnehmer benutzt. Für mich war alles neu, was mit der Vorbereitung einer meereswissenschaftlichen Expedition zusammenhing. Es ging los mit dem Aufrüsten, das 2 - 3 Tage vor dem Auslaufen begann. Reagenzien und Geräte mußten durch die engen Gänge und Treppen des Instituts auf den Hof geschleppt und auf Fahrzeuge verladen werden. Im günstigsten Fall stand dafür ein LKW, gelegentlich aber auch nur ein Pferdefuhrwerk der Warnemünder Spedition Kröger zur Verfügung. Mit der Erweiterung des institutseigenen Fuhrparks und der

Inbetriebnahme des Fahrstuhls im Institutsneubau wurde das Aufrüsten leichter. Bezüglich der Schlepperei durch die engen Gänge und Treppen an Bord der Schiffe hat sich jedoch bis heute wenig geändert.

Wenn schließlich alles an Bord ist, müssen die Geräte und Glasgefäße, einschließlich Flaschen mit Lösungen und Reagenzien, so untergebracht werden, daß ihnen Seegang nichts anhaben kann. Plastekanister zur Aufbewahrung von destilliertem Wasser oder Transportkisten müssen gelascht (festgebunden) werden, damit sie sich nicht selbständig machen können. Denn es ist wenig angenehm, bei körperlichem Unbehagen einen Schaden im Labor, bestehend aus zerschlagenen Geräten, Glassplittern und ätzenden Reagenzien, beseitigen und dabei den umherrutschenden Kanistern und Kisten ausweichen zu müssen. Vor dem Auslaufen muß darüber hinaus immer wieder kontrolliert werden, ob nichts vergessen worden ist. Die mit dem Aufrüsten verbundene Hektik ebbt erst ab, wenn das Schiff die Molenköpfe von Warnemünde passiert.

In der Familie haben wir nie viel Aufhebens bei der Verabschiedung zu einer längeren Seereise gemacht. Obgleich ich sehr gern zur See gefahren bin, ist mir der Abschied von zu Hause immer schwer gefallen; meine Fröhlichkeit war aufgesetzt, und das Pfeifen von Seemannsliedern wie »Heut' geht es an Bord ...« war Galgenhumor. Ich bin nur selten mit dem Auto ans Schiff gebracht worden. Um an Bord zu kommen, habe ich – beladen mit einer schweren Reisetasche und einem Aktenkoffer – die S-Bahn benutzt. Nach einem Marsch durch das ausgedehnte Hafengelände traf ich ziemlich ausgepumpt beim Schiff ein. Dort mußte zunächst die Musterrolle, in die neben der Stammbesatzung auch die wissenschaftlichen Expeditionsteilnehmer eingetragen waren, unterschrieben werden. Die Musterung selbst war bereits am Vortag durch den Kapitän oder einen der nautischen Offiziere auf der Musterungsstelle im Hafen veranlaßt worden. Die Seefahrtsbücher der wissenschaftlichen Besatzung hatte der Expeditionsleiter vorher bei der Kaderabteilung des Instituts gegen Unterschrift in Empfang genommen und dem Kapitän übergeben. Weil Seefahrtsbücher zu den Dokumenten gehörten, die zu Reisen ins kapitalistische Ausland ermächtigten, war der Umgang mit ihnen als besonders sensibel eingestuft. Auch die Zolliste mußte ausgefüllt und unterschrieben werden. In diese Liste wurde eintragen, was man an Geld, DDR-Mark und Valuta, sowie an Fotoapparaten, Ferngläsern, Musikinstrumenten u.ä. mitführte. Danach wurden in der Kammer die privaten und dienstlichen Utensilien verstaut und das Bettzeug der Koje bezogen. Alle diese Arbeiten werden tunlichst noch im sicheren Hafen durchgeführt, bevor einem auf See schlechtes Wetter und die damit verbundene »Schlackerei« zu schaffen macht, und das war häufig schon unmittelbar nach dem Auslaufen der Fall.

Während des Einräumens der Habseligkeiten war bereits das Schrillen des Maschinentelegraphen und der kurze Signalton des Typhons zu hören, wenn auf der Brücke die Probemanöver gefahren wurden. Das verstärkte nicht nur die allgemeine Aufregung, sondern war auch mit dem erwartungsvollen Gefühl verbunden, nun wird es ernst, jetzt geht es bald los!

Bei den Reisen, auf denen ich Expeditionsleiter war, und das begann bereits 1968, habe ich die geforderten Arbeitsschutzbelehrungen möglichst noch vor dem Auslaufen des Schiffes durchgeführt. Bei diesen Belehrungen ging es weniger um die Gefahren beim Arbeiten mit chemischen Stoffen im Labor als vielmehr um das allgemeine Verhalten an Bord eines Forschungsschiffes. Oftmals waren es Selbstverständlichkeiten, auf die hingewiesen wurde. Aus gegebenem Anlaß standen die mit dem Alkoholmißbrauch verbundenen Gefahren an erster Stelle der Belehrung. Außerdem wurde darauf hingewiesen, daß es wegen der Brandgefahr verboten ist, in der Koje zu rauchen oder nasse Arbeitskleidung über den Elektroheizkörpern zu trocknen, daß in den Betriebsgängen nicht gelärmt werden darf, um die Freiwache nicht zu stören, daß es verboten ist, sich auf Reling oder Schanzkleid zu setzen und in die Wanten zu klettern, daß die Brücke kein Aufenthaltsraum – kein Brücken-Café – ist, daß bei schwerer See das Arbeitsdeck nur mit Zustimmung des Wachoffiziers und unter Benutzung der aus diesem Anlaß angebrachten »Strecktaue« betreten werden darf, daß man zu den Mahlzeiten in der Messe (Speiseraum) nicht in Arbeitskleidung erscheinen soll, und so weiter, und so fort. Darüber hinaus mußten sich die Mitglieder der wissenschaftlichen Besatzung über ihre Stellplätze und Aufgaben bei Rettungsboots- und Brandschutzmanövern informieren. Neulinge wurden durch das Schiff geführt, dafür war der 2.NO (nautische Offizier), dem auch die medizinische Betreuung der Besatzung oblag, verantwortlich. Nach der Arbeitsschutzbelehrung hatte die wissenschaftliche Besatzung Gelegenheit, dem für Landratten immer wieder spannenden Ablegemanöver beizuwohnen und nach der Fahrt auf der Unterwarnow vom Peildeck aus einen letzten, wehmutsvollen Abschiedsblick auf das in der Ferne verschwindende Warnemünde zu werfen.

Ausgelaufen wurde möglichst am frühen Vormittag. Spätestens 30 Minuten bevor Zoll und Grenzpolizei zur »Klarierung« bestellt waren, mußten alle an Bord sein. Diese Überprüfung der Besatzung und des Schiffes dauerte je nach Gründlichkeit und Laune der Kontrollorgane zwei bis drei Stunden, d.h. wenn um zehn Uhr ausgelaufen werden sollte, mußten wir spätestens um acht Uhr an Bord sein. Die Klarierung begann damit, daß die Grenzer in der Kammer des Kapitäns zunächst die Seefahrtsbücher auf gültigen Sichtvermerk und die Musterrolle kontrollierten. Der Sichtvermerk, die Bestätigung der Gültigkeit des Seefahrtsbuches, mußte anfangs alle fünf Jahre, später alle zehn Jahre erneuert werden. Die Seetauglichkeitsuntersuchungen galten vier bzw. zwei Jahre, wenn man älter als fünfzig war, und mußten dann beim Medizinischen Dienst des Verkehrswesens der DDR erneuert werden.

Der »Besuch der Grenzorgane« beim Kapitän war quasi die Ruhe vor dem Sturm. Danach gellte aus den Bordlautsprechern die Stimme des wachhabenden Offiziers: »Alle Mann in die Messe!« Hier erfolgte die so genannte Gesichtskontrolle, d.h. der Vergleich der Gesichter der Reiseteilnehmer mit den Paßphotos in den Seefahrtsbüchern. Wer identifiziert worden war, durfte die Messe verlassen und mußte sich in seine Kammer begeben.

Inzwischen hatte auch der Zoll damit begonnen, das Schiff zu kontrollieren. Dabei ging es weniger um Zoll- und Devisenvergehen als vielmehr um das Aufstöbern von blinden Passagieren, die auf diesem Wege Republikflucht begehen wollten. Später brachten die Zöllner einen kleinen Spürhund mit, dieser Schnuffi sollte sie bei ihrer Menschenjagd unterstützen. Bei der Kammervisite wurden Spinde und Bettkästen in Augenschein genommen, eben alles, was sich als Versteck für einen Menschen eignete. Seitens der Matrosen fielen gelegentlich lästernde Bemerkungen gegenüber den Kontrollorganen, an ernsthafte Zwischenfälle kann ich mich jedoch nicht erinnern.

Mit Beginn der Klarierung bezog ein Grenzpolizist an der Gangway Stellung, der das Schiff bis zum Eintreffen des Lotsen bewachte. Er verließ seinen Posten erst, wenn die Tampengang das Schiff losgeworfen hatte und die Leinen eingeholt worden waren. Später durften unsere Schiffe ohne Lotsen, jedoch nie ohne Kontrolle durch die Grenzorgane, aus- und einlaufen.

Das Ablegemanöver beginnt mit: »Leinen klar vorn und achtern!« Der Maschinentelegraph schrillt, die Dieselmaschine springt schnaufend an, die Leinen werden losgeworfen, und das Schiff bewegt sich langsam von der Pier weg ins offene Fahrwasser des Hafenbeckens. Während sich diese Zeremonie auch heute in jedem Hafen wiederholt, sind die Grenzorgane nach der politischen Wende überflüssig geworden, Gesichtskontrollen und die Suche nach blinden Passagieren gehören der Vergangenheit an. Außerdem haben die Expeditionsteilnehmer kein Seefahrtsbuch mehr und werden daher nicht angemustert. Für sie genügt ein Reisepaß oder Personalausweis. Zollkontrollen werden weiterhin durchgeführt, wobei es vor allem um Zollvergehen wie den Schmuggel von Rauschgift, Zigaretten und Spirituosen geht. Nach der Wende habe ich jedoch nicht erlebt, daß eines unserer Schiffe diesbezüglich gefilzt wurde. Ob es richtig ist, daß inzwischen die Arbeitsschutzbelehrungen über das Verhalten der Expeditionsteilnehmer an Bord entfallen sind, weiß ich nicht. Rettungsbootsmanöver, einschließlich dem Anlegen von Schwimmwesten bzw. von Überlebensanzügen, werden jedoch weiterhin auf jeder Reise geübt.

Die »Penck« ist ein Zweiwachenschiff, d.h. die Besatzung, und dazu gehörten auch die Forscher, hatten abwechselnd sechs Stunden Wache und sechs Stunden Freizeit. Jeder hatte daher zwölf Stunden pro Tag Dienst. Für vier der zwölf Stunden bekam die Stammbesatzung Überstunden bezahlt. Da es ohnehin auf See wenig Abwechslung gibt und durch die Überstunden gut verdient wurde, waren bei den Seeleuten Zweiwachenschiffe beliebt. Die wissenschaftliche Besatzung bekam zwar keine Überstundenvergütung, dafür aber Seezuschläge; damit wurden die Mehrarbeit und alle Erschwernisse abgegolten. Diese Zuschläge waren nach Seegebieten gestaffelt. Sie betrugen für die Ostsee 18 Mark, für die Nordsee und andere Meere 22 Mark sowie für die tropisch-subtropischen und polaren Meeresgebiete 28 Mark pro Tag, wobei jeder angefangene Tag voll zählte. Das war auch für die Forscher ein schönes »Zubrot«. Darüber hinaus bekamen wir die Sonnabende und Sonntage sowie die Feiertage als SB-Tage gutgeschrieben, die wir nach Rückkehr von der Expedition als Sonderbeurlaubung abbummeln konnten. Die Seereisen brachten uns daher nicht nur zusätzliches Geld sondern auch etliche arbeitsfreie Tage ein. Da Unterkunft und Verpflegung an Bord frei waren, lebte man in dieser Zeit auch billig.

Der Wachtörn war für beide, Stammbesatzung und Forscher, einheitlich geregelt. Um unangenehmsten war die Nachtwache von 0 bis 6 Uhr, die so genannte Rattenwache, in der große Mengen an starkem Kaffee konsumiert wurden. Aber auch während der anderen Wachen wurde viel Kaffee getrunken. Am günstigsten war die Wache von sechs bis zwölf Uhr. Auf diese Wachen folgten alternierend die Arbeitszeiten von 6.00 bis 12.00 Uhr bzw. von 18.00 bis 24.00 Uhr. Wer welche Wachen übernahm, entschied der Expeditionsleiter in Absprache mit seinen Mitstreitern. Häufig wurden die Wachen nach der Hälfte der Reise getauscht. Gearbeitet wurde rund um die Uhr, auch am Wochenende und an den Feiertagen. Während der Überfahrt zum und vom Arbeitsgebiet ging die wissenschaftliche »Crew« nur Tagestörn und durfte sich bei schlechtem Wetter in die Koje verholen, da waren wir besser dran als die Stammbesatzung.

Die Mahlzeiten fielen mit dem Wachwechsel zuammen, Frühstück gab es von 5.30 bis 6.15 Uhr, Mittag von 11.30 bis 12.15 Uhr und Abendbrot von 17.30 bis 18.15 Uhr. Wer zwischendurch Hunger bekam, konnte sich am Kühlschrank, der immer gut gefüllt war, bedienen. Hiervon wurde reger Gebrauch gemacht. Für die »Nachtwächter«, die um Mitternacht ihre Wache antraten, wurde nicht extra gekocht. Sie mußten sich mit dem begnügen, was der Kühlschrank bot.

Während der Mahlzeiten, die in der Messe eingenommen wurden, herrschte eine hierarchische Sitzordnung. So hatten die Matrosen und die Maschinenassistenten ebenso ihre bestimmte Back (Tisch) wie die mittleren Offiziersgrade und die wissenschaftliche Crew, und es verursachte Mißfallen, wenn sich ein Neuling falsch hinsetzte. In der Regel wurde man aber vom Steward an den richtigen Platz bugsiert, wenn man neu an Bord war. Auf der »Penck« befand sich die Kapitänsback an zentraler Stelle in der Messe. Vis á vis vom Kapitän hatte der Expeditionsleiter seinen Platz, während sein Stellvertreter dem Chief gegenüber saß.

Das Essen an Bord war sehr gut. Die Mahlzeiten wurden schnell serviert. Schon wenn man die Messe betrat, rief der Steward dem Koch zu: »Einmal neu!« Und wenn es eine besonders große Portion sein sollte, hieß es: »Einen Schlag für'n Mann!« Kaum saß man, stand auch das Essen auf der Back. Außerdem war die Kombüse immer bemüht, auf die Wünsche der Besatzung einzugehen, sogar Sonderwünsche wurden berücksichtigt: Wenn jemand Nierchen nicht mochte, bekam er Spiegeleier, liebte man sein Sauerkraut süß oder aß gern Pudding, brachte der Steward sofort eine Zuckerdose bzw. eine zweite Portion, und beim nächsten Mal wurde das Gewünschte automatisch bereit gestellt.

Das Essen ist auf allen Schiffen ein wichtiges Gesprächsthema, nicht nur während der Arbeit, sondern auch bei den Mahlzeiten, und kaum hatte man die Messe gesättigt verlassen, führte der Weg zum Schwarzen Brett, um sich anhand des dort aushängenden Speiseplanes auf die nächste Mahlzeit freuen zu können oder sich abfällig darüber zu äußern. In der Speisenfolge an Bord der Schiffe gab es zu DDR-Zeiten gewisse Regelmäßigkeiten. Zum Frühstück wurden am Donnerstag, dem Seemannssonntag, und am Sonntag immer frische Brötchen und Eier nach Wahl, d.h. gebraten, gerührt oder gekocht, mit oder ohne Speck und Zwiebel, serviert. Außerdem wurde an diesen beiden Tagen weiß eingedeckt, und nachmittags um 3 Uhr gab es Kaffee und Kuchen, wie übrigens auch an Geburts- und Feiertagen. An den anderen Tagen wurde zumeist auch zum Frühstück eine warme Mahlzeit serviert. Ich habe mich allerdings nie daran gewöhnen können, auf nüchternen Magen bereits ein kleines Schnitzel oder eine Bockwurst zu verzehren, wohingegen Eierpfannkuchen mit Apfelmus, »Reis mit Früchte« – so stand es jedesmal auf den Speiseplänen – oder Milchsuppen schon eher etwas für mich waren, und mit meinem Appetit auf Kartoffelpuffer, von denen ich locker zwölf Stück pro Mahlzeit verdrückte, habe ich sogar den Koch in Erstaunen versetzt. Außerdem standen natürlich verschiedene Marmeladen und Honig sowie Brot und Butter auf dem Frühstückstisch.

Zur Entlastung von Koch und Steward, die am Sonnabend die Kombüse und Pantry gründlich aufklarten, gab es an diesem Tag grundsätzlich nur Eintopf zum Mittagessen und Pudding als Nachtisch. Von dieser Ausnahme abgesehen wurden an den anderen Tagen drei Gänge, Vorsuppe, Hauptgang und Nachspeise, angeboten. Donnerstags und Sonntags gab es immer etwas Besonderes als Hauptgericht, beispielsweise Eisbein, Schnitzel, Roulade oder Geflügel, in Portionen, die fast den ganzen Teller bedeckten. Einigen »Nimmersatten«, die dann noch nicht genug hatten, wurde zum Gaudi für die Zuschauer ein besonders großer Nachschlag serviert, wobei es oftmals darum ging, schafft er es oder schafft er es nicht.

Auch zum Abendessen wurde zumeist eine warme Mahlzeit zubereitet, daneben standen Aufschnitt, Käse, Brot und Butter bereit. Am Donnerstag und Sonntag gab es abends eine kalte Platte, bestehend aus verschiedenen Salaten, Fischkonserven und dem übrigen Zubehör. Zum Trinken wurde immer schwarzer Tee oder Pfefferminztee angeboten. Obgleich magenfreundlich mochte ich diese Getränke nicht, da leistete ich mir lieber ein Bier, es sei denn, es wurde ausnahmsweise einmal Milch oder Juice ausgeschenkt.

Aber was nützte das beste Speisenangebot, wenn Sturm und Seegang einem den Appetit verdarben. Sicher, es gab Ozeanographen, denen auch die stärkste Schaukelei nichts ausmachte, und die dabei noch rauchten oder seelenruhig Köm und Bier tranken. Zu diesen gehörte ich nicht. Sobald Wind oder Sturm aufkamen, begann ich mich unwohl zu fühlen, wobei mir das Krängen des Schiffes weniger ausmachte als das Stampfen. Nach Müdigkeit und Kopfschmerzen, den ersten Zeichen einer Seekrankheit, hatte ich vor allem am Anfang der Reisen, wenn uns schlechtes Wetter überraschte, mit Appetitlosigkeit und Übelkeit zu kämpfen und war froh, mich nach getaner Arbeit in die Koje begeben zu können. Liegend und lesend war die Schlackerei wesentlich besser zu ertragen. Ich habe während der Forschungsreisen viel gelesen, nicht nur infolge schlechten Wetters sondern auch während der Freiwache. Zuerst waren es Bücher, die privat mitgenommen wurden. Später wurden dann Bücherkisten vom Fischkombinat (Fiko) Rostock ausgeliehen; diese enthielten auch im Buchhandel der DDR vergriffene Titel.

Wenn das Wetter zu haarig war, halfen auch Tabletten zur Unterdrückung des Brechreizes nicht mehr, bei mir jedenfalls nicht. Im Falle eines Falles habe ich die zu DDR-Zeiten gebräuchlichen Kinetosin-Tabletten zumeist vor dem Schlafen eingenommen und fühlte mich nach dem Aufwachen wie neu geboren. Darüber hinaus habe ich manchmal auch prophylaktisch Kinetosin-Tabletten geschluckt. Denn wenn es bereits zum Erbrechen kommt, helfen auch die besten Tabletten nicht mehr. Unwohlsein und Übelkeit waren schnell vorbei, wenn der Wind nachgelassen hat und die See ruhig wurde oder das Schiff unter Landschutz lag. Natürlich ist die Gefahr, seekrank zu werden, auf großen Schiffen geringer als auf kleinen.

Psychische Momente, wie die Hektik am Tag des Auslaufens oder Depressionen, begünstigen die Seekrankheit, die eine echte Krankheit ist. Allein der Wille, ihr nicht zum Opfer zu fallen, nützt wenig. Wichtig ist jedoch, daß man sich nicht durchhängen läßt, seine Aufgaben erledigt und gegebenenfalls mit dem Essen kürzer tritt oder dieses ganz einspart. Ich hatte mich zumeist nach 2 - 3 Tagen an die Schaukelei gewöhnt. Anderen Kollegen ging es wesentlich schlechter als mir, sie quälten sich während der ganzen Reise mit der Seekrankheit. Einige tauchten sogar erst nach dem Einlaufen in einen Hafen oder wenn das Schiff unter Landschutz lag wieder an Deck auf. Der Bootsmann kannte seine Pappenheimer und äußerte spöttisch: »Auf der nächsten Reise ist ja wieder die Speibrigade an Bord.« Bei schwerer See herrschte aber auch bei der Stammbesatzung schlechte Laune, und es ging dem einen oder anderen schlecht; Ursache dafür war dann aber nicht etwa die Seekrankheit sondern angeblich verdorbener Fleischsalat oder ähnliches.

Bei schlechtem Wetter sind die Mahlzeiten wahrlich kein Vergnügen. Trotz Schlingerleisten und untergelegter feuchter Handtücher muß man ständig auf dem Sprung sein, um beim Überholen des Schiffes ins Rutschen geratenes Geschirr und Bestecke vor dem Runterfallen zu bewahren. Trotzdem geht immer wieder was zu Bruch. Außerdem muß man mit Tellern und Tassen jonglieren, um deren Überschwappen zu verhindern, was nicht immer gelingt. Bei schwerer See sind die längs der Bordwände befestigten Bänke die bevorzugten Sitzgelegenheiten, weil man sich nicht auf den Stühlen halten kann. Am unangenehmsten sind die von vorne kommenden Brecher, bei denen das Schiff um einige Meter angehoben wird und anschließend durchsackt und gleichzeitig seitwärts abkippt. Bei der Abwärtsbewegung hat man das Gefühl, ins Bodenlose zu sinken, während gleichzeitig der Magen umgestülpt wird. Unter diesen Bedingungen wird die Mahlzeit auf Zusammengekochtes reduziert und in Schüsseln serviert.

Die Köche und Stewards müssen bei schlechtem Wetter Schwerstarbeit leisten, denn die Mannschaft muß auch unter diesen Bedingungen verpflegt werden. In der Kombüse ist diese Arbeit oftmals von lautem Gezische und wüstem Gefluche begleitet, wenn ein Teil des Essens auf die heiße Herdplatte geschwappt ist und der Koch sich verbrannt hat. Der Steward muß beim Austragen des Essens den Moment abpassen, in dem das Schiff für Sekunden halbwegs ruhig liegt. Er beherrscht diesen Job, ich kann mich nicht erinnern, daß ein Steward jemals etwas verschüttet hätte.

Wenn es schlimm brieste und wir es nicht eilig hatten, wurde während der Essenszeiten mit langsamer Fahrt gegenan gehalten, d.h. gegen die von vorn kommenden Wellen gesteuert. Das Schiff liegt dann wesentlich ruhiger in der See. Aus dem Rollen und Stampfen wird ein sanftes Auf und Ab, und nur noch schwere Brecher führen zu heftigen Schiffsbewegungen, verbunden mit einem Kribbeln in der Magengegend. Schließlich lernte ich, daß auch das sturmgepeitschte Meer von beeindruckender Schönheit sein kann, und wenn längere Zeit schönes Wetter geherrscht hatte, wünschte ich mir manchmal geradezu eine Unterbrechung der Arbeiten durch Sturm, um gemütlich in der Koje liegen und schmökern zu können.

Auf meinen ersten Reisen mit der »Penck« hatten wir ein Unikum als Steward mit, der durch diskret-höfliche Bemerkungen für Ordnung in der Messe sorgte. Unabhängig von Amt und Würde wies er beispielsweise darauf hin, sich doch bitte nicht die Finger an der Tischdecke abzuwischen. Es wäre schon Drehtag (Wenden der Tischdecken) gewesen, und schließlich hätten wir ja auch Papierservietten an Bord! Oder, wenn jemand am Abend mit dem Toaster herumgeferkelt hatte, drückte er dem Übeltäter schon mal den Staubsauger in die Hand.

Die erste Forschungsreise, an der ich teilnahm, fand vom 6. April bis 6. Mai 1965 statt. Mit elf Wissenschaftlern und Technikern war die »Penck« bis an die Grenze des Möglichen belegt. Das Arbeitsprogramm dieser Expedition war sehr heterogen. Während der An- und Abreise zum Arbeitsgebiet in der Nordsee sollte der TS-Fühler – eine Sonde zur kontinuierlichen Registrierung der Wassertemperatur und

Der Autor auf der »Penck«, 1965

des Salzgehalts – erprobt werden. Im Seegebiet der Ostkante, einem wichtigen Fangplatz für die Heringsfischerei vor der norwegischen Westküste, waren orientierende ozeanographische Untersuchungen vorgesehen, die in den Jahren 1966 - 1969 auf speziellen Ostkanten-Reisen fortgesetzt wurden. Unsere eigentliche Aufgabe war jedoch die Gewinnung von Sedimentproben, 4 - 8 m langen Bohrkernen, in der Deutschen Bucht. Fahrtleiter der Expedition war daher ein Meeresgeologe. Für die Absicherung der Aufgaben waren, wie häufig auf meereskundlichen Forschungsreisen, Vertreter unterschiedlicher Fachrichtungen erforderlich.

Die Reise begann mit Warten, weil die Geologen ihren Krempel nicht rechtzeitig an Bord bekamen. Die »Penck« konnte daher erst am späten Nachmittag auslaufen. Da es windig geworden war, ging das Schiff noch am Abend des gleichen Tages bei Stevens Klint (Ostküste der dänischen Insel Seeland) unter Landschutz. Für die nicht ständige Besatzung, die Forscher, war das gut zum Eingewöhnen auf See, denn vor Anker liegend sind die Schiffsbewegungen deutlich geringer als während der Fahrt.

Nach dem Abendbrot war Transitausgabe, wie lautstark über Bordfunk verkündet wurde. Dieser Verkauf steuerfreier oder -begünstigter Tabakwaren und Spirituosen, später auch Kaffee und Schokolade aus der DDR-Produktion, erfolgte durch den Funker. Eine Flasche Weinbrandverschnitt der Marke »Weinblattsiegel« oder Klarer, wegen seiner Nebenwirkungen ironisch »blauer Würger« genannt, kosteten knapp drei Mark, für eine Stange Zigaretten (200 Stück) der Marken Club, Karo oder F6 mußte man 4,50 bis 6,00 Mark bezahlen. Am gleichen Abend gab der Steward auch Bier und alkoholfreie Getränke aus. Bezahlt werden mußte in bar am Ende der Reise.

Obgleich ich müde war und Kopfschmerzen hatte, erklärte ich mich auf Anfrage mit forschem Ton bereit, an einer Skatrunde teilzunehmen. Transitschnaps und Bier rührte ich vorsichtshalber nicht an. Trotzdem spielte ich unkonzentriert, es waren wohl die ungewohnten Schiffsbewegungen, die mich ablenkten. Da auch der seeerfahrene Chemiker, mit dem ich die Kammer teilte, ein Unwohlsein verspürte, suchten wir relativ frühzeitig unsere Kojen auf. Das war nun mein erster Abend auf See. Am nächsten Morgen fühlte ich mich wieder fit. Da der Wind nachgelassen hatte, wurden wir früh aus der Koje gescheucht.

Die Arbeiten begannen mit der Erprobung des neuen, selbstauftauchenden Stechrohres, das sich durch Vibrationen in den Meeresgrund einbohrt. Der Auftrieb wurde durch das Einblasen von Preßluft in einen gefluteten Behälter (Ellipsoid) aus Aluminium erzeugt. Die Ozeanographen waren an diesem Experiment nur als Zuschauer beteiligt. Gleich beim ersten Versuch hatten die Geologen Pech, weil das Stechrohr mit dem Unterwasserschiff kollidierte und dabei verbogen wurde. Da wir ohnehin nach Kopenhagen mußten, um eine in den Kriegswirren in Berlin (Ost) gelandete, antike Fremdsprachen-Sammlung an die Königlich-Dänische Akademie zurückzugeben, wurde beschlossen, das Stechrohr dort reparieren zu lassen. Nach Genehmigung der dafür erforderlichen Valuta durch das Warnemünder Institut liefen wir am nächsten Morgen in Kopenhagen ein und machten an der »Langen Linie« fest.

Ich war natürlich sehr gespannt auf diesen, meinen ersten Hafen im Ausland. Aber dann kam die große Enttäuschung. Als Emigration (Fremdenpolizei) und Zoll das Schiff verlassen hatten, wurden wir in die Messe beordert. Dort teilten uns Kapitän und Expeditionsleiter mit, daß die dänischen Behörden nur der Stammbesatzung Landgangerlaubnis erteilt hatten, nicht jedoch den Expeditionsteilnehmern. Bei den Forschern war die Enttäuschung über diese Benachteiligung natürlich groß. Wir nahmen zwar nicht an, daß die Landgänger kontrolliert würden, haben uns aber trotzdem an die Festlegung gehalten. Für mich blieb es das einzige Mal, daß ich eine so diskriminierende Maßnahme miterlebte. Im Grunde genommen hing diese Schikane mit dem Ruf der »Penck« zusammen, ein kommunistisches Spionageschiff zu sein.

Wir haben uns fast drei Tage in Kopenhagen aufgehalten, so lange dauerte es, bis das Vibrationsstechrohr repariert und das Wörterbuch an die Königlich-Dänische Akademie übergeben war. Auch die Einschaltung dieser Einrichtung sowie eines leitenden Vertreters des Internationalen Rates für Meeresforschung (ICES), der seinen Sitz in Kopenhagen hat, nützte nichts, die dänischen Behörden blieben stur. Während wir tagsüber die Zeit totgeschlagen haben, wurde abends in der

Messe gefeiert. Mit dem Bootsmann hatten wir einen fleißigen Akkordeonspieler und Sänger an Bord, der mit seiner rauhen Stimme Shanties und Seemannslieder zum Besten gab. Er spielte unermüdlich und gönnte sich selbst zum Trinken von Schnaps und Bier keine Pause. Das brauchte er auch gar nicht, denn ohne die Hände von der Tastatur zu nehmen und das Akkordeon-Spielen zu unterbrechen, wurden ihm die alkoholischen Getränke von seinen sangesfreudigen Mitstreitern eingeflößt.

Wir waren froh, als das Schiff am Nachmittag des dritten Tages Kopenhagen verließ. Die einzige Sehenswürdigkeit, die ich bei diesem Hafenaufenthalt kennen gelernt habe, war die Bronzeplastik der auf einem Stein hockenden Meermaid, weil sie sich ganz in der Nähe unseres Liegeplatzes befand. Am Morgen des nächsten Tages waren wir im Skagerrak und begannen bei Windstärke 6 - 7 Bft (Beaufort; 11 - 15 m/s) und rauher See mit der Druckerprobung des TS-Fühlers. Die Sonde wurde mehrmals auf 400 - 500 m Wassertiefe gefiert (abgesenkt) und dabei einem Druck von 40 - 50 bar (~40 - 50 atm) ausgesetzt. Alles ging klar, der Drucksensor registrierte, ein Wassereinbruch erfolgte nicht, der Druckkörper war demnach dicht. Da ich am Abend vorher eine Kinetosintablette genommen hatte, ging es mir gut, so daß ich mich als Handlanger betätigen konnte, wegen der bisherigen Faulenzerei brannte ich geradezu auf Arbeit.

Nach der Geräteerprobung »dampften« wir nordwärts in Richtung Norwegische Rinne, unserem nächsten Arbeitsgebiet. Auf dem Weg dorthin frischte der Wind so stark auf, daß an Arbeiten nicht zu denken war. Das Schiff mußte Landschutz aufsuchen und lief in Kopervik, einem Fjordhafen in Südwest-Norwegen, ein. In diesem Hafen hatten wir keine Schwierigkeiten mit den Behörden und durften ohne Einschränkungen an Land gehen. Bei unseren Wanderungen in der Umgebung von Kopervik gewann ich einen ersten Eindruck von Norwegen mit seinen sauberen kleinen Hafenstädten, großen Brücken und zerklüfteten Fjorden. Nach drei Tagen – uns lief die

Flekkefjord/Norwegen, 1966

Zeit weg – starteten wir einen vergeblichen Versuch, zu unserem Arbeitsgebiet zu gelangen. Infolge des erneut auffrischenden Windes mußten wir umkehren und liefen in den näher zu unserem Arbeitsgebiet gelegenen Stols Fjord ein. Später gingen wir auf der Reede von Flekkefjord vor Anker. Um an Land zu kommen, mußte das Schlauchboot benutzt werden. Dadurch war der Landgang natürlich stark eingeschränkt. Aber das störte uns nicht sehr, den hatten wir ja die Tage vorher zur Genüge gehabt. Bei unseren späteren Forschungsreisen an die Ostkante hatten wir reichlich Gelegenheit, diesen versteckten Hafen und seine schöne Umgebung kennenzulernen.

Nach weiteren zwei Tagen zeichnete sich eine leichte Wetterbesserung ab, so daß wir einen erneuten Versuch wagten und am frühen Morgen unser Arbeitsgebiet an der Ostkante erreichten. In diesem Programmabschnitt waren ozeanologische Untersuchungen auf zwei Schnitten vorgesehen, von denen der eine auf 58°40'N lag. Die Messungen auf diesem Standardschnitt wurden bei allen späteren Untersuchungen an der Ostkante wiederholt.

In der Meeresforschung versteht man unter einem Schnitt, auch Profil genannt, Messungen auf fortlaufenden Stationen mit vorher festgelegten Positionen und Tiefen, deren horizontale (Entfernung) und vertikale (Tiefe) Abstände variieren können. Um die zeitlichen Variationen im Vergleich zu den räumlichen Veränderungen der untersuchten physikalischen und chemischen Größen möglichst gering zu halten, muß die Bearbeitung des Schnittes in möglichst kurzer Zeit erfolgen. Optimal wäre es, wenn die Messungen bzw. die Entnahme der zu untersuchenden Wasserproben zeitgleich erfolgen könnten. Aber dazu müßte auf jeder Station ein Forschungsschiff liegen, was natürlich irreal ist. Auf den Schnitten, die von uns bearbeitet werden sollten, variierte die Entfernung der Stationen zwischen 5 und 10 sm (Seemeilen; 1 sm = 1,852 km), während die Abstände bei den Meßtiefen zwischen 10 und 50 m lagen; in der Regel sind sie in der Oberflächenschicht geringer als im homogeneren Tiefenwasser. Für die Ansteuerung der Stationen ist die Schiffsführung verantwortlich, die Einhaltung der Meßtiefen oblag den Ozeanographen.

Während der ersten Jahre meiner Tätigkeit am Warnemünder Institut wurden noch die mit Thermometern bestückten Kippwasserschöpfer nach Nansen eingesetzt. Ich habe also die Ozeanographie von der Pieke auf gelernt. Die Nansen-Schöpfer wurden in den vorgegebenen Tiefenabständen an einen 6 mm »Draht« (Stahlseil) geklemmt (befestigt) und mittels einer Winde auf Tiefe gefiert. Nach zehn Minuten, in denen sich die Thermometer an die Wassertemperatur anglei-

Am Nansen-Wasserschöpfer, 1969

chen, werden die Schöpfer durch ein am Draht hinuntergleitendes Fallgewicht ausgelöst. Dabei drehen sie sich um 180 Grad und werden geschlossen. Durch diesen Kippvorgang wird außerdem der Quecksilberfaden des Thermometers abgerissen, so daß ähnlich wie bei einem Fieberthermometer die Temperatur in der Meßtiefe angezeigt wird. Jedes Fallgewicht löst ein weiteres aus und leitet damit den Kippvorgang des nächsten Schöpfers ein. Da das Fallgewicht etwa 60 m pro Minute zurücklegt, dauert es bei einer Tiefe von 600 m rund zehn Minuten, bis der unterste Schöpfer ausgelöst worden ist. Danach erfolgen das Hieven (Heben) und Abklemmen der Schöpfer sowie deren Unterbringung in speziellen Halterungen. Anschließend werden die Wassertemperaturen mittels Lupe abgelesen und die Wasserproben in gut gespülte Flaschen abgefüllt.

Der Umgang mit den Wasserschöpfern war eine körperlich schwere Arbeit, die ebenso wie die Bedienung des Kontrollers – der Steuersäule zum An- und Abstellen der Winde und zur Variation ihrer Geschwindigkeit – Konzentration und Erfahrung erforderte. Da war es gut, daß ich einen erfahrenen Kollegen an meiner Seite hatte, der mich in die Besonderheiten dieser Arbeit einwies.

Der Windenraum der »Penck« lag unter Deck. Die Wasserschöpfer wurden durch eine Seitenluke, die nur auf Station geöffnet war, ausgebracht. Auf Station driftet (treibt) das Schiff bei abgestellter Maschine dwars (quer) zur Windrichtung. Gearbeitet wird luvseitig, d.h. auf der dem Wind zugewandten Seite, weil die Geräte andernfalls unter das Schiff geraten würden. Das Freibord der »Penck« betrug im Windenraum nur etwa 2 m, so daß die See bei schlechtem Wetter reinlangte. Wenn es gerade noch einmal gut gegangen war, wurde das als »Oberkante Unterlippe« bezeichnet. Gelegentlich standen die Wachgänger jedoch im Wasser. Vorsichtshalber wurden daher Gummistiefel und Ölzeug angezogen. Ich trug einen langen, wasserdichten Mantel aus schwarzem, wachstuchähnlichen Material, der mich auf allen Reisen begleitet hat und erst mit dem Ende meiner Tätigkeit am Warnemünder Institut ausrangiert wurde. Zusammen mit einem Seesack wurden uns diese Sachen ebenso wie ein Rollkragenpullover und eine Wollpudelmütze, beides in dunkelblau, sowie Arbeitshandschuhe und Marine-Bordpäckchen, das ich nie getragen habe, als Arbeitsschutzbekleidung kostenlos vom Institut zur Verfügung gestellt.

Eindringendes Seewasser führte gelegentlich zu Kurzschluß im Kontroller. Dann stand die Winde, und die Arbeiten mußten unterbrochen werden, bis die Kontakte ausgetauscht worden waren. Ab einer Windstärke von etwa 6 Bft wurde der Drahtwinkel infolge der Schiffsdrift so groß, daß das Anklemmen der Wasserschöpfer Schwierigkeiten machte. Außerdem wurden die im Windenraum arbeitenden Ozeanographen zunehmend durch reinschwappendes Seewasser gefährdet. Dann wurde das Schiff durch langsame Fahrt gegenan auf Position gehalten und bot Schutz vor den nunmehr von vorn kommenden Brechern. Wenn der Wind Sturmstärke (<8 Bft) erreichte, mußten die Arbeiten wegen Gefährdung von Menschen und Material eingestellt werden.

Wasserproben, die auf ihren Nährstoffgehalt analysiert werden sollen, müssen innerhalb von zwölf Stunden aufgearbeitet werden, weil biochemische Prozesse zu Verfälschungen führen können. Die Chemiker arbeiteten daher ihre Proben während der Fahrt von einer Station zur nächsten auf. Dafür hatten wir je nach Entfernung eine halbe bis eine Stunde Zeit. Bei gutem Wetter und ruhiger See ist diese Zeit ausreichend. Gegen Ende unserer Untersuchungen an der Ostkante, war das Wetter jedoch so schlecht geworden, daß wir mit der Aufarbeitung der Proben nicht mehr nachkamen, sei es, daß die Analytik nicht mitspielte oder die Glaskolben von der Back fielen, sei es, daß wir körperlich fix und fertig waren.

Als wir am 20. April die letzte Station beprobt hatten und südwärts zu unserem nächsten Arbeitsgebiet in die Deutsche Bucht dampften, sind die Chemiker zunächst einmal in die Koje gegangen, obgleich die Proben des letzten Schnittes noch ihrer Aufarbeitung harrten. Am nächsten Tag war die Welt wieder in Ordnung, zumindest was das Wetter anbelangte, der Wind war abgeflaut, und die See hatte sich beruhigt. Innerhalb von sechs Stunden hatten wir die restlichen Wasserproben aufgearbeitet, und, was besonders wichtig war, die Meßwerte sahen vertrauenswürdig aus. Bei schlechtem Wetter hätten wir uns doppelt so lange quälen müssen und die Werte wären nur halb so gut gewesen, diese für einen Meereschemiker wichtige Beziehung zwischen Seegang, Arbeitsaufwand und Datenqualität habe ich bereits auf meiner ersten Reise kennengelernt.

Inzwischen hatte das Schiff das eigentliche Arbeitsgebiet in der Deutschen Bucht erreicht. Hier kamen die Geologen zum Zuge. Sie wollten mittels Stechrohrkernen die früheren Mündungsgebiete von Elbe und Rhein erkunden, die sich vor einigen Jahrtausenden viel weiter nördlich befanden und heute 30 bis 40m unter der Meeresoberfläche liegen. Als wichtiges Charakteristikum ehemaliger Flußmündungsgebiete gelten Torfschichten, die in sandige Sedimente eingebettet sind.

Als die Chemiker noch fleißig analysierten, hatten die Geologen bereits mit der Arbeit begonnen. Erste Versuche mit dem langen, selbstauftauchenden Vibrationsstechrohr schlugen fehl, weil der Untergrund zu fest war. Daher wurde das kürzere Vibrationsstechrohr klargemacht, das sich in einem auf dem Grund aufsetzenden Gestell befand und mittels eines Stahlseils abgesenkt bzw. gehoben wurde. Das Schiff mußte dazu vor Anker liegen. Mit dieser Technik waren bereits in der Ostsee gute Erfahrungen gemacht worden. Nach einigen Versuchen wurden tatsächlich Bohrkerne gefunden, die mit Torfschichten durchsetzt waren, der »Obergeologe« war begeistert von diesem Erfolg. Fast aus dem Häuschen geriet er jedoch, als einmal sogar ein Jahrtausende alter Baumstumpf angestochen wurde.

Die Probennahme verlief nicht immer problemlos. Nach einem Haker kam das Gestell des Stechrohrs ziemlich deformiert aus dem Wasser, es hatte mit einem Wrackteil oder einem anderen Unterwasserhindernis kollidiert. Die Reparatur ließ sich mit Bordmitteln durchführen, dauerte aber einen halben Tag. Während dieser Arbeiten ähnelte das Arbeitsdeck einem Lager für rostiges Alteisen, jetzt verstand ich den Spitznamen »Schrott und Schäkel« für die Abteilung Meeresgeologie.

Die Hydrographen hatten während der geologischen Arbeiten wenig zu tun, allenfalls, daß wir an die Geien durften, um beim Ausschwenken des Ladebaums zu helfen. Da wegen des schwierig zu handhabenden Stechrohres nur bei Tageslicht gearbeitet werden konnte, war des Nachts Ruhe in dem vor Anker liegenden Schiff, selbst der Jockel (E-Generator) wurde abgeschaltet, und nur die Notbeleuchtung brannte. Zeitweise herrschte jetzt Flaute, und die See war fast spiegelglatt. Dank dieses Forscherwetters erhielten die Geologen so viele Bohrkerne, daß ihre Abteilung über Jahre hinaus mit Arbeit eingedeckt war. Da wir inzwischen bis in das Gebiet der ehemaligen Rheinmündung vorgedrungen waren und das Trinkwasser knapp wurde, liefen wir Ende April Ijmuiden in Holland an. Dieser kleine Fischereihafen liegt nicht weit von Amsterdam entfernt. Anfängliche Befürchtungen, daß wir das Hafengebiet von Ijmuiden nicht verlassen dürften, bewahrheiteten sich nicht. Der Makler, der unser Schiff betreute, brachte gleich bei seinem ersten Besuch an Bord Landgangscheine mit. Worauf wir jedoch warten mußten, war das Handgeld, das jedem Seemann zur Verfügung stand, um sich in ausländischen Häfen bewegen zu können. Wissenschaftler und Schiffsoffiziere erhielten einen US $, damals 4,80 DM, pro Tag, Technikern und Matrosen standen täglich 3,60 DM zur Verfügung. Als der Dollar an Wert verlor, wurde die Berechnung auf DM-Basis umgestellt. In Holland mußten wir Handgeld aufnehmen, um kleine Einkäufe erledigen und mit dem Vorortzug nach Amsterdam fahren zu können. Es wurde Mittag, bis der Makler endlich die dringend erwarteten Gulden brachte. Inzwischen hatten wir die schon Umgebung unseres Liegeplatzes erkundet und festgestellt, daß es bis zur nächsten Bahnstation mehr als 6km waren. Wir nahmen jedoch lieber einen gut einstündigen Fußmarsch in Kauf, als Geld für ein Taxi auszugeben. Diese Erwägungen spielten – solange die DDR existierte – auch bei allen späteren Forschungsreisen, auf denen westliche Häfen angelaufen wurden, eine Rolle. Denn bei uns ging es ja um harte Devisen, die wir nutzbringender verwenden konnten.

Wegen der fortgeschrittenen Zeit verschoben wir unseren Ausflug und machten uns erst am nächsten Morgen, versehen mit einem Freßpaket, nach Amsterdam auf. Von der S-Bahn aus sahen wir große Tulpenfelder, die kurz vor der Blüte abgemäht wurden, um das Wachstum der Zwiebeln zu fördern. Abgesehen von einer einstündigen Grachtenrundfahrt haben wir Amsterdam *per pedes apostulorum*, wie der Lateiner sagt, erkundet. Trotz der halbnackt im Fenster sitzenden Frauen, die auf Kundschaft warteten, der Porno-Shops und der Gammler – alles Dinge, die uns als DDR-Bürgern fremd waren – habe ich Amsterdam wegen seiner vielen architektonischen Sehenswürdigkeiten in guter Erinnerung. Obgleich Devisen knapp waren, habe ich viele Postkarten aus Amsterdam verschickt, nicht nur an die Familie, sondern auch an mein früheres Institut in Berlin-Friedrichshagen. Letzteres vor allem aus Angabe, um zu zeigen, daß mir die Welt

Amsterdam, 1965; Gracht

Amsterdam, 1965; Drehorgel

jetzt offen stand. Diese Eitelkeit habe ich mir in den folgenden Jahren auch in anderen Häfen geleistet.

Voll neuer Eindrücke, jedoch völlig fertig und fußlahm machten wir uns am späten Nachmittag auf den Heimweg. Zunächst waren wir froh, als wir zum Bahnhof zurückgefunden hatten und im richtigen Zug saßen. Aber das dicke Ende, der Fußmarsch zurück zum Schiff, stand uns ja noch bevor. Die letzten Kilometer sind wir mehr gekrochen als marschiert. So wie in Holland ist es uns später auch bei anderen Hafenaufenthalten und Ausflügen ergangen. Wir zogen am frühen Morgen los und trudelten spät abends schach-matt wieder an Bord ein.

Der 1. Mai, den wir bereits wieder auf See verbrachten, wurde am Morgen mit einem Fahnenappell feierlich begangen. Für die Stammbesatzung unserer Schiffe, die mit Uniformen der Handelsmarine ausgestattet war, galt aus diesem Anlaß Uniformzwang. Krönung des Tages waren jedoch das besonders gute Festtagsessen sowie Kaffee und Kuchen am Nachmittag. Im Laufe der Jahre habe ich noch viele staatliche Feiertage, nicht nur anläßlich des 1. Mai, sondern auch des 7. Oktober, des Gründungstages der DDR, auf See erlebt. Wenn das Wetter es zuließ, wurden an solchen Tagen neben Fahnenappell und Ansprachen auch Luftgewehr-Schießwettkämpfe und andere sportliche Wettbewerbe durchgeführt.

Da unsere Schiffe den Nord-Ostsee-Kanal aus Kostengründen nicht benutzen durften, mußte der zweitägige Umweg an Skagen vorbei und durch den Großen Belt oder Öre Sund in Kauf genommen werden. Das war auch auf meinen späteren Reisen so, ich bin daher nie durch den Nord-Ostsee-Kanal geschippert. In den Weichboden-Sedimenten der Lübecker Bucht gelang endlich auch die erfolgreiche Erprobung des selbstauftauchenden Vibrationsstechrohrs, die Geologen erhielten zu ihrer großen Genugtuung einen 9 m langen Bohrkern.

Am Abend vor dem Einlaufen ging die »Penck« auf der Warnemünder Reede vor Anker, die Behörden und die Fahrzeuge zum Abrüsten waren für den Morgen des nächsten Tages bestellt. Unsere Gerätschaften hatten wir bereits während der Heimreise in Kisten verstaut. Jetzt galt es nur noch, den Seesack zu packen und die Zollerklärung auszufüllen. In letztere mußten vor dem Einlaufen in den heimatlichen Hafen alle im Ausland erworbenen Waren eingetragen werden. Kopfzerbrechen bereitete mir eine relativ große Kaffeemenge, die ich, wie einige andere auch, preiswert über den Makler erworben hatte. Ein Kollege verriet mir ein hundertprozentig sicheres Versteck: Hinter der Deckenleuchte der Kammer sollten sich seitliche Hohlräume befinden, in denen Schmuggelgut versteckt werden könne. Um an dieses Versteck ran zu kommen, mußte allerdings die Lampenhalterung von der Decke abgeschraubt werden. Vorsichtshalber habe ich den Kaffee dann doch in die Zollerklärung eingetragen, es kamen auch keine Beanstandungen seitens des Zolls. Das Versteck hinter der Deckenleuchte habe ich mir jedoch gemerkt und bei späteren Anlässen gelegentlich benutzt, ohne daß es von hiesigen oder ausländischen Zollbehörden entdeckt wurde.

Abends wurde uns vom Kapitän das nicht in Anspruch genommene Handgeld ausgezahlt und eine Devisenbescheinigung ausgestellt. Bei mir kamen etwa 25 US$ zusammen, das entsprach nach dem damaligen Wechselkurs etwa 120 DM, für die ich unter Vorlage der Devisenbescheinigung im so genannten »Basar« zollfreie Waren, vor allem Spirituosen, Tabakwaren und Kaffee, erwerben konnte. Anders als beim heutigen »Duty Free«-Handel waren diese Waren zu DDR-Zeiten wirklich zollfrei. So kostete eine Flasche Bols Weinbrand, Asbach Uralt, Bommerlunder oder echter Schottischer Markenwhiskey (z.B. Black and White) nur zwischen vier und sieben D-Mark, für eine Stange (200 Stück) deutscher oder amerikanischer Markenzigaretten zahlte man fünf bis sechs D-Mark und für ein Kilogramm Markenkaffee von Jacobs zehn D-Mark. Bis zum Ende der DDR habe ich unseren Kaffee- und Schnapsbedarf aus dem Basar gedeckt. Um von der Dollarabwertung und anderen Devisenschwankungen unabhängig zu sein, wurden später Basar-Gutscheine eingeführt, die anstelle des übrig gebliebenen Handgeldes ausgegeben wurden. Diese Basar-Scheine entsprachen in ihrer Wertigkeit der D-Mark und waren zwischen 50 Pfennig und 100 Mark gestückelt.

Vor dem Einlaufen mußte in der Zoll- und Devisenliste durch Unterschrift bestätigt werden, daß wir alles ausgeführte Geld sowie die Photoapparate und andere Utensilien wieder nach Hause mitbrachten. Damit waren die wichtigsten Einreiseformalitäten vorbereitet. Um das Abmustern und die Rückführung unserer Seefahrtsbücher in die Kaderabteilung der Instituts kümmerte sich die Schiffsleitung.

Der letzte Abend vor dem Einlaufen in den Heimathafen ist mir sehr lang vorgekommen. Wie die meisten anderen auch wurde ich von zwiespältigen Gefühlen gequält. Einerseits konnte ich es kaum erwarten, Frau und Kinder in die Arme zu schließen. Andererseits hatte ich Angst, daß zu Hause etwas nicht in Ordnung ist, und sei es nur, daß jemand krank ist. Die Folgen sind Appetit- und Schlaflosigkeit. Wenn das Schiff endlich an der Pier liegt und einklariert ist, muß zunächst abgerüstet werden. Zumeist wurde es Mittag, ehe alles erledigt war und der Nachhauseweg angetreten werden konnte, immer vorausgesetzt, daß man nicht vorher noch ins Institut beordert wurde. Aber das war glücklicherweise nur selten der Fall.

Abgesehen von der wirklich harten Arbeit im Gebiet der Ostkante, bin ich während meiner ersten meereskundlichen Expedition kaum gefordert worden. Trotzdem sind mir die vier Wochen auf See wie im Fluge vergangen, weil für mich nahezu alles neu war. Letzteres ist auch der Grund, so ausführlich über die Arbeitsorganisation und das tägliche Leben an Bord zu berichten. Viele dieser Informationen sind allgemeiner Natur und gelten nicht nur für die Tätigkeit auf Forschungsschiffen. Bei meinen weiteren Seereisen kann ich mich daher auf ergänzende Ausführungen beschränken.

Im Herbst des gleichen Jahres nahm ich an Bord der »Penck« an noch einer Reise teil, die gut drei Wochen dauerte und in die zentrale Ostsee führte. Ziel dieser Reise war die weitere Erprobung des TS-Fühlers. Expeditionsleiter war daher der Diplom-Ing. Dr. Friedrich Möckel, ein sächselnder, gebürtiger Hamburger. Dr. Möckel hat sich am Institut für Meereskunde bleibende Verdienste um die Entwicklung der Meßtechnik erworben, insbesondere bei der Konzipierung und dem Bau einer neuen Generation von Tiefseesonden.

Für die Erprobung des TS-Fühlers, ein Vorläufer dieser Sonden, war tiefes Wasser erforderlich. Daher wurden nur die tiefsten Stellen, die »Mulden«, in den verschiedenen Ostseebecken angelaufen, so daß diese Reise als Muldenfahrt in die Analen des Instituts einging. Die von mir während dieser Reise vorgesehenen Untersuchungen galten der weiteren Erforschung von Ionen-Anomalien im Brackwasser der Ostsee. Während meine beiden Techniker den Salzgehalt bestimmten und die Kalzium- und Magnesiumanalysen durchführten, oblag mir die Bestimmung der Alkalinität (Säurebindungsvermögen), ein auf See etwas kniffliges und langwieriges Verfahren, weil auf einer elektrischen Kochplatte die durch Säure freigesetzte Kohlensäure verkocht werden mußte. Daneben waren wir natürlich für die Entnahme der Wasserproben verantwortlich.

Der erste Hafen, den wir zur Wasserversorgung anliefen war Mariehamn auf den Åland-Inseln. Diese zu Finnland gehörende Inselgruppe räumt der dort lebenden schwedischen Minderheit autonome Rechte ein, die sich auch in einer eigenen Flagge widerspiegeln. Der Hafen von Mariehamn hatte damals nur hölzerne Anlegebrücken für Fähren und andere Schiffe, und viele Straßenzüge in der Stadt waren noch mit Holzhäusern bebaut. Eine Holzpier war auch Liegeplatz für die Viermast-Bark »Pommern«, einem Museumsschiff, in dessen Nachbarschaft die »Penck« festmachte. Ich hatte mir auf dieser Reise einen Bart wachsen lassen, den ich trotz lästernder Bemerkungen – meine neue männliche Zierde wurde als Ziegenbart bezeichnet – und bevorstehenden Landgangs nicht abrasiert habe.

Mariehamn/Ålandinseln, 1965, Holzhausidylle

Ganz in der Nähe unseres Liegeplatzes befand sich ein hölzerner »Tanzschuppen«, dessen Besuch wir uns für den Abend vorgenommen hatten. Bevor wir uns jedoch ins Vergnügen stürzten, haben wir uns an Bord Mut angetrunken. Außerdem nahm jeder von uns Transitschnaps mit, den wir in 0,25 l Probenflaschen abgefüllt hatten. Da wir das Eintrittsgeld sparen wollten, sind wir mittels Räuberleiter durch ein offenes Fenster in den Saal eingestiegen, der letzte wurde reingehievt. In dem allgemeinen Tohuwabohu, das im Lokal herrschte, fiel das nicht weiter auf. Wodurch wir jedoch Aufsehen erregten, war unsere zunehmende Lustigkeit, ohne daß wir alkoholische Getränke bestellten. Wir wurden daher bald des Lokals

Mariehamn/Ålandinseln, 1965; Museumsschiff »Pommern«

verwiesen. Nur der »schöne« Ingo, einer unserer Expeditionstechniker, konnte bleiben. Er hatte bereits an einem anderen Tisch seinen Haken angeschlagen und erschien erst am Nachmittag des nächsten Tages kurz vor dem Auslaufen wieder an Bord. Gebracht wurde er in einem protzigen Mercedes mit einer flotten Biene am Volant.

Ingo hatte nicht nur ein Herz für schöne Frauen, sondern auch für Vögel, die sich als Irrläufer völlig erschöpft an Bord niederließen, um zu rasten. Bereits auf unserer ersten gemeinsamen Reise in die Nordsee hatte er etliche Vögel, darunter Tauben und sogar ein Käuzchen, in Pappkartons und Waschbecken, die mit Netzen überspannt waren, »zwischengelagert«, um sie in Landnähe frei zu lassen. Besonders während der Ostseereisen im Herbst benutzten viele kleine Piepmätze, wie Zaunkönig und Goldammer, das Schiff als Rastplatz, die meisten von ihnen werden es infolge Entkräftung wohl nicht bis zum rettenden Festland geschafft haben. Jahre später, als wir eines Nachts in der zentralen Ostsee ankerten, ließ sich ein großer Schwarm Stare auf der hell erleuchteten »Penck« nieder. Die Vögel saßen dicht bei dicht in den Wanten und haben sehr zum Ärger des Bootsmannes das Deck vollgesch…en. Sie wurden deshalb durch das laute Signal des Typhons verscheucht.

Mit der Åland-See hatten wir den nördlichsten Teil unseres Operationsgebietes erreicht, jetzt führten uns die Arbeiten südwärts, ins Gdánsker (Danziger) Becken. In Gdynia (Gdingen), unserem nächsten Versorgungshafen, wollte ich mit Unterstützung von Dr. Möckel Kontakt zum staatlichen Institut für Meteorologie und Hydrologie (IMGW) aufnehmen. Ein Besuch mit Bart erschien mir in diesem Zusammenhang unpassend, ich habe mich deshalb vorher rasiert. Das Schiff lag am Pomorske-(Pommern-)Kai. Im IMGW machte Dr. Möckel mich mit den leitenden physikalischen und chemischen Ozeanographen bekannt. An Einzelheiten meines ersten Besuchs in diesem Institut erinnere ich mich nicht mehr. Um so nachhaltiger sind jedoch die Eindrücke von den Ausflügen, die wir unter Führung von Dr. Möckel, der keine Reise ohne Baedeker antrat, unternommen haben. Die dafür erforderlichen Złoty haben wir uns von der alten Frau Pokrewka, die gut deutsch sprach, beschafft. Sie betrieb gegenüber dem Bahnhof von Gdynia einen kleinen Laden gemäß dem Motto, »ist der Handel noch so klein, bringt er doch mehr als Arbeit ein« und handelte mit allem, was sich anbot. Jeder von uns verkaufte ihr eine Flasche Transit-Schnaps im Wert von drei Mark für 100 Złoty. Im Verhältnis zum offiziellen Wechselkurs, der 1965 noch 1:6 betrug, war das natürlich äußerst günstig. Daß wir damit gegen die Zollbestimmungen der DDR und der VR Polen (VR für

Volksrepublik) verstießen, ist mir erst im Nachhinein klar geworden. Wegen der Unannehmlichkeiten, die damit verbunden sind, wenn man erwischt wird, habe ich mir später meine Złoty auf anderem Weg besorgt.

Mit der Landeswährung versorgt fuhren wir zunächst mit der S-Bahn nach Sopot, besichtigten die imposante Seebrücke und badeten FKK am Strand dieses ehemals mondänen Ostseebades. In Gdánsk war ich beeindruckt von der Rekonstruktion der im Krieg stark zerstörten Stadt. Zurück nach Gdynia fuhren wir nicht mit der S-Bahn, sondern benutzten die Straßenbahn, die noch die alte Linienführung wie vor dem Kriege hatte. Dank des Baedekers bereitete uns das zwei- oder dreimalige Umsteigen keine Schwierigkeiten. In Oliwa unterbrachen wir die Fahrt, um in der dortigen Kathedrale die große Rokoko-Orgel zu bewundern.

Abends besuchten wir den Internationalen Seemannsklub, der sich in der Nähe unseres Liegeplatzes befand. Im Zusammenhang mit diesem Besuch erinnere ich mich vor allem an die steile Treppe, die man hinunter mußte, um in die überfüllten und verrauchten Gemächer des Klubs zu gelangen. Nach dem Genuß einiger Flaschen polnischen Bieres, das übrigens nicht schlecht schmeckte, langte es uns, und wir zogen ab, vor allem auch, weil wir am nächsten Tag früh los wollten, um die an der Nogat gelegene Marienburg (polnisch: Malborg) des ehemaligen Deutschen Ritterordens zu besichtigen. Doch vorher mußte ich mir noch die letzten Wasserproben vornehmen, deren Aufarbeitung ich vor dem Einlaufen in Gdynia nicht mehr geschafft hatte. Da hieß es morgens um vier Uhr aufstehen. Der Steuermann, der Nachtwache hatte, sah auf einem seiner Kontrollgänge auch ins Chemielabor und leistete mir Gesellschaft; das hatte er noch nicht erlebt, daß im Hafen zu so früher Stunde bereits analytisch gearbeitet wurde. Zum Frühstück war ich fertig und konnte mich daher den Ausflüglern anschließen. Nach Malborg fuhren wir mit der Polnischen Staatsbahn. Der Bahnhof von Gdynia, wo wir unsere Reise antraten, war damals bereits mit einer großen elektrischen Digitaluhr über der Eingangstür ausgestattet. Es war die erste Uhr dieser Art, die ich sah. Die Besichtigung der Marienburg, die nach ihrer

Danzig, 1965, Krantor

Marienburg, 1965

Zerstörung im 2. Weltkrieg rekonstruiert worden war und auch ein Bernsteinmuseum beherbergte, war sehr beeindruckend und dauerte etwa drei Stunden. Danach haben wir am Ufer der Nogat gesessen und unsere Stullen verzehrt, die wir uns als Mittagsbrot vom Schiff mitgebracht hatten. Nach einem kurzen Rundgang durch das Städtchen mußten wir uns wieder auf den Weg nach Gdynia machen, denn am frühen Abend sollte zur Heimreise ausgelaufen werden.

Anläßlich von Hafenaufenthalten, Tagungen und Beratungen war ich später noch oft in Polen; Gdynia war in den 1960er und 1970er Jahren fast so etwas wie ein zweiter Heimathafen der »Penck«. So interessant wie bei meinem ersten Besuch ist es jedoch nie wieder gewesen. Die touristischen Attraktionen verloren an Interesse, weil man durch den günstigen illegalen Wechselkurs gut in Polen einkaufen konnte. Trotz des begrenzten Warenangebots gab es Dinge, die es zu kaufen lohnte, so daß die Erledigung meiner Wunschliste immer viel Zeit beanspruchte.

Für den letzten Reiseabschnitt der Muldenfahrt waren nur noch ergänzende Messungen vorgesehen, die quasi im Vorbeifahren erledigt wurden. Wir kamen daher gerade noch rechtzeitig zum 7. Oktober, dem Jahrestag der DDR, nach Hause. Am Vorabend dieses Feiertages wurden wie üblich in DDR-Zeiten Reden gehalten und Werktätige für »besonders« gute Arbeitsleistungen ausgezeichnet. An diesen offiziellen Teil schloß sich ein geselliges Beisammensein an, bei dem mit Kaffee und Bockwurst, vor allem aber mit alkoholischen Getränken, nicht gespart wurde. Drei Tage nach Rückkehr von See fühlte ich mich noch ganz als Seemann und habe kräftig mitgefeiert. Als der Bootsmann seine Treckfiedel hervorholte und Seemannslieder spielte, haben einige Kollegen und ich ihn gesanglich begleitet. Ein Glück, daß die anderen so begeistert und laut sangen, da gingen meine Mißtöne unter. Dr. Klaus Voigt hatte damals gerade Prof. Bruns abgelöst und war amtierender Direktor geworden. Obgleich ich einen ziemlichen »Knick im Auge« hatte, erinnere ich mich seines amüsierten Lächelns, so als wenn er dachte, »na, der Nehring hat sich ja gut eingewöhnt«, und damit lag er gar nicht falsch!

Natürlich machte ich mir auch Gedanken um das Wohlergehen von Frau und Kindern sowie anderer Angehöriger zu Hause, aber Möglichkeiten einer aktiven Unterstützung hat man von See aus kaum. Die Telefongespräche, die der Funker nach längerer Wartezeit über Grenzwelle via Rügenradio vermittelte, waren oftmals eine Tortur, einerseits wegen der atmosphärischen Störungen, und andererseits, weil ich in meiner Aufregung vergaß, die Taste des Telefonhörers zu drücken. Schließlich war ich froh, wenn ich verstanden hatte, daß alle gesund sind. Heutzutage, wo die Seefunkgespräche über UKW, Mobiltelefon oder Satellit erfolgen, ist die Verständigung nahezu störungsfrei und die Verbindung viel einfacher herzustellen. Der Teilnehmer kann von der Brücke oder dem Funkraum aus wie mit einem normalen Telefon angewählt werden. Funker sind überflüssig geworden, ihre Aufgaben werden vom Wachoffizier mit erledigt.

Anfangs hatten wir zu Hause noch kein Telefon. Wenn ich mit meiner Frau telefonieren wollte, mußte das über meine Eltern erfolgen. Später, als meine Frau im Ostseestudio des Fernsehens der DDR arbeitete, habe ich sie auch dort angerufen. Einen eigenen Telefonanschluß bekamen wir erst Mitte der 1970er Jahre. Natürlich wurde auch jeder Hafen benutzt, um nach Hause zu schreiben, gelegentlich konnte auch heimkehrenden Schiffen oder Seeleuten Post mitgegeben werden. Die Briefe waren jedoch 1 - 4 Wochen unterwegs, so daß manche der darin enthaltenen Informationen bei ihrer Ankunft überholt waren. Außerdem war diese Korrespondenz einseitig, denn den Angehörigen zu Hause war nur selten bekannt, wann welcher Hafen angelaufen wurde. Als die Nord- und Ostseereisen später nach einem zumindest grob geregelten Zeitplan abliefen, hat meine Frau auf Verdacht an die betreffenden Hafenämter Briefe gesandt, die unter Forschungsschiff »Prof. Albrecht Penck« an mich adressiert waren, und die mir auch übermittelt worden sind, manchmal allerdings erst bei der nächsten Reise. Bei den mehrmonatigen Forschungsreisen waren Makleranschriften bekannt, an welche die Angehörigen ihre Post senden konnten.

Nach Rückkehr von See stürzen die privaten und dienstlichen Probleme, die sich während der Abwesenheit angehäuft haben, mit geballter Macht auf einen ein und dämpfen die Freude an der heiß ersehnten Rückkehr. Wenn nicht ganz dringliche Probleme anstanden, haben meine Frau und ich bis zum nächsten Tag mit ihrer Erörterung gewartet. Da auch die Institutsleitung, wenn irgend möglich, nicht sofort mit dienstlichen Angelegenheiten auf der Matte stand, sind wir zunächst in die Rostocker Umgebung gefahren, nach Heiligendamm, Nienhagen oder Diedrichshagen, mal mit den Kindern, mal ohne, um uns wieder aneinander zu gewöhnen. Danach ließ sich vieles leichter bereden.

Im Frühjahr 1966 war eine neue Institutsstruktur in Kraft getreten. In diesem Zusammenhang wurde Dr. Klaus Voigt zum Institutsdirektor ernannt. Voigt war 1934 in Plauen geboren und hatte von 1951-1955 an der Leipziger Universität Meteorologie studiert. Dem Rat von Bruns folgend, ging er anschließend ans Institut für Meereskunde nach Warnemünde. Als jungem Ozeanographen gelang Voigt 1959 an Bord des sowjetischen Forschungsschiffes »Michail Lomonossow« der Nachweis des Äquatorialen Unterstromes im Atlantischen Ozean durch direkte Messungen. Mit dieser für die damalige Zeit wichtigen Entdeckung promovierte er 1961. Diese Thematik war 1975 auch Inhalt seiner Habilitationsschrift.

Im Rahmen der Umstrukturierung erfolgte eine Gliederung des Instituts in die Abteilungen »Energie- und Stoffkreislauf«, »Observatorium und Meßwesen«, »Meeresgeologie und Küstenforschung« sowie »Gezeiten und Nautische Ozeanographie« (z.B. Gezeitentafeln und Seehandbücher). Außerdem wurde eine Abteilung »Meereskundliche Applikation und Nutzung« gebildet, zu deren Leiter Dr. Rudolf Schemainda ernannt wurde, gleichzeitig wurde er stellvertretender Institutsdirektor. Die Chemie und Biologie wurden der Abteilung Meereskundliche Applikation und Nutzung als Arbeitsgruppen eingegliedert. Obgleich ich dadurch meinen Status als Abteilungsleiter verlor, war ich nicht traurig, arbeitete ich doch jetzt zusammen mit Physikern und Biologen in einer problemorientierten Abteilung, deren Ziel die praktische Anwendung der Forschungsergebnisse war. Aufgrund seiner meereswissenschaftlichen Erfahrungen war Schemainda prädestiniert als Leiter dieser Abteilung. Er hatte den 2. Weltkrieg im Schwarzen Meer an Bord von Schnellbooten mitgemacht und war bei zwei oder drei Versenkungen nur knapp mit dem Leben davongekommen. In Bezug auf Seemannschaft konnte ihm keiner etwas vormachen. Nach dem Krieg hatte er in Halle Geographie studiert und dort mit einer Arbeit zur regionalen Ozeanographie promoviert. Bevor Bruns ihn 1961 ans Institut für Meereskunde holte, hatte er am Institut für Hochseefischerei und Fischverarbeitung in Rostock-Marienehe gearbeitet, was für unsere späteren Kooperationsbeziehungen zur Hochseefischerei der DDR von entscheidender Bedeutung war. Außerdem spielte Rudi Schifferklavier, konnte singen und kannte alle gängigen Seemannslieder, Shantys, Schlager und Lieder aus der Zeit von »Preußens Gloria«. Mann brauchte ihm nur den Titel zu nennen, schon legte er los, er kannte nicht nur den Text der ersten, sondern den aller Strophen.

»Eine Seefahrt, die ist lustig ...« – Meeresforschung an der Ostkante, 1966 - 1969

Vor der Westküste Norwegens befindet sich die Norwegische Rinne. In dieser markanten Vertiefung fällt der Meeresgrund auf über 250 m Tiefe ab. Der steile Anstieg auf der Westseite der Rinne wird als Ostkante bezeichnet und hat dem Seegebiet seinen Namen gegeben. Westlich davon liegt der nur etwa 100 m tiefe Fladengrund, der sich quer über die Nordsee bis nach Schottland erstreckt. Hydrographisch gesehen ist das Seegebiet vor der Westküste Norwegens dadurch gekennzeichnet, daß in der Rinne salzreicheres Nordatlantisches Tiefenwasser nach Süden vordringt, während in der Oberflächenschicht salzärmeres Wasser, das aus der Ostsee stammt, durch den Baltischen Strom nordwärts verfrachtet wird. Im salzärmeren Oberflächenwasser setzt die Frühjahrsentwicklung des Planktons früher ein als in der übrigen Nordsee. Die Heringe als Planktonfresser konzentrieren sich daher bereits im zeitigen Frühjahr in diesem Seegebiet, bis sich ihre Schwärme später, in Abhängigkeit von der Ausbreitung des Nahrungsangebots, über die ganze Nordsee verteilen.

Im Zeitraum 1966 - 1979 wurden von den Warnemünder Ozeanographen sechs meereswissenschaftliche Expeditionen in das Gebiet der Ostkante durchgeführt. Sie sollten klären, welche Beziehungen zwischen der Meeresumwelt und der Ergiebigkeit der Heringsfänge bestehen. Die Reisen fanden daher nur während der Fangsaison, d.h. vorrangig im Frühjahr, im geringeren Maße auch im Herbst und Winter, statt. Neben der Wassertemperatur sowie dem Salz- und Sauerstoffgehalt wurde auch die Nährstoff- und Planktonverteilung untersucht. Fangstatistische Daten steuerte das Institut für Hochseefischerei und Fischverarbeitung in Rostock-Marienehe bei. Die meisten der jeweils vier- bis fünfwöchigen Ostkantenreisen, die alle mit dem FS »Prof. Albrecht Penck« durchgeführt wurden, hat Rudi Schemainda geleitet. An fünf von ihnen habe ich teilgenommen. Auf den beiden ersten Reisen wohnte ich mit Rudi in derselben Kammer. Wir sind gut miteinander ausgekommen. Einmal hat er mich jedoch freundschaftlich zusammengestaucht, weil ich meine Koje nicht gebaut (gemacht) hatte, wer das nicht schafft, hängt erst recht bei schwierigen Situationen durch. Diese Lehre habe ich während meiner weiteren Fahrenszeit beherzigt.

Nach orientierenden Untersuchungen im Jahre 1965 fand die erste als solche deklarierte Ostkantenreise im Frühjahr 1966 statt. Das Schiff lief pünktlich aus. Nicht immer konnten die Reisen wie geplant beginnen. Neben schlechtem Wetter gefährdeten vor allem Besatzungprobleme den Auslauftermin. Die größten Verzögerungen traten jedoch ein, wenn die Werft ihre Termine nicht hielt. Oftmals tat sich in den ersten vier Wochen nach der vertraglich vereinbarten Anlieferung des Schiffes wenig. In den letzten 14 Tagen liefen sich die an Bord tätigen Werftarbeiter dagegen fast um. Wegen der anfänglichen Bummelei konnten die Arbeiten jedoch nicht termingerecht abgeschlossen werden, so auch im Frühjahr 1968, als wir erst mit zehntägiger Verspätung zur Ostkante aufbrechen konnten.

Die ozeanologischen Schnitte querten die Ostkante. Der wichtigste Schnitt, der genau westwärts verlief, lag auf 58° 40´N und reichte bis weit in das Gebiet des Fladengrunds. Da sich in dem querab vor Egersund liegenden Untersuchungsgebiet die Heringsschwärme konzentrierten, befand sich hier auch der Hauptteil der Fischereischiffe, darunter auch zahlreiche in der DDR beheimatete Logger und Kutter. Wenn die »Fischer am Fisch sind«, kennen sie keine Rücksicht. Oftmals kutschierten sie an der Ostkante mit ihren Fahrzeugen kreuz und quer über den Fangplatz, ohne sich an die geltenden Schiffahrtsregeln zu halten. Trotz des Signals für ausgesetzte Meßgeräte passierte es, daß eine »Tuckpartie« ihr Netz unter der »Penck« durchschleppte. Wir verloren dadurch vier Wasserschöpfer. Gelegentlich konnten wir auch die Sollposition einer Station nicht erreichen, weil dort dicht bei dicht Fischereifahrzeuge operierten und die Gefahr bestand, gerammt zu werden. Ganz schlimm wurde es, als die Norweger Ende der 1960er Jahre mit der Ringwadenfischerei begannen; da mußte aufgepaßt werden, daß unser Schiff nicht zusammen mit dem Heringsschwarm eingekesselt wurde.

Da unsere Ostkantenreisen entsprechend der Aufgabenstellung in die stürmischen Jahreszeiten fielen, mußten die Arbeiten häufig wegen schlechten Wetters abgebrochen werden. Arbeitstage und Ausfalltage hielten sich etwa die Waage, gelegentlich war das Verhältnis sogar noch ungünstiger. Um nach dem Abflauen des

Windes möglichst schnell wieder vor Ort zu sein, harrten wir bei günstigen Wetterprognosen im Arbeitsgebiet aus, indem das Schiff langsam gegen die Wellen andampfte, das bedeutete Abwettern. Oftmals brieste der Wind aber auch so schnell zur Sturmstärke auf, daß es uns nur mit Müh und Not gelang, in einem der vielen norwegischen Häfen und Fjorde unter Landschutz zu gehen. Glücklicherweise dominierten in den fraglichen Jahreszeiten Winde aus westlichen Richtungen, so daß wir bei aufkommendem Sturm relativ schnell die schützende Küste erreichten und uns »hinter einem Stein verkriechen« konnten. Aber die vier oder fünf Stunden, die das dauerte, hatten es in sich. Zwar machte das Schiff bei achterlicher See gute Fahrt und stampfte kaum. Dafür holte es aber um so mehr über, ich erinnere mich an Krängungswinkel von über 40°. Während das Schiff sich mehr und mehr zur Seite neigte, versuchten wir uns haltsuchend irgendwo festzuklemmen. Bei starker Krängung setzt sich alles, was nicht sicher verstaut ist, in Bewegung. Begleitet vom Fluchen des Stewards zerbarst Geschirr auf dem Boden von Messe und Pantry, Stühle rissen sich aus den Halterungen und sausten umher und Bierkisten kamen unter der Back hervorgeschossen. So schlimm wie auf den Ostkantenreisen habe ich die See nur selten erlebt. Angst, daß Schiff und Besatzung zu Schaden kommen könnten, habe ich jedoch nie gehabt.

Die in Norwegen häufig aufgesuchten Schutzhäfen waren Flekkefjord, Egersund und Haugesund. Weder in den Fjorden noch in den Häfen herrschte Lotsenzwang, weil überall tiefes Wasser vorhanden war. Nach dem ersten Anlaufen dieser Häfen navigierte der Kapitän nur noch mit Hilfe von Seekarten und Seehandbuch sowie der wenigen unscheinbaren Spieren und Feuer, die ein genaues Hinsehen erforderten. Gelegentlich war es beängstigend, wie dicht die »Penck« an den steilen Felswänden entlangfuhr. Es gab auch tatsächlich gefährliche Situationen. Als wir auf Eider-Reede, einem schmalen Fjord in der Nähe von Flekkefjord, ankerten, begann das Schiff morgens gegen fünf Uhr zu driften, weil der Anker nicht hielt. Kritisch wurde die Situation dadurch, daß die Hauptmaschine nicht ansprang und das Schiff sich gefährlich einer steil aufragenden Felswand näherte. Im Nachhinein versuchte der Norwegen-erfahrene 2. Steuermann die Gefahr zu bagatellisieren, die Schiffe der Deutschen Kriegsmarine hätten bei der Besetzung Norwegens im 2. Weltkrieg sogar an den Felswänden angelegt. Aber die waren ja gepanzert!

Wenn wir in einem dieser Häfen an die Pier gingen, unternahmen wir weite Wanderungen in die landschaftlich schöne Umgebung der Fjorde. Bei den Hafenaufenthalten in Norwegen wurde natürlich auch eingekauft, beispielsweise Matchbox Autos für die Kinder oder Schallplatten mit Shantys, insbesondere Platten von Freddy Quinn waren die großen Renner. Seemannslieder, die während der Sendung »Vom Binnenland zur Waterkant« (oder so ähnlich), ausgestrahlt wurden, ertönten außerdem jeden Sonnabend von 12.00 - 13.00 Uhr aus den Bordlautsprechern. Eigens zum Empfang dieser Sendung wurde auf den Deutschlandfunk umgestellt, obgleich uns der öffentliche Empfang von BRD-Sendern, die später sogar als Feindsender bezeichnet wurden, verboten war.

Auf unseren Ostkantenreisen wurde viel musiziert und gesungen. Wenn nicht gearbeitet werden konnte, griffen Rudi oder der Bootsmann zum Akkordeon und sangen dazu. Sie wurden dabei lautstark von uns begleitet. Auf diesen Reisen verspürte man noch einen Hauch von Seemannsromantik. Außerdem ist Gesang ein Zeichen für gute Stimmung an Bord. Wenn ich als Expeditionsleiter meinen Techniker im Labor singen hörte, wußte ich, daß die Analytik funktionierte und ich mir keine Sorgen zu machen brauchte.

Als die Arbeiten wieder einmal wegen schlechten Wetters abgebrochen werden mußten, ließen wir uns zu sieben oder acht Mann zusammengepfercht im engen Chemielabor der »Penck« nieder. In Erwartung baldigen Landschutzes und einer ruhigen Nacht wurde fröhlich gezecht und gesungen. Kurz vor Erreichen der Küste suchte uns der Kapitän auf, aber nicht etwa um mitzufeiern, sondern um uns mitzuteilen: »Der Wind ist weg, ich lasse beidrehen und zurück zum Arbeitsgebiet fahren. Wir sind in etwa vier Stunden auf der nächsten Station.« Das war eine unliebsame Überraschung, jetzt hieß es rasch in die Koje gehen, um getreu dem Motto »schlaf schneller Genosse« noch ein wenig der Ruhe zu pflegen und nüchtern zu werden. Kurz nach Mitternacht kamen wir auf der Station an, und die Nachtwache nahm müde und verkatert die Arbeit auf.

Wenn das Schiff wegen schlechten Wetters unter Landschutz lag oder wenn wir auf Ersatzteile aus Warnemünde warteten, wurde uns die Zeit lang. Ausflüge, Einkaufen und Fußballspielen reichten nicht aus, um die Tage auszufüllen.

Haugesund/Norwegen, 1966

Nach zwei Tagen hatte kaum noch jemand das Bedürfnis, an Land zu gehen. Auch die Aufbereitung der Daten und andere Restarbeiten wie Wartung und Eichung der Geräte waren inzwischen erledigt. Außerdem gab es keine Seezuschläge, wenn das Schiff an der Pier lag. In Flekkefjord, dem am häufigsten von uns aufgesuchten Hafen in Norwegen, war die Sache einfach zu lösen; die »Penck« machte kurz an der Pier fest, und der Kapitän oder der 1. NO gingen zum Orts-Sheriff, der als Hafenkapitän auch für die Zollformalitäten zuständig war, um uns anzumelden. War das erledigt und Wasser genommen, legte das Schiff ab und ging auf der kleinen Reede des Hafens vor Anker. Hier lag man selbst bei schwerem Sturm wie in Abrahams Schoß, der Fjord bot Schutz gegen Winde aus allen Richtungen. Da Flekkefjord auf jeder Ostkantenreise angelaufen wurde, kannten wir den Hafenkapitän bald so gut, daß wir unsere Post und gegebenenfalls Ersatzteile an seine Adresse schicken ließen.

Am schlimmsten war die Langeweile, wenn das Schiff tagelang auf Reede lag. Tagsüber vertrieben wir uns die Zeit mit Lesen und Schlafen. An den Abenden wurden Bordfeste veranstaltet oder Skat gespielt, alkoholische Getränke flossen in Strömen. Beim feuchtfröhlichen Feiern begleitete der Kapitän Rudis Akkordeonspiel und unseren Gesang durch rhythmisches Löffelgeklapper. In den Gesangspausen deklamierte Rudi Kuddeldaddeldu-Gedichte von Joachim Ringelnatz. Gelegentlich kamen auch Ruderboote längsseits der »Penck«, deren Insassen mit Kronenscheinen winkten und fragten, »ha'su Snaps?« Denn Norwegen gehörte zu den sogenannten trocknen Ländern, in denen alkoholische Getränke hoch besteuert und kontingentiert waren. Obgleich die Versuchung groß war, haben wir uns nicht dazu hinreißen lassen, billigen Transitfusel teuer gegen harte Währung zu verkaufen, zumindest ist keiner dabei erwischt worden. Der wichtigste illegale Umschlagplatz für Schnaps und Zigaretten an der norwegischen Westküste war damals Egersund. Wegen seiner günstigen Lage zum Fangplatz wurde dieser

»Hoch die Tassen«, mit Dr. Schemainda und Kapitän Harms (v.r.), 1966

Hafen von der Fischerei bevorzugt; bei schlechtem Wetter lagen die Fahrzeuge hier dicht bei dicht, so daß man nur schwer einen Liegeplatz bekam. Zusammen mit anderen DDR-Schiffen ist die »Penck« in diesem Hafen einmal von der Schwarzen Gang, dem Zoll, gefilzt worden. Trotz intensiver Suche, die auch eventuelle Kratzspuren an Schrauben in den Decken- und Wandverkleidungen einbezog, wurden keine illegalen Schnapsflaschen oder Zigaretten gefunden, wir behielten unsere weiße Weste. Diese scharfe Zollkontrolle geschah nicht ohne Grund, einige Fischer aus der DDR waren kurz zuvor bei verwerflichem Tun gefaßt worden.

Im Grunde genommen wünschte sich jeder sehnlich, daß die Arbeiten fortgesetzt werden könnten, keiner saß gern untätig herum. Die Seewetterberichte brachten etwas Abwechslung in unser Dasein. Sie wurden zwischen neun und zehn Uhr sowie zwischen 21.00 und 22.00 Uhr über Grenzwelle, zuerst von Norddeich-Radio und danach von Rügen-Radio, gebracht und vom Funker mitgeschrieben. Der DDR-Seewetterbericht wurde auch vom Deutschlandsender auf Langwelle übertragen. Dieser Sender konnte allerdings nur empfangen werden, wenn wir auf See waren, unter Landschutz schirmten ihn die norwegischen Berge ab. Kurz vor 10.00 bzw. 22.00 Uhr trafen sich Kapitän und Fahrtleiter sowie andere Interessenten im Kartenraum, um zu beratschlagen, ob abflauender Wind die Wiederaufnahme der Arbeiten gestatten würde, oder ob wir weitere zwölf Stunden unter Landschutz abwarten müßten. Im letzten Fall kehrten wir resigniert zum Lesen in die Koje oder zum Kartenspielen in die Messe zurück. War der Wetterbericht dagegen günstig, verkündete Rudi freudig erregt: »Vorwärts Kameraden, es geht los!« Er übertrug diese Begeisterung, die ihm den Namen »Marschall Vorwärts« eintrug, auch auf uns. Jetzt kam Leben ins Schiff, während wir noch schnell kontrollierten, ob in den Labors alles in Ordnung war, hieß es bereits: »Maschine an!« und »Leinen los!« oder »hiev Anker!« Manchmal war der Optimismus, den wir aus dem Wetterbericht geschöpft hatten, verfrüht. Denn kaum hatten wir den schützenden Fjord verlassen, begann das Schiff stark zu stampfen und machte kaum noch Fahrt, Wind und Seegang ließen kein Arbeiten zu. Verärgert über Rasmus, den Gott des Windes, oder die Meteorologen, deren Wetterbericht »natürlich wieder einmal falsch war«, mußten wir umkehren und weiter unter Landschutz abwarten. War das Wetter aber gut, begeisterte Rudi sich und uns mit den Worten: »Heute ist ein Wetter zum Helden zeugen!« Endlich herrschte Forscherwetter! Oft war die Freude aber nur von kurzer Dauer, denn im nächsten Wetterbericht hieß es bereits wieder: Nördliche Nordsee und Fladengrund, SW-W, Stärke 7 - 8, in den weiteren Aussichten auf NW drehend und weiter zunehmend auf 9 - 10 (Bft). Dann wurde es höchste Zeit, daß wir uns aus dem Staub machten und unter Landschutz gingen, was von Rudi mit »Sch..ß Paris« oder »Sch..ß Spiel« kommentiert wurde. Auf einigen unserer Ostkantenreisen lagen 40% der Windvorhersagen zwischen stürmischem Wind (8 Bft) und schwerem Sturm (11 Bft).

Bereits in der zweiten Hälfte der 1960er Jahre gingen die Heringsfänge nicht nur im Gebiet der Norwegischen Rinne, sondern in der gesamten Nordsee drastisch zurück, die Bestände waren durch die intensive Befischung »niedergeknüppelt« worden. Es dauerte Jahrzehnte, bis sie sich von dieser Überfischung zumindest teilweise erholten. Mit dem Rückgang der Fänge nahm auch die Zahl der Fischereifahrzeuge stark ab. Zudem hatte das Norwegische Parlament ein Gesetz verabschiedet, daß die Bewegungsmöglichkeiten ausländischer Schiffe in den Territorialgewässern stark einschränkte. Ab Beginn des Jahres 1969 war das Anlaufen norwegischer Häfen und damit auch des Befahren der Fjorde nur noch nach vorheriger Genehmigung durch die Behörden gestattet. Durch diese in anderen Küstenstaaten bereits seit langem gängige Praxis war es wegen der vorgegebenen Anmeldefristen nicht mehr möglich, bei schlechtem Wetter kurzfristig an der norwegischen Küste unter Landschutz zu gehen.

Unsere letzte Forschungsreise an die Ostkante fand im Frühjahr 1969 statt. Wir hatten zwar von den neuen norwegischen Bestimmungen gehört, wußten aber nicht, wie streng sie von den Behörden gehandhabt würden. Als die Arbeiten wegen schlechten Wetters unterbrochen werden mußten, liefen wir daher mit gemischten Gefühlen Flekkefjord an. Da der Orts-Sheriff die »Penck« gut kannte und wir uns nichts hatten zu Schulden kommen lassen, durften wir so lange bleiben, bis sich das Wetter gebessert hatte. Gleichzeitig wurde uns aber bedeutet, daß dies eine Ausnahme sei.

Nach Abflauen des Windes konnten wir einige Tage auf See arbeiten, jedoch ziemlich lustlos wegen des Gefühls, daß die Brücken hinter uns abgebrochen sind. Dann wurde das Wetter so schlecht, daß Gefahr für Schiff und Mannschaft bestand, so meinten wir jedenfalls. In diesem Fall war das Anlaufen eines Nothafens ohne vorherige Anmeldung gestattet. Wir machten uns daher nach Egersund auf. Im Gegensatz zu früheren Aufenthalten in diesem Hafen lagen kaum Fischereifahrzeuge an der Pier, und wenn, dann waren es norwegische. Nach dem Festmachen erschien umgehend ein Vertreter des Hafenamtes an Bord der »Penck«, wies uns auf die neuen Bestimmungen hin und fragte, ob wir ein Notfall wären, beispielsweise

Briesig, die »Penck« schöpft Wasser, Ostkante

einen Kranken oder Maschinenschaden hätten. Windstärken von 8 - 9 Bft und 5 - 6 m hohe Wellen ließ er nicht als Notfall gelten. Nach einigem Hin und Her durfte unser Schiff schließlich bis zum nächsten Tag zwölf Uhr bleiben. Nie haben wir so gespannt auf den Wetterbericht gewartet wie am Abend vor dem Ablauf des Ultimatums. Die prognostizierte Windstärke war mit 8 Bft aus W-NW zwar etwas abflauend, aber immer noch relativ hoch. Es half jedoch alles nichts, in bedrückter Stimmung liefen wir anderntags zur vorgegebenen Zeit aus. In Bezug auf das Wetter hatten wir diesmal Glück, der Wind flaute schneller als vorausgesagt ab. Wir konnten daher zügig mit den ozeanographischen Messungen fortfahren.

Die gedrückte Stimmung, die seit dem Rausschmiß aus Egersund herrschte, wich nicht, sie begleitete uns sogar bis zum Einlaufen in Warnemünde. Damit war das Kapitel Ostkante beendet, aber noch nicht abgeschlossen, denn es fehlte die wissenschaftliche Auswertung des Datenmaterials, die sich bis ins Jahr 1973 erstreckte. Die Quintessenz der abschließenden Veröffentlichung lautete:

»Eine Zusammenschau der gewonnenen hydrographischen, chemischen und biologischen Ergebnisse ergibt keine Anhaltspunkte dafür, daß sich im Laufe der Jahre eine dauerhafte Veränderung der aquatischen Umweltkomponenten vollzogen hat. Vielmehr muß angenommen werden, daß die sehr intensive Ringwadenfischerei Norwegens die starke Abnahme der Fischbestände seit 1967 bewirkt hat. Einem Wiederentstehen fangwürdiger Fischkonzentrationen stehen somit auch nicht die Umweltbedingungen, sondern die starke Fangtätigkeit im Weg.« Diese Warnung vor einer Überfischung kam leider erst, als das Kind bereits in den Brunnen gefallen war. Der Zusammenbruch der Fischerei im Gebiet der Norwegischen Rinne ist eines der ersten Beispiele dieser Art, dem im Verlauf der nächsten Jahrzehnte trotz Verstärkung bestandserhaltender Maßnahmen noch viele weitere folgten.

Mit der »Ernst Haeckel« zum Patagonischen Schelf, Herbst 1966

Die Hochseefischerei der DDR war eines der Lieblingskinder Walter Ulbrichts. In der zweiten Hälfte des Jahres 1966 wurde deshalb das DDR-Fischereiforschungsschiff »Ernst Haeckel« des Instituts für Hochseefischerei und Fischverarbeitung zum Patagonischen Schelf geschickt, um neue und ergiebige Fischvorkommen für die Fernfischerei der DDR zu erkunden. Im Seegebiet vor der brasilianischen und argentinischen Küste, in dem der kalte Falkland-Strom aus dem Norden auf den warmen Brasil-Strom aus dem Süden trifft, wurden reiche Vorkommen an Seehecht, einem schmackhaften und gut filetierbaren Speisefisch, erwartet.

Die fischereiliche Erkundungsreise zum Patagonischen Schelf stand unter Leitung eines Fischereibiologen, den ich bereits seit meiner Studienzeit kannte – wir hatten in der gleichen Basketballmannschaft gespielt. Außer ihm nahmen drei weitere Mitarbeiter aus dem Institut für Hochseefischerei und ein Biologe der Universität Rostock an der Reise teil. Für die hydrographischen und chemischen Begleituntersuchungen war das Warnemünder Institut für Meereskunde zuständig, das mich als Chemiker sowie einen physikalischen Ozeanographen für diese komplexe Erkundungsreise delegierte. An Bord der »Haeckel« arbeiteten auf dieser Reise auch zwei Meteorologen der Seewetterdienstelle Warnemünde, die uns mit zuverlässigen Wetterprognosen versorgten.

Das hydrographisch-chemische Meßprogramm sah als Zugeständnis an unser Institut sowohl bei der An- und Abreise Messungen zur Problematik des Äquatorialen Unterstromes vor. Nach dem experimentellen Nachweis dieser Strömung durch Voigt im Jahre 1959 stand diese Problematik immer wieder im Blickpunkt unserer Forschungsaktivitäten, so u.a. auf der von Schemainda geleiteten »Penck«-Reise im Jahre 1964, in deren Verlauf der östliche Ausläufer dieser Strömung im Golf von Guinea erforscht wurde. Der auf der jetzigen Reise zur Unterstrom-Problematik vorgesehene Schnitt befand sich auf 29°30' W sowie zwischen 2° N und 2° S im mittleren Zentralatlantik, ganz in der Nähe des Sankt-Paul-Felsens, einer kleinen, auf dem Mittelatlantischen Rücken gelegenen Insel, die einer Nadel gleich aus über 4000 m Tiefe zur Meeresoberfläche aufragt. Vor der brasilianischen und argentinischen Küste, dem Gebiet der fischereibiologischen Erkundungsarbeiten, waren hydrographisch-chemische Messungen auf fünf Schnitten vorgesehen, die den Schelf querten. Das nördliche Untersuchungsgebiet wurde später operativ durch zwei Zusatzschnitte ergänzt, um das eigentliche Mischungsgebiet zwischen dem Brasil-strom und dem Falklandstrom besser lokalisieren zu können. Die Durchführung der ozeanographischen Messungen war nur mit Unterstützung der Biologen möglich, die für uns die Wasserproben schöpften und abfüllten. Wir halfen ihnen dafür bei der Protokollführung zu den fischereibiologischen Untersuchungen wie Länge, Alter, Mageninhalt und Sex (Geschlecht) der Fische.

Kapitän der Reise war ein bereits ergrauter Herr, der seine seemännische Laufbahn als Schiffsjunge auf Segelschiffen begonnen und dabei sogar Kap Hoorn umrundet hatte. Entsprechend der Unterbringung war er damals »vor dem Mast gefahren«. Er achtete streng auf Disziplin und Etikette; andererseits ließ er für die Expeditionsteilnehmer, gleichgültig ob Techniker oder Wissenschaftler, keine Sonderregelungen zu; wir wurden genauso in das Scheuern von Klos und Duschräumen einbezogen wie die Stammbesatzung, das kannten wir von unseren Schiffen nicht!

Die 1963 in Dienst gestellte »Ernst Haeckel« war damals noch ein relativ neues Forschungsschiff, das auf der Wismarer Matthias-Thesen-Werft vom Stapel gelaufen war. Sie hatte eine Länge von 68 m und eine Tonnage von etwa 1600 BRT und war der erste in der DDR gebaute Hecktrawler. Anders als unsere Schiffe war die »Ernst Haeckel« ein Dreiwachenschiff, d.h. die Besatzung ging täglich zweimal vier Stunden Wache und war dazwischen vier bzw. acht Stunden wachfrei. Die Matrosen, die beim Fischfang eingesetzt waren, hatten nur Tagesdienst, dafür aber zwölf Stunden am Stück. Sie wurden deshalb auch Tagelöhner genannt. Die wissenschaftliche Gang konnte sich ihre Arbeit entsprechend den Erfordernissen einteilen. Auf dieser Reise fuhr auch ein Arzt mit, der außer einigen leichteren Verletzungen und Zahnproblemen kaum jemanden zu verarzten hatte und sich daher langweilte. Aufgrund dessen entwickelte er einen Spürsinn für Feierlichkeiten und fehlte auf keiner Party, auf der es etwas Alkoholisches zu trinken gab. Ob dieser anstrengenden nächtlichen Tätigkeit erschien er daher selten vor dem Lunch. Zu erwähnen ist noch, daß der Expeditionsleiter auf dieser Reise mit einem Jagdgewehr ausgerüstet war. Außerdem war es die erste Reise, von der ich Tagebuchnotizen habe. Stellvertretend für andere Reisen gebe ich diese Aufzeichnungen fast ungekürzt, gegebenenfalls mit Erläuterungen versehen (in Normalschrift), wieder. Ich hatte auf dieser Reise noch relativ oft unter der Seekrankheit zu leiden.

Reisenotizen vom 15. 08. bis 16. 12. 1966

15.08.: Um 15.30 Uhr in Marienehe ausgelaufen. Ärger über vom Kapitän sichergestellte Devisen (ich hatte einige US$ als Handgeld vom Institut mitbekommen).

19.08.: Um 20.00 Uhr Skagen passiert. Glückwunschtelegramm zum Geburtstag meiner Frau geschickt.

21.08.: In der Nordsee spiegelglatte See; auf dem Bootsdeck gesonnt und Doppelkopf gespielt. Um 17.00 Uhr bei stark diesigem Wetter Dover passiert.

22.08.: Westausgang des Kanals, erstmals macht sich die Atlantikdünung bemerkbar. 18.00 Uhr Kap Quessant passiert, sind in der Biskaya. Mit dem Kapitän gesprochen, wollen als Entschädigung für sichergestellte Devisen auf St. Paul-Felsen und Falklands landen (sein Vorschlag!).

23.08.: Mitten in der Biskaya, die sich von ihrer besten Seite zeigt. Offiziersversammlung. Noch trifft man zahlreiche Schiffe.

24.08.: Um 3.00 Uhr früh Kap Finistere passiert. Abends gab es Kino, Film »Reise ins Ehebett«(?!).

25.08.: Heute sind wir eine Woche unterwegs und rund 2000 sm von zu Hause entfernt. Auf Anordnung des Kapitäns darf sich niemand mehr ohne Hemd und Kopfbedeckung zwischen 9.00 und 16.00 Uhr auf dem Deck aufhalten – wegen Sonnenbrand- und Sonnenstichgefahr.

26.08.: Um 10.00 Uhr Porto Santo, vulkanische Insel der Madeira-Gruppe, portugiesisch, passiert. Den 1. fliegenden Fisch gesehen. Sind vier Stunden gedriftet und haben die Winden überprüft. Das Wasser ist jetzt immer tiefblau. Heute ging mein Rasierapparat entzwei. Er wurde vom Chief repariert, der eine neue Feder bog. Obgleich ich mich jetzt wieder rasieren konnte, ließ ich mir einen Bart wachsen.

27.08.: Gestern ist jeweils ein Kasten Bier und Brause verschwunden, worauf hin nachts in allen Kammern Razzia war (durch 1. NO und Bootsmann), *aber nichts gefunden wurde. – Es gab ganz guten Film: »Ehe mit Bedingungen«. – Sind im NO-Passat, ständig Wind mit 4 - 5 Bft.*

28.08.: Heute morgen ist ein Matrose im »Dunas« unter Mitnahme von Kopfkissen und Schlafdecke auf den Mast geklettert, um dort (wegen der Hitze in den Kammern) *zu schlafen. – Kapitän hat uns das Schiff gezeigt, er war sehr aufgeschlossen. Auf 23°20´N erreichen wir heute die Tropen. 28 °C in der Kammer trotz Klimaanlage.*

29.08.: Die Temperaturen sind noch erträglich. Auf Deck ist eine Seewasserbrause installiert worden. – Fliegende Fische sind unsere einzigen Begleiter. Sie treten zumeist vereinzelt auf. Neulich allerdings wurde ein ganzer Schwarm aufgescheucht, deren Flossenschlagen ein lautes Knattern verursachte.

30.08.: Heute Kap Verdische Inseln passiert. Klimaanlage ausgefallen, Temperaturen stiegen in Kammer und Labor gleich auf 30°C. Abends ist es draußen angenehm kühl. – Skat gespielt, verloren.

31.08.: Heute im Gebiet der Mallungen. Windstilles Gebiet. Dünung kam von vorn, und sofort fühlte ich mich unwohl.- Morgens umkreisten mindestens drei Delphine das Schiff. – Sind nach langer Zeit wieder mehreren Schiffen begegnet.

01.09.: Um 24.00 Uhr kam heute Triton (Gott der Meere) *an Bord, um Neptun zur Äquatortaufe anzumelden.*

03.09.: Landung der Biologen auf St. Paul-Felsen – die Warnemünder Ozeanographen konnten nicht mit, mußten arbeiten. – Auf der ersten Äquatorstation mußten etliche Serien wiederholt werden, da Schöpfer nicht ausgelöst hatten – infolge zähen Konservierungsmittels und Drahtwinkels rutschten die Fallgewichte nicht auf dem Draht. Das Schlauchboot mit den Biologen konnte daher bei Rückkehr von Exkursion erst im Dunkeln wieder aufgenommen werden. Auf St. Paul-Felsen wurde Botschaft über Teilnehmer und Aufgaben unserer Expedition in Leuchtturmruine hinterlegt – dort lagen schon andere Botschaften.

04.09.: Stecken mitten in der Arbeit, zumeist sechs Stunden Stationsarbeiten und nur 2,5 Stunden Fahrzeit. Und dann nicht einschlafen können! – Haben auf der dritten Station des Äquatorschnitts zwei Strömungsmesser verloren. – Bei Besichtigung des chem. Labors sagte der Kapitän, man sähe doch gleich, daß dieses von einem seeerfahrenen Wissenschaftler eingerichtet sei. Ha, ha!

St.-Paul-Felsen, 1966

05.09.: Äquator überquert. Gar nicht bemerkt. – Stationsarbeiten.

06.09.: Auf Wache Tintenfische gesehen, runde Gebilde, die sich durch Flossenschlag oder Rückstoß mittels Wasserstrahl sehr schnell vor und zurück bewegen.

07.09.: Heute morgen haben wir die letzte Station des Äquatorschnitts beendet. War dolle Schinderei. Bin vier Tage nicht aus den Klamotten gekommen. Haben außer den beiden Strömungsmessern auch einen Wasserschöpfer verloren. – Von 13.00 bis Mitternacht ist – wegen Maschinendurchsicht – jeglicher Schiffsbetrieb eingestellt, wir treiben. Die Vorbereitungen zur Äquatortaufe werfen ihre Schatten voraus, schon dabei kann einem Angst und Bange werden.

08.09.: Die Äquatortaufe war gut gestaltet. Weniger nett war das gesellige Beisammensein am Abend, wo der Kapitän anläßlich seiner ersten Äquatorüberquerung als Kapitän eine Pfirsichbowle spendierte. Um 22.00 Uhr war schon Schluß. – Heute schwer geschuftet beim Aufarbeiten der Sauerstoffproben.

10.09.: Das Leben an Bord ist jetzt recht eintönig. Wir fahren gegen den SO-Passat an. Es schaukelt manchmal ziemlich. »Koche« stumpfsinnig Analysen (Alkalinität). *– Duschen ist untersagt, um Wasser zu sparen.*

11.09.: Beim Aufarbeiten der Proben, habe ich immer darüber nachgedacht, was ich Sinnvolles auf ein Telegramm an meine Frau schreiben könnte, mir ist nichts eingefallen. In einem Brief wüßte ich so viel zu sagen. – Heute fand ein Lichtbilder-

Mein Taufschein

vortrag über eine Ostasienreise statt. – Nachts werden wir Trinidad passieren.

12.09.: Im Labor leistet mir eine Fliege Gesellschaft, die hat auch die rund 6000 Meilen von Rostock bis hierher mitgemacht. – Meine Pocken-Schutzimpfung vor der Reise – *sind immer noch nicht völlig verheilt.*

13.09.: Es wurden drastische Maßnahmen zur Wassereinsparung angekündigt, wenn der Verbrauch nicht zurückgeht. – Morgens wurde Feueralarm-Manöver geübt, alle nicht zu Löscharbeiten eingesetzten Reiseteilnehmer mußten sich bei den Rettungsflößen einfinden. – Schiff bereitet sich auf Fischerei vor.

14.09.: Heute war Sturmwarnung gegeben, es wurde dann aber nicht so schlimm. Trotzdem mußte ich abends – wegen Seekrankheit – machen, daß ich in die Koje kam, und das ausgerechnet, als der Kapitän im kleinen Kreis einen Vortrag über Fangverfahren hielt. – Die ersten Albatrosse umkreisen das Schiff. Sie haben bis 3,60 m Flügelspannweite und ganz schmale Flügel. Seit Rostock hat es erstmals geregnet.

Äquatortaufe, 1966

16.09.: Nun haben wir doch noch Sturm gekriegt, Wind 8 - 9 Bft, und bolzen gegenan. – Ich stehe nur zum Essen auf. Sonst liege ich in der Koje und lese »Spur der Steine«.- Fischereibeginn ist auf später verschoben worden. Es ist kalt, 13°C.

17.09.: Immer noch Sturm, es geht mir mittelprächtig. Essen schmeckt. – War eine halbe Stunde auf dem Oberdeck, tolle Wellen, viele Albatrosse und Kapsturmvögel. - Schiff liegt sehr gut in der See. – Nachts schlecht geschlafen und schlecht von zu Hause geträumt. Was war? – Um Wasser zu sparen, darf nicht mehr gewaschen werden, und meine saubere Wäsche geht zur Neige!

18.09.: Wind hat sich gelegt, Beginn der Fischerei. Die beiden ersten Hols waren ein dolles Misch-Masch: Rochen, Haie, ein Mondfisch, Seeaale und verschiedene andere Fischarten, aber kein Seehecht. Wasser ist noch zu warm.

19.09.: Heute größere Mengen Seehecht gefangen. Ein Hol mit etwa 100 Korb (1Korb ~ 60kg) *war dabei, davon allerdings 20 Korb Krabben und große Haie. Viele Albatrosse und Kapsturmvögel »geangelt« – richtig mit Angelhaken und Fischköder. Sie wurden beringt* – zwei der Biologen sind Hobby-Ornithologen. – *Filets von Seehecht und einem Zackenbarsch (etwa 30kg) im Schlachtraum gebraten und verkostet.*

20.09.: Fischerei bringt nicht die erwartete Masse an Seehecht. – 100 Kapsturmvögel und 15 Albatrosse beringt. – Mit kaltem Wasser erste Wäsche gemacht. Trotzdem ganz gut sauber geworden. – Ruhiges Wetter.

21.09.: Heute nacht auf Wache völlig durchnäßt. Es ist kalt, Aprilwetter. Leider ist meine Kleidung nicht danach. – Abends gebügelt. – Windig.

23.09.: Wir arbeiten jetzt im Hauptfischereigebiet. Fänge bringen nicht genug, 2t je Hol- und Schleppstunde. Versuchen es den Brasilianern und Japanern abzusehen, die mit etwa sechs kleineren Schiffen hier sind. Einer der Brasilianer fing 26t pro Tag.

24.09.: Heute durfte geduscht werden, war das eine Wohltat!

25.09.: Wir sind bisher 7000 sm gefahren. – Heute waren die Hols besser, bis fünf Tonnen – später sind wir sogar auf 20 t je Schleppstunde gekommen. Fast der gesamte Fang ging wieder zurück ins Meer, so daß die »Haeckel«, die als Forschungsschiff keine kommerzielle Fischerei betreiben durfte, *zeitweilig eine lange Schleppe*

Fünf Tonnen Seehecht in einer halben Stunde

toter Fische hinter sich her zog, was natürlich ein gefundenes Fressen für die zahlreichen Seevögel war. – Der Kapitän war heute mit Schlauchboot zu einem uruguayischen Kutter rüber, es wehte mit 6 - 7 Bft, die haben ganz schön geschaukelt. Kapitän des Urus ist übrigens ein Pole, der deutsch spricht. – Wir (die Forscher) *haben Räucheraal und Krabbensalat gemacht.*

26.09.: Russischer Fischereiverband, bestehend aus einem Mutterschiff (Versorger bzw. Base, > 20.000 BRT) *und sieben Verarbeitern sowie einem Forschungsschiff, hat sich gemeldet. Wollen ihn aufsuchen, obgleich er sich nördlich,* d.h. hinter uns befindet, *um – wie von Marienehe aus vereinbart – Treibstoff zu bunkern.*

27.09.: Wurden heute viermal von einem argentinischen Aufklärungsflugzeug angeflogen. – Dampfen zurück zu den »Iwans«. Da die Base nach Montevideo eingelaufen ist, gehen wir vor Anker und warten.

28.09.: Heute früh erhielten wir die Nachricht, daß »die Freunde« entgegen der Abmachung auf der südlichen Seite der Bucht von Rio de la Plata liegen; wir dampfen hinterher und haben 24 Stunden vertrödelt! Abends treffen wir sie, nicht aber den Tanker. – Heute erstmals seit Wochen wieder Land gesehen.

29.09.: Einen Seehund gesichtet. – Die »Gisika« – ein russ. Fischereiforschungsschiff *– getroffen. Besuch der Russen an Bord. Erfahrungsaustausch, viel getrunken. Nachricht, daß der russ. Versorger in der Nähe unseres zuerst vereinbarten Treffpunktes liegt; hingedampft.*

30.09.: Nachts gegen 4.00 Uhr wurden »Ernst Haeckel« und »Gisika« von sechs argentinischen Kriegsschiffen (kleine Einheiten) *umstellt. Prisenkommandos, Solda-*

ten mit Stahlhelm und MPi im Anschlag, aber in Niethosen, kamen an Bord beider Schiffe und vertrieben uns aus den argentinischen Hoheitsgewässern. Argentinier drohten, als wir uns Zeit ließen, beide Schiffe zu kapern – Gäste der »Gisika« waren noch an Bord der »Haeckel« und umgekehrt. *Als wir abgedampft waren, kam ein Gewitter, es fielen walnußgroße Hagelkörner, beim Aufschlag aufs Wasser spritzten kleine Fontänen hoch. – Abends mit Schlauchboot zur »Gisika« übergesetzt. Schaukelei und zu kurze Jakobsleiter erschwerten das Unternehmen. – Wir bekamen* (verdünnten) *Primasprit angeboten, der enorm nach Fusel schmeckte.*

01.10.: Heute wieder Beginn der Fischerei. – Kein Telegramm von zu Hause, nur vom Institut! Warten auf russischen Tanker.

03.10.: Schnitt 1b nachts begonnen – als Lückenbüßer, weil Tanker nicht kam.

04.10.: 24 Stunden nicht aus den Kleidern gekommen. – Nach zwölf Stunden Dampfzeit mit Schnitt 2a angefangen. – Haie geangelt und geschossen.

05.10.: Um 2.00 Uhr in der Nacht mit Schnitt 2a fertig. Anschließend mit 2. Ingenieur, meinem Warnemüder Kollegen und Medizinmann, Wodka und Bier getrunken. Um 4.00 Uhr völlig k. o. in die Koje. Morgens Kater.- Um 20.00 Uhr mit Schnitt 2b begonnen.

06.10.: Wind 6 Bft., unausgeschlafen, Übelkeit. – Kann vor Nervosität zwischen den Stationen nicht schlafen, obgleich manchmal 3 - 4 Stunden Zeit sind.

07.10.: Feier des Jahrestages der DDR. Mittelgroßes Besäufnis. Habe fast nichts getrunken, da um 22.00 Uhr nachts letzte Station bearbeitet wurde. – In der Ferne die Lichter von Mare del Plata (argentinischer Fischereihafen) *gesehen.*

08.- 10.10.: Proben aufgearbeitet. Mit Arbeiten auf Schnitt 3 begonnen.

11.10.: Schnitt 3 bei schlechtem Wetter beendet. – Wir dampfen zurück, weil wir endlich Treibstoff von russischem Tanker bekommen sollen.

12.10.: Sauerstoffproben titriert. – »Schlackerwetter«. – Kapitän hat Halterung geba-

stelt, damit Titrierkolben nicht von der Back rutschen. – Fischerei.

13.10.: Freitag sollen wir bebunkert werden. Später kam die Nachricht, das der russische Tanker nach Montevideo eingelaufen ist. Wir werden auf Sonntag vertröstet, müssen unser Arbeitsprogramm ständig umstoßen.

14.10.: Heute habe ich »große« Wäsche gemacht. Trotz Waschmaschine ist sie nicht ordentlich sauber geworden. Außerdem hat der Gesichtslappen gefärbt. Aber nur die Unterhosen sind davon betroffen. – Abfluß in der Waschküche war verstopft, ich konnte nur in Gummistiefeln wirken und mußte die Waschlauge mittels »Pütz« (Eimer) *durchs »Bulleye« entsorgen. – Heute ist der 57. Tag auf See und noch kein Hafen in Aussicht.*

15.10.: Habe heute sieben Löcher in vier Paar Strümpfen gestopft. Ich kann was!? Abends ist Bordfest. Bei der Äquatortaufe für Neptun geopfertes Bier und Schnaps werden ausgetrunken – mit diesen Opfergaben war Neptun bewegt worden, bei der Tauftortur Milde walten zu lassen. Außerdem war Bergfest, Halbzeit der Reise. – Nebenbei machten wir Dauerstation an eine Stromscherung und warteten vor Anker liegend auf Tanker. Diese Scherungen enstehen beim Aufeinandertreffen zweier Strömungen unterschiedlicher Dichte und sind visuell wahrnehmbar.

16.10. Fest war feuchtfröhlich und sangesfreudig – Kanon: »Ein Rucksack fällt vom Pflaumenbaum, genau auf den Staketenzaun ...«. Gegen 23.00 Uhr Schluß. – Heute, um 22.00 Uhr haben wir endlich den russischen Tanker getroffen. Nachdem beim ersten Mal die Trosse gebrochen war, kam die Verbindung zustande. Die russischen Schläuche haben keine genormten Anschlüsse – es mußte daher improvisiert werden. Es ist 24.00 Uhr, ich gehe in die Koje, bevor der Treibstoff fließt.

17.10.: Bebunkerung gegen 7.00 Uhr abgeschlossen, Beginn unseres Südprogramms.

19.10.: Kaum noch Fisch, Wetter ruhig. – Heute Morgen wurden die Warnemünder Ozeanographen um 4.30 Uhr aus den Kojen geholt und beglückwünscht, die Biologen feierten ihr Bergfest erst heute. Wir mußten gleich einige Flaschen Bier ausgeben und verkonsumieren, und das alles auf nüchternen Magen. Außerdem wird das Bier allmählich schlecht, es muß alle werden. – Abends gab es einen blöden Film, »Heißer Mittag«. – Hemden gebügelt. In diesen Tagen wurden einige Versuchshols in 800 - 1100 m Tiefe (Tiefseefischerei) auf Grenadierfisch – von den Matrosen »Ratten« genannt – durchgeführt. Der harte Schuppenpanzer dieser Fische verursacht beim Herausfallen nach Öffnen des Netzsterts ein rasselndes Geräusch. Fänge waren wenig ergiebig.

20.10.: Melden uns auf den Falklands an. Inselgruppe mit zwei Hauptinseln: West- und Ostfalklands. 2300 Bewohner, britische Kronkolonie, 600000 Schafe. Tussacgras, mehr als 2 m hoch. Port Stanley ist Hauptstadt und Gouverneurssitz.

21.10.: Nachts beim Ansteuern der Falklands im Nebel fast auf Klippen aufgebrummt. Waren im Radar nicht zu sehen, Ausguckmann im Mast entdeckte sie. Waren um 10 sm nach Süden verdriftet. – Wir sind jetzt rund 10000 sm (18550 km) gedampft und 7500 sm von zu Hause entfernt.

22.10.: Um 12.00 Uhr Bucht von Port Stanley (1100 Einwohner) erreicht. Liegen auf Reede; eiserne Segelschiffwracks sind »Fanny« sowie »Great Britain« – erstes Schraubensegelschiff im Passagierverkehr über den Atlantik. Sie werden als Lager für Schafwolle benutzt. Weitere gestrandete Schiffe. Werden mit Dory-Boot (kleines Beiboot) der »Haeckel« ausgebootet. Post abgeschickt, die als »Sailor Post« beschriftet unfrankiert angekommen ist. Leute sind sehr gastfreundlich, haben uns in Bar (Pub) eingeladen und mit Souvenirs beschenkt – die Tommys freuten sich über die Abwechslung. Unsere Ankunft war über Radio mitgeteilt worden.- Das Wetter ist windig und kalt, Märzwetter. Ich habe beide Pullover, Perlonhemd und »Natopelle« an.

23.10.: Heute ist es sonnig, die Falklands und Port Stanley machen gleich viel besseren Eindruck als am Einlauftag. Zusammen mit unserem Schiffsarzt den dortigen Arzt und das Krankenhaus besucht. Er fuhr uns mit seinem Landrover über die Insel. Haben viel Interessantes gesehen, Hochmoore und mit Moosen und Flechten bewachsene Klippen sowie schöne Sandstrände mit vielen Magellhan-Pinguinen. – Der Arzt ist Witwer und und war lange Zeit in China. Sein Haus ist das reinste Museum: Alter Kamin und antike Möbel, sehr viele Elfenbeinschnitzereien sowie Silber- und Zinngeschirr, nahezu unbezahlbar, und das alles bei unverschlossener Haustür. – Abends das Dory-Boot verpaßt. Wurde auf Postdampfer »Charles Darwin«, der

Falkland-Inseln, Port Stanley, 1966

alle drei Wochen zwischen Falklands und Montevideo verkehrt, zum Abendbrot sowie zu Whiskey eingeladen. Auf der nächsten Tour hatte das Dory-Boot (der »Haeckel«) *Motorschaden und trieb ab. Wegen Dunkelheit schwierige Bergungsaktion. Dem Rettungsboot des Postdampfers ging der Sprit aus. Dieser wurde schließlich von einem auf Reede liegenden, kleinen Tanker, der unbewacht war, geklaut. Gegen 2.00 Uhr nachts war ich endlich wieder an Bord der »Haeckel«. Ich hatte zwei Matrosen vom Postdampfer eingeladen. Leider war die Zeit zu weit fortgeschritten, sie mußten gleich wieder zurück. Einladung wurde am nächsten Abend im größeren Kreis nachgeholt, haben bis 2.00 Uhr zusammen mit Matrosen des Postdampfers und Einheimischen an Bord der »Haeckel« gefeiert und gesungen – deutsch und englisch. Einer dieser Matrosen hatte Anfang der 1930er Jahre als Decksmann an einer der englischen »Discovery«-Expeditionen teilgenommen. Ein anderer war gebürtiger Schotte und hatte 1945 bei der Rheinarmee gedient, er sprach etwas deutsch und hatte auf den Falklands geheiratet.* Mit einem der Falkländer habe ich Briefmarken und Münzen getauscht. Er hat mir, als ich wieder zu Hause war, ein großes Kuvert mit Briefmarken der Falkland-Inseln geschickt.

25.10.: Um 6.00 Uhr mit Dory-Boot zu Expedition längs der Küste sowie zu einigen Inseln aufgebrochen. Durch mannshohes Tussacgras gestreift, Seelöwen, Delphine und sehr viele Pinguine gesehen. Mit Genehmigung des Gouverneurs einige Vögel für das Museum des (Rostocker) *Zoologischen Instituts vom Expeditionsleiter geschossen sowie vier Brillenpinguine und einen Eselspinguin für den Rostocker Zoo gefangen. – Um 16.00 Uhr zu neuen Taten ausgelaufen. – Die Falklandinseln waren ein großes Erlebnis mit unvergeßlichen Eindrücken!!!*

Was nicht im Tagebuch steht:
Nach der Eröffnung des Panamakanals (1914) und dem dadurch bedingten Wegfall

des Seewegs um Kap Hoorn waren die Falkland-Inseln in einen Dornröschenschlaf versunken. Außer dem zwischen Port Stanley und Montevideo regelmäßig verkehrenden Postdampfer wurden die Inseln 1966 nur einmal jährlich von einem Frachtschiff angelaufen, das die Schafwolle abholte. Ansonsten verirrten sich nur ganz selten Schiffe dorthin.

Die älteren Einwohner in Port Stanley konnten sich noch an die Seeschlacht bei den Falklandinseln erinnern, die Anfang des 1. Weltkrieges stattgefunden hatte. In dieser Schlacht, die sie von den Klippen aus beobachteten, wurde ein deutscher Flottenverband, der unter Führung von Admiral Graf Spee stand, von den militärisch überlegenen Briten vernichtet. Dabei fand auch der deutsche Admiral den Tod. In der Bucht, in der wir mit der »Ernst Haeckel« vor Anker lagen, hatten damals die überschweren britischen Schlachtschiffe, die »Dreadnoughts«, auf die Deutschen gelauert.

26.10: Sturm mit 8 Bft., Wasser kommt sogar die Heckslip heraufgeschossen. Liege in der Koje und schmökere. – Den von den Falklands mitgebrachten Pinguinen geht es gut. Der Eselspinguin schreit tatsächlich wie ein Esel: I-aa, I-aa.

27.10.: Weiterhin Sturm, noch zunehmend. Können mit Schnitt 5 nicht beginnen. – Heute gegen 18.00 Uhr begleitete uns ein Schwarm Grindwale (kleinere Walart).

28.10.: Sturm der Stärke 8 - 9 Bft. Schnitt 5 wird gestrichen. Dampfen bei Dwars-See um 17.00 Uhr nordwärts ab.

29.10.: Heute um 01.00 Uhr wurden die Ozeanographen aus den Kojen geholt, um nebenan bei den Biologen zu feiern. Hatten insbesondere wegen der Schaukelei und vorgeschrittenen Stunde gar keine Lust. – Um 8.00 Uhr war der Sturm nach dreitägiger Dauer so plötzlich vorbei, wie er begonnen hatte.

Streifzug über die Insel. Im Vordergrund der Autor

30.10.: Mittags gab es Erdbeeren mit Schlagsahne. Wir leben manchmal nicht schlecht. Gelegentlich ist das Essen aber auch sehr dürftig. – Die Zeit vergeht wie im Fluge »und man wird immer älter«. Deshalb darf man sich solche langen Reisen in meinem Alter nicht so oft leisten! (Ha, Ha, ha! Ich war damals Mitte 30.) *Fischerei, ruhiges Wetter.*

01.11.: Bei Wind 7 Bft um 01.00 Uhr mit Schnitt 4 begonnen. Dolle Viecherei.

02.11.: Wetter beruhigte sich rasch, zeitweilig Flaute. Waren mit Schnitt 4 über 20 Stunden früher fertig, da drei Stationen wegfallen konnten, es wurde schnell tief.

03.11.: Morgens freute ich mich über ein Telegramm von zu Hause, nachmittags ging das Salinometer entzwei. Das ist eine ganz große Pleite. Salzproben müssen jetzt von Hand titriert werden. Reparaturversuch erfolglos. – Abends »Atelierfest« bei den Biologen. Habe aus Betrübnis über Salinometer zu viel getrunken, was mir schlecht bekommen ist, mußte alles waschen. Irgendwann muß ich auch noch beim Kapitän gewesen sein, der sich ob meines Zustandes amüsierte. Er hat mir zugesichert, daß er das Salinometer in Montevideo reparieren lassen würde. Woran ich mich am nächsten Morgen noch erinnerte, war, daß wir mit Richard und Dietwart als »Duzfreunde« sowie unter Bezeugung der größten gegenseitigen Hochachtung aus einander gegangen sind.

04.11.: Kater! – Wetter neblig. Salzproben titriert.

05.11.: Salzproben fertig. – Es geht mit Volldampf nach Montevideo. Hoffentlich bessert sich das Wetter, es regnet z.Z. Bindfäden und ist sehr warm geworden, 29°C in den Kammern. Noch gestern konnten wir es ohne Heizung kaum aushalten.

06.11.: Noch 45 Tage bis Rostock. – Heute Vortrag über die Gefahren, die Seemann beim Umgang mit »leichten Mädchen« drohen. – Unser Schiff ist auf Höhe von Montevideo. Morgen um 6.00 Uhr kommt Lotse. – Post vorbereitet. An Bord großes Aufklaren. – Montevideo, Hauptstadt von Uruguay, ~1 Mill. Einwohner. – Über 14000 Seemeilen zurückgelegt.

07.11.: Einklarierung dauerte bis abends. – Liegeplatz in der Nähe von zweifelhaf-

tem Hafenviertel. – In der Stadt herrscht wegen Wahlen ein Höllenlärm. Wollen einem auf der Straße Uhren und alles mögliche andere aufschwatzen. – Einstellung der staatlichen Stellen ist gegen die DDR. Unsere Handelsvertretung sitzt auf gepackten Koffern. Wir werden verwarnt, irgend etwas zu verscheuern, da man der DDR eins auswischen möchte. – Zoll und Hafenpolizei sind die größten Schieber.

Hafen von Montevideo, 1966

08.11.: An der Küste langgepilgert. Schöne Gegend, große Villen, Palmen. Leider fehlte Sonne zum Fotografieren. – »Haeckel« heute zum dritten Mal verholt.

Was nicht im Tagebuch steht:
An den Zeitungskiosken wurde Hitlers »Mein Kampf«, deutschsprachig, Paperback, verkauft. Außerdem gab es Ansichtskarten des deutschen Kreuzers »Admiral Graf Spee« und seiner Selbstversenkung in der Mündung des Rio de la Plata Anfang des 2. Weltkrieges.

09.11.: Salinometer ist von zwei Offizieren der uruguayischen Navy – einer von ihnen war gemäß Visitenkarte Fregattenkapitän – wieder hingefummelt worden; hatte verdeckten Kabelbruch. – Heute ist etwas besseres Wetter, es sind aber nur wenig lohnende Objekte im Stadtzentrum zum Fotografieren, Kirchen, Banken und Regierungspaläste. Städte Süd- und Nordamerikas sind relativ neueren Datums und haben daher keine historischen Gebäude bzw. Stadtkerne wie beispielsweise in Europa. – *Mit einem Institutsbesuch hat es aus organisatorischen Gründen zunächst nicht geklappt. – Abends Bankett mit Uruguayisch-Deutscher* (DDR) *Gesellschaft.*

10.11.: Auslaufen auf Morgen verschoben. – Heute Besprechung mit dem Leiter des

Beim Chef des uruguayischen Hydrometeorologischen Dienstes. (l.)

uruguayischen Fischereiinstitutes und dem Commodore des uruguayischen Hydrometerologischen Dienstes, die mit einigen ihrer Mitarbeiter an Bord der »Haeckel« waren. – Fast den ganzen Tag regnet es.

11.11.: Um 8.00 Uhr Montevideo verlassen. Der letzte Landgänger kam erst zehn Minuten vor 8.00 Uhr an Bord, es herrschte schon große Aufregung. – Es gibt jetzt viel Südfrüchte zum Nachtisch. – Seelöwen gesehen.

12.11.: Wind 7 Bft. Keinen Appetit. – Salzproben mit Salinometer bestimmt. – Sonnenfinsternis, es wurde sehr dunkel.

13.11.: In diesen Tagen hatte einer der Biologen Geburtstag. Die dazu vorbereitete Zeitung stand bildlich unter dem Motto »das Haus von Montevideo« (vgl. Curt Goetz). *Aus den Fenstern dieses »Etablissements« sahen mehr oder weniger bekleidete Magazin-Schönheiten heraus. Allein schon wegen der Zeitung lohnt es sich, zumindest einmal auf See Geburtstag zu feiern.*

14.11.: Wir haben heute jeder fünf Bananen als Nachtisch bekommen. – »Gisika« getroffen, Daten ausgetauscht. Inzwischen arbeiten 20 sowjetische Fang- und Verarbeitungsschiffe hier. Weitere sind unterwegs, ebenso Tanker, Versorger sowie Suchschiffe. – Wieder mal gewaschen; dolle Schaukelei in der Waschküche.

16.11.: Hemden gebügelt. Fast windstill, nur Dünung. – Bananen sind alle.

17.11.: Mein Warnemünder Kollege ist krank. – Netz an Korallen völlig zerrissen, einige blieben im Netz hängen, dadurch zu Souvenirs gekommen. – Arbeiten ab 22.00 Uhr auf Schnitt 1b und haben einen Mann weniger zum Wasserschöpfen. – Abends wurde Tonband mit Grüßen von Angehörigen abgespielt – war in der Post, die uns in Montevideo erreichte. Fast allen wurden Grüße ausgerichtet – nur den Forschern nicht.

18.11.: Arbeiten auf Schnitt 1b. Sehr windig, dolle Schinderei. – Durch starke Dünung etliches an Glasgerätschaften runtergefallen und entzweigegangen. Um 23.00 Uhr fertig.

19.11.: Heute ist herrliches Sommerwetter, fast windstill, ruhige See. Ärgerlich, daß gestern nicht solch gutes Wetter war. – Unsere Pinguine sind schon ganz zutraulich und fressen aus der Hand, Fisch haben wir ja reichlich. – Abends schossen drei Delphine neben dem Schiff her. Sah toll aus, sind elegante Schwimmer.

20.11.: Noch einen Monat bis Rostock. – Heute Mittag gab es wieder einmal die beliebten »australischen Dauerlaufenten«.

21.11.: Arbeiten auf Schnitt 1a. Wetter nicht unfreundlich.

22.11.: Sind auf 30°S, Beginn der Heimreise. – Klimaanlage vermutlich irreparabel kaputt. Obgleich draußen im Schatten Temperaturen von unter 20°C sind, hatten wir morgens in der Kammer 31°C.

23.11.: Salzproben analysiert. – Wir nehmen Abschied vom Südatlantik. Nur noch gelegentlich schwebt ein Albatros neben unserem Schiff. Werde ich jemals einen wiedersehen? – Wetter ist sonnig und nicht zu warm. Bulleyes sind offen und mit Leitpappe zur Erzeugung von Luftzug versehen. So ist es in den Kammern auszuhalten (27°C). Alle sind in guter Stimmung. Wenn bloß erst der Äquatorschnitt mit Anstand beendet wäre!

24.11.: Trotz Lüftung sind in der Kammer jetzt 29°C. Das Rauschen der Wellen, das durch das offene Bulleye zu hören ist, erweckt den Anschein, als ob man am Strand liegt. Gelegentlich langt eine kleine Welle oder ein Spritzer durchs Bulleye hinein.

25.11.: Heute ist der 100. Reisetag. Stehen auf 25°S und 37°30' W. Laufen nur 10,5 kn. Wir sind langsamer geworden, weil der Schiffsboden bewachsen ist, das Schiff hat einen Bart.

26.11.: Gestern nachmittag ist es sehr warm geworden. Es ist fast windstill. Heute morgen hatten wir 33°C in der Kammer bei Außentemperaturen von 25°C. – Nachmittags soll versucht werden, die Klimaanlage wieder in Betrieb zu nehmen. Hoffentlich hält sie wenigstens 14 Tage durch. – Nachmittags: Klimaanlage funktioniert. 26°C in der Kammer, 23°C im Labor. – Telegramm an meine Frau zum 1. Advent.

27.11.: Wir laufen jetzt mehr als 12 kn durch zusätzliche »Heimatumdrehungen«, weil der Sohn, der Hilfsdiesel, zum Vater, der Hauptmaschine, auf die Schraubenwelle »geworfen« ist. Hoffen, am letzten Adventsonntag zu Hause zu sein. Dann soll in Leipzig großes Fußballspiel stattfinden. Man munkelt, daß das der Grund ist, warum wir so schnell sind. – Noch windstill, obgleich wir schon im Gebiet des SO-Passats sind, gelegentlich gab es Gewitterschauer.

28.11.: Telegramm vom Institut mit Bestätigung unseres Berichtes aus Montevideo. Kapitänspost ist nicht in Marienehe angekommen. – Vorbereitung auf Äquatorschnitt. – Sind auf Höhe Recife.

29.11.: Souvenirs gebastelt und gelackt, u.a. Muschel mit »Haeckel«-Schiffsbild, gehalten von zwei Korallenästen (wie sinnig!).

30.11.: Beginn des Äquatorschnitts; SO-Passat.

01.12.: Schnittprogramm kommt zügig voran. In 24 Stunden vier Stationen erledigt. Bisheriger Rekord: Für eine Station nur drei Stunden und 23 Minuten benötigt. Gegen 23.30 Uhr sind wir am Äquator. – Auf dem Mast unseres Schiffes saßen heute zwei Weißbrusttölpel. Die waren so zahm, daß der Bootsmann sie mit der Hand gegriffen hat. Sie wurden beringt und wieder in Freiheit gesetzt.

02.12.: Auf Äquatorstation rutschte mein Mitstreiter aus und schlug sich eine Augenbraue auf. Mußte geklammert werden. Er hat glücklicherweise keine Gehirnerschütterung, sonst wäre Programm in Frage gestellt gewesen, weil ich noch nie mit Strömungsmessern gearbeitet habe. – Mittags passierten wir den St. Paul-Felsen. – Hatten Haie an der Angel, gingen aber wieder ab, weil die Haken aufbogen.

03.12.: Um 2.00 Uhr Äquatorschnitt beendet. Es ist ein angenehmes Gefühl, das Photometer zum letzten Mal abstellen zu können. – Anschließend den Familienzuwachs eines Fischereibiologen gefeiert. Erst um 6.00 Uhr ins Bett, und die Nächte vorher kaum geschlafen! – Um 8.00 Uhr mit Analyse der Salzproben begonnen. – Wir können jetzt jeden Tag duschen.

04.12.: Sauerstoffproben bestimmt. Abends Preisskat. – Mein Bart muß ab! Er kitzelt unter der Nase und stört beim Essen. – Bedecktes Wetter, drückend schwül und warm. Kaum vorstellbar, daß zu Hause Schneestürme toben. – Kapitän sagt, wir sind nicht vor dem 20.12. zu Hause. Ein beliebtes Gesellschaftsspiel ist jetzt: »Sind wir früher da oder nicht«.

05.12.: Zwei sowjetische Forschungsschiffe getroffen (»Lebedew« + »Wawilow«). Sie, die Russen, *haben ihre Schiffe überall. – Telegramm an Dr. Voigt, daß Äquatorschnitt erfolgreich abgeschlossen wurde. – Alkalinität bestimmt.*

06.12.: Heute Nachmittag haben wir die Kap Verdischen Inseln passiert. Wie schnell ist doch die Zeit vergangen. – Es ist draußen jetzt merklich kühler (~23°C). – Haben 19.600 sm zurückgelegt, das sind rund 36.000 km, 9/10 des Erdumfanges!

07.12.: Nachts hat die Klimaanlage ihren Geist aufgegeben. Sofort ist die Temperatur in der Kammer auf 29°C gestiegen, obgleich draußen nur 20°C sind. – Abends wurde der Film »Der Mörder und das Mädchen« gezeigt.

08.12.: Durch Bulleye-Belüftung der Kammern erträgliche Temperaturen (26°C); NO-Passat, 6 Bft; abschließende Offiziersversammlung; alle Proben aufgearbeitet.

09.12.: Stehen mittags auf Höhe der Kanarischen Inseln.

10.12.: Nachmittags Madeira passiert. Nach wie vor NO-Passat von vorne mit 5 Bft. Sollten eigentlich schon in den Rossbreiten – windarme Zone – sein.

11.12.: Stehen auf Höhe Gibraltar. Abends wollen wir (die Forscher) *den Chemikerschnaps in Form einer Bowle versaufen, Pfirsich oder Kirsch mit sehr viel Früchten. – Wenig Wind aus NW.*

12.12.: Die Bowle gestern Abend war ein großer Reinfall, ihre einzige Wirkung war, daß alle müde wurden. Ich weiß nicht, wo der Alkohol geblieben ist. Sie wurde als Kirschsuppe und Pfirsichkompott bezeichnet, peinlich, peinlich! Wir haben uns dann sowjetischen Wodka und westdeutschen Kognak besorgt. Da wurden die »Massen« endlich munter. – Starkwindig, NW, 6 Bft, über Großbritannien dickes Tief. Die Rossbreiten waren nur von kurzer Dauer.

13.12.: In der Frühe haben wir Kap Finistere – westlichstes Kap Europas – passiert, und kalt und finster ist es auch geworden. Sind jetzt mitten in der Biskaya, haben Dwars-Wind 7 Bft und holen ganz schön über, kommen aber gut voran. Liege meist in der Koje, da es nur wenig zu tun gibt. Fühle mich wohl und freue mich auf die Familie. Hoffentlich sind alle gesund.

14.12.: Sind raus aus der Biskaya. Haben um 14.00 Uhr Uhr Kap Quessant passiert. Wind von achtern mit 5 Bft.

15.12.: Dover-Calais um 14.00 Uhr passiert, keine Sicht. Machen mit Gezeitenstrom 90 sm in sechs Stunden (15 kn)!

16.12.: Durch die Deutsche Bucht bei achterlichem Wind. – Man merkt, daß Winter ist. – Letztmalig wird heute die Uhr um eine Stunde vorgestellt, sie mußte insgesamt viermal vor- bzw. zurückgestellt werden.

17.12.: Um 8.00 Uhr ist Skagen in Sicht. – Um 9.00 Uhr treffen wir die »Penck«, die von der Ostkante zurückkommt, Verbindung über Sprechfunk. – Packen unsere Sachen und scheuern drei Stunden lang unsere Kammer und E-Meßraum. – Um 15.30 Uhr Kaffee beim Expeditionsleiter, 19.00 Uhr Auswertung und Diskussion der auf der Reise durchgeführten Forschungsarbeiten. – Es briest im Kattegat. – Von 10.00 - 14.00 Uhr haben wir bei Skagen zur letzten Durchsicht des Schiffsgetriebes geankert. Kapitän hat mir die eingezogenen US-Dollar wieder ausgehändigt.

18.12. - 4. Advent: Außer mir haben alle gut geschlafen. Ich habe geträumt, Du (meine Frau) liegst im Krankenhaus. Hoffentlich hat das nichts zu bedeuten. – Um 9.00 Uhr befindet sich die »Haeckel« bei Gedser Rev. Wir werden um 10.30 Uhr vor Warnemünde sein.

Damit war für mich die längste Forschungreise, die mehr als vier Monate gedauert hat, beendet. Rechne ich die fünf Wochen an der Ostkante sowie die 14-tägige Terminfahrt mit der »Otto Krümmel«, über die noch an anderer Stelle zu berichten sein wird, hinzu, bin ich 1966 gut sechs Monate auf See gewesen.

Irgendwann am späten Vormittag des 18. Dezember 1966 haben wir mit der »Ernst Haeckel« im Fischkombinat festgemacht. Obgleich Sonntag war, herrschte großer Bahnhof, leitende Vertreter beider Institute und der Universität waren zugegen und natürlich auch die Familienangehörigen.

Zwei Vertreter des Rostocker Zoos holten klamm-heimlich die Pinguine ab. Von größerem Tam-Tam bei der Übergabe wurde abgesehen, weil westdeutsche Gazetten von einem angeblichen Blutbad ostdeutscher Wissenschaftler unter der Vogelwelt der Falklands berichtet hatten. Einer der Pinguine war uns auf Höhe der Kanarischen Inseln entwischt. Vielleicht hat dieser Ausreißer auf der Nordhalbkugel der Erde für Irritation unter den Ornithologen gesorgt. Die anderen Pinguine haben die weite Reise gesund und munter überstanden. Die Nachkommenschaft der Brillenpinguine hat sich im Rostocker Zoo im Laufe der Jahre zu einer kleinen Kolonie entwickelt.

Anfänge des international koordinierten Umweltüberwachungsprogramms in der Ostsee

Das Baltische Meer

Die Ostsee ist ein Nebenmeer, das nur über die drei Dänischen Meerengen mit der Nordsee in Verbindung steht. Diese engen Verbindungswege schränken den Wasseraustausch stark ein und sind Ursache für die lange mittlere Aufenthaltsdauer des Wassers in der Ostsee. Sie beträgt 25 - 30 Jahre (Nordsee 2 - 3 Jahre). Infolge dieser langen Verweilzeit reagiert die Ostsee besonders empfindlich auf anthropogene, vom Menschen verursachte, Umwelteinflüsse.

Der eingeschränkte Wasseraustausch zwischen Ostsee und Nordsee ist darüber hinaus die Ursache für den Brackwassercharakter, der wohl wichtigsten Besonderheit der Ostsee. Im Vergleich zum mittleren Salzgehalt des Meerwassers von 35 ‰

beträgt er im Oberflächenwasser der zentralen Ostsee nur 7 - 8 ‰ und sinkt im Inneren des Finnischen und Bottnischen Meerbusen sogar auf 1-2 ‰ ab, weil dort der Süßwasserzustrom durch Flüsse am größten ist. Vor der Schleswig-Holsteinischen und Mecklenburgischen Küste, dem Übergangsgebiet zwischen Nordsee- und Ostseewasser werden 15 - 20 ‰ gemessen.

Der Brackwassercharakter ist verantwortlich für die biologische Artenarmut in der Ostsee, die deutlich niedriger ist als im marinen Bereich oder in der Süßwassersphäre. Die Organismen, die sich an das Brackwassermilieu angepaßt haben, können jedoch in hohen Individuenzahlen auftreten.

Der Wasseraustausch in den Ostseezugängen ist im Mittel durch den Ausstrom salzärmeren Oberflächenwassers, durch den der Flußwasserüberschuß abgeführt wird, gekennzeichnet. In der Tiefe fließt salzreicheres Wasser aus der Nordsee ein. Wegen der unterschiedlichen Dichte dieser Wasserkörper ist auch in den zentralen Ostseebecken eine Zweiteilung der Wassersäule vorhanden: Salzärmeres Oberflächenwasser lagert über salzreicherem Tiefenwasser. Diese beiden Wasserkörper unterschiedlicher Dichte vermischen sich kaum. Die zwischen ihnen ausgebildete Dichtesprungschicht bleibt das ganze Jahr über erhalten. Im Frühjahr führt die Erwärmung in der oberflächennahen Schicht zu einer thermischen Dichteschichtung, die mit der winterlichen Abkühlung wieder verschwindet.

Dichtesprungschichten schränken den vertikalen Austausch stark ein, sie werden deshalb auch als Sperrschichten bezeichnet. Die permanente Salzgehaltssprungschicht ist die Ursache für stagnierende Bedingungen im Tiefenwasser der Ostsee, die vor allem für die Sauerstoffverhältnisse verheerende Folgen haben können: In dem Maße, in dem Sauerstoff beim biochemischen Abbau von organischer Substanz verbraucht wird, verarmt die grundnahe Wasserschicht an diesem lebensnotwendigen Gas. Wenn aller Sauerstoff verbraucht ist, geht das Wasser in Fäulnis über, weil jetzt beim weiteren biochemischen Abbau Schwefelwasserstoff, ein stark giftiges, nach faulen Eiern riechendes Gas, entsteht. Während des biochemischen Abbaus werden anorganische Phosphor- und Stickstoffverbindungen freigesetzt, so daß das stagnierende Tiefenwasser auch als Nährstoffalle wirkt.

Die Stagnationsperioden im Tiefenwasser der zentralen Ostsee erstrecken sich oftmals über mehrere Jahre. Anders als im Schwarzen Meer, in dessen Tiefenwasser ständig hohe Konzentrationen an Schwefelwasserstoff vorhanden sind, kommt es in der Ostsee gelegentlich zum Einstrom größerer Wassermengen aus der Nordsee, die das stagnierende Tiefenwasser verdrängen und durch salz- und sauerstoffreicheres Wasser ersetzen. Voraussetzung für derartige Salzwassereinbrüche sind anhaltende Stürme aus westlichen Richtungen, die das Nordseewasser durch die Dänischen Meerengen in die Ostsee drücken. Erst wenn dieses Wasser, das sich mit dem Ostseewasser vermischt, die nur 18m tiefe Darßer Schwelle passiert hat, befindet es sich in der eigentlichen Ostsee und breitet sich am Meeresboden kaskadenartig von einem Ostseebecken ins andere aus. Bis das gesamte Tiefenwasser der zentralen Ostsee frei von Schwefelwasserstoff ist, dauert es Monate bis Jahre. Während dieser Prozeß in dem Becken westlich der Insel Gotland noch nicht beendet ist, hat in den weiter südlich gelegenen Becken bereits wieder eine neue Stagnationsperiode begonnen. Zusammen mit dem Austausch des stagnierenden Tiefenwassers werden auch die zwischenzeitlich akkumulierten Nährstoffe reaktiviert.

Vorbereitungen

Durch den 2. Weltkrieg war die internationale Ostseeforschung praktisch zum Erliegen gekommen. Mitte der 1950er Jahre bemühten sich daher namhafte Ozeanographen, allen voran der finnische Prof. Dr. Ilmo Hela, um ihre Wiederbelebung. Sie riefen 1957 die Konferenzen der Ostsee-Ozeanographen (Conferences of the Baltic Oceangraphers, CBO) ins Leben, die alternierend, im zweijährigen Abstand, in einem der Ostseeländer abgehalten wurden. Die Interessen der einzelnen Länder wurden von jeweils einem Seniorwissenschaftler wahrgenommen. Auf diesen Konferenzen wurden gemeinsam interessierende Forschungsprogramme diskutiert und zur Realisierung empfohlen. Gleichzeitig bildeten sie ein wichtiges Forum zur Vorstellung und Diskussion der neuesten Ergebnisse der Ostseeforschung. Die nichtstaatlich organisierten CBO dienten auch dazu, die Meereswissenschaftler der DDR in die internationale Ostseeforschung einzubeziehen. Der DDR war damals, als Folge des Kalten Krieges, noch die Mitarbeit in den staatlichen internationalen Organisationen versagt.

In der 1. Hälfte der 1960er Jahre war eine Verschlechterung der Sauerstoffverhältnisse und das verstärkte Auftreten von Schwefelwasserstoff im Tiefenwasser der zentralen Ostseebecken auffällig geworden. Die Ostsee-Ozeanographen schlugen daher ein Internationales Ostseejahr vor, in dessen Verlauf die Ursachen dieser Veränderungen erforscht werden sollten. Es galt vor allem die Frage zu klären, ob die

Verschlechterung der Sauerstoffverhältnisse natürliche Ursachen hatte, oder ob sie bereits Anzeichen einer verstärkten Umweltbelastung durch die Menschen war. Letztendlich ist diese Frage bis heute nicht eindeutig entschieden und muß mit »sowohl als auch« beantwortet werden.

Im Rahmen des Internationalen Ostseejahres, abgekürzt IBY (International Baltic Year), wurden vertiefte Kenntnisse über die jahreszeitlichen, hydrographisch-chemischen Veränderungen und den Wasseraustausch in den verschiedenen Becken der zentralen Ostsee angestrebt. Während dieses Unternehmens sollte ständig ein Forschungsschiff der Ostseeanrainer unterwegs sein, um auf bestimmten Stationen, von denen teilweise bereits seit Ende des 19. Jahrhunderts Werte für die Wassertemperatur sowie den Salz- und Sauerstoffgehalt vorliegen, Untersuchungen durchzuführen.

Auf der V. Konferenz der Ostsee-Ozeanographen, die im Mai 1966 in Leningrad (UdSSR) stattfand, wurde mit der konkreten Planung des IBY begonnen. Da vor der Konferenz ein Methodenvergleich unter Bordbedingungen erfolgen sollte, fuhren wir mit dem FS »Prof. O. Krümmel« dorthin und führten auf der Anreise im Rahmen unseres nationalen Meßprogramms hydrographische Messungen in den westlichen Teilgebieten der Ostsee durch. Dies war die einzige Reise mit der »Krümmel«, an der ich teilgenommen habe. Wie häufig im Mai war es eine Schönwetterreise und das Meßprogramm schnell erledigt. Die Matrosen konnten das Schiff daher auf Vordermann bringen, d.h. pönen (streichen), was in Anbetracht des bevorstehenden internationalen Auftretens natürlich besonders erwünscht war. Damit sie Zeit für diese Arbeiten hatten, mußten die Forscher die Ruderwache übernehmen. Die »Krümmel« war ein Schiff mit hölzernem Rumpf, ihr Ruderblatt wurde mittels eines großen Steuerrades aus Holz über Seilzüge von der Brücke aus bedient. Bei ruhiger See war die Arbeit als Rudergänger herrlich und bei der zweistündigen Ablösung auch nicht anstrengend. In der nördlichen Ostsee und im Finnischen Meerbusen hatten wir spiegelglatte See. Inseln, die in der Ferne passiert wurden, und Schiffe, die uns entgegenkamen, standen infolge Luftspiegelung auf dem Kopf. Das Schraubenwasser bildete – sehr zur Genugtuung des Wachoffiziers und meiner Wenigkeit – eine schnurgerade Linie hinter dem Schiff, bis es sich schließlich in der Ferne verlor.

Da wir wegen des guten Wetters schnell voran kamen, konnte nachts geankert und bei eingeschalteter Notbeleuchtung alle Maschinen abgestellt werden. Die himmlische Ruhe, die dann an Bord herrschte, wurde nur gelegentlich durch das leise Knarren der Holzbeplankung unterbrochen, wenn sich das Schiff sanft in der Dünung bewegte. Dann störten auch die engen Kammern mit den dreifach übereinander angeordneten Holzkojen nicht, in die man sich nur liegendermaßen hineinquetschen konnte. Entsprechend einfach waren auch die sanitären Einrichtungen, die aus einem gemeinsamen Waschraum und zwei Plumps-Klos für 12 - 15 Mann bestanden und nur über das offene Achterdeck zu erreichen waren.

Als wir am Morgen des 20. Mai in Leningrad einliefen, hatten die drei anderen avisierten Forschungsschiffe, die »Alkor« aus Kiel, die »Skagerrak« aus Schweden und die »Gidrograf« vom Hydrometeorologischen Dienst der UdSSR bereits die mühselige Prozedur der Einklarierung hinter sich, die in allen Häfen der UdSSR ähnlich verlief. Sie bestand in einer gründlichen Kontrolle der Seefahrtsbücher und Schiffspapiere durch die grünbemützten Offiziere des Ministeriums des Inneren (Fremdenpolizei), dicht gefolgt von einem Kleinbus mit medizinischem Personal, der Sanitärkommission, die sich nach Kranken erkundigte und die Papiere über die letzte Entrattungsaktion des Schiffes kontrollierte. Beide Gruppen erwarteten, daß sie mit Kaffee und belegten Broten bewirtet wurden, die Vertreter des medizinischen Dienstes waren auch einigen Gläschen Schnaps und Bier nicht abgeneigt. Wen wundert es, daß diese Aktion einige Stunden in Anspruch nahm. Bereits unmittelbar nach dem Festmachen des Schiffes bezog ein Wachposten Stellung an der Gangway, der nach erfolgter Einklarierung die Seefahrtsbücher der Landgänger kontrollierte und verhinderte, daß Fremde das Schiff betraten. Ähnlich aufwendig verlief die Ausklarierung.

Es bedurfte zäher Verhandlungen seitens der Gastgeber, den Vertretern der Akademie der Wissenschaften der UdSSR, mit den Behörden, bis die Forschungsschiffe am Nachmittag endlich für gegenseitige Besuche an Bord freigegeben waren, eine Voraussetzung, die für den Methodenvergleich unerläßlich war. Trotz aller Bemühungen konnte jedoch nicht erreicht werden, daß auch die Vertreter der gastgebenden Seite an Bord kommen durften. Nachdem diese Frage geklärt war, setzte ein lebhafter Besucheraustausch zwischen den Schiffen ein, es gab allenthalben ein Händeschütteln und gegenseitiges Beschnuppern sowie einen mehr oder weniger üppigen Willkommenstrunk. Schließlich wechselten nicht nur Personen sondern auch Bierflaschen und Tabletts mit gefüllten Schnapsgläsern von einem Schiff zum anderen, vorbei an den Wachposten, die sich befehlsgemäß jedesmal den Ausweis zeigen ließen.

Die Genauigkeit von Meßwerten und damit ihre Vergleichbarkeit ist eine der wichtigsten Voraussetzung für internationale Forschungsvorhaben. In Leningrad wurden die Methoden zur Bestimmung des Salz- und Sauerstoffgehalts, des Phosphats sowie der Alkalinität und des pH-Wertes einem Vergleich unterzogen. Die dafür erforderlichen Wasserproben waren auf der »Alkor« bei der Anreise nach Leningrad geschöpft worden. Abends trafen wir uns an Bord der »Skagerrak«, um letzte Einzelheiten für den am nächsten Tag geplanten Methodenvergleich abzusprechen.

Pünktlich zur vereinbarten Zeit fand ich mich am nächsten Morgen zusammen mit meinen Technikern an Bord der »Alkor« ein, um die zu untersuchenden Wasserproben aus einem Vorratsgefäß abzufüllen. Da das Labor an Bord der »Krümmel« nur klein war, konnten nicht alle Analysen gleichzeitig durchgeführt werden. Mir oblag die Messung des pH-Wertes und der Alkalinität, für die der Nachmittag und Abend vorgesehen waren. Den für mich arbeitsfreien Vormittag benutzte ich dazu, meinen Mitarbeitern über die Schulter zu sehen und den Fortgang der analytischen Arbeiten auf den anderen Schiffen zu verfolgen. Als kurz vor Mitternacht die vorläufigen Ergebnisse verglichen wurden, zeigte sich, daß das Warnemünder Institut überwiegend gut abgeschnitten hatte. Nur bei der Phosphatbestimmung war ein systematischer Fehler vorhanden, als dessen Ursache später eine zu geringe Säurekonzentration bei der Analyse festgestellt wurde. Dieser Mangel, der gleichzeitig die Bedeutung von Methodenvergleichen unterstreicht, ließ sich leicht beheben.

Zwischen dem Methodenvergleich und dem Beginn der CBO lag ein Wochenende, so daß Zeit für eine ausgiebige Stadtbesichtigung blieb. Ein Busausflug, zu dem die Veranstalter eingeladen hatten, führte uns vorbei an den Grenzen des ehemaligen deutschen Belagerungsringes im 2. Weltkrieg nach Petershof (Petrodworez), dem ehemaligen Sommersitz des Zaren. Die Besatzungen der Forschungsschiffe wurden auch in den internationalen Seemannsklub eingeladen, der sich in einem der ehemaligen Paläste befand. Hier traf man viele hübsche Frauen. In Anlehnung an den kommunistischen Jugendverband der UdSSR (Komsomol) bezeichnete einer meiner Mitstreiter sie als »Amüsier-Komsomolzinnen«. Alkoholische Getränke wurden dort kaum konsumiert. Dafür wurde getanzt, wobei der Name des Tanzes, z.B. »Foxtrott« – mit der Betonung auf der letzten Silbe – durch einen Zeremonienmeister angekündigt wurde, der dabei dreimal mit seinem Stock auf das Parkett stieß. Das wirkte sehr komisch. Ich habe keines der Mädchen aufgefordert, weil ich Sprachschwierigkeiten befürchtete. Von meinen diesbezüglich weniger schüchternen Kollegen erfuhr ich jedoch, daß die meisten der anwesenden Frauen

Studentinnen waren, die Fremdsprachen studierten und im Seemannsklub ihre Sprachkenntnisse erweitern wollten. Es wirkte alles sehr manierlich, hier, wie auch sonst in der Stadt, keine Spur von Alkoholismus, Prostitution und mafia-ähnlichen Strukturen. Mein erster Besuch in Leningrad fiel in die Zeit, als die verschiedenen Völkerschaften noch friedlich und gleichberechtigt in der UdSSR zusammenlebten; die Menschen waren glücklich und stolz auf das, was sie in ihrem Land erreicht hatten.

Leningrad, Admiralität, 1966

Während der Vortragsveranstaltung der V. CBO hielt ich einen Vortrag über unsere Untersuchungen zur Ionen-Anomalie in der Ostsee. Es war mein erster Auftritt vor einem internationalen, meereswissenschaftlichen Forum. In dem Wissen, daß die meisten Tagungsteilnehmer deutsch verstanden, hielt ich diesen Vortrag in meiner Muttersprache, obgleich die internationale Konferenzsprache auf den CBO Englisch war. Auch wenn dies nicht deutlich gesagt wurde, löste ich damit einigen Unwillen aus. Die westdeutschen Kollegen trösteten mich jedoch und sagten, meinen Vortrag hätten sie am besten verstanden.

Die Seniorwissenschaftler einigten sich auf der V. CBO darauf, das IBY im Zeitraum 1969/70 durchzuführen. Sie erörterten auch das Meßprogramm. Neben den hydrographischen Grundgrößen – Wassertemperatur sowie Salz- und Sauerstoffgehalt – sollte der Schwerpunkt dieses Programms auf chemischen und biologischen Untersuchungen liegen. Insbesondere ging es um die Beziehungen zwischen Nährstoffen, den anorganischen Phosphor- und Stickstoffverbindungen, und dem Phytoplankton, den im Wasser schwebenden, mikroskopisch kleinen Algen.

Außer Dänemark sagten alle Ostseeländer ihre Beteiligung am IBY zu. Die lange Vorbereitungszeit von gut drei Jahren hing mit den Schiffseinsatzplänen zusammen, deren Koordinierung bis zur nächsten CBO, zu der Polen für das Jahr 1968 einlud, erfolgen sollte. Auf dieser Konferenz sollten auch die Positionen, auf denen Messungen vorgesehen waren, endgültig festgelegt werden. Außerdem mußte über den Vorschlag einer Dauerstation im Gotlandtief, der zentralen Position in der eigentlichen Ostsee, entschieden werden.

Moskau, 1966; Lomonossow-Universität

Das Dokument mit den Empfehlungen der V. CBO wurde im Rahmen eines Festaktes am Vormittag des letzten Tages der Konferenz feierlich unterzeichnet. Im Anschluß daran gab es ein großes Bankett mit Kaviar, Krimsekt und vielen, vielen Trinksprüchen, bei denen jedesmal auf »ex« getrunken werden mußte. Die Toasts begannen mit dem Wunsch nach einer weiteren erfolgreichen Zusammenarbeit bei der Ostseeforschung und endeten mit: »Pod stoloje videza« – Unter dem Tisch sehen wir uns wieder.

Noch am gleichen Tag verließen die Forschungsschiffe Leningrad. Aber nicht alle Konferenzteilnehmer kehrten sofort nach Hause zurück. Einige, darunter auch ich, fuhren nach Moskau, um am 2. Ozeanologischen Weltkongreß teilzunehmen. Diese Mammutveranstaltung mit einigen hundert Teilnehmern, die vom 30. Mai bis 9. Juni 1966 dauerte, fand in der etwas außerhalb der Stadt gelegenen Lomonossow-Universität statt, die im typischen »Zuckerbäcker-Baustil« der Stalinschen Nachkriegsära errichtet worden war. In Moskau hielt ich ebenfalls meinen Vortrag über die Ionenanomalie in der Ostsee, im Gegensatz zur Leningrader Konferenz jedoch in Englisch. Andere Ergebnisse hatte ich nach einjähriger Tätigkeit als Meeresforscher noch nicht vorzuweisen.

Moskau, 1966; Kreml und Lenin-Mausoleum

Der Veranstalter hat sich die kulturelle Seite des Kongresses einiges kosten lassen. Auf Stadtrundfahrten wurden die Teilnehmer durch das Lenin-Mausoleum geschleust und besichtigten den Kreml; die ebenfalls angebotenen Museumsbesuche habe ich mir aus Zeitmangel erspart. Außerdem gab es etliche Empfänge sowie Freikarten für Theaterbesuche, ich sah das Ballett Schwanensee im Bolschoi-Theater. Bei einer Fahrt auf der Moskwa begegnete ich Gotthilf Hempel zum ersten Mal. Prof. Hempel hat sich bleibende Verdienste um den Fortbestand der Meeresforschung in Warnemünde nach der Wiedervereinigung Deutschlands erworben. Damals firmierte er noch unter FAO (Food and Agriculture Organisation der UNESCO).

Getreu dem Motto, nichts ist schwerer zu ertragen als eine Reihe von guten Tagen, waren die meisten Teilnehmer froh, als der Kongreß mit einem großen Abschlußbankett im Kremlpalast beendet wurde. Ich freute mich besonders, nach Hause zu kommen; war ich doch mehr als vier Wochen fort gewesen.

Während des IBY sollten auch die Beziehungen zwischen der Verteilung der Nährstoffe und des Phytoplanktons untersucht werden. Die Massenentwicklung der Mikroalgen beginnt im Frühjahr, wenn die Sonne genügend Kraft gewonnen hat, um den Assimilationsprozeß in Gang zu setzen. In dem Maße, wie sich das Phytoplankton entwickelt, werden die Nährstoffe aufgezehrt. Von Ende März bis Ende Mai 1967 hatte ich vier Wochen Schiffszeit beantragt, um Erfahrungen auf diesem Forschungsgebiet zu sammeln. Die Institutsleitung genehmigte meinen Antrag und stellte mir die »Penck« zur Verfügung. Es war meine erste Reise als Expeditionsleiter. Ich war damit für die Planung und Durchführung des wissenschaftlichen Programms verantwortlich. Das von mir vorgesehene Arbeitsgebiet erstreckte sich von der westlichen und südlichen Ostsee bis in den Bottnischen Meerbusen, dem nördlichsten Teilgebiet der Ostsee. Wegen der chemisch-biologischen Orientierung der Untersuchungen hatte ich den Leiter der meeresbiologischen Arbeitsgruppe des Instituts in die Planungen einbezogen. Mit von der Partie waren auch ein Meeresökologe von der Universität Greifswald sowie ein Benthologe von der Universität Rostock, der sich mit den am Meeresgrund lebenden Tieren befaßte. Die Biologie war damals nur schwach am Warnemünder Institut vertreten. Aufgrund seiner Erfahrungen aus der Leningrader Zeit war Prof. Bruns nämlich der Ansicht, daß die Biologen in kurzer Zeit das ganze Institut überschwemmen würden, wenn »ihnen kein Riegel vorgeschoben wird«.

Die Massenentwicklung des Phytoplanktons im Frühjahr, die auch als Blüte bezeichnet wird, setzt in den südlichen Teilen der Ostsee früher ein, als in den nördlichen. Ursache ist die unterschiedliche Strahlungsintensität der Sonne in Abhängigkeit von der geographischen Breite. Bei der ausgedehnten Nord-Süd-Erstreckung des Arbeitsgebietes konnten wir sicher sein, den verschiedenen Stadien der Frühjahrsblüte zu begegnen. So war es dann auch, wobei wir den Höhepunkt dieser Entwicklung im Bottnischen Meerbusen antrafen. Auf ozeanologischen Schnitten sowie einer mehrtägigen Ankerstation, hatten wir hier optimale Bedingungen, um die Beziehungen zwischen Nährstoffen und Algenbiomasse in der Oberflächenschicht des Wassers zu untersuchen.

Entsprechend der Jahreszeit war auch diese Expedition eine Schönwetterreise. Im Bottnischen Meerbusen begegneten wir noch lockeren Treibeisfeldern, die zwar die Fahrt der »Penck« kaum behinderten, deren Schollen aber einen »Höllenlärm« verursachten, wenn sie an die Bordwand krachten. Da sich die Kojen etwa in Höhe der Wasseroberfläche befanden, war es dann vorbei mit der Nachtruhe. Darüber hinaus raubte mir ein anderes Problem kurzzeitig den Schlaf; wir hatten nämlich gemeint, auf die Mitnahme von stark giftigem Quecksilberchlorid verzichten zu können, dieses Reagenz wurde bei der Nitratanalyse benötigt. Als die Bestimmung nicht mehr funktionierte, entschlossen wir uns notgedrungen, ein Thermometer zu »schlachten« und dessen Quecksilber in Königswasser – einer Mischung von Salz- und Salpetersäure – zu lösen. Das ist an Bord ein schwieriges und gefährliches Unterfangen. Aber wir sind ohne Verätzungen und Quecksilbervergiftungen davongekommen und konnten mit der Nitratbestimmung fortfahren. Im weiteren Reiseverlauf ging schließlich auch noch unser Vorrat an destilliertem Wasser zur Neige, so daß wir uns welches aus Trinkwasser destillieren mußten. Diese Beispiele zeigen, wie man als Meereschemiker gelegentlich zum Improvisieren gezwungen ist.

Auf See spielt die Gestaltung der Freizeit ein wichtige Rolle. An zwei Abenden berichtete ich anhand von Lichtbildern über die Reise mit dem Fischereiforschungsschiff »Ernst Haeckel« zum Patagonischen Schelf, während einer der Biologen einen interessanten Vortrag über Tiefseefische hielt. Außerdem entwickelte sich ein »Kunstgewerbezirkel«, an dem sich nahezu alle Besatzungsmitglieder, angefangen vom Decksmann bis zum Kapitän und vom Expeditionstechniker bis zum Expeditionsleiter beteiligten, so daß zeitweise die Bordwerkstatt blockiert war. Ich brachte von dieser Reise eine schwarzlackierte Pinguinfigur aus Schweißdraht sowie eine Mickimaus-Dreimannkapelle mit, deren Figuren aus Kronenverschlüssen von Bierflaschen und Kupferkabel zusammengelötet und bunt angemalt waren.

Mit der Komplexität der Untersuchungen, die auf dieser Reise durchgeführt wurden, hatten wir Neuland beschritten und Erfahrungen für die Meßstrategie des

Internationalen Ostseejahres gesammelt. Hierzu gehörte auch die Zusammenarbeit zwischen den unterschiedlichen Disziplinen, die erfolgreich verlaufen war. Ein Nebenprodukt der chemischen Untersuchungen war die Beobachtung, daß das Nitrat-Phosphat-Verhältnis im Tiefenwasser der Ostsee deutlich geringer ist als in den meisten anderen Gebieten des Weltmeeres.

Die endgültige Verabschiedung des Programms zum Internationalen Ostseejahr 1969/70 erfolgte auf der VI. CBO, die im späten Frühjahr 1968 in Sopot/Polen stattfand. Dr. Voigt war mit dem Dienstwagen nach Sopot gekommen und nahm als Seniorwissenschaftler an der Veranstaltung teil. Das Gros der Warnemünder Teilnehmer befand sich jedoch an Bord der »Krümmel«, die in Gdynia festgemacht hatte. Ich war in Begleitung meiner Frau im »Trabbi« angereist. Auch die Kollegen des Kieler Instituts für Meereskunde waren mit einem Forschungsschiff nach Gdynia gekommen; es lag direkt neben der »Krümmel«.

Auf der Vortragsveranstaltung habe ich über die Untersuchungen berichtet, die wir im Mai des Vorjahres im Bottnischen Meerbusen durchgeführt hatten. Bei den Beratungen der Seniorwissenschaftler zum Internationalen Ostseejahr ging es zunächst um die Bestätigung der Meßpositionen, die alle im Seegebiet zwischen Arkona-Becken und Finnischem Meerbusen lagen. Insgesamt einigte man sich auf 39 Stationen, von denen 14 von herausragender Bedeutung waren und daher grundsätzlich auf jeder Meßfahrt bearbeitet werden sollten. Außerdem wurde die Durchführung der fünftägigen Dauerstation im Gotlandtief beschlossen. Wesentlich schwieriger gestalteten sich dagegen die Beratungen über die lückenlose Besetzung der jeweils dreiwöchigen Meßkampagnen mit einem Forschungsschiff; letztendlich blieb aber nur zum Jahreswechsel 1969/70 eine Meßperiode unbesetzt.

Jetzt mußte im Institut mit der generalstabsmäßigen Vorbereitung unserer Meßfahrten begonnen werden. Da chemische Untersuchungen ein wesentlicher Bestandteil des IBY waren und ich schon stark in die Aktivitäten zur Vorbereitung dieses Unternehmens einbezogen worden war, hielt ich mich für kompetent, diese Aufgabe zu übernehmen. Ich machte mich daher an die personelle und materielle Planung der Reisen, beginnend mit der Anfertigung der Stationskarten und der Abschätzung des Zeit- und Personalbedarfs der ozeanographischen Arbeiten sowie deren Koordinierung zwischen den Disziplinen Physik, Chemie und Biologie, bis hin zur Absicherung der Meßtechnik und der Vorlage der Expeditionsaufträge. Zusammen mit der wissenschaftlichen Begründung der Reisen legte ich diese Unterlagen dem Direktor vor, der sie wohlwollend zur Kenntnis nahm und mich mit der Durchführung dieses Unternehmens beauftragte. Voigt begrüßte Eigeninitiativen, und wenn nichts dagegen sprach, wurden sie akzeptiert. Durch mein Vorpreschen war mir die Verantwortung für die Teilnahme der DDR an einer wichtigen internationalen Aufgabe im Ostseeraum übertragen worden. Das Institut verfügte zwar über Ozeanographen, die wesentlich mehr Erfahrungen auf dem Gebiet des Wasseraustausches in der Ostsee besaßen als ich, ihnen fehlten jedoch die meereschemischen Kenntnisse. Ich habe mich deshalb nie als Eindringling in die Arbeitsgebiete anderer gefühlt und war immer um eine Zusammenarbeit bemüht. Im Rückblick glaube ich sagen zu können, daß mir das geglückt ist. Mit der wissenschaftlichen Problematik, die während des Internationalen Ostseejahres bearbeitet wurde, wandte ich mich außerdem einem Forschungsgebiet zu, das mich bis zu meiner Emeritierung im Jahre 1997 beschäftigt hat.

Für alle vier Reisen des Internationalen Ostseejahres 1969/70, zu denen sich die DDR verpflichtet hatte, stand das FS »Prof. Albrecht Penck« zur Verfügung. Auf diesen Reisen wurden auch die hydrographischen Aufgaben des nationalen Terminfahrtprogramms wahrgenommen. Dieses auf die westlichen Teile der Ostsee beschränkte Überwachungsprogramm war an feste Termine gebunden und wurde in jedem Jahr wiederholt, daher die Bezeichnung Terminfahrt. Es diente den Interessen des Seehydrographischen Dienstes und der Hochseefischerei der DDR. Da das IBY Vorrang vor den anderen Aufgaben hatte, fungierte ich auf den vier IBY-Reisen des Warnemünder Instituts als Expeditionsleiter.

Es ist so weit, wir forschen für das Internationale Ostseejahr (IBY)

Unsere erste IBY-Reise fand vom 27. Februar bis 22. März 1969 statt. Wegen des strengen Winters war die Ostsee teilweise zugefroren. Auch vor der Küste Mecklenburgs hatte sich Randeis gebildet. In wissenschaftlicher Hinsicht begannen die Untersuchungen gleich mit einem Paukenschlag. Im Bornholmbecken zeigten unsere Messungen in der grundnahen Schicht große Mengen salz- und sauerstoffreichen Wassers, die auf den Einstrom von Nordseewasser und damit auf einen Salzwassereinbruch hindeuteten. Diese nicht nur für die Ozeanographen sondern auch für die

Fischereibiologen wichtige Beobachtung teilte ich sofort dem Institut mit. Danach liefen sich die Telefon- und Telegrafendrähte heiß, und die Funker von Rügenradio stöhnten über die viele Arbeit. »Alle Welt wollte auf einmal wissen, was los ist«, es meldete sich nicht nur das Warnemünder Institut sondern auch die Kollegen vom Institut für Hochseefischerei in Marienehe, die nachdrücklich um genaue Informationen baten.

Das große Interesse der Fischereibiologen an diesem Ereignis rührte daher, daß Salzwassereinbrüche für die Vorhersagen über die Entwicklung der Dorschbestände der Ostsee von großer Bedeutung sind. Durch Zunahme der Dichte des Wassers infolge höheren Salzgehalts wird die Schwimmfähigkeit des Dorschlaichs erhöht, während der Sauerstoffgehalt dessen Entwicklung zum Larvenstadium fördert. Nach Wintern mit Salzwassereinbrüchen sind daher die ozeanologischen Voraussetzungen für die Entwicklung starker Dorschjahrgänge günstig. Im fauligen Wasser, das giftigen Schwefelwasserstoff enthält, geht der Laich zu Grunde. Auch der Dorsch kann unter diesen lebensfeindlichen Bedingungen nicht leben, er konzentriert sich oberhalb dieses Wasserkörpers und kann dort mit pelagischen (Schwimm-)Netzen gefangen werden, während der Einsatz von Grundschleppnetzen erfolglos ist. Diese stark vereinfacht dargestellten Beziehungen zeigen die Bedeutung unserer Untersuchungen für die operative Beratung der Ostseefischerei.

Nach und nach arbeiteten wir uns bis zum Gotlandtief vor. Gemäß der im IBY-Programm vorgesehenen, fünftägigen Dauerstation gingen wir dort bei 248 m Wassertiefe vor Anker. Das war leichter gesagt als getan. Denn die Ankerkette der »Penck« erlaubte nur das Ankern bis etwa 80 m Tiefe, was im Normalfall für Schiffe ausreichend ist. Der Kapitän hatte daher eine Verankerung vorgesehen, die aus einem dicken, 900 m langen Perlon-Tampen(-Seil) und einem Stockanker bestand und mittels Ankerspill (-winde) gefiert oder gehievt wurde.

Nachdem das Schiff vor Anker lag, begannen wir sofort mit den Messungen. Waren wir in den ersten Tagen unserer Reise vom Wetter begünstigt, änderte sich das jetzt, der Wind frischte auf und das Schiff begann trotz Ankers zu driften. Als auch das langsame Gegenangehen mit der Maschine nicht mehr half, mußte nach etwa 30 Stunden der Anker geborgen werden. War schon sein Ausbringen bei ruhiger See kein Vergnügen, wurde seine Bergung wegen der jetzt überkommenden Brecher ein schwieriges Unterfangen. Als der Anker schließlich an Bord war, gingen wir bei der Insel Gotland unter Landschutz. Auch in den nächsten Tagen besserte sich das Wetter nicht. Als wir endlich wieder arbeiten konnten, mußten wir schweren Herzens auf weitere Dauerstationsmessungen verzichten, um nicht das weitere Programm zu gefährden. Das Vordringen nach Norden wurde jedoch sehr bald durch Treibeis behindert, es wummerte und scharrte immer wieder an der Bordwand, so daß man aus dem Schlaf hochschreckte. Bald wurde das Treibeis so dicht, daß wir – um nicht stecken zu bleiben – beidrehen mußten. Außerdem besaß die »Penck« keine Eisverstärkung. Manchmal war uns schon ziemlich mulmig zu Mute. Einen Vorteil hat das Treibeis jedoch, es verhindert das Aufkommen von Seegang.

Da keine Aussicht auf Besserung der Eislage bestand, kehrten wir um und versuchten, um die Südspitze von Gotland ins westliche Becken zu gelangen, um dort unsere Arbeiten fortzusetzen. Das war auch insofern wichtig, weil Visby auf der Westseite der Insel als Versorgungshafen vorgesehen war. Auf dem Weg dorthin führte überkommendes Spritzwasser zu einer Vereisung des Vordecks der »Penck«. Die bizarren Eiszapfen, die von den Wanten und Aufbauten herabhingen, sahen zwar schön aus, konnten aber die Stabilität des Schiffes beeinträchtigen. Während der Stationsarbeiten mußten die Matrosen daher das Eis abklopfen und über Bord schaufeln.

Eis an Deck der »Penck«, 1969

Da das Anlaufen schwedischer Häfen durch Forschungsschiffe der DDR damals unerwünscht war, mußte um eine Sondergenehmigung nachgesucht werden. Ich hatte daher im Vorfeld verabredungsgemäß mit einem Ozeanographen vom Hydrographischen Institut in Göteborg telefoniert und um Unterstützung gebeten. Dieser Ozeanograph besaß einen heißen Draht zur schwedischen Marine bzw. zur Coast Guard. Durch seine Fürsprache klappte es deshalb mit dem Anlaufen von Visby problemlos.

Im Hafen warteten bereits Reporter von zwei Zeitungen, um mich über das IBY zu befragen. Infolge des von uns festgestellten Salzwassereinbruchs konnte ich sie aktuell über ein für die Ostsee sehr wichtiges Ereignis informieren. Wegen schlechten Wetters mußten wir unseren Aufenthalt in Visby verlängern, so daß ich mir ausgiebig die hauptsächlich aus natürlichem Kalksandstein erbaute Stadt ansehen konnte.

Auch nach Visby machte uns der Wind immer wieder zu schaffen. Schließlich konnten wir nur mit Müh' und Not einen Teil des für SHD und Fischerei vorgesehenen Terminfahrtprogramms erledigen. Von den IBY-Stationen haben wir auf der 1. Reise nur etwa die Hälfte geschafft, die anderen Stationen fielen dem Eis und dem stürmischen Wetter zum Opfer. Trotzdem kehrten wir wohlgemut nach Hause zurück. Allein der Nachweis des Salzwassereinbruchs, dessen Folgen maßgeblich die Forschungsergebnisse des IBY prägten, war ein großer Erfolg, und für Eis und andere Witterungsunbilden konnten wir nichts, sie waren höhere Gewalt. Allerdings war mein Landaufenthalt nach dieser Reise nur von kurzer Dauer und reichte gerade aus, »um dei Kinner tau tellen« und den Expeditionsbericht anzufertigen. Denn nach einer Woche war ich bereits wieder auf der »Penck« unterwegs zur Ostkante. Dafür war ich aber den Sommer über zu Hause, ehe ich im Herbst zur nächsten IBY-Reise startete, die vom 30. September bis 29. Oktober 1969 dauerte.

Am interessantesten auf unserer zweiten IBY-Reise waren die Ergebnisse während der fünftägigen Dauerstationsmessungen im Gotlandtief. Das im Winter durch den Salzwassereinbruch eingeströmte Nordseewasser war inzwischen bis hierher vorgedrungen und hatte begonnen, das stagnierende Tiefenwasser zu verdrängen. Bei diesem Prozeß, der diskontinuierlich verläuft, wechselten Wasserkörper mit fauligem oder sauerstoffhaltigem Wasser einander ab. Damit verbunden waren extreme Veränderungen in den Phosphat- und Nitratkonzentrationen. Das Ganze war so aufregend, daß ich mich nachts nach jeder Meßserie wecken ließ, um über die neuesten Ergebnisse informiert zu werden. Ich kann mich an kein ähnliches Ereignis erinnern, das wir mit so viel Spannung verfolgt haben.

Visby/Gotland, 1969

In Visby, dessen Hafen wir nach vorheriger Anmeldung erneut problemlos anlaufen konnten, besuchte uns der Leiter der Meeresbiologischen Station in Askö, die zur Stockholmer Universität gehört. Er und seine Frau waren mit einem unserer Biologen befreundet. Abends saßen wir an Bord der »Penck« zusammen und diskutierten die bisherigen Ergebnisse des IBY. Am nächsten Tag, bei sehr schönem Wetter, wurden wir von unseren Besuchern zu einer Inselrundfahrt eingeladen. Der krönende Abschluß dieses Ausflugs war ein Smørbrot-Essen in einem Visbyer Fischrestaurant, für 10 Skr (8 DM) konnte man soviel von den kalten Platten essen, wie man wollte. Von der »Penck« waren unsere Besucher sehr angetan.

Begünstigt durch das Wetter kamen wir mit den Messungen gut voran, so daß wir bereits eine Woche später mit dem Finnischen Meerbusen fertig waren und Helsinki als zweiten Hafen auf dieser Reise anlaufen konnten. Während dieses Aufenthaltes besuchten uns zahlreiche finnische Ozeanographen von Rang und Namen. Im Zusammenhang mit dem IBY wurde natürlich viel gefachsimpelt. Zum ersten Mal tauchte die Frage auf, ob es sinnvoll und möglich ist, ähnlich gut koordinierte Untersuchungen über das Internationale Ostseejahr 1969/70 hinaus fortzusetzen

Einer der finnischen Biologen, die uns an Bord besuchten, war Julius. Er lud einige von uns am Abend zu sich nach Hause ein. Als Sohn einer deutschen Mutter in Leipzig geboren, sprach er perfekt deutsch. Wir haben Julius auf Konferenzen und Beratungen später oft wiedergetroffen. Falls es abends einmal spät geworden war, stand an Bord der »Penck«, in welchem Hafen auch immer, eine Koje für ihn bereit, die in Anlehnung an das bekannte Ostseebad auf Rügen »Juliusruh« genannt wurde. Gern erinnere ich mich auch der Sauna-Abende bei ihm zu Hause, an denen gelegentlich auch sein dreijähriges Töchterchen teilnahm, das war dann eine »Finnische Sauna mit Dame«.

Gegen Ende der Reise wurde das Wetter schlecht, der Wind frischte stark auf, so daß die »Penck« in der Tromper Wiek (Ostküste von Rügen) unter Landschutz gehen mußte. Das war uns nicht unlieb, denn wir hatten bei Fischern Transitschnaps gegen Dorsch getauscht, den wir gerne räuchern wollten, ein noch warmer Dorsch frisch aus dem Rauch ist eine echte Delikatesse! Wir verbanden diesen Genuß mit einer Party

Helsinki, 1969

aus Anlaß des erfolgreichen Abschlusses der Reise. Dank des für die Jahreszeit günstigen Wetters hatten wir das gesamte Meßprogramm, einschließlich der fünftägigen Dauerstation im Gotlandtief, geschafft und in diesem Zusammenhang interessante Beobachtungen über die Erneuerung des Tiefenwassers in der zentralen Ostsee gemacht.

Nach nur vier Wochen Aufenthalt in der Heimat begann am 27. November 1969 die dritte IBY-Reise der DDR. Sie endete am 17. Dezember. Während dieser Reise mußten die Messungen immer wieder wegen starken Windes oder Sturms unterbrochen werden. Außerdem war gleich zu Beginn die Steuerbordwinde unklar, so daß keine Wasserproben geschöpft werden konnten. Für diese Reise hatten wir uns den 2. Ingenieur der »Karl Liebknecht«, dem kleineren Forschungsschiff des Instituts für Hochseefischerei, ausleihen müssen. Er wurde von allen nur »Kasimir mit den goldenen Händen« genannt. In aufopferungsvoller Tag- und Nachtarbeit gelang es ihm schließlich, die defekten Kontakte und verschmorten Kabel in der Schaltsäule auszutauschen und die Winde zu klarieren. Mir fiel ein Stein vom Herzen, denn eine Reparatur zu Hause hätte uns viel Zeit gekostet und die gesamte Reise in Frage gestellt.

Während der ersten drei Adventsonntage waren wir auf See. Da vergessen worden war, einen Adventkranz und Kerzen mitzunehmen, hatte der Bootsmann ein Stückchen dicken Perlon-Tampen zu einem Kranz »zusammengeschweißt« und grün angestrichen. Dieses Kunstwerk wurde mit selbstgezogenen Kerzen bestückt. Infolge eingeschlossenen Wassers spritzten die Kerzen zwar und blakten, trotzdem kam Adventstimmung während des gemeinsamen Nachmittagskaffees auf. Dazu trugen auch die Kleinigkeiten bei, die viele von ihren Angehörigen mitbekommen hatten.

Trotz des überwiegend schlechten Wetters haben wir auch auf dieser Reise die meisten IBY-Stationen bearbeitet, nicht zuletzt wegen das Ausharrens bei Sturm und Wellen. Die Dauerstation mußte allerdings nach zwei Tagen abgebrochen werden, weil der Wind so stark wurde, daß selbst zwei Anker, unterstützt durch Gegenandampfen, das Schiff nicht auf Position hielten.

Nicht jedem war das Ausharren »um jeden Preis« und der Kampf um die Bearbeitung einzelner Stationen recht. In meinen Reisenotizen liest sich das so: *»Der Expeditionsleiter steht mit seinen Wünschen und Entscheidungen doch sehr allein da! Die meisten haben irgendwelche Bedenken.«* Am Ende der Reise war ich jedoch froh, meinen Willen durchgesetzt zu haben. Denn die Ergebnisse unserer Untersuchungen zeigten sehr deutlich das weitere Vordringen des salz- und sauerstoffreicheren Tiefenwassers, das inzwischen seinen Weg um die Nordspitze der Insel Gotland ins westliche Becken begonnen hatte.

Die vierte und letzte IBY-Reise, zu der sich die DDR verpflichtet hatte, fand vom 20. März bis 17. April 1970 statt. Auf dieser Reise wurde der Stammkapitän der »Penck« durch seinen 1. nautischen Offizier vertreten. Als Neuzugang hatten wir einen NO mit, für den starker Kaffee das wichtigste Lebenselixier war. Er hat sich an Bord der »Penck« nach kurzer Zeit den Ruf eines »Großkreisfahrers« erworben, weil er die Stationen nicht direkt sondern entlang der Parabel auf der Decca-Seekarte ansteuerte (Decca = elektromagnetisches Navigationssystem), er fand das einfacher und genauer.

Ebenso wie im Vorjahr herrschte auch 1969/70 ein strenger Winter über Nordeuropa. Bereits unmittelbar nach dem Auslaufen stießen wir im Arkonabecken auf Treibeisfelder, die sich verdichteten, je weiter wir nach Norden kamen. Immer, wenn gerade etwas Ruhe eingekehrt war, begann das unangenehme Gescharre und Gewummere an der Bordwand aufs Neue. Der Vertretungskapitän, der seine Sache besonders gut machen wollte, wagte sich trotz fehlender Eisklasse der »Penck« bis in 20 cm starkes Festeis. Trotz dieser Waghalsigkeit war es nicht möglich, nördlich oder südlich um die Insel Gotland herum zu kommen und Visby anzulaufen. Da das Trinkwasser knapp wurde, orientierten wir uns daher auf Ventspils, ehemals Windaus, in der Lettischen Republik der UdSSR. Auf dem Weg dorthin stießen wir auf viele kleine Logger, die aus Riga stammten und den Sprotten nachstellten. An einem dieser Logger gingen wir längsseits, um Fisch zu holen. Er war bereits bis an die Lukendeckel mit dem Silber des Meeres gefüllt. Da keiner von uns russisch, geschweige denn lettisch sprach, und keiner der Fischer Englisch konnte, war die Verständigung schwierig. Nachdem sie endlich verstanden hatten, was wir wollten, schaufelten sie uns große Mengen Sprotten durch die geöffnete Seitenluke in den Steuerbordwindenraum und warfen etwa zwei Dutzend Dorsche aus dem Beifang hinterher. Als wir ihnen dafür eine Flasche Transitschnaps rüberreichten, freuten sie sich.

Das Anlaufen von Ventspils verlief problemlos, obgleich die Anmeldung kurzfristig erfolgt war. Da kein Platz an der Pier frei war, mußten wir längsseits der »Dornbusch«, einem Kümo (Küstenmotorschiff) der DSR (Deutsche Seereederei Rostock), gehen. Dadurch war eine gemeinsame abendliche Party vorprogrammiert. Infolge unseres Fischreichtums, von dem wir auch der Besatzung der »Dornbusch«

reichlich abgaben, waren wir gut darauf vorbereitet, unser Maschinen-Assi (Assistent) warf gleich nach dem Festmachen das Räucherfaß an.

Zum Abendessen hatten die Köche der »Penck« und der »Dornbusch« um die Zubereitung der besten kalten Platten und Salate gewetteifert und sich dabei selbst übertroffen. Natürlich gab es auch frisch geräucherte Sprotten. Außerdem wurde jede Menge Bier und Schnaps aufgefahren. Zur Party, die sich hauptsächlich in der Messe der »Penck« abspielte, gesellten sich später auch Offiziere von anderen im Hafen liegenden Schiffen. Einer von ihnen lotste mich später an Bord seines Schiffes, der »Roja« aus Riga, und bewirtete mich und andere mit kaum verdünntem Primasprit. Dieser hochprozentige Alkohol, der wie Feuer in der Kehle brannte, konnte nur mittels »Kompott«, Fruchtsaft, hinuntergespült werden.

Ventspils/UdSSR, 1970,
Ein Maschinenassi räuchert Sprotten.

Der Morgen nach dieser Party war schrecklich. Trotzdem machte ich mich auf, um Ventspils kennenzulernen und preiswert einzukaufen. Anders als in den westlichen Ländern brauchte in den Ostblockstaaten kein Handgeld aufgenommen zu werden, weil man auf der Bank – zu Hause oder an Ort und Stelle – DDR-Mark in Landeswährung einwechseln konnte. Der Hafen, der etwa 3 km außerhalb der Stadt lag, war eingezäunt und konnte von uns nur nach Passieren einer Wache und unter Vorlage des Seefahrtbuches verlassen bzw. betreten werden. Das war allerdings keine Errungenschaft der Ostblockländer, sondern ist auch in anderen Häfen so. Als es mir allmählich besser ging und ich Appetit bekam, kaufte ich mir eine Pirogge. Diese Pasteten wurden allenthalben an Straßenständen feilgeboten und schmeckten gut. Sei es der am Vorabend reichlich genossene Alkohol, sei es, daß die Pastete nicht einwandfrei war, ich bekam plötzlich fürchterliche Magen- und Darmbeschwerden und mußte dringend eine Toilette aufsuchen. Ich fand auch eine, einen großen schmutzigen Raum, in dem man seinen Bedürfnissen in aller Öffentlichkeit nachkommen mußte. Neben mir »protzte« ein altes Bäuerlein ab, das mir verständnisvoll grinsend etwas Packpapier abließ. Trotz allem fühlte ich mich danach wesentlich erleichtert und konnte die Stadtbesichtigung nebst Einkäufen in Ruhe fortsetzen.

Etwa zehn Jahre später war ich nochmals mit der »Penck« in Ventspils. Geändert hatte sich in dieser Zeit wenig. Preiswert einkaufen konnte man immer noch. Elektrische Handkreissägen waren der Renner auf dieser Reise. Das Auslaufen am nächsten Morgen wäre allerdings fast gescheitert. Einer unserer Matrosen hatte nämlich eine junge Frau aufgegabelt und in deren Wohnung sein Seefahrtsbuch liegen gelassen. Er konnte sich nur vage erinnern, daß er die Nacht in einem der großen Wohnsilos am Rande der Stadt zugebracht hatte. Wie er ohne Ausweis das Hafentor passieren konnte, blieb im Dunkeln. Als wir noch beratschlagten, was zu tun sei, kam bereits ein Offizier der Emigration und brachte das Seefahrtsbuch, das ihm ausgehändigt worden war. Die »leichten« Mädchen in Ventspils waren sogar ehrlich!

Doch zurück zu unserer vierten IBY-Reise, von Ventspils aus schafften wir es gerade noch bis zur Dauerstation im Gotlandtief. Vor Anker gehen konnte das Schiff aber nicht, dazu wehte es zu kräftig. Die Wetterbesserung am nächsten Tag, die das Ankern gestattete, war nur von kurzer Dauer, bereits nach einem Tag frischte der Wind innerhalb einer Stunde zur Sturmstärke auf. Als die Bergung des Stockankers nach etlichen Stunden endlich möglich war, verholten wir uns bei Dwars-See (See von der Seite) zur Südspitze Gotlands und gingen westlich der Insel unter Landschutz. Der starke Ostwind hatte aber auch sein Gutes, er schob das Treibeis zum schwedischen Festland rüber, so daß wir jetzt die wichtigsten Stationen im westlichen Becken bearbeiten und Visby anlaufen konnten. Während des Landganges hatten einige Matrosen ein Kino ausfindig gemacht, in dem Pornofilme gezeigt wurden. Am Nachmittag war die halbe »Penck«-Besatzung dort, die andere Hälfte ging am Abend hin. Mir hat der einmalige Besuch eines solchen Kinos gereicht.

Das Katze-und-Maus-Spiel mit Wind und Eis dauerte auch auf der Rückfahrt an. Zeitweise war das Treibeis so dicht, daß die »Penck« gerade mal 2kn (3,7km/h) machte. Unter diesen Bedingungen war an Arbeiten natürlich nicht zu denken. Unsere letzte Reise im Rahmen des Internationalen Ostseejahres war wirklich ein Unternehmen mit Hindernissen, so daß wir nur knapp die Hälfte des vorgesehenen Meßprogramms geschafft haben. Allen Widrigkeiten zum Trotz kamen wir auch von dieser Reise mit interessanten Ergebnissen nach Hause.

Ausklang des Internationalen Ostseejahres

Die VII. Konferenz der Ostseeozeanographen, die im Mai 1970 in Helsinki stattfand, stand unter der Thematik »Verschmutzung (Pollution) der Ostsee«. Der Zeitpunkt für diese Problematik, die zum ersten Mal auf einer Tagung im Ostseeraum behandelt wurde, war klug gewählt. Ging es doch bei den Untersuchungen des gerade beendeten Internationalen Ostseejahres um die Klärung der Frage, ob die Verschlechterung der Sauerstoffverhältnisse im Tiefenwasser der Ostsee ein »hausgemachtes« Problem, d.h. durch die Aktivitäten der Menschen bedingt ist, oder natürliche Ursachen hat.

Um möglichst vielen Wissenschaftlern des Warnemünder Instituts Gelegenheit zu geben, an dieser Konferenz teilzunehmen, wurde die Mai-Terminfahrt um die IBY-Stationen ergänzt und mit der »Penck« nach Helsinki gefahren. Mit so vielen hochrangigen Wissenschaftlern ist wohl selten eine Terminfahrt besetzt worden. Durch die Bearbeitung der IBY-Stationen wollten die Warnemünder Meeresforscher ihr Interesse bekunden, sich über das Internationale Ostseejahr hinaus an internationalen Umweltüberwachungsprogrammen in der Ostsee zu beteiligen. Im Zusammenhang mit Fischereiprognosen entsprach dies auch zunehmend dem Anliegen der Hochseefischerei der DDR, die an ozeanologischen Daten aus den zentralen Teilen der Ostsee, inbesondere von den wichtigen Dorschlaichplätzen im Bornholm- und im Danziger Becken sowie im südöstlichen Gotlandbecken, interessiert war. Zusätzlich zu den IBY-Reisen der DDR waren daher auch die zwischenzeitlichen Terminfahrten, die 1969/70 von unserem Institut durchgeführt wurden, bis zum Gotlandtief ausgeweitet worden.

Auf dem Vortragsprogramm der VII. Konferenz der Ostseeozeanographen standen natürlich die ersten Ergebnisse des Internationalen Ostseejahres im Vordergrund. Ich berichtete über den Salzwassereinbruch in die Ostsee im Winter 1968/69 sowie den Verlauf der Wassererneuerung im Gotlandtief während der Dauerstationsmessungen im Oktober 1969. Dabei zeichnete sich bereits ab, daß die Warnemünder Ozeanographen die Nase vorn hatten. Im Zusammenhang damit begann sich bei uns die Philosophie durchzusetzen, daß auch Überwachungs- bzw. Monitoring-Programme zu neuen wissenschaftlichen Erkenntnissen führen können, wenn sie zielgerichtet und engagiert durchgeführt werden. Von der Richtigkeit dieser Meinung bin ich auch heute noch überzeugt.

Die Ostseeozeanographen beschlossen auf ihrer VII. Konferenz den Austausch von Datenberichten zwischen den Ländern, die am Internationalen Ostseejahr teilgenommen hatten. Die wissenschaftliche Auswertung der Daten, auch fremder, war diesen Ländern anheim gestellt. Außerdem wurde empfohlen, die IBY-Stationen weiterhin zu bearbeiten. Nur von der Dauerstation im Gotlandtief wurde Abstand genommen, weil dort der Tiefe wegen das Ankern zu schwierig war. Bei den Warnemünder Ozeanographen stießen diese Vorschläge auf offene Ohren und waren der Beginn der »erweiterten Terminfahrten«, die zweimal im Jahr bis in den Finnischen Meerbusen führten. Sie wurden Ende der 1970er Jahre Bestandteil des internationalen Monitoring-Programms der HELCOM, der Helsinki-Kommission zum Schutz der Meeresumwelt der Ostsee.

Die günstige zeitliche Verteilung unserer IBY-Reisen und die Ausweitung unserer nationalen Terminfahrten bis zum Gotlandtief versetzten die Warnemünder Ozeanographen in die Lage, auch ohne fremde Meßwerte, deren Austausch sich in die Länge zog, mit der wissenschaftlichen Auswertung des Internationalen Ostseejahres beginnen zu können. Zumeist gemeinsam mit physikalischen Ozeanographen verfaßte ich auf der Basis unserer Untersuchungen eine Reihe von Veröffentlichungen, die den Salzwassereinbruch vom Winter 1968/69 und seine Auswirkungen auf die Erneuerung des Tiefenwassers in der zentralen Ostsee betrafen. In einer dieser Publikationen beschäftigte ich mich auch mit der Remobilisierung von Nährstoffen aus dem Tiefenwasser der Ostsee als Folge der Wasserumschichtung, eine Abschätzung, die sich später so nicht bestätigt hat. Außerdem wandte ich mich dem Stickstoffkreislauf zu. Diese Problematik ist in der Ostsee wegen der unterschiedlichen Sauerstoffverhältnisse im Wechsel von Stagnationsperioden und Wassererneuerung besonders interessant; sie hat mich auch in der Folgezeit immer wieder beschäftigt.

Ergebnisse unserer Untersuchungen während des Internationalen Ostseejahres fanden Eingang in Lehrbücher und Monographien. Natürlich haben wir auch den geforderten Datenbericht angefertigt und ihn als einziges Land in gedruckter Form vorgelegt. Ich habe die Aktivitäten unseres Instituts im Rahmen des IBY besonders hervorgehoben, weil sie – wie ich glaube – wesentlich zum internationalen Ansehen der DDR auf dem Gebiet der Ostseeforschung beitrugen.

Neuerungen im Institut

Die Akademiereform (1968) sowie die Entwicklung des Programms »Meeresforschung - Meeresnutzung« (1968/69) des Ministeriums für Wissenschaft und Technik führten auch zu einer verstärkten Praxisorientierung der meereskundlichen Forschung in der DDR. In Umsetzung der Akademiereform wurde das astronomische und geophysikalische Potential der Akademie im Forschungsbereich Kosmische Physik – 1973 umbenannt in Geo- und Kosmoswissenschaften – zusammengefaßt. Es gelang Voigt, die leitenden Gremien der Akademie von der Weiterführung eines selbständigen Instituts für Meereskunde innerhalb dieses Forschungsbereichs zu überzeugen. Als Zugeständnis dafür mußte das Institut neu strukturiert und sein Forschungspotential in zwei großen wissenschaftlichen Bereichen zusammengefaßt werden. Der Bereich I (Physikalische Ozeanographie der Ostsee) wurde von Voigt geleitet und umfaßte die physikalisch-dynamische Arbeitsgruppe sowie die Abteilungen Meeresakustik und Meeresgrund. Der Bereich II (Ozeanographische Vorlaufforschung zur Erschließung neuer Fangplätze und marine Umweltüberwachung) wurde von Schemainda geleitet. Zu diesem Bereich gehörten die Arbeitsgruppen Physik, Chemie und Biologie. Beide Bereiche wurden unterstützt durch den Wissenschaftlich-Technischen Dienst mit den Arbeitsgruppen Meßwesen, Observatorium, Rechentechnik, Information und Schiffe. Außerdem wurden die Struktureinheiten Ökonomie und Technische Versorgung gebildet.

Gegen diese Struktur wurden seitens der Akademieleitung zunächst Einwände wegen einer zu starken Praxisorientierung erhoben. Es gelang Voigt jedoch, diese Vorbehalte auszuräumen, so daß die neue Struktur ab 1970 in Kraft treten konnte. Die Forschungsschiffe wurden später aus dem Wissenschaftlich-Technischen Dienst herausgelöst und in einem selbständigen Bereich zusammengefaßt. Abgesehen von kleineren Änderungen blieb diese Struktur bis zur Schließung des Warnemünder Instituts für Meereskunde am 31. 12. 1991 erhalten. Bis 1985 war die Zahl der im Institut Beschäftigten auf 222 angestiegen; 57 von ihnen waren Wissenschaftler, und etwa 45 gehörten zu den Schiffsbesatzungen oder befaßten sich mit der Bereederung der Forschungsschiffe.

Der Kommission zur Koordinierung des Programms Meeresforschung - Meeresnutzung gehörten Vertreter von zwölf Ministerien und anderen staatlichen Einrichtungen der DDR an, die sich mit maritimen Fragen befaßten. Die Interessen der Akademie der Wissenschaften wurden von Prof. Voigt wahrgenommen. Die Mittel, die dem Institut für Meereskunde von dieser Kommission bereitgestellt wurden, beliefen sich Anfang der 1970er Jahre auf 4 - 6 Millionen Mark jährlich. Die Aktivitäten der Kommission endeten 1975. Die Forschungsarbeiten, die im Zusammenhang mit diesem Programm auf den Bereichs II zukamen, dienten der Sicherung der »Rohstoffbasis Fisch (marine Eiweißträger)« für die DDR-Hochseefischerei sowie der Überwachung der Meeresumwelt der Ostsee.

Zur engeren Bindung des Warnemünder Instituts an die Hochseefischerei der DDR war bereits 1969 eine Kooperationsvereinbarung »Interdisziplinäre Forschungskooperation Marine Eiweißträger« abgeschlossen worden, in die neben dem Institut für Hochseefischerei und Fischverarbeitung auch die Sektion Biologie der Universität Rostock einbezogen wurde. Diese Vereinbarung zielte ab auf die langfristige Vorlaufforschung zur Erschließung ungenutzter mariner Eiweißreserven, insbesondere Fische und Garnelen, und schloß auch die marine Nahrungskette ein, die sich in stark vereinfachter Form wie folgt darstellen läßt:

Nährstoffe (P+N-Verbindungen) → Phythoplankton (kleine Algen) → Zooplankton (kleine Tiere) → Fisch → biochemischer Abbau von Kot und toten Organismen → Nährstoffe.

Untersuchungen über die ersten Glieder dieser Nahrungskette und die allgemeine Meeresumwelt wurden die vorrangige Aufgabe des Bereichs II und banden ein Viertel bis ein Drittel der Forschungskapazitäten unseres Instituts. Da diese Untersuchungen gemeinsam von den Kooperationspartnern geplant und beschlossen wurden und das Institut für Hochseefischerei und Fischverarbeitung sich häufig unseren Vorschlägen anschloß, hielt sich die Einflußnahme des VEB Hochseefischerei in Grenzen. Außerdem erschloß uns die Kooperationsvereinbarung, die in abgeänderter Form bis zum Ende der DDR Bestand hatte, neue Forschungsgebiete in ausgewählten Regionen des Weltmeeres. Andererseits mußte unser Institut fast alle Räumlichkeiten in der ehemaligen Heinkel-Villa an das Institut für Hochseefischerei und Fischverarbeitung abtreten. Dort war von 1969 - 1989 die Abteilung für Fischereibiologie untergebracht.

Trotz Reorganisation der Meeresforschung in der DDR blieb, was die Forschungsaufgaben des Bereichs II anbelangte, vieles wie gehabt. In Anlehnung an Fritz Reuter galt §1 der Ersten Mecklenburgischen Verfassung: »Allens bliwt bien Ollen«, nur daß wir jetzt im Interesse »gesellschaftlicher Auftraggeber« tätig waren und diesen in Form von Forschungsberichten Rechenschaft ablegen mußten. Das Ministerium für Bezirksgeleitete Industrie und Lebensmittelindustrie war als gesellschaftlicher Auftraggeber verantwortlich für die hydrographischen und chemisch-biologischen Untersuchungen in und außerhalb der Ostsee zur Sicherung der Rohstoffbasis Fisch. Die Mitwirkung am internationalen Umweltüberwachungsprogramm, das später hinzu kam, und an den daraus abgeleiteten Empfehlungen zum Schutz der Ostsee erfolgte im Auftrag der Wasserwirtschaftsdirektion Küste beim Ministerium für Wasserwirtschaft und Umweltschutz. Beide Kompetenzbereiche waren eng miteinander verzahnt. Denn ohne Überwachung und Schutz der Meeresumwelt ist eine Sicherung der Rohstoffbasis Fisch nicht möglich.

Die Übergabe des neuen Laborgebäudes, erfolgte im August 1966. Da ich an Bord der »Ernst Haeckel« an einer viermonatigen Expedition zum Patagonischen Schelf teilnahm, konnte ich erst Anfang 1967 umziehen. Mein Arbeitszimmer lag auf der Südseite im dritten Stockwerk – auch in diesem Gebäude war die Chemie wegen eventueller Explosionsgefahren beim Umgang mit Chemikalien direkt unter dem Dach angesiedelt. Ich habe diesen Raum bis zum Ende meiner Tätigkeit am Warnemünder Institut im Frühjahr 1997 genutzt, und auch hinsichtlich des damaligen Mobiliars sind in dieser Zeit kaum Veränderungen vorgenommen worden.

Institut für Meereskunde Warnemünde, 1966

Seit dem 1. Mai 1970 verfügte das Warnemünder Institut für Meereskunde über ein größeres Schiff, die ehemalige »Georgius Agricola«, die vom VEB »Geophysik« übernommen wurde. Sie war für die Erdölerkundung auf dem Festlandsockel der DDR eingesetzt worden und wurde nach Abschluß dieser Arbeiten nicht mehr benötigt. Nach Übernahme der »Georgius Agricola« durch die Akademie der Wissenschaften der DDR erhielt das Schiff den Namen »A. v. Humboldt«.

Zusammen mit dem Direktor und leitenden Wissenschaftlern war ich zum ersten Mal an Bord dieses Schiffes, als es zum Klassenerhalt – einer Art TÜV für Schiffe – in der Neptunwerft lag. Bei diesen Durchsichten ist das eine oder andere Schott offen, so auch im Boden des Betriebsganges zu den Mannschaftskammern achtern. Unter diesem Schott lag in etwa 5 m Tiefe der aus Stahlplatten bestehende Boden des Maschinenraumes, die vorgesehenen Sicherungsketten auf beiden Seiten der Öffnung waren nicht vorgelegt worden. Als wir diskutierendermaßen den Gang betraten, blieb Voigt, der das offene Schott wohl nicht bemerkt hatte, mit dem Rücken dazu stehen. Ins Gespräch vertieft trat er zurück und hing mit einem Bein bereits über dem Abgrund, als zwei oder drei von uns ihn zurückrissen.

Zwischen Kaltwasserauftrieb und tropisch-subtropischem Atlantik

Mit der »A. v. Humboldt« verfügten die Warnemünder Meeresforscher jetzt über ein Schiff, das auch für ozeanische Forschungsvorhaben geeignet war. In Abstimmung mit dem Institut für Hochseefischerei und dem Fischkombinat in Rostock begannen die Untersuchungen in den westafrikanischen Wasserauftriebsgebieten sowie im tropisch-subtropischen Zentralatlantik.

Die erste »Humboldt«-Reise fand bereits in der 2. Hälfte des Jahres 1970 statt. Sie diente der Erforschung des Produktionspotentials und der Größe des küstennahen Wasserauftriebsgebietes vor der nordwestafrikanischen Küste. Darüber hinaus wurden Untersuchungen über den vertikalen Wasseraustausch im tropisch-subtropischen Zentralatlantik sowie im Gebiet des Äquatorialen Unterstromes durchgeführt. Wegen der Kürze der Zeit konnte das Schiff nur provisorisch für ozeanographische Arbeiten ausgerüstet werden. Der wissenschaftliche Leiter dieser Expedition war Rudi Schemainda. An die-

Forschungsschiff »A. v. Humboldt« im Hafen von Dakar, 1973

ser ebenso wie an den folgenden »Humboldt«-Reisen zu fischereibiologischen Fragestellungen beteiligten sich auch Meeresbiologen der Rostocker Wilhelm-Pieck-Universität. Diesen Namen trug sie von 1976 bis zur politischen Wende.

Da ich 1970 noch stark in die Arbeiten zum Internationalen Ostseejahr integriert war, konnte ich an der 1. »Humboldt«-Expedition in die nordwestafrikanischen und zentralatlantischen Seegebiete, die fast fünf Monate dauerte, nicht teilnehmen. Neben zahlreichen Problemen, die mit den Improvisationen in der Ausrüstung des Schiffes zusammenhingen, kam es auf dieser Reise zu einem Vorfall, der an Meuterei grenzte. Mit der Übernahme des Schiffes durch die Akademie der Wissenschaften war auch ein neuer Kapitän eingestellt worden, der hervorragende Beurteilungen besaß, aber – wie sich bald herausstellte – Alkohol- und Drogenprobleme hatte. Nach einiger Zeit wurde es so schlimm, daß er seinen Pflichten als Kapitän nicht mehr nachkam. Schließlich wurde er in Conakry/Guinea auf Initiative von Rudi Schemainda und mit Hilfe der dortigen DDR-Botschaft krankheitshalber seines Postens als Kapitän enthoben und nach Hause geschickt. Seitdem ist der damalige Chiefmate (1. NO) Kapitän der »A. v. Humboldt«. Vor allem dem couragierten Verhalten von Rudi Schemainda war es zu verdanken, daß diese problematische Situation überstanden und die ozeanographischen Arbeiten erfolgreich beendet werden konnten.

Nordwestafrika, 1971-1973

Ebenso wie die »Penck« war auch die »Humboldt« ein Zweiwachenschiff. Anfangs waren die Arbeits- und Lebensbedingungen an Bord dieses Schiffes schlecht. Es war nicht klimatisiert, nur in drei Räumen, der Messe, einem Labor und dem Fahrstand der Maschine, standen Klimatruhen, die die Raumtemperaturen in den Tropen und Subtropen in erträglichen Grenzen hielten. Die Viermannkammern der Wissenschaftler befanden sich im Achterschiff, in unmittelbarer Nähe der Laborräume, so daß die Freiwache gelegentlich gestört wurde. Für den Expeditionsleiter stand eine Einzelkammer zur Verfügung. Außerdem besaß dieser Raum eine separate Toilette mit Dusche. Das waren aber auch die einzigen Vorteile dieser Funktion. Neben der Organisation der wissenschaftlichen Arbeiten mußte der Expeditionsleiter genauso wie jeder andere Expeditionsteilnehmer täglich zweimal sechs Stunden Windenwache gehen und seine Proben aufarbeiten.

Da die Expeditionsleiterkammer sehr weit vorne lag, war sie dem Schlingern und Stampfen des Schiffes besonders stark ausgesetzt. Bei schwerer See kam man sich vor wie im Fahrstuhl und wurde gelegentlich schon mal aus der Koje geschleudert, wenn das Schlingerbrett nicht eingehängt war. Während es vorne bereits ungemütlich wurde, lag man achtern, in den Räumlichkeiten der anderen Expeditionsteilnehmer, noch wie in Abrahams Schoß. Die Kammer des Expeditionsleiters befand sich außerdem in unmittelbarer Nachbarschaft von Kombüse und Messe, so daß man die Küchendünste und Kakerlaken aus erster Hand hatte. Letztere huschten beim Anknipsen des Lichtes über den Teppichboden und flüchteten in Ecken und Ritzen. In diesen Jahren habe ich nach Rückkehr von See meinen Seesack und anderes Gepäck vorsichtshalber über der Badewanne entleert, um das Einschleppen von Küchenschaben zu verhindern. Ein weiteres Manko war der Fäkalgestank in der Toilette, der bei Seegang auftrat und dessen Ursache falsch verlegte Abwasserleitungen waren.

Zur Entnahme der Wasserproben standen auf der Steuerbordseite des Arbeitsdecks nur zwei leistungsschwache Kabelwinden zur Verfügung, die maximal mit acht Wasserschöpfern belastet werden konnten. Zum Hieven mußte die Kabeltrommel oftmals von Hand angeschoben werden, bevor sie sich mühsam mit den Wasserschöpfern nach oben quälte. Da die Winden nur langsam liefen, wurde zum Fieren die Bremse gelöst. Infolge Eigengewichts der Schöpfer spulte der Draht (Kabel) dann mit hoher Geschwindigkeit ab, manchmal 100 m in einem Rutsch! Zum Abbremsen diente ein stabiles Brett, das als Hebel angesetzt und mit dem Fuß gegen der Seitenrand der Kabeltrommel gepreßt wurde.

An der hydrographischen Winde der »Humboldt«, 1972

Noch größere Schwierigkeiten bei der Probengewinnung hatten die Biologen. Wegen der Länge des Planktonnetzes (etwa 5 m) benötigten sie einen hohen Ausleger. Wenn das Schiff in der Atlantikdünung überholte, kam »Lose« auf den Draht, er sprang aus den Führungsrollen und vertörnte sich. Um das zu verhindern, mußte er mit einem langstieligen Haken stramm gehalten werden. Dabei mußten oft mehrere Meter Draht »durchgeholt« werden, so daß einer der beiden wachhabenden Biologen wie ein geölter Blitz hin und zurück über die ganze Breite des Arbeitsdecks sauste. Wenn der Haken nicht richtig festgehalten wurde, schnellte er wie ein Pfeil von der Sehne und verschwand auf Nimmerwiedersehen im Meer. Noch nach 30 Jahren sehe ich die Biologen mit angespanntem Gesichtsausdruck an dem fast zum Zerreißen straff gespannten Drahtseil »umherfiedeln«.

Waren die Wasserschöpfer in den dafür vorgesehenen Halterungen und die Wasserproben in Flaschen abgefüllt, mußten letztere vom Arbeitsdeck über eine enge, steile Eisentreppe nach unten in die Laborräume geschleppt werden, bei 10 bis 15 Proben à 1 - 2 Liter keine leichte Arbeit. Um bei Seegang und Dünung nicht die Treppe runterzufallen, mußte man sich mit Rücken und Knien abstemmen. Dabei stießen auch die aus Blech gefertigten Tragekästen an Geländer und Wand und verursachten sehr zum Mißfallen der schlafenden Freiwache viel Lärm. Glücklicherweise ist niemand beim Arbeiten an der Winde zu Schaden gekommen oder beim Transport der Wasserproben die Treppe hinuntergefallen, aber gefährlich war es schon.

Im Vergleich zu den Arbeits- und Lebensbedingungen, die auf den ersten »Humboldt«-Reisen viel zu wünschen übrig ließen, waren wir gut mit Arbeitsschutzbekleidung versorgt worden. Jeder Teilnehmer an einer Expedition in die tropisch-subtropischen Regionen des Weltmeeres erhielt kostenlos Tropenbekleidung wie sie bei der Handelsmarine üblich war. Hierzu gehörten khakifarbene oder weiße Uniformhemden und -hosen, lange und kurze, sowie eine weiße Leinenmütze mit Schirm, die wie ein Vorläufer der heutigen Basecaps aussah. Außerdem gab es einen luftdurchlässigen Tropenhut aus Plaste, der allerdings erst nach Aufschlagen der Krempe auf der rechten Seite den nötigen Chic erhielt und dann wie die Kopfbedeckung der früheren deutschen Schutztruppler in SW-Afrika aussah.

Die zweite Forschungsreise der »A. v. Humboldt« in das nordwestafrikanische Wasserauftriebsgebiet und den tropisch-subtropischen Zentralatlantik dauerte vom 25. März bis zum 25. Juni 1971 und wurde von mir geleitet. Sie begann mit einem Fehlstart. Das Schiff war vorher zu Reparaturarbeiten und zum Klassenerhalt in der Rostocker Neptunwerft gewesen. Etwa 40 sm westlich von Skagen fiel am frühen Morgen des 27. März die in der Werft ausgewechselte Rudermaschine aus und war mit Bordmitteln nicht zu reparieren. Das Schiff war manövrierunfähig und mußte vor

Anker gehen. Nach 36 Stunden war der in Warnemünde angeforderte Hochseeschlepper »Eisvogel« zur Stelle, der die »Humboldt« längsseits nahm und zurück nach Rostock brachte. Da die Maschine der »Humboldt« nicht lief, war kaum zu merken, daß das Schiff Fahrt machte. Auf der Reede von Warnemünde wurden wir umgehend von zwei Bugsierschleppern übernommen, die uns zur Neptunwerft brachten. Da die Vertreter der Werft sich schuldig fühlten, war die Reparatur in anderthalb Tagen beendet, so daß wir am 1. April erneut starten konnten. Bei der Reparatur wurde übrigens wieder die alte Rudermaschine der »Humboldt« eingebaut.

Über meine Erfahrungen auf dieser »Humboldt«-Reise habe ich einen Beitrag für die »Urania«, eine DDR-Zeitschrift für populärwissenschaftliche Veröffentlichungen, geschrieben. Dieser Beitrag, den ich nachfolgend wiedergebe, ist in Form von Tagebuchnotizen verfaßt worden und behandelt die Aufgaben und Ziele sowie die Probleme, mit denen ich auf dieser Reise konfrontiert wurde, allerdings ohne den anfänglichen Fehlstart. Der Bericht beginnt daher erst mit am 1. April. Ergänzende Informationen, die sich nicht für die »Urania« eigneten, sind durch Normalschrift kenntlich gemacht.

Verabschiedung zu meiner ersten »Humboldt«-Reise nach NW-Afrika, 1971

Auf Forschungsfahrt im Atlantik (1971)

Die meereskundlichen Expeditionen von heute sind nicht mehr mit den entbehrungsreichen Entdeckungs- und Forschungsreisen ins Ungewisse zu vergleichen, wie das im Zeitalter der Segelschiffahrt der Fall war. Es sind vielmehr wissenschaftlich exakt vorbereitete Reisen, die der weiteren Erforschung der physikalischen, chemischen und biologischen Prozesse im Meer dienen. Die besonderen Arbeits- und Lebensbedingungen auf See, die Abhängigkeit vom Wind und von anderen Wetterereignissen sowie Besuche in Häfen fremder Länder und Erdteile umgeben auch heute noch den Beruf des Meeresforschers mit einem Hauch von Romantik.

Am 1. April 1971 lief das DDR-Forschungsschiff »A. v. Humboldt« des Instituts für Meereskunde in Warnemünde zu seiner zweiten mehrmonatigen Forschungsreise in den nördlichen Teil des tropisch-subtropischen Zentralatlantik aus.

1. April

Endlich ist es soweit! Um 15.00 Uhr ertönt das Kommando: »Leinen los!« und die »A. v. Humboldt« legt vom Ausrüstungskai im alten Rostocker Stadthafen ab. Um 16.00 Uhr wird die Mole von Warnemünde passiert, und der Lotse verläßt das Schiff. Die wachfreien Besatzungsmitglieder und Expeditionsteilnehmer stehen auf dem Achterdeck und blicken auf die allmählich in Nebel und Dunkelheit verschwindende Silhouette von Warnemünde zurück. Vor uns liegen drei lange Monate, in denen die »Humboldt« unsere Heimat sein wird.

Unter dem gleichmäßigen Stampfen der Maschine nimmt das Schiff bei ruhiger See seinen Kurs durch die westliche Ostsee. Hinter uns liegt eine bewegte, arbeitsreiche Zeit, die mit der Planung und Vorbereitung des Meßprogramms, mit der Zusammenstellung und Überprüfung der hochempfindlichen Meßgeräte und dem Einrichten der Bordlaboratorien ausgefüllt war. Aber auch der Kapitän und die Stammbesatzung konnten sich nicht über Mangel an Arbeit beklagen. Ihnen oblag die Beschaffung der erforderlichen Seekarten sowie die Bevorratung des Schiffes mit Treibstoff und Proviant, Wasser und anderen Getränken, was bei längerem Aufenthalt in den Tropen besondere Sorgfalt erfordert. Aber alle diese Sorgen und Probleme liegen jetzt hinter uns. Mit dem beruhigenden Gefühl, daß sich die »A. v. Humboldt« unter dem Kommando von Kapitän Gerhard Herzig in sicheren Händen befindet, suchen heute alle wachfreien Besatzungsmitglieder, ermüdet durch die Ereignisse des Tages, frühzeitig ihre Kojen auf.

Am 3. April begegneten wir in der Nordsee dem Fischereiforschungsschiff »Ernst Haeckel«, das von einer fischereibiologischen Erkundungsreise aus dem Auftriebsgebiet vor NW-Afrika zurückkehrte. Ich setzte in der Nacht mit dem Schlauchboot über, um mich von dem Expeditionsleiter auf der »Haeckel« über die Situation auf dem Fangplatz informieren zu lassen. Es war meine erste Schlauchbootfahrt auf hoher See, der noch viele weitere folgten, manche bei Windstärken von 6 - 7 Bft, das wurde dann schon unangenehm; aber das Absetzen und Aufpicken durch die Schiffe gelang immer ohne größere Probleme, wenn auch der richtige Sprung von und auf die »Jakobsleiter« (Strickleiter) gelegentlich recht schwierig war.

4. April
Die Fahrt durch den Großen Belt, vorbei an Skagen und durch die Nordsee ist bei verhältnismäßig ruhigem Wetter glatt verlaufen. Die seeungewohnten Expeditionsteilnehmer haben sich an die Vibrationsgeräusche der Maschine und an das Stampfen und Schlingern des Schiffes gewöhnt. Unser am 1. Mai 1970 von der Deutschen Akademie der Wissenschaften zu Berlin übernommenes Forschungsschiff liegt gut in der See. Es ist ein umgebauter Zubringertrawler mit 1011 BRT, 64 m Länge und 1450 PS Antriebsleistung und wurde 1966 auf der Peenewerft in Wolgast gebaut. Neben der 19-köpfigen Stammbesatzung bietet das Schiff 10 - 12 Wissenschaftlern und Technikern Unterbringungsmöglichkeiten. Für die Durchführung meereswissenschaftlicher Untersuchungen stehen drei Laboratorien zur Verfügung. Hier muß auf engstem Raum eine Vielzahl physikalischer und chemischer Meßgeräte installiert und gegen Seegang gesichert untergebracht werden, nicht zu vergessen die vielen Flaschen und anderen Gefäße zur Aufnahme der Reagenzien und Wasserproben. Besonders viel Wasser benötigten die Biologen für ihre Untersuchungen.

13. April
Unter diesem Datum muß über manches Unangenehme berichtet werden. Bei der Erprobung der fabrikneuen Tiefseekippthermometer und Wasserschöpfer, die auf dieser Reise zum ersten Mal eingesetzt wurden, zeigten sich einige Mängel. So war ein Teil der Wasserschöpfer undicht und konnte nur mit viel Mühe einsatzklar gemacht werden. Dieses Problem bereitete uns auch im weiteren Reiseverlauf immer wieder Sorgen. Einige Thermometer mußten wegen ungenauer Anzeigen aussortiert werden.

Arbeiten vom Schlauchboot aus, 1980

Viel schwerwiegender als der Ärger mit den Wasserschöpfern war jedoch, daß ein Maschinenassistent an Deck ausrutschte und sich einen komplizierten Wadenbeinbruch zuzog. Er mußte mit einem Schiff der Deutschen Seereederei von Casablanca (Marokko) aus die Heimreise antreten.

Um die Betriebssicherheit der Maschine zu gewährleisten, wurde ein Expeditionstechniker, der die erforderliche maschinentechnische Qualifikation besaß, umgemustert. Die damit verbundenen Sorgen um die Sicherung des ozeanographischen Meßprogramms überschatteten den kurzen Hafenaufenthalt in Casablanca.

Inzwischen ist die Zusage aus der Heimat eingetroffen, daß alles versucht wird, für unser Schiff einen Maschinenassistenten nach Dakar (Senegal) einzufliegen. Damit verbessert sich nun, da wir unter der Saharaküste südwärts fahren und uns dem ersten Arbeitsgebiet nähern, die Stimmung wieder. Wir haben auch gar keine Zeit zum »Trübsalblasen«. Die Meß- und Eichverfahren werden solange wiederholt, bis alles wie am Schnürchen klappt. Außerdem werden Arbeitsschutzbelehrungen sowie praktische Übungen zur Rettungsboot-, Feuerlösch- und Lecksicherungsrolle durchgeführt. In den Arbeitsbesprechungen werden letzte Unklarheiten bezüglich des Meßprogramms beseitigt. Für den erfolgreichen Verlauf einer meereskundlichen Expedition ist entscheidend, daß nicht nur die Wissenschaftler und Techniker, sondern das gesamte Besatzungskollektiv mit den Aufgaben und Zielen der Forschungsreise vertraut ist.

Bei unseren Arbeiten geht es einerseits um die Erforschung der jahreszeitlichen Verlagerung küstennaher und küstenferner Auftriebsgebiete und andererseits um die Beziehungen zwischen abiotischer (unbelebter) Umwelt, Nahrungskette und Fangobjekt (Fische). Durch ablandigen Wassertransport vor der nordwestafrikanischen Küste, hervorgerufen durch den Nordost-Passat und den Kanaren-Strom, wird das Oberflächenwasser verdrängt und das entstehende Massendefizit durch aufquellendes Tiefenwasser ersetzt. Dieses Auftriebswasser ist kühler und zeichnet sich durch niedrigeren Salz- und Sauerstoffgehalt sowie durch Nährstoffreichtum aus. Infolge des hohen Phosphat- und Nitratangebots in der lichtdurchfluteten Oberflächenschicht kommt es in den Kaltwasserauftriebsgebieten zu einer verstärkten Entwicklung mikroskopisch kleiner Algen, die die Nahrungsgrundlage für das tierische Plankton sind. Da das Plankton die wichtigste Nahrungsquelle der kleineren Fischarten bildet, die wiederum von den Raubfischen gefressen werden, sind diese Gebiete wegen ihres Fischreichtums von größtem Interesse für die Fischerei. Die bisher vorliegenden Forschungsergebnisse sind unsicher und gestatten weder eine langfristig geplante Flottenlenkung noch eine kurzfristige, operative Beratung der Hochseefischerei. Die ozeanologischen Forschungsarbeiten in dem riesigen nordwestafrikanischen Wasserauftriebsgebiet, das vergleichsweise die vierfache Größe der DDR besitzt, sind ein wichtiger internationaler Beitrag unseres Landes für die Erschließung neuer Fangplätze sowie für die Erforschung des Auftriebsphänomens.

Unser Meßprogramm ist in drei Abschnitte untergeteilt. Zuerst werden im küstennahen Wasserauftriebsgebiet auf sechs ozeanologischen Schnitten mit jeweils 8 - 10 Stationen Wasserproben aus verschiedenen Tiefen entnommen und physikalisch, chemisch und biologisch untersucht. Im zweiten Programmabschnitt werden zum Problem der küstenfernen Wasserauftriebsprozesse auf 30° West zwischen 15° Nord und 2° Süd ozeanologische Messungen durchgeführt. Im äquatorialen Bereich (2°N - 2°S) sind dabei Strömungsmessungen bis in 300 m Tiefe vorgesehen. Der letzte Abschnitt erhält seine besondere Bedeutung dadurch, daß gezielte ozeanologisch-fischereibiologische Untersuchungen gemeinsam mit dem Fischereiforschungsschiff »Ernst Haeckel« im Hauptfischereigebiet geplant sind.

21. April

In den letzten acht Tagen ging es heiß her. Wir sind mit den Messungen gut vorangekommen. Es wird täglich rund um die Uhr gearbeitet. Nach anfänglich ruhigem Wetter sind wir nun in den Bereich des Nordost-Passats geraten, der mit Windstärken von 5 - 7 Bft die Messungen stark erschwert. Man rechnet damit, daß unter diesen Bedingungen die Arbeitsleistungen eines seeerfahrenen Ozeanographen um 25 bis 50% niedriger sind als im Festlandslabor. Eine Hand wird zum Festhalten benötigt, um beim Überholen des Schiffes nicht das Gleichgewicht zu verlieren oder um ins Rutschen geratene Arbeitsgeräte zu sichern. Trotz aller Vorsichtsmaßnahmen machen sich im Labor Flaschen und Gläser selbständig und gehen zu Bruch. Die Freizeit ist knapp bemessen. Häufig reicht die tägliche Wache von zweimal sechs Stunden nicht zum Aufarbeiten aller Wasserproben aus, so daß teilweise auch in der Freiwache gemessen werden muß.

Mit unseren bisherigen Ergebnissen können wir zufrieden sein. Sie zeigen eindeutig, daß sich das küstennahe Auftriebsgebiet gegenüber den Messungen der ersten »Humboldt«-Expedition sehr weit südwärts verlagert hat. Wie unsere späteren Untersuchungen bestätigten, hängt diese Veränderung von der jahreszeitlich variierenden Intensität des Nordost-Passats ab.

24. April

Der erste Programmabschnitt ist beinahe geschafft. Es ist sehr warm geworden. Bei der Überfahrt zu unserem südlichsten Schnitt auf 12°N trafen wir auf eine große sowjetische Fischereiflotte. Mit der Besatzung des Ringwadenloggers »Chara« aus Tallinn kamen wir in näheren Kontakt. Das Schiff wurde übrigens in der Volkswerft Stralsund gebaut. Bei gegenseitigen Besuchen nahmen fachbezogene Fragen breiten Raum ein. Wir erfuhren, daß bereits seit Weihnachten zwischen 11° und 13°N eine erfolgreiche Fischerei möglich ist. Es waren unvorstellbare Mengen an Fisch vorhanden. Die Fischer setzten nur am frühen Morgen ihre Ringwade aus und kreisten einen Fischschwarm ein. Nach einer halben Stunde war diese Arbeit beendet und das Netz randvoll mit silbrig glänzenden Fischleibern. Das Warten, bis an dem Verarbeitungsschiff, der »Base«, ein Platz zur Übergabe des Fangs frei war, dauerte lange, manchmal den Rest des Tages. Zwischenzeitlich vertrieb sich die Besatzung der »Chara« und anderer Logger die Zeit mit Sonnen und kühnen Kopfsprüngen zum Baden im Atlantik. Letzteres war auf unseren Schiffen aus Sicherheitsgründen streng verboten. Dafür stand uns auf dem Achterdeck der »Humboldt« ein Swimmingpool von etwa 3 x 3 m Größe zur Verfügung, der über die Feuerlöschpumpe mit Seewasser gespeist und eifrig benutzt wurde.

Bei gegenseitigen Besuchen und dem Genuß von Bier und Wodka schlugen die Wellen der Begeisterung immer höher. Nur schade, daß ich die russische Sprache nicht beherrschte. Als der Kapitän der »Chara« merkte, daß ich »Filmamateur« war – ich hatte mir anläßlich meiner ersten Afrikareise eine Schmalfilmkamera gekauft – wollte er mir partout seine Kamera schenken. Das Ablehnen dieses Gastgeschenkes machte ihn so wütend, daß er die Kamera über Bord warf. *Unter lautem Geheul der Schiffssirenen und reichlich beschenkt mit Frischfisch nahmen wir am späten Nachmittag Abschied von den sowjetischen Freunden* – so hieß das im damaligen Sprachgebrauch.

2. Mai
Nach Beendigung des ersten Arbeitsabschnittes wurde am 28. und 29. April Dakar zur Übernahme von Trinkwasser und Proviant angelaufen. Auch heißersehnte Post und Zeitungen aus der Heimat waren eingetroffen. Zu unserer aller Freude und Erleichterung traf am zweiten Tag unseres Hafenaufenthalts Ersatz für den von Casablanca verletzt nach Hause geschickten Maschinenassistenten ein. Ob seines gut überstandenen Fluges kam der neue Assi ganz euphorisch auf der »Humboldt« an und erzählte freudestrahlend: »Ick häw dei Swatten in de Wüst' up den Kopp schäten!« *Mit dem Eintreffen des Maschinenassistenten ist die »Humboldt«-Besatzung wieder komplett. Unser Dank gilt den Kollegen in der Heimat für ihre Mühe bei der*

Regelung dieser Angelegenheit und auch den Kollegen an Bord der »Humboldt«, die durch die Übernahme zusätzlicher und teilweise ungewohnter Arbeiten sicherten, daß die Forschungsarbeiten ohne Verzögerung durchgeführt werden konnten.

Wenn alles klappt, beginnen wir morgen mit dem Schnitt auf 30°W, der uns auch auf die Südhalbkugel der Erde führen wird. Die Meßwerte sind aufbereitet und zur weiteren Berechnung in Lochkartenprotokolle (Vorstufe der elektronischen Datenverarbeitung) eingetragen. Wir sehen den kommenden Arbeiten mit Gelassenheit entgegen. Alle Nervosität, der sich zu Beginn der Expeditionsarbeiten keiner ganz entziehen kann, ist von uns abgefallen.

7. Mai

Seit einigen Tagen bereitet uns ein Mitarbeiter des Expeditionskollektivs ernste Sorgen. Er leidet unter einer bösartigen Furunkulose an der rechten Hand. Auch der Unterarm ist bereits geschwollen. Da wir keinen Arzt an Bord haben, wird er vom 2. Steuermann betreut, der entsprechend seiner Ausbildung für derartige Fälle zuständig ist. Alle Kollegen des Forschungskollektivs haben sich sofort bereit erklärt, zusätzliche Arbeiten zu übernehmen, so daß sich das Meßprogramm bisher nicht verzögert hat. Wenn jedoch keine Besserung eintritt, müssen wir, drei Tagereisen vom nächsten Hafen entfernt, unsere Fahrt unterbrechen und den Kranken in ein Hospital schaffen.

9. Mai

Wir sind einer großen Sorge ledig, unser Patient befindet sich auf dem Wege der Besserung. Jetzt messen wir in Äquatornähe. Die Temperaturen in unseren Arbeitsräumen und Kammern sind auf 31°C angestiegen. Besonders das Maschinen- und Küchenpersonal hat unter der Hitze zu leiden. Der angenehmste Aufenthaltsort ist jetzt der Swimmingpool, der bei Wassertemperaturen von über 29°C gern während der Freiwache aufgesucht wird. Unangenehm macht sich dabei nur der hohe Salzgehalt des Wassers bemerkbar, der mit etwa 36‰ drei- bis viermal so hoch ist wie an unserer heimatlichen Ostseeküste. Nach dem Verlassen des Schwimmbeckens muß stets mit Süßwasser geduscht werden, weil die beim Verdunsten zurückbleibende, dünne Salzkruste einen unangenehmen Juckreiz auf der Haut hervorruft. Auch vor der tropischen Sonne muß man sich in Acht nehmen. Bereits innerhalb einer Stunde kann sie einen starken Sonnenbrand verursachen. Wegen des großen Durstes bereitet die »Kombüsengang« täglich erfrischende Kaltschale zum Nachtisch.

Außerdem werden große Thermoskübel mit eisgekühltem Saft – seemännisch Kujambel genannt (eigentlich in Wasser aufgelöste Marmelade) – bereitgestellt. Um die mit dem Schweiß verlorengegangenen Salze zu ersetzen, werden Salztabletten verabreicht. Zur Malaria-Prophylaxe werden ferner bitter schmeckende Chinintabletten ausgegeben.

Die angenehmste Tageszeit ist der Abend. Dann öffnet bei nunmehr erträglichen Temperaturen unser improvisiertes Kino auf dem Achterdeck oder im Laderaum seine Pforten. Letzterer ist nur durch eine enge Einstiegsluke und über schmale Leitern zu erreichen. Obgleich die Tonwiedergabe wegen des Maschinenlärms einiges zu wünschen übrig läßt, erfreuen sich die Filmvorführungen regen Zuspruchs. Unser Chief (leitender Ingenieur) und der Koch investieren viel Freizeit für die Unterhaltung der Besatzung. Durch Tausch der vom Fischkombinat entliehenen Filme mit anderen DDR-Schiffen kann das Programm abwechslungsreich gestaltet werden. Nach der Kinovorstellung haben wir häufig auf dem dunklen Achterdeck gestanden und »andachtsvoll« auf den Sternenhimmel geschaut, der in den niederen Breiten viel intensiver strahlt als in höheren. »Und über uns das leuchtende Kreuz des Südens« wie es in dem Schlager »La Paloma – die weiße Taube« heißt, den Hans Albers in dem bekannten Film »Große Freiheit Nr. 7« gesungen hat.

Während sich die Freiwache im Kino unterhält, herrscht auf der Brücke und dem Peildeck rege Tätigkeit. Mittels Sextanten bestimmen Kapitän und 1. Steuermann die Winkel zwischen dem Horizont und möglichst vielen Sternen, um daraus den Schiffsort zu berechnen. Hierzu muß die kurze Zeit der Dämmerung genutzt werden. Die Ortsbestimmung erfordert besonders bei meereskundlichen Expeditionen höchste Präzision. Dieser Vorgang wiederholt sich täglich morgens und abends. Bei bewölktem Himmel muß die Schiffsposition unter Berücksichtigung von Schiffsgeschwindigkeit und Strömung sowie des Windes »gekoppelt«, d.h. berechnet werden, was zu Fehlern führen kann. So passierte es gelegentlich, daß das Schiff »versegelt« war. Dann mußten die Koordinaten der Stationen nachträglich um einige Seemeilen korrigiert werden, wenn nach Tagen endlich wieder eine astronomische Ortsbestimmung möglich war. *Im küstennahen Untersuchungsgebiet wurden die Schnitte grundsätzlich von der Küste aus begonnen, um die ersten Stationen mittels Landmarken einzupeilen.* Mit der Entwicklung der Satellitennavigation veränderte sich diese Situation grundlegend. Jetzt konnte der Schiffsort bei jedem Wetter und zu jeder Tageszeit mit einer Genauigkeit von bis zu einer halben Schiffslänge bestimmt werden.

15. Mai
In der Nähe des Sankt-Paul-Felsens erfolgte heute in traditioneller Weise die Äquatortaufe. Neptun und sein Gefolge übernahmen symbolisch die Herrschaft über das Schiff. Der »Herrscher über alle Meere, Seen, Flüsse, Teiche und Abwässer« erklärte, daß es nunmehr höchste Zeit sei, einige Bewohner der nördlichen Hemisphäre, die erstmalig den Äquator überqueren, gründlich vom Schmutz dieser Erdhalbkugel zu reinigen, bevor ihnen der Aufenthalt auf der Südhemisphäre gestattet wird. Mich betraf das nicht, denn ich war bereits 1966 auf der Reise mit der »Ernst Haeckel« zum Patagonischen Schelf auf den Namen »Langfisch« getauft worden. *Gnädig wurde uns verziehen, daß wir, um das laufende Forschungsprogramm nicht unterbrechen zu müssen, die Taufe mit fünftägiger Verspätung durchführten.*

20. Mai
Am frühen Abend hat die »A. v. Humboldt« Freetown, die Hauptstadt Sierra Leones, verlassen und Kurs nach Norden in Richtung des Hauptfischereigebietes, genommen. Der zweitägige Hafenaufenthalt war zur Übernahme von Wasser, Proviant und Post notwendig geworden. Außerdem besteht in Freetown seit jüngster Zeit ein Institut für Ozeanographie und Meeresbiologie. Besuche in derartigen Einrichtungen dienen der Kontaktaufnahme in Vorbereitung eines Datenaustausches, um den jungen afrikanischen Nationalstaaten bei der Erschließung ihrer Fischressourcen zu helfen.

3. Juni
Nach orientierenden Voruntersuchungen liegen wir seit drei Tagen bei Kap Blanc auf Dauerstation und nehmen in dreistündigem Abstand Wasserproben. Da ist die Zeit zur Aufarbeitung knapp bemessen. Gewöhnungsbedürftig ist auch, daß sich die vor Anker liegende »Humboldt« infolge ihres flachen Hecks gelegentlich Wellenschläge »einfängt«, die das Schiff bis in die Mastspitzen vibrieren lassen; da spürt man, wie elastisch ihr Schiffskörper ist. Wegen des Auftriebswassers von 14 - 16°C ist es außerdem kalt, so daß wir nachts in Wattejacken arbeiten und das in tropisch-subtropischen Breiten.

Am Donnerstag (Seemannssonntag) und am Sonntag breiteten sich gegen vier Uhr in der Frühe angenehme Düfte auf dem Arbeitsdeck aus. Es roch nach Spritzkuchen, ein eindeutiger Hinweis darauf, daß der Koch seine Spezialität für die nachmittägliche Kaffeetafel vorbereitete. Mit etwas Glück konnte man bereits vorab ein oder zwei dieser Kuchen ergattern. Der Koch war auch derjenige, der dafür sorgte, daß ständig ein Tonband mit aktuellen Schlagern aufgelegt war, die über die Bordlautsprecher empfangen werden konnten. Für mich verbindet sich diese Reise mit dem von Nina Hagen gesungenen Schlagertitel: »Du hast den Farbfilm vergessen, Michael ...«, der immer wieder zu hören war.

Parallel zu den ozeanographischen Arbeiten werden von dem Fischereiforschungsschiff »Ernst Haeckel«, das in ständigem Funkkontakt mit uns steht, fischereiliche Untersuchungen durchgeführt. Bei der Auswertung der Meßergebnisse wird sich zeigen, ob zwischen den Umweltparametern und der Fischverteilung Beziehungen bestehen, oder ob das Meßprogramm modifiziert und erweitert werden muß. Bis zur Erzielung praxiswirksamer Ergebnisse war es jedoch noch ein weiter Weg. *Jetzt ist bereits ein Ende der Meßtätigkeit abzusehen. Wir hoffen, in sieben Tagen die Heimreise antreten zu können.*

20. Juni

Bei einem weiteren Hafenaufenthalt in Casablanca waren anläßlich eines offiziellen Empfangs Mitarbeiter der dortigen Fischereiinstitute, der marokkanischen Presse und unserer Handelsvertretung an Bord der »Humboldt«. Sie konnten sich von dem hohen Stand unserer meereswissenschaftlichen Arbeiten überzeugen.

Das war vor drei Tagen. Heute durchqueren wir bei ruhigem Wetter die Biskaya. Jede Stunde bringt uns der Heimat näher. Zurückschauend ist die Zeit wie im Fluge vergangen. Dafür verstreichen die letzten Reisetage um so langsamer. Da helfen auch Bücher und Skat wenig, mit denen wir uns neben den Auswertearbeiten und dem Aufklaren der Laborräume und Kammern die Zeit vertreiben. Die Gedanken eilen immer wieder dem Schiff voraus. Mit wieviel guten Vorsätzen ist doch der Weg nach Hause gepflastert!

Post aus der Heimat von meiner damals 8-jährigen Tochter, 1972

25. Juni
Auch die letzten fünf Tage unserer Heimreise sind vergangen. Um vier Uhr früh hat die »A. v. Humboldt« im Rostocker Stadthafen festgemacht. Die Zoll- und Grenzformalitäten sind erledigt. Während in Rostock ein neuer Tag anbricht, stehen wir in Erwartung unserer Angehörigen an Deck zusammen. Vor uns liegt der wohlverdiente Jahresurlaub. Danach beginnt die gründliche Auswertung des Datenmaterials. Doch zunächst erwarten wir um neun Uhr die Begrüßung durch den Direktor unseres Instituts. Damit findet die zweite atlantische Expedition mit dem Forschungsschiff »A. v. Humboldt« ihr Ende. In dieser Zeit wurden rund 12.000 Seemeilen, das entspricht gut der Hälfte des Erdumfanges, zurückgelegt. Während der ozeanologischen Arbeiten wurden 17.500 Einzelbestimmungen durchgeführt, die weitere Erkenntnisse über das küstennahe und küstenferne Auftriebsgeschehen im nördlichen Zentralatlantik erwarten lassen.

Die insgesamt sieben »Humboldt«-Reisen, die von 1970 bis 1973 zur Erforschung des küstennahen und küstenfernen Wasserauftriebsgeschehens im nördlichen Zentralatlantik durchgeführt wurden, verliefen im Prinzip ähnlich. Drei dieser Reisen (25. Februar bis 25. Juni 1971, 7. Juni bis 7. September 1972 und 5. Februar bis 18. April 1973) standen unter meiner wissenschaftlichen Leitung. Am unangenehmsten habe ich die »Humboldt«-Reise im Sommer 1972 empfunden, nicht wegen Problemen und Ärgernissen bei der Arbeit, sondern weil wir mit Beginn der schönen Jahreszeit ausliefen und zurück kamen, als der Herbst bereits vor der Tür stand. Seitdem habe ich mich erfolgreich bemüht, den Sommer über nicht auf See sein zu müssen.

Vor dieser Reise war die »Humboldt« in der Werft gewesen, weil die »Schwanzwelle«, mit der die Schiffsschraube angetrieben wird, gezogen werden mußte. Dabei war offensichtlich die Dichtung der Welle unsachgemäß erneuert worden, so daß das Schiff Wasser nahm und immer häufiger gelenzt (abgepumpt) werden mußte. Mit diesem Defekt konnte die »Humboldt« auf Dauer nicht weiterfahren. Andererseits wurde eine Werftreparatur im Ausland, die in Dollar bezahlt werden mußte, teuer. Glücklicherweise hatten wir einen Steuermann an Bord, der als leichter Taucher ausgebildet war und seine Ausrüstung mit hatte. Der Chief schlug daher vor, durch den Taucher die Schwanzwelle von außen mit einer Persenning abzudichten, und von innen her die Stopfbuchse zu erneuern. Diese Arbeiten sollten im Hafen von Dakar durchgeführt werden, nachdem der Makler die erforderliche

Dichtung – ein etwa 3 x 4 cm dicker Strang aus Stoffasern und Rindertalg – beschafft hatte. Die Außenabdichtung am Wellenausgang, der sich in etwa 3 m Wassertiefe befindet, klappte problemlos. Für die eigentlichen Reparaturarbeiten war die Maschinen-Gang zuständig. Nach etwa drei Stunden harter Arbeit war alles überstanden, so daß die Reise fortgesetzt werden konnte. Durch diese Selbsthilfeaktion blieben der Reederei, d.h. der Akademie, mehrere -zigtausend Dollar Werftkosten erspart.

Im Sommer 1972 hatten wir ein zweiköpfiges Kamera-Team der DEFA mit, das Aufnahmen für einen Film des DDR-Sandmännchens drehen wollte. Ein Kobold sollte den Kindern seine Erlebnisse mit Forschern und Fischern erzählen. Die Aufnahmen für diesen Film wurden an Bord der »Humboldt« und »Ernst Haeckel« sowie auf Produktionsschiffen gemacht. Es entstand ein ansprechender Kinderfilm, der auch für Erwachsene interessant war.

Inzwischen war das Meßprogramm umfangreicher und die Reisen länger geworden, so daß die »Humboldt« unterwegs nachbunkern mußte. Um Devisen zu sparen, wurde die Treibstoffversorgung über sowjetische Tanker bzw. Versorger organisiert; wegen der großen Fischereiflotten befanden sich ständig einige dieser Basen am Fangplatz vor Nordwestafrika. In einer Nacht, als die »Humboldt« vor Anker lag, hat die Brückenwache acht Basen und 45 Fischereifahrzeuge gezählt. Da sich die Fischerei hauptsächlich entlang der 100m-Tiefenlinie abspielte, sah der Horizont aus wie eine hell erleuchtete Großstadtstraße.

Ähnlich wie bei der »Haeckel«-Reise zum patagonischen Schelf bedurfte es viel Geduld, bis der Kapitän des Versorgers endlich Order und Bescheid erhalten hatte, daß er die »Humboldt« bebunkern durfte. Da die Treibstoffübernahme auf See erfolgte, mußte die »Humboldt« von achtern an die Base heranfahren, es war ein kompliziertes Manöver, die Leinen- und Schlauchverbindungen herzustellen. 1972 wurden wir von der »Felix

Treibstoff-Bunkern an der sowjetischen Base »Felix Kon«, 1973

Kon« und 1973 von der »Arktika« bebunkert, beides Basen mit rund 25000 BRT. Die »Arktika«, die ich zusammen mit dem Kapitän und einigen anderen Besatzungsangehörigen der »Humboldt« während der Bebunkerung besuchte, kam mir vor wie eine kleine Insel im Meer, ihre Brücke hatte die Größe eines Tanzsaales. Aber auch unter »Klassenbrüdern« hörte die Freundschaft auf, wenn es ums Geschäft ging. Nach beiden Bebunkerungen beklagte der Chief der »Humboldt« ein Defizit von einigen Kubikmetern Dieselkraftstoff zu unseren Ungunsten.

Die nächste Reise war zweigeteilt. Sie hatte bereits am 16. November 1972 begonnen, so daß die Teilnehmer des ersten Reiseabschnittes Weihnachten und den Jahreswechsel auf See verbrachten. Ich war für die wissenschaftliche Leitung des zweiten Teils der Reise vorgesehen. Der Austausch der wissenschaftlichen Besatzung – die Stammbesatzung blieb an Bord – erfolgte in Freetown/Sierra Leone. Auf dem Weg zur »Humboldt« zuckelten wir mit einer alten, viermotorigen IL 18 in etwa dreieinhalbtausend Meter Höhe über die Sahara. Gelegentlich waren winzig kleine Kamelreiter und Reifenspuren von Jeeps im Sand zu erkennen. Der Flugplatz von Freetown, den wir am frühen Nachmittag erreichten, war damals noch eine grasbewachsene Landepiste. Nach dem Ausfüllen der Einreiseformulare und der Erledigung anderer Formalitäten wurden wir im Flughafengebäude von einer Schar Schwarzer in Empfang genommen, die sich trotz energischen Protestes im Handumdrehen unseres Gepäcks bemächtigten. Schließlich erfuhren wir, daß dies im Auftrage der Schiffsmaklerei geschehe. In rasender Fahrt wurden wir in Kleinbussen vom Flugplatz zum Hafen befördert. Hier erwartete uns die »Humboldt«, die bereits am Vortag eingelaufen war; wir waren jedenfalls froh, etwa 20 Stunden nach Abreise von zu Hause heimatliche Schiffsplanken betreten zu können. Nach Verteilung der Post aus der Heimat, einem kurzen Erfahrungsaustausch und der Übergabe der an Bord befindlichen Geräte wurde Abschied genommen. Von der wissenschaftlichen Besatzung blieben nur ein Biologe und ein Physiker an Bord. Während wir uns auf die bevorstehenden Arbeiten freuten – wir wußten inzwischen ja, was uns erwartete – waren die meisten Mitglieder der Stammbesatzung zunächst deprimiert und »maulig«, standen ihnen doch weitere zweieinhalb Monate fern der Heimat bevor.

Auf den ersten »Humboldt«-Reisen nach NW-Afrika wurde der Kaffee während der Wache noch in den Verliesen der Wissenschaftler eingenommen. Zweimal täglich, gegen 9.00 und 15.00 Uhr, wurde im Labor die Kaffeemaschine, bestehend aus einer mit 2 l Wasser gefüllten Porzellan-Mensur und einem Tauchsieder, angeworfen. Die Interessenten fanden sich dort mit einem großen standfesten Porzellan-Becher, der von zu Hause mitgebracht wurde, sowie ihrem Kaffee ein. Mit dem »türkisch« zubereiteten Getränk ließen wir uns in einer der beiden Viermannkammern nieder.

Oftmals trank ich meinen Kaffee auch auf der Brücke. Dort traf ich den Kapitän und konnte dienstliche Angelegenheiten mit ihm erörtern. Außerdem ließ sich mit der Brückenwache gut klönen. Da ich gelegentlich meine »First Class« Dose mit dem Basar-Kaffee dort vergaß, wurde ein Matrose beauftragt, meinen Namen auf dem Blechdeckel einzuritzen. In dieser Dose bewahren wir heute noch unseren Kaffee-Vorrat auf, allerdings nicht mehr First Class sondern Dallmayr- oder Jacobs-Kaffee.

Zur Auflockerung des relativ eintönigen Schiffsalltags wurden Tischtennisturniere organisiert, die sich oftmals über Tage und Wochen erstreckten, und bei denen der Schweiß in Strömen floß. Ein besonderes Handicap dieser Turniere waren die nicht vorhersehbaren Schiffsbewegungen. Dies traf auch auf die Sportfeste zu, die ein- oder zweimal auf jeder Reise stattfanden. Die Disziplinen, in denen gekämpft wurde, waren Luftgewehrschießen, Liegestütze und Kniebeugen, Klimmzüge und Hantel-Stemmen sowie Dreisprung und Korbwurf. Die ausgelobten Preise wurden der Transitlast entnommen.

Bei den Wissenschaftlern fand sich häufig die eine oder andere Skat-Runde zusammen. Es wurde allerdings nicht mit der Intensität wie auf den Ostkantenreisen gespielt. Was für die Wissenschaft der Skat, war für die Matrosen die Angelei. Einige unserer Matrosen waren früher bei der Fischerei gefahren. Im Südteil des Auftriebsgebietes fingen sie große Mengen an Schiffshaltern, eine Fischart, die sich mit ihren Saugnäpfen am Schiffsrumpf festhalten kann. Das Fleisch dieser Fische wurde allerdings nicht gegessen. Jenseits der Auftriebsfront, im tiefblauen, mittelatlantischen Zentralwasser, waren Goldmakrelen zu beobachten, die häufig paarweise im Wasser umherschos-

Sportfest, Luftgewehr-Schießen, 1971

sen. Sie bissen auf alles, was ihnen vors Maul kam und ließen sich daher relativ leicht mit dem Pilker angeln. Mit einer Länge von 0,8 - 1,2 m tobten sie schlimmer als ein Hai, wenn sie auf dem Deck lagen. Ich habe erlebt, wie sie dabei eine gefüllte Mülltonne umstießen. Zwei dieser wohlschmeckenden Fische reichten als Mahlzeit für die gesamte Besatzung. Während der Fahrt umspielten gelegentlich Delphine den Bug. Da sie schneller als die »Humboldt« waren, schossen sie vor und ließen sich wieder zurückfallen. Delphine wurden natürlich nicht geangelt.

Bei unseren Arbeiten im Zentralatlantik stießen wir im Sommer 1972 auf eine verdriftete, herrenlose Thunangel, die einige 100 Meter lang war. Sie wurde aufgenommen und die sehr stabilen Haken zum Angeln von Haien benutzt. Als Köder diente rohes Fleisch. Gefangen wurden Hammer- und Blauhaie, die wegen ihrer Größe mittels einer Winde hochgezogen werden mußten, bevor ihnen die Matrosen den Bauch aufschlitzten. Das faustgroße Herz zuckte noch lange Zeit, nachdem es herausgeschnitten worden war. In einem weiblichen Tier entdeckten die Matrosen die Föten von vier kleinen Haien. Das Gebiß der Haie wurde ebenfalls herausgeschnitten, um es zu präparieren. Das wurde jedoch zu einer stinkenden Angelegenheit, die Kiefer mußten daher ebenso wie die Haikadaver über Bord geworfen werden. Nur Zähne wurden aufgehoben.

Angelerfolg, eine große Goldmakrele, 1971

Auf einigen Reisen übernahmen wir unterwegs Fischereibiologen des Marieneher Instituts für Hochseefischerei. Diese Kollegen hatten Untersuchungen an Fischen auf den Fang- und Verarbeitungsschiffen der DDR-Flotte durchgeführt oder waren beratend tätig gewesen. Sie sollten die Heimreise antreten oder zu einem anderen Fangplatz »verfrachtet« werden. Die Leitung unseres Instituts, die hierzu befragt werden mußte, tat sich schwer mit ihrer Zustimmung, obgleich es sich um die Mitarbeiter eines Kooperationspartners handelte. Es bestand nämlich zu Recht die Befürchtung, daß das Institut auf den Verpflegungskosten sitzen bleiben würde. Ein anderer Grund war Platzmangel. Außerdem wollte das Institut sich nicht in die

Karten sehen lassen. Die großzügigere Handhabung der Hafenaufenthalte, sowie die Höhe von Handgeld (Devisen) und Seezuschlägen, die erst nach harten Auseinandersetzungen mit der Akademieleitung durchgesetzt werden konnten, bargen Anlaß zu unerwünschten Diskussionen.

Internationale Zusammenarbeit und Publikationen

Unsere Untersuchungen zur jahreszeitlichen Verlagerung des Kaltwasserauftriebs vor der nordwestafrikanischen Küste erfolgten zunächst unabhängig von dem Programm CINECA (Cooperative Investigations in the Northern Part of the Eastern Central Atlantic), das von 1971 bis 1973 im gleichen Seegebiet durchgeführt wurde. An diesem Vorhaben waren neben den Küstenstaaten besonders die USA und die BRD sowie Spanien und Frankreich beteiligt. Erst nach dem Beitritt der DDR zur IOC (Intergovernmental Oceanographic Commission) der UNESCO im Jahre 1973 wurden auch die Arbeiten mit der »A. v. Humboldt« in das CINECA-Programm integriert. Der DDR bot sich dadurch ein willkommener Anlaß zu zeigen, daß sie in internationalen Gremien und Programmen mit den USA und anderen westlichen Ländern als gleichberechtigter Partner zusammenarbeitete; denn damals ging es um die Anerkennung der DDR als souveräner Staat. Für die Warnemünder Meeresforscher war die Mitwirkung bei CINECA insofern wichtig, weil sie in Kontakt mit Ozeanographen des westlichen Auslands kamen.

Inzwischen hatten unsere Untersuchungen zur Auftriebsproblematik einen Stand erreicht, der eine Zusammenschau der bisher erzielten Ergebnisse wünschenswert erscheinen ließ. Aufgrund der guten Erfahrungen während des Internationalen Ostseejahres 1969/70 hatten wir von unseren Reisen Datenberichte angefertigt und fortlaufend unter dem Titel »Beiträge der DDR zur Erforschung der küstennahen Auftriebsprozesse im Ostteil des nördlichen Zentralatlantik« publiziert. Anfang 1975 lagen sechs derartige Berichte vor, die wir zielgerichtet an die meereskundlichen und fischereibiologischen Institutionen der nordwestafrikanischen Küstenstaaten und die an CINECA beteiligten wissenschaftlichen Einrichtungen verschickten. Außerdem gaben wir sie in den internationalen Zeitschriftenaustausch der Bibliothek. Sie fanden daher eine relativ weite Verbreitung. Bei den amerikanischen Meereswissenschaftlern bekamen die Daten, die an Bord der »A. v. Humboldt« vor NW-Afrika gewonnen worden waren, den Status international akzeptierter Standardwerte. Natürlich haben wir unsere Daten auch wissenschaftlich ausgewertet und die Ergebnisse mit großem Erfolg unter dem Titel »Ozeanologische Untersuchungen zum Produktionspotential der nordwestafrikanischen Wasserauftriebsregion 1970 - 1973« publiziert. In dieser Veröffentlichung, die 1975 erschien, konnten wir die jahreszeitliche Verlagerung der Südgrenze des nordwestafrikanischen Wasserauftriebsgebietes nachweisen, die im Sommer bei Kap Blanc (21°N) ihre nördlichste und im Winter bei Kap Roxo (12°N) ihre südlichste Lage einnimmt. Wie anhand langjähriger meteorologischer Beobachtungen auf Leuchttürmen und Flugplätzen nachgewiesen werden konnte, sind für diese Verlagerung die regelmäßigen Schwankungen in der Intensität des Nordostpassats verantwortlich. Fische, wie Schildmakrele, Thunmakrele und Sardinella, folgen dem günstigeren Nahrungsangebot im nährstoffreichen Auftriebswasser. Unsere Ergebnisse kamen den Küstenstaaten zugute und gestatteten die langfristige Einsatzplanung von Fischereiflotten in dieser Region. Sie waren daher auch für die Hochseefischerei der DDR von Bedeutung. Denn nur in den Jahreszeiten und Gebieten, in denen Wasserauftrieb herrscht, ist eine ergiebige Fischerei möglich.

Weniger erfolgreich waren wir mit unseren Untersuchungen im tropisch-subtropischen Zentralatlantik. Die Intensität des vertikalen Wasseraustausches führte zu keinem nachhaltigen Nährstofftransport in die Oberflächenschicht, so daß sich dieses Gebiet nicht durch ein deutlich erhöhtes Produktionspotential und Fischreichtum auszeichnete.

Erste Ergebnisse in Bezug auf die jahreszeitliche Verlagerung und das biologische Produktionspotential des nordwestafrikanischen Wasserauftriebsgebietes wurden bereits auf der ICES-Hauptjahrestagung, die im Oktober 1971 in Helsinki stattfand, vorgestellt. Der Ozeanologische Weltkongreß in Edinburg, Schottland, der vom 13. bis 23. September 1976 stattfand, bot eine weitere Möglichkeit, Ergebnisse unserer Untersuchungen im Ostteil des nördlichen Zentralatlantik zu präsentieren. Um möglichst vielen Wissenschaftlern des Instituts Gelegenheit zur Teilnahme an diesem Kongreß zu geben, fuhren wir mit der »Penck« nach Edinburgh. Auf der Anreise sollte eine weitere Erprobung der Tiefseesonde durchgeführt werden, die seit Anfang der 1970er Jahre im Warnemünder Institut entwickelt wurde. Wir liefen daher bereits am 2. September aus. Der designierte Expeditionsleiter der Reise neigte sehr zur Seekrankheit. Da wir viel Wind hatten, mußte er sich zumeist von Dr. Dieter Lange, einem Meeresgeologen, vertreten lassen. Infolge schlechten Wetters kamen wir zunächst nicht zum Arbeiten. Als es dann so weit war, ging eines der sechs

Schöpferpaare, die mit der Sonde kombiniert sind, verloren. Schließlich mußte die weitere Sondenerprobung abgebrochen werden, um rechtzeitig in Edinburgh zu sein. Inzwischen hatte sich über der nördlichen Nordsee ein westwärts ziehendes Orkantief entwickelt, in dessen relativ schwachwindigem Zentrum wir uns befanden. Bei Windstärken von 7 - 8 Bft und achterlicher See segelten wir mit der »Penck« rüber nach Schottland. Nachts empfing der Funker SOS-Signale. Wir waren aber zu weit entfernt, um Hilfe leisten zu können. In Edinburgh hörten wir, daß in dieser Nacht ein norwegisches Forschungsschiff von der Größe der »Humboldt« im Orkan gesunken sei, wobei der Kapitän und ein Techniker ertranken.

Als wir am Abend des 11. September den »Firth of Forth« erreicht und anderntags in Leith, dem Hafen von Edinburgh, festgemacht hatten, waren wir froh, dem Unwetter so glimpflich entronnen zu sein. Bei der Einklarierung mußte ich dolmetschen. Beim Ausfüllen der Anmeldeformulare durch die Zöllner fiel mir auf, daß beide Linkshänder waren. Seitdem sind für mich alle Schotten – oder zumindest die meisten – Linkshänder!

Von Leith bis zum Kongreßzentrum in Edinburgh war es etwa eine Stunde Fußmarsch, den wir, um Geld (Devisen!) zu sparen, in den nächsten Tagen mindestens einmal täglich, bei abendlichen Empfängen und Schloßbesichtigungen auch häufiger, zurückgelegt haben, oftmals in Begleitung Hamburger und Kieler Kollegen, die an Bord der »Poseidon«, dem neuen Kieler Forschungsschiff, angereist waren. Nach einer der Schloßbesichtigungen wurde ein antikes Schwert vermißt; war es einem Scherz oder einem Souvenirsammler zum Opfer gefallen? Der Verlust wurde am darauffolgenden Tag zu Beginn der Plenarsitzung (eingeladene Übersichtsvorträge) bekannt gegeben mit der Bitte, das Schwert wieder abzuliefern. Die Bitte hatte Erfolg.

Auf diesem Mammutkongreß begegnete man mehr noch als 1966 in Moskau Wissenschaftlern mit Rang und Namen auf dem Gebiet der Ozeanologie. Demzufolge wurden viele gute Vorträge gehalten. Da ging mein Beitrag über die Bestimmung des or-

Edinburgh/Schottland, 1976

ganisch gebundenen Phosphors und Stickstoffs im nordwestafrikanischen Auftriebswasser fast sang- und klanglos unter. Größeren Erfolg hatten dagegen die physikalischen Ozeanographen aus Warnemünde mit ihren Beiträgen zum Äquatorialen Unterstrom im Atlantik, der von den Russen den Namen »Lomonossow-Strom« erhalten hatte. Auch von Dr. Voigt, der diesen Strom an Bord des gleichnamigen sowjetischen Forschungsschiffes entdeckt hatte, wurde diese Bezeichnung benutzt. Die Westdeutschen und Amerikaner verwendeten in den Diskussionen diesen Namen nicht. Schließlich war es ein Deutscher, wenn auch ein Ostdeutscher, der durch seine Messungen den Äquatorialen Unterstrom im Atlantik nachgewiesen hatte. Da war der Name eines russischen Wissenschaftlers nicht angebracht!

Neben der »Penck« und der »Poseidon« aus den »beiden deutschen Staaten« waren auch die »Argos« aus Schweden sowie etliche britische und amerikanische Forschungsschiffe nach Edinburgh gekommen. Obgleich es auf den anderen Schiffen mehr zu sehen gab als auf der »Penck«, hatten wir an den Besuchstagen immer »full house« und mußten ein zusätzliches Gästebuch anlegen. Auf der »Penck« ist es eben gemütlich, und genügend Bier hatten wir auch. Natürlich waren wir auch auf den anderen Forschungsschiffen. Die Amis hatten ihre Decks und Betriebsgänge mit selbstklebenden Fußschablonen bepflastert, auf denen zu lesen stand: »Follow the footsteps of an US Oceanographer«.

Am tagungsfreien Wochenende sind wir mit dem Zug von Edinburgh nach Inverness und Lochness gereist. Die Fahrkarten hatten wir bereits zu Hause gelöst und in (Ost-) Mark bezahlt. »Nessy«, das Seeungeheuer von Lochness, haben wir nicht gesehen. Als wir gegenüber einem »echten« Schotten, kenntlich an seinem Kilt (Schottenrock), unsere Zweifel äußerten, erklärte er uns das Phänomen Nessy sehr einleuchtend: Ein guter Freund von ihm hätte behauptet, Nessy gesehen zu haben, und da er keinen Anlaß habe, an der Ehrenhaftigkeit dieses Freundes zu zweifeln, sei er von Nessys Existenz überzeugt.

Die dreitägige Heimreise mit der »Penck« verlief bei gutem Wetter problemlos. Die Zeit wurde genutzt, um die Berichte der Sondenerprobung und der Tagung vorzubereiten. Da sowohl die Konstrukteure als auch die zukünftigen Nutzer der Sonde an Bord waren, bot sich die Möglichkeit für interessante Diskussionen, deren Ergebnisse in der späteren Einsatzstrategie berücksichtigt wurden.

Das wichtigste internationale Forum für die Diskussion unserer Forschungsergebnisse aus dem Ostteil des nördlichen Zentralatlantik war das CINECA-Symposium, das im April 1978 in Las Palmas, Gran Canaria, stattfand. Einer der Organisatoren war Prof. Dr. Gotthilf Hempel aus Kiel, der sich bereits um die Vorbereitung und Realisierung der Feldarbeiten im Rahmen von CINECA verdient gemacht hatte. Auf diesem Symposium waren wir mit Beiträgen über »Untersuchungen zum Produktionspotential und zur jahreszeitlichen Verlagerung des Kaltwasserauftriebsgebietes vor Nordwestafrika« und die »Beziehungen zwischen der Intensität des Auftriebsprozesses und der Fischverteilung« vertreten. Der erste Beitrag wurde sogar als Plenarvortrag akzeptiert.

Ich werde »Reisekader«

Vom Scientific Committee on Oceanic Research (SCOR) wurde 1974 die SCOR WG 36, Coastal Upwelling, gebildet, die sich mit der Problematik des küstennahen Wasserauftriebs befassen sollte. Prof. Hempel schlug mich als Mitglied für diese Arbeitsgruppe vor, weil kein anderer Meereschemiker zur Verfügung stand, der praktische Erfahrungen in der Auftriebsforschung besaß. Darüber hinaus sollten gewisse Paritäten der in der Arbeitsgruppe vertretenen Länder gewahrt werden.

Im Zusammenhang mit meiner Tätigkeit in dieser Arbeitsgruppe war abzusehen, daß ich jetzt häufiger ins nichtsozialistische Ausland – hierzu gehörte auch Westdeutschland – reisen würde. Prof. Voigt beantragte deshalb bei der Akademieleitung meine Einstufung als Reisekader der DDR. Neben den fachlichen Voraussetzungen und der wissenschaftspolitischen Notwendigkeit waren hierfür gesellschaftspolitische und familiäre Kriterien von entscheidender Bedeutung. Ähnlich wie bei der Beantragung des Seefahrtsbuches lassen sich letztere stark vereinfacht mit »steht fest hinter der Politik von Partei und Regierung« und »lebt in geordneten Familienverhältnissen« umschreiben, nur, daß gründlicher, unter Einschaltung von Dienststellen der Stasi, recherchiert wurde. In diesem Zusammenhang wurde beispielsweise im Wohngebiet nachgefragt, ob man Westbesuche bekam oder an den staatlichen Feiertagen die DDR-Flagge herausgehängt hatte. Westfernsehen, das durch die Art und Ausrichtung der Antennen offensichtlich war, wurde jedoch toleriert. Wegen seiner weiten Verbreitung haftete dieser »Makel« an zu vielen DDR-Bürgern und betraf auch Parteifunktionäre in höheren staatlichen Positionen.

Ebenso wie das Westfernsehen wirkte sich auch meine Zugehörigkeit zur evangelischen Kirche nicht negativ auf diese Recherchen aus. Die kirchliche Bindung der Familie Nehring beschränkte sich allerdings auf Zahlung der Kirchensteuer und den Besuch des Gottesdienstes am Heiligen Abend. Darüber hinaus haben wir Sorge getragen, daß unsere beiden Kinder die Christenlehre und den Konfirmationsunterricht besuchten und nicht nur an der Jugendweihe teilgenommen haben, sondern auch konfirmiert wurden. Auch die schwerwiegenden politischen Differenzen, die mein Vater in dieser Zeit mit der Staatsführung der DDR hatte, wurden mir nicht angelastet. Entscheidend dafür war wohl, daß ich mir politisch nichts hatte zu Schulden kommen lassen und in einem hochrangigen Wissenschaftler-Gremium die Interessen der DDR wahrnehmen konnte. Von 1974 bis zum Ende der SED-Regierung im Herbst 1989 gehörte ich zu dem bevorzugten Personenkreis, der ins nichtsozialistische Ausland reisen durfte. Ab Mitte der 1980er Jahre galten bei der Akademie auch für die Genehmigung eines Seefahrtsbuches die wesentlich strengeren Kriterien des Reisekaderstatus, so daß alle neuen Seefahrtsbuchinhaber des Warnemünder Instituts auch Reisekader waren.

Am Rande der Arbeitsgruppenberatung in Kiel; Bildmitte Prof. Hempel, 1974

Die erste Beratung der SCOR-WG 36 fand im Spätsommer 1974 unter Vorsitz von Prof. Hempel im Kieler Institut für Meereskunde statt, das auch meinen Aufenthalt finanzierte. Zunächst kam ich mir unter den international angesehenen Meeresforschern, von denen ich kaum einen kannte, etwas verloren vor. Das gab sich jedoch, als ich die Untersuchungen unseres Instituts zur jahreszeitlichen Verlagerung des nordwestafrikanischen Wasserauftriebsgebietes vorgestellt hatte und dabei auf reges Interesse stieß. Eine Zusammenfassung meiner Ausführungen erschien sogar in dem offiziellen SCOR-Bericht über die erste Beratung der Arbeitsgruppe »Coastal Upwelling«.

Es wurde aber nicht nur beraten, das Kieler Institut lud auch zu einem Empfang ein. Als Wissenschaftler von der anderen

Seite des Eisernen Vorhangs wurde ich damals noch wie ein Exot bestaunt und mußte viele Fragen beantworten. Dabei mußte ich mich auf dem schmalen Grat zwischen persönlicher Meinung und Direktive bewegen. Ohne Direktive durfte keiner ins nichtsozialistische Ausland fahren. Der Reisende mußte sie entweder selbst anfertigen und vom Institutsdirektor bestätigen lassen, oder er bekam sie von diesem vorgegeben. Sie gliederte sich in einen fachlichen und einen politisch-ideologischen Teil sowie in Festlegungen zum Verhalten im Ausland. Der fachliche Teil entsprach dem Anliegen der Veranstaltung. Er enthielt aber auch Einschränkungen zum Umfang der wissenschaftlichen Ergebnisse, die vorgestellt werden sollten, insbesondere, inwieweit man sich »outen« durfte.

Wesentlich unangenehmer war der politisch-ideologische Teil, der unter die Rubrik, »vorbehaltlose Unterstützung der Politik von Partei und Regierung« einzuordnen ist. So mußte man im Falle eines Falles dem deutschen Alleinvertretungsanspruch durch die BRD entgegentreten und sich gegen die Stationierung von Atomraketen in Westdeutschland wenden. Ein Punkt, der immer wiederkehrte, war der Kampf um die Erhaltung des Weltfriedens. Ich bin auch heute noch der Meinung, daß dieser Punkt aus leichtverständlichen Gründen ein echtes Anliegen der Sozialistischen Staatengemeinschaft war. Denn ein weiterer Weltkrieg würde mit den heute zur Verfügung stehenden Waffensystemen alle sozialen Errungenschaften zunichte machen und zur größten überhaupt denkbaren Umweltzerstörung der Erde führen.

Eine in jeder Direktive wiederkehrende politisch-ideologische Festlegung beinhaltete, daß mit den Delegationen befreundeter sozialistischer Staaten enger Kontakt zu halten sei. Bei Abstimmungen sollte der Vorschlag der sowjetischen Delegation unterstützt bzw. der gemeinsame Standpunkt der sozialistischen Staaten vertreten werden. Auf der Ebene, auf der ich im westlichen Ausland auftrat, kam diese Festlegung nie zum Tragen. Ich habe mich allerdings bemüht, die Leiter der befreundeten Delegationen ausfindig zu machen und zu begrüßen, was denen genau so überflüssig vorkam wie mir.

Zu den Festlegungen über das Verhalten im westlichen Ausland gehörte, sich bei der Botschaft der DDR bzw. der Ständigen Vertretung der DDR in Bonn telefonisch an- und abzumelden. Außerdem durfte man als DDR-Bürger keine Kontakte mit im Ausland oder in Westdeutschland lebenden Verwandten und Bekannten aufnehmen. Hieran haben sich die wenigsten gehalten. Wenn ich verbotenerweise mit meiner Schwester in Stuttgart telefonieren wollte, begab ich mich jedoch vorsichtshalber in eine öffentliche Telefonzelle. Als schweres Vergehen galt die Kontaktaufnahme mit republikflüchtigen DDR-Bürgern. Bei Namensschildern, auf denen das Herkunftsland genannt wurde, mußte streng darauf geachtet werden, daß nicht etwa Deutschland sondern DDR auftauchte. Wenn die Flaggen der teilnehmenden Länder gehißt worden waren, mußte auch die DDR-Flagge mit Hammer, Zirkel und Ährenkranz dabei sein, die Farben schwarz, rot, gold genügten nicht. Bei einer Diskriminierung der DDR auf den Namensschildern oder bei den Staatsflaggen mußte beim Veranstalter energisch protestiert und bei Abweisung des Protestes abgereist werden. Glücklicherweise bin ich nie in so eine unangenehme Situation geraten. Natürlich mußte man auch Straßenversammlungen und Demonstrationen meiden und durfte keine Geschenke annehmen. Vorsehen mußte man sich auch vor einer öffentlichen Solidarisierung mit westdeutschen Kollegen, beispielsweise bei offiziellen Empfängen oder in Hotelbars. Wenn das zu Hause ruchbar wurde, konnte es für den Reisenden unangenehme Folgen haben. Mein Auftreten im Ausland wurde auch dadurch bestimmt, ob ich allein unterwegs war bzw., mit wem zusammen ich reiste. Bei Einzelreisen habe ich weniger Vorsicht walten lassen als bei Gruppenreisen.

Aus heutiger Sicht wirken die Festlegungen so einer Direktive lächerlich und engstirnig. Da man sie jedoch unterschrieben hatte, mußten sie befolgt werden, zumal nicht ausgeschlossen werden konnte, daß ein in der BRD operierender Maulwurf der Stasi über das Auftreten und Verhalten des Reisenden informierte. Außerdem bildete die Direktive die Grundlage für die Berichterstattung, bestehend aus einem kurzen Sofortbericht, der innerhalb von drei Tagen angefertigt werden mußte, und dem eigentlichen Reisebericht, für dessen Anfertigung vier Wochen zur Verfügung standen. Im Sofortbericht mußte über die Punkte informiert werden, für die dringender Handlungsbedarf bestand, wobei die fachliche Aufgabenstellung zumeist an letzter Stelle rangierte. Unter der Rubrik »besondere Vorkommnisse« wurde gefragt, ob man bei der Grenzabfertigung und während der Veranstaltung korrekt als Bürger der DDR behandelt und ob Hotelzimmer und Akten durchsucht worden waren. Außerdem wurden Angaben über Personen gefordert, mit denen der Reisende Kontakt gehabt hat oder die sich besonders um den Reisenden bemüht hätten. Die Erfüllung der fachlichen Aufgabenstellung wurde im eigentlichen Reisebericht behandelt. Beide Berichte wurden über die Institutsleitung an die Auslandsabteilung der Akademie geleitet, wobei zumindest der Sofortbericht bei der Stasi gelandet und dort ausgewertet worden ist. Das war bei allen Reisenden so, die zu DDR-Zeiten ins nichtsozialistische Ausland reisen durften, auch wenn sie nicht zu den Reisekadern gehörten. Ohne ihr Wissen und Zutun sind sie daher auch Informanden der Stasi gewesen! Nachfragen zu meinen Reiseberichten sind nie gekommen. Trotz vieler Belanglosigkeiten, die sie enthielten, wurden sie akzeptiert. Ein Beispiel hierfür ist die Frage nach Kontakten mit anderen Personen, die ich später nur noch durch »mit allen Teilnehmern der Veranstaltung« unter Beifügung der offiziellen Teilnehmerliste beantwortet habe.

Um die Reisekader politisch zu festigen, wurden in den 1980er Jahren (vielleicht auch schon früher) ein- oder zweimal jährlich ganztägige Schulungen durchgeführt. An solchen »Rotlichtbestrahlungen« mußten alle Reisekader, vom einfachen wissenschaftlichen Mitarbeiter bis zum Institutsdirektor, teilnehmen. Für diese Veranstaltungen, die in der Akademiezentrale in Berlin durchgeführt wurden, standen prominente Dozenten zur Verfügung, so auch der Minister für Auswärtige Angelegenheiten der DDR. Die Vorträge waren von dem Bemühen geprägt, die Situation im nichtsozialistischen Ausland sowie die weitere Entwicklung des sozialistischen Lagers realistisch einzuschätzten. Dies geschah allerdings immer unter Berücksichtigung des Klassenstandpunktes – dem Sieg der Arbeiterklasse über den Kapitalismus – so daß Fehleinschätzungen vorprogrammiert waren.

Als ich 1974 von Kiel nach Hause fuhr, dachte ich im Stillen, »wer weiß, ob ich hier noch einmal sein werde«. Aber es kam anders, ich bin später noch oft im Kieler Institut für Meereskunde zu Gast gewesen. An den weiteren Beratungen der SCOR-WG 36 habe ich nicht mehr teilnehmen können. Sie fanden in entfernten Ländern, teilweise sogar auf anderen Kontinenten, statt, und für die Reisen dorthin, die nur mit harten Devisen bezahlt werden konnten, bewilligte mir die Akademie keine Reisemittel. Als schwachen Trost bekam ich jedoch noch zwei Jahre lang die Berichte von diesen Beratungen zugeschickt.

Die relativ unkomplizierte Möglichkeit als Reisekader ins nichtsozialistische Ausland fahren zu dürfen, galt nur für Dienstreisen. Private Reisen, beispielsweise in die BRD, kamen für mich genauso wenig in Frage wie für jeden anderen DDR-Bürger, der eine leitende Funktion ausübte. Der Reisekaderstatus für Mitarbeiter von Akademie-Instituten mußte anfangs alle zwei, später alle vier Jahre neu bei der Akademie-Leitung in Berlin beantragt werden. Antragsteller für die Verlängerung war nicht der Reisende, sondern der Institutsdirektor, dem eine dreiköpfige Beratergruppe zur Seite stand. Darüber hinaus wurde von der Dienststelle des MfS (Ministerium für Staatssicherheit) in Rostock eine Stellungnahme angefordert. Nach der Wende ist mir eine dieser Stellungnahmen, die aus dem Jahre 1985 stammt, versehentlich ausgehändigt worden. Sie wurde von der Abteilung kXVIII, Referat 4, angefertigt und stützt sich dem Inhalt nach auf den Antrag des Institutsdirektors. Unterschrieben ist sie von einem Leutnant, einem Hauptmann und einem Oberst. Wer da so alles wegen der Verlängerung des Reisekaderstatus bemüht wurde!

Nach welchen Kriterien letztendlich bei der Verlängerung des Reisekaderstatus entschieden wurde, ist mir nicht im Einzelnen bekannt. Neben der fachlichen Voraussetzung und der wissenschaftspolitischen Notwendigkeit spielten mit Sicherheit gesellschaftliche Aktivitäten eine entscheidende Rolle. Ich denke dabei nicht so sehr an die Parteizugehörigkeit zur SED – im Warnemünder Institut dominierten die parteilosen Reisekader. Entscheidend war vielmehr, ob der Reisende »das Vertrauen der Arbeiterklasse besaß«. Beispielsweise genügte dazu – wie bei mir – das Engagement in der Gewerkschaftsarbeit. Wichtig war ferner, daß man sich im Ausland weder politisch, noch fachlich, noch privat etwas hatte zu Schulden kommen lassen. Ebenso wie die meisten meiner Institutskollegen hatte ich keine Probleme mit der Verlängerung meines Reisekaderstatus.

Alle Auslandsdienstreisen mußten ausführlich in Bezug auf ihre wissenschaftliche und volkswirtschaftliche Notwendigkeit begründet und vom Institutsdirektor genehmigt werden. Bei Reisen in ein nichtsozialistisches Land war darüber hinaus die Zustimmung des Präsidenten oder Generalsekretärs der Akademie der Wissenschaften der DDR erforderlich. Die Visa wurden von der Reisestelle der Akademie beschafft, die auch die Flugtickets besorgte und die erforderlichen Devisen von umgerechnet 60 DM pro Nacht für Übernachtungskosten und 40 DM Tagegeld bereitstellte. Der Reisende bekam außerdem einen ansehnlichen Sicherheitsbetrag in US-$ oder DM mit, der nur im Notfall angegriffen werden durfte.

Wegen meiner intensiven Reisetätigkeit hatte ich zeitweilig drei gültige Reisepässe zu Verfügung, die gebührenfrei ausgestellt wurden. Sie waren daher Eigentum des Instituts und wurden in dessen Kaderabteilung aufbewahrt. Ein Grund für meine drei Reisepässe war, daß sich gelegentlich die Beantragungsdauer der Visa überschnitt. Wichtiger war jedoch, daß ein Reisepaß mit Visa westlicher Länder möglichst nicht für Reisen ins sozialistische Ausland und umgekehrt benutzt wurde. Dadurch sollte vermieden werden, daß der Reisende als Pendler zwischen zwei Gesellschaftssystemen identifiziert werden konnte und Schwierigkeiten bei der Visaerteilung bekam.

Da in der Akademie ebenso wie in der gesamten DDR chronischer Devisenmangel herrschte, waren die meisten Dienstreisen ins westliche Ausland nur möglich, wenn die veranstaltende Seite die Aufenthaltskosten trug. Kaum Probleme hatten wir bei der Übernahme der Bahn- und Flugkosten durch die Akademie, die in DDR-Mark beglichen werden konnten. Dies traf auch auf solche Fluggesellschaften zu, für die ein Verrechnungsabkommen mit der DDR-Fluggesellschaft »Interflug« bestand, und das waren zumindest in Europa etliche. Die Übernahme der Hotelkosten durch die einladende Seite traf übrigens auch für die DDR zu, so daß Wissenschaftler aus Ost und West von dieser inoffiziellen Regelung profitierten.

Die meisten Beratungen und Konferenzen in der BRD, an denen ich und andere Kollegen in den 1970er und 1980er Jahren teilgenommen haben, fanden in Kiel, im Institut für Meereskunde, statt. Einmal – bei einer Einzelreise – war ich nicht im Hotel untergebracht, sondern hatte ein Gästezimmer im Geologischen Institut zur Verfügung. Anlaß war ein Symposium über »Auftriebs-Ökosysteme«, das 1975 im Auditorium Maximum (Aula) der Christian-Albrecht-Universität Kiel stattfand. Um in das Gästezimmer, das sich in der obersten Etage des Instituts befand, zu gelangen, mußte ich verschiedene Flure und Türen passieren, die außerhalb der Dienstzeit verschlossen waren. Ich hatte daher einen Generalschlüssel zur Verfügung und konnte mich in dem abends und nachts menschenleeren Gebäude frei bewegen. Dieser Vertrauensbeweis überraschte mich angesichts des für Gäste aus der BRD schwer zugänglichen Warnemünder Instituts.

Da wir das Geld für Mittagessen und Abendbrot sparen wollten, hatten die meisten von uns ihre Verpflegung mit oder »aßen aus der Tüte«. Außerdem waren wir abends häufig eingeladen, nicht nur zu offiziellen Empfängen sondern – und das war damals neu für uns – auch privat. Diese Einladungen wurden von der Akademie unter der Voraussetzung toleriert, daß es keine allein deutsch-deutschen Begegnungen waren. Mitte der 1970er Jahre brachten einige westdeutsche Kollegen ihre Gäste aus der DDR unbeabsichtigt in Gewissenskonflikte, weil sie kleine Aufmerksamkeiten für die Kinder mitschicken wollten. Ich konnte doch nicht sagen, daß ich als DDR-Reisekader keine Geschenke vom »Klassengegner« annehmen durfte! Diese Versuche hörten dann auch bald auf.

Weitere Expeditionen in die westafrikanischen Auftriebsgebiete und Umbau der »A. v. Humboldt«

Als die Untersuchungen zur jahreszeitlichen Verlagerung des nordwestafrikanischen Wasserauftriebsgebietes abgeschlossen waren, rückte die Erforschung der Dynamik von Auftriebsprozessen in den Vordergrund unseres Interesses. Außerdem wurde die Zahl der Forschungsreisen in dieses Gebiet verringert. Die nächste Expedition konzentrierte sich auf das Küstengebiet vor Mauretanien, dem Hauptauftriebs- und Fischereigebiet vor NW-Afrika. Sie dauerte vom 28. Januar bis zum 14. April 1976 und stand unter meiner wissenschaftlichen Leitung. Die »Humboldt« wurde auf dieser Reise von einem Kapitän geführt, der von der Ingenieurhochschule für Seefahrt in Warnemünde kam. Für Kapitän und Expeditionsleiter war die Zusammenarbeit zunächst gewöhnungsbedürftig. Am Ende der Reise haben wir uns jedoch prächtig verstanden. Anfangs wurde die Reise durch personelle Probleme überschattet. Um überhaupt auslaufen zu dürfen, mußten zwei Expeditionstechniker bei der Stammbesatzung gemustert werden. Außerdem erkrankte wenig später ein Maschinen-Assi an Hepatitis und trat von Gibraltar aus die Heimreise an, während sich die anderen Besatzungsmitglieder einer prophylaktischen Impfung unterziehen mußten. Erst nach Beendigung des ersten Reiseabschnitts, im Hafen von Dakar, wurde die Stammbesatzung durch Nachschub aus der Heimat komplettiert.

Schwerpunkt der wissenschaftlichen Arbeiten auf dieser Expedition waren Untersuchungen über die Wechselwirkung zwischen Auftriebsdynamik und der Fischverteilung, zunächst auf einem engabständigen Stationsnetz und später auf einer Ankerstation vor Kap Blanc. Während an Bord der »Humboldt« ozeanographische Messungen durchgeführt wurden, fischte das Fang- und Verarbeitungsschiff »Erich Weinert« des Rostocker Fischkombinats in unserer unmittelbaren Nachbarschaft. An Bord dieses Schiffes befanden sich Fischereibiologen aus dem Institut für Hochseefischerei, die fangstatistische Erhebungen durchführten. Am Ende der Dauerstation frischte der Nordostpassat auf 6 - 7 Bft auf, so daß die autonomen Strömungsmesser-Bojenstationen, die in der Nähe der »Humboldt« ausgesetzt worden waren, nur unter Schwierigkeiten geborgen werden konnten.

Im Herbst 1976 sollte eine weitere Forschungsreise ins nordwestafrikanische Auftriebsgebiet durchgeführt werden. Die konfuse seerechtliche Situation vor NW-Afrika ließ es jedoch ratsam erscheinen, in das Seegebiet vor SW-Afrika auszuweichen; Namibia wurde erst 1989 als selbständiger Staat gegründet. Gemäß unserer neuen Forschungsstrategie eigneten sich außerdem die südwestafrikanischen Küstengewässer besser für die Erforschung des Phänomens »Kaltwasserauftrieb«, weil hier die Auftriebsprozesse wesentlich intensiver sind als vor NW-Afrika. Allerdings verdoppelte sich die Zeit für die An- und Abreise zum Arbeitsgebiet. Eine weitere »Humboldt«-Reise in das südwestafrikanische Wasserauftriebsgebiet fand im Herbst 1979 statt. Ich habe an keiner dieser Expeditionen teilgenommen.

Zwischenzeitlich, von 1977 bis 1978, wurde die »A. v. Humboldt« in der Rostocker Neptunwerft grundlegend rekonstruiert und mit neuer Meßtechnik ausgerüstet. Die Brücke wurde weiter nach vorne versetzt, das große Arbeitsdeck verkleinert und mit zwei weiteren Decks überbaut. Im unteren der beiden Decks wurden die Meß- und Laborräume eingerichtet, sie lagen nunmehr mitschiffs und daher im ruhigsten Teil des Schiffes. Darüber wurden Klubraum, Messe und Pantry untergebracht. Letztere war über einen Fahrstuhl mit der Kombüse verbunden, die im Zwischendeck lag. Die ehemaligen Viermannkammern sowie die nicht mehr benötigten Laborräume im untersten Deck wurden zu Zweimannkammern umgebaut und waren jetzt vom Zwischendeck aus zu erreichen. Damit entfiel der Weg über das offene Arbeitsdeck. Die Kammer des Expeditionsleiters erhielt ihren Platz im Oberdeck, direkt neben Messe und Pantry. Durch ihre Lage in der Mitte des Schiffes wurde sie nicht mehr so stark durch Seegang beeinflußt wie früher. Außerdem war sie jetzt geräumiger. An der unzweckmäßigen Abwasserführung im Sanitärtrakt hatte sich jedoch nichts geändert, so daß es weiterhin, vor allem bei Seegang unangenehm roch, und das ist gelinde ausgedrückt. Mit der Kakerlakenplage war es glücklicherweise vorbei.

Neben den Räumlichkeiten des Fahrtleiters wurde eine weitere Kammer eingerichtet, die dem stellvertretenden Expeditionsleiter bzw. ein oder zwei Gastwissenschaftlern vorbehalten war. Ebenso wie bei der wissenschaftlichen Besatzung verbesserten sich durch den Umbau auch die Lebensbedingungen der Stammbesatzung. Außerdem wurde das Schiff voll klimatisiert und erhielt ein Bugstrahlruder, das seine Manövrierfähigkeit wesentlich verbesserte. Nach dem Umbau war die »Humboldt« kaum wiederzuerkennen, sie hatte sich zu einem modernen Forschungsschiff gemausert.

Die im Warnemünder Institut für Meereskunde entwickelte OM 75, die ozeanologische Meßkette, lag seit 1975 als Prototyp vor. Sie wurde über einen Rechner gesteuert und war mit Meßfühlern (Sensoren) für Druck (Tiefe), Temperatur, Leitfähigkeit (Salzgehalt) und Schallgeschwindigkeit ausgerüstet. An der Unterwassereinheit der OM 75 befanden sich außerdem zwölf Wasserschöpfer, die von Hand oder automatisch – in Abhängigkeit vom Druck – in der gewünschten Tiefe ausgelöst werden konnten. Kommando- und Datenübertragung erfolgten durch ein Einleiterkabel unter Verwendung verschiedener Übertragungsfrequenzen. An dem mit Stahldraht ummantelten Leiterkabel hing auch die Sonde. Bei dem anfangs verwendeten Kleinsteuerrechner KSR 1 aus Sömmerda wurde diese Sonde mittels Lochstreifen gesteuert, die gelegentlich – infolge Abnutzung – Defekte aufwiesen, was zu Programmabstürzen führte. Im Gegensatz dazu haben uns die Kleinsteuerrechner trotz Vibrationen und Seegang kaum im Stich gelassen. Die Daten wurden auf Magnetband gespeichert, ihr Ausdruck erfolgte zunächst mittels eines Fernschreibers, später über einen Drucker.

Während der Erprobung der OM 75 in der Ostsee und auch danach, bis in die 1980er Jahre, kam es immer wieder zu Ausfällen, mal drang Seewasser in die Sonde ein, mal fiel auch der eine oder andere Meßfühler aus. Relativ häufig funktionierte das impulsgesteuerte Schrittschaltwerk zum Auslösen der Wasserschöpfer nicht. Der umgekehrte Fall, ihr unbeabsichtigtes Schließen, wurde auf Fremdimpulse zurückgeführt und dem »Klassenfeind« in die Schuhe geschoben. Oftmals mußte auch der Kabelstecker wegen Undichtigkeit oder eines Defektes im Einleiterkabel umgesetzt werden. Dank der Entwicklungsingenieure, die zur Bedienung der OM 75 an Bord waren, konnten diese Schäden zumeist vor Ort behoben werden. Aber das kostete Zeit und war bei grober See schwierig, weil die Elektronik in der Sonde und die Steckverbindungen nicht mit Seewasser in Berührung kommen durften. Gelegentlich verklemmten sich auch Abfüllschläuche in den Schöpfern, so daß diese nicht schlossen und die Serie wiederholt werden mußte. Bei den Reparaturen und bei der Wiederholung der Meßserien bewiesen die Ingenieure eine Engelsgeduld, sie ließen sich auch von der Nervosität des Expeditionsleiters nicht aus der Ruhe bringen.

Die erste OM 75 an Bord der »Humboldt« wurde 1978 während des großen Umbaus installiert. Für das Aussetzen der Sonde haben sich die Werftingenieure etwas »Witziges« einfallen lassen. Sie ließen auf der Steuerbordseite des Schiffes eine nach oben ausschwenkbare Pforte einbauen, die auf Station mittels eines Elektromotors geöffnet wird. Später wurde der Motor durch ein Hydrauliksystem, das kaum anfällig gegenüber Seewasser ist, ersetzt. Nach Öffnen der Seitenpforte wird die Sonde aus dem Windenraum ausgeschwenkt und zu Wasser gelassen. Nach Beendigung der Messungen bzw. der Probennahme wiederholen sich diese Vorgänge in umgekehrter Reihenfolge.

Ozeanologische Meßkette OM 75, 1980

Die seinerzeit im Warnemünde entwickelten und gebauten Meßsysteme der OM 75 entsprachen einem hohen technischen Stand. In dem Maße, wie sich die Mikroelektronik entwickelte, wurde unter Beibehaltung des Grundprinzips auch die ozeanologische Meßkette modernisiert. Sie entsprach daher stets höchsten Anforderungen und ist auch heute noch an Bord unserer Forschungsschiffe im Einsatz.

Mit Entwicklung der OM 75 begannen grundlegende Veränderungen in der ozeanographischen Meßtechnik. Die neue Generation der Meeresforscher kennt kaum noch den Umgang mit Nansen-Wasserschöpfern. Durch den Routineeinsatz der mit Wasserschöpfern kombinierten Sonde wurden die Arbeitsbedingungen für die chemischen Ozeanographen leichter. Wir brauchten nicht mehr an der Winde zu stehen. Die Wasserproben wurden jetzt von den Hydrographen für uns geschöpft und – in Flaschen abgefüllt – frei Haus im Labor angeliefert. Damit entfielen auch die Nachtwachen für uns, wir wurden Tagelöhner!

Meeresforschung unter den Bedingungen des Neuen Seerechts

Auf meiner ersten »Humboldt«-Reise, die 1971 in das nordwestafrikanische Wasserauftriebsgebiet ging, erfuhr ich vom Expeditionsleiter des Fischereiforschungsschiffes »Ernst Haeckel«, daß Mauretanien seine Hoheitsgewässer auf zwölf Seemeilen und seine Fischereigrenzen auf 30 Seemeilen ausgedehnt hatte. Das Land wollte seine Ressourcen vor dem Zugriff fremder Fischer schützen. Von mauretanischen Küstenschutzbooten aufgebrachte polnische und sowjetische Fischereischiffe, die innerhalb dieser Zone angetroffen wurden, mußten hohe Geldbußen zahlen und wurden ihre Netze und nautischen Geräte los.

Die willkürliche Ausdehnung der Territorialgewässer und Fischereizonen erschwerten ab 1972/73 die Forschungsarbeiten sowie die Fischerei vor der nordwestafrikanischen Küste. Als wir 1973 unser Programm im äquatorialen Zentralatlantik durchführten, hörten wir eines Nachts die »Haeckel« über UKW, die von einem mauretanischen Küstenschutzboot aufgebracht worden war und gezwungen wurde, den Hafen Nouadhibou bei Kap Blanc anzulaufen. Die »Haeckel« informierte andere, in der Region operierende Fischereifahrzeuge der DDR über dieses Vorkommnis. Die Verständigung über UKW ist normalerweise auf etwa 50 sm beschränkt. Infolge von Überreichweiten konnte sich die »Humboldt« trotz einer Entfernung von über 1000 sm mit der »Haeckel« verständigen, helfen konnten wir ihr nicht. Wegen Verletzung der mauretanischen Fischereizone wurde die »Haeckel« zur Zahlung einer hohen Geldbuße verdonnert. Nur der massiven Intervention der UdSSR, deren Botschaft in Mauretanien die Interessen der DDR vertrat, war es zu verdanken, daß diese Strafe nicht bezahlt werden mußte. Wenig später erfuhren wir aus der von Rügenradio verbreiteten Schiffspresse, der damals wichtigsten Informationsquelle für DDR-Schiffe fern der Heimat, daß ein Fang- und Verarbeitungsschiff des Fischkombinats Rostock von einem mauretanischen Küstenschutzboot unter Beschuß genommen worden war, wobei es Verletzte gegeben hatte.

Mit der willkürlichen Ausdehnung der Territorialgewässer und der Deklaration von Fischereizonen hatte eine Entwicklung begonnen, die zur Einberufung der 3. UN-Seerechtskonferenz führte. Diese Konferenz, in der das internationale Seerecht neu geregelt werden sollte, tagte von 1973 bis 1982. Obgleich das globale Seerechtsübereinkommen, das aus diesen Beratungen hervorging, Anfang der 1990er Jahre noch nicht die für sein Inkrafttreten erforderlichen 60 Ratifizierungen erreicht hatte, wurde es bereits in den 1980er Jahren so gehandhabt, als ob es in Kraft wäre.

Anstelle der ehemals drei Seemeilen (eine Kanonenschußweite) wurden die Territorialgewässer generell auf zwölf Seemeilen erweitert und Exklusive Ökonomische Zonen (EEZ) von 200 Seemeilen deklariert; in engen Seegewässern, wie der Ostsee, gilt das Mittellinienprinzip. In den EEZs besitzt der Küstenstaat u.a. exklusive Rechte für die Fischerei und die Rohstoffgewinnung und kann aus begründetem Anlaß die Durchführung von Forschungsarbeiten untersagen. Meereswissenschaftliche Untersuchungen in Territorialgewässern und EEZs waren daher nur noch mit Zustimmung des Küstenstaates möglich. Dieser ist andererseits verpflichtet, die Schiffahrt in seiner EEZ zu sichern, beispielsweise durch Betonnung.

Zum ersten Mal wurde ich 1980 mit der neuen seerechtlichen Entwicklung konfrontiert, als es um ozeanographische Untersuchungen im Kanal von Mozambique ging. Dieser Kanal ist eine 200 - 400 Seemeilen breite Wasserstraße und liegt zwischen Mozambique in Südostafrika und der Insel Madagaskar im Indischen Ozean. In seinem Südteil hatte sich Ende der 1970er Jahre eine für die DDR lukrative Fischerei auf Garnelen entwickelt, die in 600 - 800 m Wassertiefe gefangen wurden. Diese Tiefseegarnelen erzielten auf dem Weltmarkt einen guten Preis in US-Dollar. In der DDR gab es sie allerdings nicht zu kaufen.

Wegen der Bedeutung dieses Fangplatzes für die Hochseefischerei der DDR, fertigten wir Anfang 1979 eine Studie über die ozeanologischen Bedingungen im Kanal von Mozambique an und schlugen dem Institut für Hochseefischerei in Marienehe Untersuchungen zum Produktionspotential dieses Seegebietes vor. Nach Zustimmung unseres Kooperationspartners wurde auf Grundlage der Studie ein Meßprogramm erarbeitet, das Anfang 1980 umgesetzt werden sollte. Ich wurde zum Leiter der Expedition, für die nur die »Humboldt« in Frage kam, benannt.

Um die meereswissenschaftlichen Untersuchungen im Kanal von Mozambique durchführen zu können, benötigten wir aufgrund des neuen Seerechtregimes die Zustimmung der Küstenstaaten. Wir schickten unser Meßprogramm daher über die Fischereivertretung der DDR an die zuständigen Stellen in der Volksrepublik Mozambique. Aus dem gleichen Anlaß wandten wir uns auch an die Republik Madagaskar. In diesem Land existierte 1979 noch keine DDR-Botschaft. Während wir die Forschungsgenehmigung von Mozambique erhielten, wurde sie von Madagaskar abgelehnt. Wahrscheinlich war unser Forschungsprogramm nicht zu den madagassischen Stellen vorgedrungen, die für diesen Antrag zuständig waren. Außerdem hatten wir die Unterlagen gemäß der in der Meeresforschung üblichen Sprache in Englisch eingereicht, und in Madagaskar als ehemalige französische Kolonie war Französisch die Amtssprache. Die Ablehnung durch die madagassischen Behörden erforderte die kurzfristige Überarbeitung unseres Vorhabens. Auch das Anlaufen eines Hafens auf dieser Insel wurde nicht genehmigt. Wir konnten daher nur noch traurig das Lied anstimmen: »Wir lagen vor Madagaskar und hatten die Pest an Bord«.

Die für die Fischerei zuständigen Stellen in Mozambique hatten ihre Zustimmung von einer Aktualisierung des Meßprogramms unter Berücksichtigung der fischereilichen Interessen ihres Landes abhängig gemacht. Dies sollte jedoch an Ort und Stelle, unmittelbar vor Beginn der Untersuchungen, erfolgen. Ausgerüstet mit allen Vollmachten, jedoch mit einem unguten Gefühl, machte ich mich am 9. Februar 1980 zusammen mit neun Ozeanographen auf den Weg nach Mozambique. Während die »Humboldt« bereits vier Wochen zuvor losgefahren war und den Weg um das Kap der Guten Hoffnung genommen hatte, flogen wir mit einer Maschine der DDR-Interflug von Berlin aus nach Maputo, der mozambiquanischen Hauptstadt. Von der wissenschaftlichen Besatzung waren nur die Ingenieure nicht dabei. Sie befanden sich bereits an Bord der »Humboldt«, um auf der Anreise zum Arbeitsgebiet die OM 75 zu klarieren.

Unser Flug ging über Belgrad, das wir gegen Mitternacht erreichten. Hier sollte das Flugzeug aufgetankt werden. Beim ersten Landeanflug mußte der Pilot erneut durchstarten, weil die Maschine sonst über das Ende der Landebahn hinausgeschossen wäre. Beim zweiten Versuch klappte es dann, andernfalls hätte ich meine Erinnerungen vielleicht nicht schreiben können. Für die zweite Zwischenlandung wurde Lagos, die Hauptstadt von Nigeria, angeflogen. Da auf diesem Flughafen die Crew des Flugzeugs gewechselt werden sollte, mußten sich die Fluggäste für etwa eine Stunde in den Transitraum begeben. Hier sah es schlimm aus, infolge früherer Unruhen war alles demoliert, die Fenster waren teilweise zerschlagen und die Polster der Sitzgarnituren aufgeschnitten, halbverhungerte Ratten huschten durch den Raum und über die Sitze. Wir trauten uns kaum, Platz zu nehmen und waren froh, als es endlich weiter ging.

Danach flogen wir ohne weiteren Zwischenstop quer über den afrikanischen Kontinent. Als es allmählich hell wurde, fiel die Müdigkeit des Nachtfluges von uns ab. Tief unter uns sahen wir das saftige Grün tropischer Urwälder. Selbst aus einigen tausend Metern beeindruckten uns die imposanten Wasserfälle des Sambesi. Jetzt verging die Zeit schnell. Beim Landeanflug auf Maputo überquerten wir das Sambesi-Mündungsgebiet auf der Sofala-Bank, einem Teil unseres zukünftigen Operationsgebietes. Der Indische Ozean war erreicht. Das Flugzeug landete gegen 16.00 Uhr in Maputo. Auf dem Flughafen wurden wir von einem Herrn in Empfang genommen, der die Interessen der DDR-Fischerei in Mozambique vertrat. Er half uns beim Ausfüllen der in portugiesisch abgefaßten Einreiseformulare und begleitete uns zu unserem Hotel, das, ehemals sicher sehr pompös, stark heruntergewirtschaftet war; bei 28 - 30° C Lufttemperatur funktionierte die Klimaanlage nicht und aus der Dusche tröpfelte kaum Wasser. Die »Humboldt« war noch nicht eingetroffen.

Gemeinsam mit einem physikalischen Ozeanographen und einem Meeresbiologen machte ich mich am nächsten Morgen auf den Weg zur Dienststelle für Fischereiforschung. Unser Ansprechpartner war ein physikalischer Ozeanograph, der aus Portugal stammte und perfekt Englisch sprach. In Mozambique war er damals verantwortlich für die meereswissenschaftlichen Forschungsarbeiten zur Entwicklung der Fischerei. Als erstes brachte er seine Verwunderung darüber zum Ausdruck, daß die DDR es sich leisten könne, so weit von der Heimat entfernt kostspielige ozeanographische Untersuchungen durchzuführen. Danach ließ er durchblicken, daß er an solchen Untersuchungen, wie wir sie vorgeschlagen hätten, wenig interessiert sei, ihm fehlte die Einbeziehung der Fischerei. Es bedurfte langwieriger Diskussionen, bis wir unseren Verhandlungspartner überzeugt hatten, daß unsere komplexen Untersuchungen zum Produktionspotential für die Erschließung der marinen Ressourcen Mozambiques beitragen würden, vor allem auch in Bezug auf die Garnelenfischerei.

Da wir wegen der fehlenden Forschungsgenehmigung nicht in den Küstengewässern vor Madagaskar messen durften, mußte das Stationsprogramm umgestaltet und auf den Westteil des Kanals von Mozambique zugeschnitten werden. Hier war uns der Portugiese, der sich natürlich gut in den Küstengewässern Mozambiques auskannte, eine große Hilfe. Insbesondere die neue Positionierung der ozeanographischen Schnitte unter Einbeziehung zweier »Sea Mounts« – das sind nadelspitze, untermeerische Erhebungen – führten zu einer Optimierung unseres Meßprogramms. Das galt allerdings nicht nur in Bezug auf den Inhalt sondern auch was die Zahl der zu untersuchenden Stationen anbelangte, wenn die »Humboldt« nun schon zur Verfügung stand, sollte auch so viel wie möglich gemessen werden, so war Toni nun mal. Nach zwei Tagen hatten wir uns zusammengerauft und waren bei dieser persönlicheren Anrede angelangt.

Inzwischen war auch die »Humboldt« in Maputo eingetroffen. Doch bevor wir uns an die Arbeit machten, sollte an Bord ein Empfang gegeben werden. An diesem Empfang, der am 14. Februar stattfand, nahmen Regierungsvertreter der Volksrepublik Mozambique sowie der Botschaft und der Fischereivertretung der DDR in Maputo und natürlich die örtlichen Vertreter der Fischereiforschung teil. Die Laudatio auf unser Forschungsschiff hielt der Nationaldirektor für die Fischerei Mozambiques, ein Chilene, der daran anknüpfte, daß er mit dem Wasser des »Humboldt-Stromes« getauft worden sei. Er war bereits mehrfach in der DDR gewesen. In seiner Abschlußrede würdigte der Handelsrat der DDR-Botschaft die sich anbahnende Zusammenarbeit beider Länder auf dem Gebiet der Meeresforschung.

Am Morgen des nächsten Tages brachen wir mit der »Humboldt« zu unserem Arbeitsgebiet auf. Am Vorabend des Auslauftermins war uns von der Fischereivertretung mitgeteilt worden, daß unser Rückflug für den 4. April gebucht sei, und zwar bei der russischen Fluggesellschaft »Aeroflot«, die wegen der Bordverpflegung auch »Chicken Line« genannt wurde. Das war immerhin beruhigend, zurück nach Hause würden wir demnach kommen. Mit an Bord war auch ein farbiger Mozambiquaner, der clever war. Die Überfahrt bis zu unserem ersten Schnitt, der auf 10° 20'S lag, dauerte fünfeinhalb Tage. Wir nutzten diese Zeit, um die Sonde zu testen. Arbeitsschutzbelehrungen und die Diskussion des überarbeiteten Meßprogramms sowie die erste Schiffsratssitzung nahmen ebenfalls Zeit in Anspruch.

Als wir am späten Abend des 20. Februar mit den Messungen auf unserem ersten Schnitt begannen, herrschten Lufttemperaturen von über 29° C. Dabei war es schwach windig, so daß die Messungen zügig vonstatten gingen. Nach etwa zwölf Stunden hatten wir mit 1200 m unsere erste Tiefwasserstation bewältigt, so tief hatten wir noch nie gemessen. Dabei hatten sich das Einleiterkabel und die Sonde bei einem Wasserdruck von bis zu 120 Atmosphären als dicht erwiesen. Das war immerhin ein Erfolgserlebnis.

Der Küstenabschnitt, den wir in den nächsten sechs Wochen untersuchen wollten, hatte eine Länge von etwa 1800 km, der südlichste Schnitt lag auf 26°S. In diesem Seegebiet sollten 14 küstennormale (küstensenkrechte) Schnitte bearbeitet werden. In Abhängigkeit von der Breite des Schelfs variierte die Zahl der Stationen pro Schnitt zwischen 7 im Norden und 14 im Süden, wobei die maximale Meßtiefe bei 1500 m lag.

Dank des neuen Satelliten-Navigationssystems, mit dem die »Humboldt« inzwischen ausgerüstet war, fanden wir auch den ersten Sea Mount, die St. Lazarus Bank, problemlos. Auf dem Plateau dieses »Berges«, das nur einen Durchmesser von 3 - 4 km besitzt, erkannte man in 15 - 20 m Wassertiefe große Felsbrocken; ein bißchen mulmig wurde einem da schon. Die Biologen haben auf dem Plateau gedretscht, d.h. ein Stahlrohrgestell mit rechteckiger Öffnung und Netz über den Boden geschleppt, und dabei zahlreiche Geweihkorallen an die Meeresoberfläche geholt. Beim zweiten Versuch riß die Dretsche ab, sie blieb zwischen den Felsbrocken hängen. Weniger spektakulär war der weiter südlich gelegene »Paisely Sea Mount«. Er näherte sich bis auf etwa 150 m der Meeresoberfläche und war mit dem bloßen Auge nicht zu sehen. Die Sichttiefe im Kanal von Mozambique, die zu den größten des Weltmeeres gehört, beträgt »nur« 60 Meter.

Anfangs kroch der Mozambiquaner überall im Schiff umher, um zu kontrollieren – nicht nur die Ozeanographen sondern auch die Nautiker. Vermutlich hatte er von Toni den Auftrag bekommen, die Augen offen zu halten. Die Frage, auf welche Daten er Wert legt, beantwortete er mit: »I need all data«. Das konnte er haben, fortan wurde er mit soviel Zahlenmaterial eingedeckt, daß er wegen des Abschreibens – Kopierer gab es damals noch nicht an Bord der »Humboldt« – kaum Zeit für etwas anderes fand.

Auch in den nächsten Tagen und Wochen blieb es schwach windig. Doch was wir anfangs als günstig empfunden hatten, erwies sich bald als Nachteil. Die »Humboldt« drehte sich auf Station um die eigene Achse, wodurch die Sonde unter das Schiff geriet. Noch komplizierter war die Situation, wenn der Strom in der Tiefe anders »lief« als an der Oberfläche. Oftmals habe ich mit dem Kapitän oder dem Steuermann über Wechselsprechanlage kommuniziert, damit sie den Dampfer mittels Aktivruder drehten. Trotz aller Bemühungen wurde die Isolation des Kabels gelegentlich beschädigt. In ungünstigen Fällen mußten einige 100 m gekappt und der Kabelstecker umgesetzt werden. Abgesehen von den 2 - 3 Stunden Arbeitszeit, die wir dadurch verloren, gingen allmählich auch unsere Vorräte an Reservekabel zur Neige.

Mit Schwierigkeiten anderer Art wurden wir in der Nähe von Kap Mozambique konfrontiert. Hier »pfiff ein Strom um die Ecke«, der infolge Abdrift des Schiffes Drahtwinkel von 60 - 70° erzeugte. Trotz Fierens des Kabels im höchsten Gang der Winde und bei ausgefahrenen 1800 m bekamen wir die Sonde nicht tiefer als 350 - 380 m. Etwas Ähnliches hatte keiner von uns bisher erlebt. Es ist ein ungutes Gefühl, neben der laut heulenden Winde zu stehen und befürchten zu müssen, daß das Kabel aus den Führungsrollen springt und mitsamt der Sonde abreißt. Die starke Strömung war glücklicherweise nur auf einen 60 - 80 km breiten Streifen vor der Küste beschränkt.

Allmählich kamen wir in ein Gebiet mit tropischen Niederschlägen, manchmal schüttete es wie aus Eimern. Vorübergehend nahm auch der Wind auf 5 - 6 Bft zu, er kam aus östlichen bis südöstlichen Richtungen. Neben der Dretsche hatten die Biologen weitere Geräteverluste. Ein Doppelplanktonnetz nebst drei Durchflußmessern ging verloren, weil der Draht an der Windentrommel nur unzureichend befestigt war. Wegen des relativ hohen finanziellen Wertes mußte sich die vor jeder Reise gebildete, siebenköpfigen Schadenskommission, deren Mitglieder aus allen Bereichen des Schiffes kamen, mit diesem Verlust befassen. Wie meist in solchen Fällen kam es zu keinen Schuldzuweisungen. Es wurden jedoch Maßnahmen zur Vermeidung derartiger Verluste festgelegt. Später ging auch noch ein Bodengreifer verloren. Das Sediment in 1500 m Tiefe war offenbar so zähflüssig, daß sich der Greifer festsaugte und dadurch das Meterrad aus der Halterung riß. Beim Aufschlag auf das Schanzkleid riß das 6 mm starke Stahlseil, das eine Zerreißfestigkeit von über 1000 kg besaß, und hinterließ eine Einkerbung. Wenn sich jemand unter dem Draht aufgehalten hätte, wäre er glatt gezweiteilt worden. Der finanzielle Wert des Greifers war relativ gering.

Am 5. März arbeiteten wir vor der Sambesi-Mündung in der Sofala-Bucht. Damit war knapp die Hälfte unseres Meßprogramms erledigt. Am nächsten Morgen wollten wir Beira – nach Maputo der zweitgrößte Hafen in Mozambique – anlaufen, um die »Humboldt« mit Trinkwasser und Südfrüchten zu versorgen. Außerdem sollte der erste Observer absteigen. Für ihn kamen Toni sowie ein anderer Farbiger an Bord.

Kanal von Mozambique, 1980; Toni (links) und ein weiterer Observer an Bord

Der folgende Reiseabschnitt war zunächst Untersuchungen über kurzfristige Veränderungen der ozeanologischen Bedingungen vorbehalten. Auf einem Schnitt, der achtmal in 24-stündigem Abstand wiederholt wurde, erfolgten neben dem ozeanographischen Standardprogramm auch Strömungsmessungen. Es wurden drei autonome Bojenstationen mit insgesamt zehn Geräten ausgesetzt. Anfangs herrschte noch ruhige See. Dann kam jedoch eine so starke Dünung auf, daß die »Humboldt« sich wie ein Schaukelpferd bewegte. Während es in unserem Arbeitsgebiet nur schwach windig war, mußte es weiter im Süden mächtig gebriest haben. Das Arbeiten mit der Sonde wurde erneut sehr schwierig und stellte hohe Anforderungen an die Ingenieure, die die Winde bedienten. Zu allem Überfluß war in meiner Kammer ein Stapel mit fünf Kästen Bier und Brause umgestürzt und viele teils noch volle Flaschen zu Bruch gegangen. Man darf nie vergessen, daß sich das Meer über Nacht in ein tosendes Ungeheuer verwandeln kann. Ich hatte 2 - 3 Stunden zu tun, um den Glasbruch zu beseitigen und den Teppich notdürftig zu reinigen. Trotzdem verursachte mir der Biergestank im Verein mit der Dünung noch tagelang Übelkeit.

Leider hatten wir am sechsten Tag die äußere Bojenstation, die an der Schelfkante lag und mit fünf Strömungsmessern bestückt war, nicht mehr entdecken können. Die beiden anderen Stationen konnten unversehrt geborgen werden. Die Suche nach der äußeren Station war vergeblich und wurde nach zwei Stunden abgebrochen, die Station blieb verschollen. Trotz des hohen finanziellen Verlustes wurde auf die Einberufung der Schadenskommission verzichtet. Außer Spekulationen über die Ursachen wäre nichts dabei herausgekommen.

Mit den Ärgernissen, die uns das Meer bereitete, ging es munter weiter, offenbar hatten wir einen Jonas (Schiffsgeist) an Bord, der unseren Arbeiten übel gesonnen war. Am 23. März hätten wir unser Meßprogramm beinahe abbrechen müssen. Ich saß nach Wachwechsel in der Messe und verzehrte genüßlich mein Abendbrot. Plötzlich plätscherte hinter mir – ich saß direkt vor einem offenen Bulleye – eine Welle hoch, von der ich zunächst kaum Notiz nahm. Hellhörig wurde ich erst, als ein Matrose in der Messe erschien und sagte, der Windenraum und der davor gelegene Betriebsgang stünden unter Wasser. Als ich unten ankam, erkannte ich nicht sofort den ganzen Umfang der Bescherung; ich sah nur, daß der Windenraum wie leergefegt aussah, die Transportkisten nebst Wasserflaschen waren ebenso fort wie die Unterlage für die Sonde und die Stühle der beiden wachhabenden Ozeanographen. Glücklicherweise waren letztere noch da, wenn auch völlig durchnäßt. Alles andere, was nicht niet- und nagelfest war, hatte sich die See geholt. Nur die vor der Seitenluke angebrachte Reling

Bergen einer Strömungsmesser-Bojenstation

und die vorgelegten Sicherheitsketten hatten die beiden Ozeanographen vor dem gleichen Schicksal bewahrt.

Die Ursache für den Wassereinbruch war im Nachhinein schnell geklärt. Die »Humboldt« lag mit geöffneter Seitenluke auf Station, die Sonde war bereits auf 600 m Tiefe gefiert und sollte sich dort an die Temperatur angleichen. Die See war ruhig. Die beiden nichts Böses ahnenden Ozeanographen saßen auf ihren Stühlen und blickten in die untergehende Sonne. Plötzlich schob sich vor der Luke ein Wasserberg zusammen und setzte den Windenraum bis in etwa 1 m Höhe unter Wasser. Die hereinstürzenden Wassermassen schleuderten die beiden Ozeanographen gegen die Winde, wobei sich einer von ihnen Prellungen am Rücken zuzog. Genau so schnell, wie das Wasser eingedrungen war, verließ es den Windenraum auch wieder, und das im Betriebsgang zurückgebliebene Wasser war schnell aufgewischt. Übrigens wird in den Seehandbüchern für dieses Gebiet ausdrücklich vor dem plötzlichen Entstehen von Wellenbergen, sogenannter Kavenzmänner, gewarnt, und ein solcher hatte uns erwischt.

Gleich beim ersten Versuch, die in 600 m Tiefe hängende Sonde zu hieven, verschmorten die Widerstände und der Schaltschütz der Winde, Seewasser »mochten« sie nicht. Jetzt mußten die Widerstände ausgebaut und durch neue ersetzt werden bzw. mit destilliertem Wasser gewaschen und mittels Heizgebläse getrocknet werden. Ähnlich wurde mit dem Schütz, dessen Kontakte erneuert werden mußten, sowie den Elektromotoren verfahren. Bei diesen Reparaturarbeiten bewiesen der Chief und der erste Maschinen-Ing. große Einsatzbereitschaft und viel Geschick. Ich blieb bis gegen fünf Uhr auf, die Sonde hing immer noch in 600 m Tiefe. Etwas Glück hatten wir allerdings, denn die Strömung trieb die »Humboldt« von der Schelfkante weg, so daß die akute Gefahr einer Grundberührung der Sonde nicht bestand. Als ich gegen sieben Uhr wieder aufstand und mich im Windenraum über den Stand der Dinge informieren wollte, war die Sonde geborgen, die Winde lief demnach wieder. Gegen elf Uhr funktionierte auch die Auslegetechnik, so daß wir unser Meßprogramm fortsetzen konnten.

Nach dieser erneuten Panne habe ich dem Jonas eine Flasche »Knuff« der Marke Matrosentod geopfert, d.h. über Bord geworfen. Das hat geholfen, die letzte Woche unseres Meßprogramms verlief unbehindert von Seegang und Strömung sowie ohne größere technische Hindernisse. Selbst die Stationen mit Meßtiefen bis zu 1500 m klappten gut. Die durch Mißgeschicke und Pannen beeinträchtigte Stimmung wurde zusehens gelöster, abends saßen wir mit Toni bei Bowle und Bier zusammen und diskutierten die Möglichkeiten zur gemeinsamen Auswertung der ozeanologischen Daten aus dem Kanal von Mozambique sowie über Untersuchungen zusammen mit dem Fischereiforschungsschiff »Ernst Haeckel« in dieser Region. Bei zukünftigen Reisen sollten »Training und Ausbildung« mozambiquanischer Wissenschaftler und Techniker eine größere Rolle spielen. Dies waren auch die Schwerpunkte des wissenschaftlich-technischen Reiseberichtes von Toni und mir.

Außerdem traf sich die »Humboldt« mit dem Saßnitzer Frosttrawler »Mallangen«, den wir (leihweise) mit Dieselkraftstoff versorgten. Die Besatzung der »Mallangen« gab uns Post für die Heimat mit. Als Gegenleistung erhielt unsere Kombüse unter dem »Siegel der Verschwiegenheit« zwei Paletten tiefgefrosteter Garnelenschwänze, die wir am letzten Seemannssonntag mit Genuß verspeist haben.

Am Morgen des 1. April machte die »Humboldt« im Hafen von Maputo fest. Damit endete die für mich schwierigste meereskundliche Expedition, die ich geleitet habe. Erstmals mußten wir unsere wissenschaftlichen Interessen mit denen des Küstenstaates koordinieren und arbeiteten unter dessen Kontrolle. Mindestens ebenso sehr haben uns jedoch die schwierigen Arbeitsbedingungen belastet. Nie zuvor waren unsere Arbeiten so stark durch komplizierte Strömungsverhältnisse, Dünung und Seeschlag beeinträchtigt worden, wie auf dieser Reise. Geräteausfälle und -verluste taten ein Übriges. Aber jetzt in Maputo störte mich das alles nicht mehr, am nächsten Tag sollte es ja nach Hause gehen, da waren alle Probleme und Sorgen Schnee von gestern.

Auf dem Flughafen begann das Warten, denn die Maschine der russischen Aeroflot-Linie startete mit Verspätung. Nach gründlicher Leibesvisitation wurden wir schließlich auf das Flugfeld geführt, wo neben der Maschine das Gepäck der Reisenden stand. Jeder mußte seine Gepäckstücke eigenhändig zum Flugzeug schleppen und hinterher sofort einsteigen. Der Koffer, in dem sich die Bombe befand, würde zurückbleiben. Es blieb keiner zurück.

Der Rückflug ging über Moskau, wo wir am nächsten Vormittag in eine Aeroflot-Maschine nach Berlin umsteigen mußten. Ich war einer der Glücklichen, die dank Seefahrtsbuch durch das Gate für Diplomaten geschleust wurden. Dadurch blieben mir die üblichen Kontrollen und Drängeleien erspart, und ich erreichte ein früheres Flugzeug als die meisten meiner Begleiter. Am Abend des 5. April kam ich zu Hause an. Am nächsten Morgen, einem Sonntag, habe ich Erkundigungen eingezogen und erfahren, daß auch alle anderen Expeditionsteilnehmer wohlbehalten eingetroffen waren. Zur wissenschaftlichen Auswertung des Datenmaterials aus dem Kanal von Mozambique wurde am Warnemünder Institut eine Arbeitsgruppe gebildet, in die Toni einbezogen war. Nach meinem Dafürhalten entstand ein fundierter, komplexer Bericht über die ozeanologischen Bedingungen in der maritimen Wirtschaftszone Mozambiques während des Südsommers. Dort, wo uns die starke Strömung das Arbeiten erschwert hatte, wurden zyklonale Wirbel nachgewiesen, durch die, ähnlich wie in den westafrikanischen Auftriebsgebieten, nährstoffreiches Tiefenwasser in die Oberflächenschicht transportiert wurde, was Anlaß für eine erhöhte biologische Produktion war. Die Quälerei hatte sich also gelohnt.

Vom 26. Februar bis zum 8. Mai 1983 habe ich meine letzte Expedition in die afrikanischen Küstengewässer geleitet. Sie ging erneut in den zentralen Teil des nordwestafrikanischen Wasserauftriebsgebietes. Hier konzentrierten sich damals die Fangflotten aus vielen Ländern. Auch die DDR war mit Fang- und Verarbeitungsschiffen auf dem Fangplatz vertreten. Auf dieser Reise assistierte mir ein junger, promovierter Ozeanograph, den ich auf Empfehlung der Institutsparteileitung in die Aufgaben eines Expeditionsleiters einführen sollte. Ziel war wohl, nach und nach die alte, nicht parteigebundene Garde abzulösen.

Unmittelbar nach dem Auslaufen kam es zu einer Verpuffung in der Hauptmaschine der »Humboldt«. Der dadurch entstandene Schaden war erheblich und konnte nicht mit Bordmitteln behoben werden. Wir mußten daher kurz hinter Warnemünde umkehren und nach Hause zurückfahren. Bereits Ende 1982 war es in der Biskaya zu einer schweren Maschinenhavarie gekommen. Ich kenne diesen Vorfall, bei der die »Humboldt« praktisch manövrierunfähig in stürmischer See trieb, nur vom Erzählen. Der Seenot-Rettungsdienst der DDR mußte eingreifen und Schiffe der Deutschen Seereederei zu dem Havaristen beordern. Eines dieser Schiffe nahm die »Humboldt« auf den »Haken«. Es war die »Leipzig«. Sie wurde später von einem kleinen Hafenschlepper abgelöst, der die »Humboldt« nach Hause brachte. Nach einer langwierigen Reparatur, die vom Dieselmotorenwerk Rostock (DMR) durchgeführt wurde, war die »Humboldt« erst unmittelbar vor unserem Auslauftermin fertig geworden.

Wegen der erneuten Maschinenhavarie hatten die Ingenieure des DMR ein schlechtes Gewissen und versprachen, das Schiff in 3 - 4 Tagen fertigzustellen. Trotz Dreischichtsystems dauerte es jedoch eine Woche, bis wir zum zweiten Mal starten konnte.

Das wissenschaftliche Ziel der Reise waren Untersuchungen über »quasistationäre« Strukturen im Wasserauftrieb vor Mauretanien und der Einfluß untermeerischer Canyons – tiefer Einschnitte an der Schelfkante – auf diesen Prozeß. Für den zweiten Reiseabschnitt waren entsprechende Untersuchungen im Auftriebsgebiet vor ehemals Spanisch-Sahara vorgesehen. Unsere Untersuchungen waren Bestandteil eines Forschungsprogramms, an dem auch Schiffe des Instituts für Hochseefischerei sowie des Fischkombinates Rostock teilnahmen. Das Centre National de Recherches Oceanographiques et des Pêches (CNROP) in Nouadhibou/Mauretanien war mit Beobachtern an diesem Programm beteiligt.

Bereits während der Anreise hatte ich Funkkontakt mit dem wissenschaftlichen Reiseleiter an Bord der »Eisbär«, dem kleineren Forschungsschiff des Instituts für Hochseefischerei. Wir verabredeten einen Treff im Hafen von Nouadhibou. Gemeinsam mit den Vertretern des CNROP sollte in diesem Hafen eine Feinabstimmung des Forschungsprogramms vorgenommen und damit den Erfordernissen des neuen Seerechtregimes Rechnung getragen werden. Vorher wurde aber noch unser Standardschnitt vor Kap Blanc bearbeitet. Dabei kam es immer wieder zu Verzögerungen, weil die OM 75 ausfiel. Wegen des Termins in Nouadhibou stand ich mächtig unter Zeitdruck und fiel den Elektronikern auf den Wecker. Sie ließen mir schließlich mitteilen, daß meine ständigen Nachfragen die Reparaturarbeiten nicht beschleunigen würden, sie gäben ohnehin ihr Bestes. Mein Assistent übermittelte mir diese Botschaft mit dem nötigen Takt. Trotzdem mußte ich ihn wenig später in die Schranken weisen, da er ohne Abstimmung mit mir zusätzliche Eichungen in das Meßprogramm aufgenommen hatte; noch amtierte er nicht als Expeditionsleiter! Jeder von uns hatte triftige Gründe, ihm ging es um die Genauigkeit der physikalischen Meßwerte, mir um die Einhaltung des Zeitplanes. Zu solchen kleineren Plänkeleien kommt es auf nahezu allen Expeditionen.

Schließlich schafften wir es doch, zum vereinbarten Termin in Nouadhibou einzulaufen. Wir gingen auf der Innenreede, zwei Kabellängen von der »Eisbär« entfernt, vor Anker und bereiteten mit den Fischereibiologen die für den nächsten Tag im CNROP geplanten Beratungen vor.

Das Institut des CNROP, das von der UdSSR als Entwicklungshilfe für Mauretanien errichtet worden war, befand sich mitten in der Wüste, in Cansado, etwa 6 km südlich von Nouadhibou. Dorthin brachen wir am nächsten Morgen auf, um mit dem Direktor sowie einigen seiner Mitarbeiter das von uns vorgeschlagene, ozeanographische und fischereibiologische Forschungsprogramm zu diskutieren. Neben Wissenschaftlern von der »Humboldt« und der »Eisbär« waren auch die Kapitäne beider Schiffe mit. Da in Mauretanien Französisch die Amtssprache ist, benötigten wir einen Dolmetscher. Diese Aufgabe übernahm einer der Fischereibiologen, der ein Sprachgenie war und mehrere Fremdsprachen fließend beherrschte.

Unser Forschungsprogramm fand die volle Zustimmung der »Mauris«, so daß wir relativ schnell mit unserer Beratung fertig waren. Bei der anschließenden Institutsbesichtigung sahen wir armselig ausgestattete Arbeitsräume sowie ein großes Schauaquarium mit Becken ohne Wasser, in denen Bilder von Fischen sowie einige mumifizierte Meeresorganismen ausgestellt waren. In diesem Institut am Rande der Wüste fehlte infolge Geldmangels die erforderliche Infrastruktur, Gebäude allein machen es nicht. In der Bibliothek präsentierte man uns voller Stolz die vollständigen Datenberichte und Publikationen unserer Untersuchungen im nordwestafrikanischen Wasserauftriebsgebiet; wenigstens diesbezüglich war das Institut hervorragend ausgestattet. Ich glaube, daß wir durch die gezielte Verteilung unserer Meßwerte und Forschungsergebnisse die Beschaffung von Forschungsgenehmigungen und Fischereilizenzen erleichtert haben.

Nachdem unser Meßprogramm bestätigt worden war, ging es schnell mit der Forschungsgenehmigung, die der Makler von der mauretanischen Navy besorgte. Schwieriger war es für das CNROP, geeignete Observer für die beiden Forschungsschiffe zu mobilisieren. Das war auch der Grund, daß wir uns noch einen Tag länger in Nouadhibou aufhalten mußten. Auf einem kleinen Empfang an Bord der »Humboldt« betonten die Vertreter des CNROP ihre Bereitschaft zur Festigung der Zusammenarbeit, während ich auf die Tradition der DDR auf dem Gebiet der Auftriebsforschung hinwies. Den physikalischen Ozeanographen wurde Unterstützung bei der Beschaffung meteorologischer Daten aus der Region zugesagt.

Am Morgen des nächsten Tages kam ein 19-jähriger Mauri, ein Monsieur Sall, als Observer an Bord der »Humboldt«. Wir hatten kaum den Leuchtturm von Kap Blanc passiert, da wurde Monsieur bereits seekrank und verschwand in seine Koje. Sein Siechtum beeinträchtigte jedoch den Beginn unserer ozeanologischen Arbeiten nicht, denn auf Beobachter konnten wir verzichten. Neben der »Eisbär« beteiligte sich an der Suchfischerei auch die »Walter Barth«, ein Gefriertrawler vom Fischkombinat Rostock.

Über das in den folgenden 4 - 5 Wochen durchgeführte Meßprogramm gibt es wenig zu berichteten. Es war anstrengend und eintönig. Bezüglich der Meßtechnik hatten wir kaum Probleme. Auch die Zusammenarbeit mit den beiden Fischereischiffen klappte gut. Unserem Monsieur Sall ging es noch längere Zeit schlecht. Alle bemühten sich um sein Wohlergehen, die Matrosen und der Steward lernten Französisch: »Bonsoir, Monsieur Sall, café servo plü?« Besser ging es ihm erst, als er mit Monsieur Li, seinem Leidensgefährten an Bord der »Eisbär«, telefoniert hatte. Anstelle von Tee und Kaffee verlangte er nach diesem Telefonat Bier, und beim Linseneintopf sogar Nachschlag, alles wurde registriert! Die sprachliche Isolation an Bord der »Humboldt« war wohl der Hauptgrund für seine Seekrankheit. Obgleich es Monsieur Sall allmählich besser ging, war er froh, als wir ihn an die »Walter Barth« übergeben konnten, die ihn nach Nouadhibou zurückbrachte. Wenige Tage nach seinem Ausscheiden stieg ein Franzose, der vorübergehend als Meeresbiologe im CNROP arbeitete, von einem Fischereischiff als Observer zu uns über. Er hatte Ahnung von Ozeanographie und half uns bei der Probengewinnung.

Nach dem Canyonprogramm und den Untersuchungen zur Problematik quasistationärer Strukturen im Wasserauftrieb wurde erneut Nouadhibou angelaufen und zusammen mit dem CNROP ein gemeinsames Protokoll angefertigt. Die vom Institut für Meereskunde Warnemünde gemeinsam mit dem Institut für Hochseefischerei in Marienehe und dem Suchschiff des Rostocker Fischkombinates durchgeführten Forschungsarbeiten wurden sehr positiv beurteilt. Es wurde vorgeschlagen, sie 1984 fortzusetzen. Die Beteiligung des CNROP sollte sich dabei nicht nur auf Observer beschränken sondern auch durch aktive Mitwirkung erfolgen.

Der zweite und letzte Reiseabschnitt, der ebenfalls dem Aufspüren quasistationärer Strukturen im Wasserauftrieb diente, wurde von meinem Assistenten geleitet. Da die seerechtliche Situation vor der Küste von Westsahara unklar war, hatten wir keinen Observer an Bord. Für mich begann eine geruhsame Zeit, ich brauchte mich nur noch um meine Nährstoffanalysen zu kümmern; wenn Programmabsprachen notwendig waren, wurde mein Assistent auf die Brücke beordert: »Bitte sofort zum Kapitän kommen!«. Und bei Ausfällen in der Sondentechnik »stand er jetzt in heißen Stiefeln«. Ich behielt mir jedoch die täglichen Telefonate mit dem Fahrtleiter auf der »Eisbär« zur operativen Programmabstimmung vor. Nennenswerte Schwierigkeiten zwischen dem Assistenten und mir gab es nicht, ich sagte mir, »laß ihn man machen«, und er war ehrgeizig und machte seine Sache gut.

Hatte ich mich bereits weitgehend bei der wissenschaftlich-technischen Leitung dieses Reiseabschnitts zurückgehalten, überließ ich meinem Assistenten auch das Spendieren von Bier oder Bowle nach dem erfolgreichen Abschluß des Meßprogramms, ich hatte bereits am Ende des ersten Reiseabschnitts einige Kästen Bier ausgegeben. Auf dieser Reise wurde beim Feiern immer wieder der Hit von Reinhard Mey gesungen: »Über den Wolken muß die Freiheit wohl grenzenlos sein ...«. Ich weiß nicht, ob dadurch eine versteckte Opposition gegenüber der restriktiven Ausreisepolitik der DDR zum Ausdruck gebracht werden sollte. Denn es war die Zeit der abgelehnten Ausreiseanträge von DDR-Bürgern.

Mit einer speziellen Reise zur Canyon-Dynamik, an der ich nicht teilnahm, klangen 1984 die Untersuchungen zum Kaltwasserauftrieb aus. Die Einstellung der Forschungsarbeiten zu dieser Problematik kam mir entgegen. Die seit Mitte der 1970er Jahre erfolgte Orientierung auf die physikalische Ozeanographie war nicht mein Ding. Hinzu kam, daß das internationale Umweltüberwachungsprogramm in der Ostsee mich zunehmend in Anspruch nahm.

Von fremden Ländern und vom »Chingen«

Zu den angenehmen Seiten unserer Forschungsarbeiten für die Hochseefischerei der DDR gehörte, daß ich einige Länder auf dem afrikanischen Kontinent, die Kanarischen Inseln und Gibraltar kennenlernte. Das Kennenlernen beschränkte sich vorrangig auf die Hafenstädte, die von der »A. v. Humboldt« zur technischen Versorgung oder für Programmabsprachen mit den Küstenländern angelaufen wurden.

In den Häfen exotischer Länder – zu denen auch die afrikanischen gehörten – war für die Seeleute der DDR das Chingen gang und gäbe. Chingen ist vermutlich ein vom Englischen change, tauschen, abgeleiteter Begriff. Da die DDR-Mark nicht frei konvertierbar war, beschafften sich viele Seeleute durch das Verscherbeln neuer oder gebrauchter DDR-Erzeugnisse das für den Landaufenthalt benötigte Kleingeld. Neben dem Verkauf blühte auch der Tauschhandel.

Anfangs hatte ich nur vage Vorstellungen, worum es beim Chingen ging. Aus Erzählungen war mir jedoch soviel klar geworden, daß man in den afrikanischen Häfen günstig alte Klamotten und anderen Krims-Krams gegen Holzschnitzereien, Messingarbeiten sowie Sitzkissen aus Leder eintauschen konnte. Einmal war mir im Rostocker HO-Centrum-Warenhaus ein Mann aufgefallen, der kartonweise Taschenuhren aus Ruhla, vormals Thielsche Uhrenwerke, aufkaufte. Diese mechanischen Uhren waren billig, die einfachen kosteten 6 Mark, die mit Leuchtzifferblatt

7,50 Mark. Bei diesen Preisen konnte man keine all zu hohen Ansprüche an ihre Zuverlässigkeit stellen. Sie blieben daher gelegentlich stehen und mußten durch Schütteln wieder in Gang gesetzt werden, was ihnen den Namen Thielsche Schütteluhren eintrug. Als es im Frühjahr 1971 mit meiner ersten »Humboldt«-Reise nach NW-Afrika aktuell wurde, erinnerte ich mich dieses Mannes und schlußfolgerte, daß es vielleicht ein Seemann gewesen sei, der die vielen Taschenuhren zum Vertauschen erworben hätte. Auf diesen Verdacht hin habe ich daher sechs Taschenuhren gekauft, die ich neben alten Anzügen, Oberhemden, Kölnisch-Wasser und Seife als Tauschobjekte mitnahm. Ich war damit besser dran als die anderen Reiseteilnehmer, die nicht auf die Idee mit den Uhren gekommen waren. Das änderte sich allerdings auf den nächsten »Humboldt«-Reisen, die Taschenuhren gehörten bei vielen Besatzungsmitgliedern mehr als zehn Jahre lang zu den wichtigsten Tauschobjekten.

Da die Ruhlaer Taschenuhren in Rostock schlecht zu kriegen waren, habe ich während des Urlaubs, ob in Ahrenshoop und Umgebung oder in Thüringen, systematisch die HO-Läden für Industriewaren abgeklappert und jeweils ein oder zwei dieser Uhren gekauft. Mehr zu verlangen, wäre aufgefallen, und das vermied man tunlichst in der DDR. Manchmal sind meine Frau und ich nacheinander in die Geschäfte gegangen, um Uhren zu erwerben; die Verkäuferinnen werden sich vermutlich ob dieser gehäuften Nachfrage innerhalb kurzer Zeit gewundert haben. Später habe ich die Taschenuhren im 12er Pack ab Werk in Glashütte bestellt und auch bekommen.

Marokko

Zur Vorbereitung auf die Häfen wurden im Rahmen der Zoll- und Landgangsbelehrungen auch Informationen über Land und Leute gegeben. Der erste afrikanische Hafen, mit dem ich in Berührung kam, war Casablanca in Marokko. Bereits dieser Hafen übertraf meine kühnsten Erwartungen, es war alles noch orientalischer, als ich erwartet hatte. Diesen Eindruck erhielt man bereits bei der Einklarierung. Sie verlief nur dann reibungslos, wenn die Hafenbehörden ein Bakschisch in Form von Schnaps und Zigaretten erhielten. Beim Versiegeln der Transit-Last (Lager) hielt der Zöllner eine große Aktentasche auf, die gefüllt werden mußte; 3 - 5 Flaschen und genau so viele Stangen Zigaretten waren Norm. Manchmal hielten auch zwei Mann ihre Taschen auf. Die exotischen Häfen wurden für die Kapitäne teuer, denn die Kosten für das Bakschisch trug keine Reederei, auch die Akademie nicht.

Neu für mich war auch, daß wir einen einheimischen Watchman, einen Wächter, vom Makler gestellt bekamen, der das Schiff vor unliebsamen Besuchern schützen sollte. Manche Watchmen versuchten sich auch in zweifelhaften Geschäften. Ich erlebte dies in Dakar, als mir der Watchman eine in Zeitungspapier gewickelte, schmutzig-graue Masse von 3 - 5 g zum Verkauf anbot. Ich reagierte mit Unverständnis auf dieses Angebot; wahrscheinlich hat es sich um Rauschgift gehandelt.

Für den Landgang hatten wir Landeswährung, in Marokko sind das Dirham (DH), zur Verfügung, die im Rahmen des Handgeldes aufgenommen werden konnte. In Casablanca begann das Basartreiben gleich hinter dem Hafentor. Im Hafenviertel standen dicht an dicht mit Fellen und Wellblech abgedeckte Verkaufsbuden, in denen Händler bei schummerigem Licht ihre Waren feilboten. Wenn man an diesen Buden vorbeiging, machten die Händler oder ihre Gehilfen mit »sst, sst« auf sich aufmerksam und versuchten, einen mit Worten wie »nur kucken, nix kaufen«, oder »heute alles billig, morgen wieder teuer« zum Kaufen zu verlocken. Und wehe, wenn man näher trat und seinen Blick auf einen Gegenstand richtete, ihn vielleicht sogar in die Hand nahm, dann ging sofort das Handeln und Feilschen los.

Casablanca, 1971; Basartreiben in der Hafenstraße

Mir machte das Handeln auf dem Basar Spaß, man muß nur die Nerven behalten. Der Preis der Taschenuhren, der als EVP (Einzelverkaufspreis) in DDR-Mark auf dem Preisschild angegeben war, wurde als US-Dollar deklariert. Bei einem damaligen Wechselkurs, 1$ = 4,80 DM, waren die Taschenuhren auf einmal 28 - 34 DM wert. Es war eben eine Sache von Angebot und Nachfrage, und Taschenuhren wurden kaum angeboten! Zu Beginn des Handels zeigte man die Taschenuhr halb versteckt in der Hand. Der Händler nahm sie und hielt sie ans Ohr, um andachtsvoll ihrem Tick-Tack zu lauschen. Er wunderte sich wohl, daß die Uhr ging. Am Rand des Zifferblattes befand sich anfangs ein kleiner Aufdruck mit »Made in East-Germany«, was den Wert der Uhren natürlich stark erhöhte. Man wies also auch darauf hin, daß es sich um eine Uhr »Made in Germany« handelte, was sich günstig auf den Handel auswirkte; das East bei Germany wurde großzügig übersehen. Hatte die Uhr ein Leuchtzifferblatt, weckten die in der Dunkelheit fluoreszierenden Ziffern und Zeiger besondere Begehrlichkeiten. Nach einigem Hin und Her und unter erneuter Prüfung der Uhr wurde man sich schließlich handelseinig, beide Tauschpartner waren mit dem Geschäft zufrieden. Der Aufdruck »Made in East-Germany« wurde später leider durch »Made in GDR« ersetzt, wodurch ein wichtiges Argument für die Qualität der Uhren hinfällig wurde. In Casablanca habe ich auf der ersten Reise drei Taschenuhren umgesetzt und mir dafür Messingleuchter, kleine und große Wandteller aus Messing, alles reich verziert, sowie Sitzkissen aus Kamelleder eingehandelt. Die drei restlichen Taschenuhren hob ich mir für Dakar auf.

Wir waren aber nicht nur zum Chingen unterwegs, sondern wollten auch von Casablanca, der Weißen Stadt, etwas sehen. Obgleich es nicht angeordnet war, zogen wir in jedem afrikanischen Hafen zunächst gemeinsam los. Die Standardbekleidung der meisten von uns waren khakifarbenes Uniformhemd, Mütze und kurze weiße Shorts oder lange khakifarbene Hose. Unsere Hosentaschen waren vollgestopft mit Transit-Zigaretten als Bakschisch für kleine »Dienste« oder zum Vertauschen. Bei der Kontrolle am Hafentor blieb das eine oder andere Päckchen an den Händen der Wache kleben. Bei einem Preis von 60 Pfennig pro Päckchen kratzte uns das wenig.

Bald nach dem Verlassen des Hafengeländes machten sich Jungen oder Halbstarke an uns ran und boten ihre Dienste als Fremdenführer an. Das dafür erforderliche Vokabular, Deutsch, Französisch, Englisch oder sogar Russisch, konnten sie zumindest radebrechen, wie übrigens auch die meisten Straßenhändler und ihre Gehilfen. Anfangs empfanden wir diese Begleiter als lästig und scheuchten sie fort. Aber kaum waren wir den einen los, war schon der nächste da. Schließlich fanden wir uns mit dieser Begleitung ab, was in Bezug auf Ortskenntnis, besonders aber als Schutz vor weiteren Belästigungen von Vorteil war. Der einmal von uns auserkorene Fremdenführer vertrieb nämlich seine Nebenbuhler. Nach dem ungeschriebenen Gesetz der Straße wurde seine Autorität als Fremdenführer von etwaigen Konkurrenten respektiert. Außerdem begnügte er sich als Entlohnung mit einer Schachtel Zigaretten, einem Dirham oder sogar nur mit einer kleinen Stange »Pfeffi«, den Pfefferminzdrops aus der DDR.

In den neuen Stadtteilen Casablancas befanden sich fast ausschließlich moderne Gebäude, breite Asphaltstraßen, Geschäfte und Straßen-Cafés, die jedem Vergleich mit europäischen Großstädten standhielten. Für uns auffällig waren die vielen modernen Moscheen, darunter auch eine große zum Gedenken an Hassan II. Diese Moschee ist eine der wenigen, die auch von Andersgläubigen besichtigt werden darf. Als wir im Sommer 1972 erneut in Casablanca waren, haben wir sie von innen angesehen, mußten dazu aber entsprechend den moslemischen Gebräuchen die Schuhe ausziehen.

Noch interessanter als die modernen Europäerviertel war die Medina von Casablanca, d.h. der mohammedanische Stadtteil, der auch als Kasba, Altstadt, bezeichnet wird. In den engen und verwinkelten Gassen dieses Stadtteiles spielt sich das Leben überwiegend auf der Straße ab. Dort wird frisiert, gewaschen und geschneidert, letzteres damals noch mit handbetriebenen Nähmaschinen; hier bieten die Schlachter und Bäcker ihre Waren an, es herrscht ein reges Leben und Treiben. Die Männer tragen Burnus, lange Beduinengewänder mit Kapuze; die Frauen bedecken ihren Kopf, einschließlich Mund und Nase, mit einem schwarzen Tuch. Packesel und Karren sind in der Medina die geeigneten Verkehrsmittel, mit Autos ist kaum durchzukommen und wenn, dann nur unter ohrenbetäubendem Gehupe. Fotografieren ist hier unerwünscht, ein Eseltreiber ging sogar mit der Peitsche auf mich los.

Casablanca, 1971; Medina

Natürlich wollten wir auch das Nachtleben von Casablanca kennenlernen. Ganz in der Nähe des Hafens befand sich ein Etablissement namens »Bremse«. Diese Örtlichkeit war den meisten Mitgliedern der wissenschaftlichen Besatzung zu zweifelhaft. Wir fragten daher den Watchman nach einer besser für uns geeigneten Lokalität. Er wußte auch gleich, was wir suchten und empfahl uns das »Bolero«, »dort viele hübsche Mädchen, und ganz solide, mit gute Musik«. Zusammen mit drei oder vier Kollegen ging ich relativ früh am Abend dort hin, es mag gegen 20.00 Uhr gewesen sein. Es waren fast nur junge Frauen da, zumeist hübsche Mischlinge aus aller Herren Länder. Kaum hatten wir Platz genommen, hatte jeder von uns ein Mädchen zur Seite. Während wir uns an Bier gütlich taten, wollten die Mädchen nur etwas zum Essen, sie hatten schlichtweg Hunger. Mit drei Eiern und zwei Scheiben Brot, die zusammen weniger als eine DM kosteten, waren die Mädchen zufrieden. Also das, was der Watchman in Bezug auf hübsche Mädchen und Solidität gesagt hatte, stimmte. Das dicke Ende kam jedoch, als nach etwa einer Stunde die Musik einsetzte. Mit Zimbeln, Trommeln und Gongs wurde ein ohrenbetäubender Lärm veranstaltet, der durch die Bauchtänzerinnen, die ihr Können zeigten, auch nicht angenehmer wurde. So lange wir da waren, wurde keine Musik gemacht, nach der man als Mitteleuropäer hätte tanzen können.

In der Frühe des nächsten Tages starteten wir zu einem Ausflug nach Marrakesch. Diese Stadt liegt gut 200 km von Casablanca entfernt. Für die Fahrt dorthin hatten wir uns über den Makler Plätze in einem Überlandbus reservieren lassen. Das Ganze wurde als Gewerkschaftsausflug deklariert und daher vom Schiff bezahlt. Für Kultur standen pro Kopf und Afrikareise rund 15 DM zur Verfügung. Das zeigt, wie billig wir gereist sind. Der Bus war voll besetzt, außer uns alles Marokkaner, die mit Kind und Kegel unterwegs waren. In einem kleinen Ort, auf halbem Weg zwischen Casablanca und Marrakesch, wurde eine Pause eingelegt, in der man essen und trinken oder anderen Bedürfnissen nachkommen konnte. Das Essen, das an den Ständen angeboten wurde, sah nicht sehr appetitlich aus und war wohl auch nicht für Europäer gedacht. Noch unhygienischer wirkten die Verkaufsstände der Schlachter. In der prallen Sonne hingen hier Köpfe von Ziegen und Schafen in friedlicher Eintracht neben Fleischbrocken und Keulen, alles sehr zur Freude der vielen Schmeißfliegen. Zu Trinken bekam man bei einem »Wassermann«, der das Wasser aus einem über den Rücken gehängten Schlauch aus Kamelleder abfüllte. Die Wassermänner, die durch Glöckchen auf sich aufmerksam machten, waren reich mit silbrigglänzenden Bechern und Plaketten dekoriert, einige trugen zum Zeichen ihrer Würde einen silbernen Beduinendolch. Wenn sie fotografiert wurden, forderten sie ein Bakschisch.

Da der Bus wie die Feuerwehr gefahren wurde, waren wir trotz halbstündiger Pause nach weniger als vier Stunden am Ziel. Marrakesch liegt an einem breiten Fluß, der durch mitgeführte Tonmineralien rötlich-gelb ist. Dieser Farbton fand sich auch an den Gebäuden des neuen Stadtteiles wieder, den wir zuerst besuchten. Von einem Aussichtsturm verschafften wir uns dabei einen Überblick über die

Stadt. Danach begaben wir uns in der prallen Mittagssonne in die Medina. Wir hätten auch einen Kutschwagen mit Verdeck benutzen können, die überall angepriesen wurden, aber das war uns zu teuer. Außerdem wollten wir möglichst viel von der Stadt sehen.

In der von einer Mauer umgebenen Medina war es schattig und relativ kühl. Dicht an dicht waren Verkaufsstände vorhanden, in denen vor allem Messinggegenstände, Tonwaren und farbige Gewebe aus dicker Schafwolle angeboten wurden. Die dafür verwendete, frischeingefärbte Wolle hing allenthalben oberhalb der Wandelgänge zum Trocknen. Ich erwarb eine Teekanne aus dickem Messing und eine Mokkamühle aus dem gleichen Material; ich wollte unbedingt so etwas als Souvenir haben, und das war natürlich schlecht für den Handel. Während die Teekanne fast ihr Geld wert war, habe ich mich bei der Mokkamühle regelrecht über den Tisch ziehen lassen. Bei Licht besehen – im wahrsten Sinne des Wortes – stellte ich fest, daß es sich bei der Mokkamühle um eine Patronenhülse vom Kaliber 30 oder 40 mm handelte, in die das Mahlwerk einer alten Kaffeemühle eingebaut worden war.

Als wir die Medina nach vielen Kreuz- und Querwegen endlich verließen, standen wir auf einem großen Platz, dem Wahrzeichen von Marrakesch. Ich glaube, alle Wege aus der Medina in Richtung Osten münden hier. Auf diesem Platz boten Artisten und Zauberkünstler, Schlangenbeschwörer und andere Gaukler ihre Künste dar. Außerdem verkündeten grün-beturbante Muselmanen – fromme Mekkapilger – die Lehren Allahs. Die Gaukler ließen sich bei ihren Darbietungen bereitwillig fotografieren. Am Ende jeder Darbietung wurde allerdings abkassiert.

Marrakesch, 1971; Gaukler auf dem »Großen Platz«

Allmählich war es dämmerig geworden und die Zeit zur Rückfahrt herangerückt. Als wir beim Bus-Terminal ankamen, herrschte dort bereits ein großes Wooling (Gewühl). Trotz der vielen Busse, die sich zur Rückfahrt bereit machten, bekamen wir Angst, nicht mitzukommen. Es klappte auch erst, als jeder von uns dem »Platzanweiser« ein Bakschisch von 1 DH (etwa 0,80 DM) gegeben hatte. Kurz vor Mitternacht waren wir wieder an Bord der »Humboldt«.

Im Sommer 1972, bei einem weiteren Hafenaufenthalt der »Humboldt« in Casablanca, machten einige von uns mit dem Zug einen Abstecher nach Rabat, der gut 60 km nordöstlich von Casablanca gelegenen Hauptstadt Marokkos. Die Stadt machte einen sauberen Eindruck, nicht nur die Regierungs- und Europäerviertel, sondern auch die Medina, in der allerdings das lebhafte Basartreiben, wie wir es in Casablanca und Marrakesch kennengelernt hatten, fehlte. Dafür hatte Rabat andere Sehenswürdigkeiten, wie die aus der Römerzeit (1.-3. Jahrhundert u.Z.) stammenden Säulen einer großen Tempelruine und das von beduinischen Lanzenreitern bewachte Grabmal von König Hassan II., der als Gründer des unabhängigen Königreiches Marokko (1957) gilt.

Am Ende unserer Forschungsreise im Frühjahr 1973 holten wir mit der »Humboldt« aus zum »Panthersprung nach Agadir«. Das war allerdings keine Provokation wie die Landung des kaiserlichen Kanonenbootes »Panther« im Jahre 1911. Die Stadt war 1960 durch ein Erdbeben fast vollständig zerstört worden. Daher waren nur noch wenige altertümliche Gebäude vorhanden, u.a. ein portugiesisches Fort auf einem Hügel am Rande der Stadt. Vom Bade-Tourismus war damals noch nichts zu spüren.

Rabat, 1973; Lanzenreiter am Grabmal Hassan II

Agadir wurde für mich die Stadt des Teppichkaufs, wenn es auch nur Brücken waren. Die Verbindung mit »kaufen« stimmt, weil ich im Hafengelände einen gut deutsch sprechenden Chinger traf, der nach und nach fast meinen gesamten Restbestand an Taschenuhren zu einem guten Preis übernahm. Ich bin mir nicht mehr sicher, ob es dieser Chinger war, der wegen des lauten Tickens das Wort »Taktor« gebrauchte, als er eine der Uhren ans Ohr hielt.

Für meine Verhältnisse reichlich mit Geld versehen, ging ich zu den Teppichhändlern, die in halbdunklen Kellerräumen ihre Ware vor mir ausbreiteten. Natürlich merkten sie sehr schnell, daß ich nicht zu den wohlhabenden deutschen Touristen gehörte und reduzierten daher neben den Preisen auch die Größe der vorgelegten Teppiche, bis sie bei Brücken angelangt waren, die unter dem Namen »kleiner Teppich« rangierten. Nach Kauf einer weißmelierten Berber-Brücke und zwei Rabat-Brücken, blau und rot, war ich mein Geld fast los. Beim Feilschen im Halbdunkel war mir leider entgangen, daß die blaue Rabat-Brücke schief gewebt war.

Charterbusse ohne deutschsprachige Reisebegleitung waren in Marokko auch 1973 noch relativ billig, wir konnten uns daher von Agadir aus einen Abstecher nach Tafraout, einer alten Beduinenstadt oder -festung im Antiatlasgebirge, leisten. Die Entfernung dorthin betrug gut 240 km. Unser Ausflug dauerte daher über zwölf Stunden. Kurz vor Beginn des Gebirges machten wir in der kleinen, zinnenbewährten Festung Tiznit Halt, in deren Umgebung Messerschmiede ansässig waren. Auf der Rückfahrt habe ich dort einen Beduinendolch mit einer ziselierten Silberscheide für eine Taschenuhr und einige Dirham erstanden. Die letzte Uhr ging drauf für einen Gewichtsatz, dessen Gewichte aus ineinander gesetzten Messingschälchen bestanden. Der Händler hatte mir auch einen reich ziselierten Gewichtsatz gezeigt. Als ich mich nach einigem Gefeilsche schließlich mit dem einfacheren zufrieden gab, bemerkte ich, daß der Händler einem Boy bereits Order gegeben hatte, den wertvolleren, ziselierten Gewichtsatz einzupacken, den hätte er auch für die Taschenuhr hergegeben, schade!

Auch dieser Fahrer fuhr rasant, sogar auf den wenig befestigten Straßen im Gebirge. Im Tal lag das eine oder andere Autowrack, dessen Fahrer die Kurve nicht mehr gekriegt hatte oder aus anderen Gründen von der Straße abgekommen war. Je höher wir kamen, um so blauer schimmerten die Berge – so abwegig ist der Schlagertitel, »Von den blauen Bergen kommen wir« – scheinbar gar nicht. Tafraout habe ich als ockerfarbene, ehemals befestigte Stadt in Erinnerung, in der es allerdings nicht viel zu sehen gab. In der Nähe des Ortes befand sich ein Felsmassiv, das wegen seiner Form der »Hut des Generals« hieß. Der Felsbrocken hatte seinen Na-

Tiznit, 1973; Basar

men wohl zu Ehren von Napoleon Bonaparte erhalten, aber das wußte auch der Busfahrer nicht so genau. Da wir uns in Tafraout, dem Ziel unseres Ausfluges, nicht lange aufgehalten hatten, hielt der Busfahrer an zwei fast ausgetrockneten Flußläufen, Wadis, um uns Feigenpalmen und auf Bäumen äsende Ziegen zu zeigen. Richtig hohe Bäume waren es nicht, sondern eher dichtes Akaziengestrüpp, das die Viecher erklommen hatten. Gehütet wurden sie von einer Schar 10 bis 12-jähriger Mädchen, die ich nach dem Foto-Shooting, wie der reiche Onkel aus Amerika, mit Pfefferminzdrops beglücken wollte. Ich kam aber gar nicht dazu, die Drops auszupacken und zu verteilen. Denn in der entstehenden Rangelei wurde mir im Handumdrehen die ganze Packung von zwei kleinen, schwarzhaarigen Wildkatzen aus der Hand gerissen, die sich damit aus dem Staub machten.

Agadir, 1973; die kleinen »Wildkatzen« im Wadi

Senegal

Der nächste Hafen, den wir im Frühjahr 1971 anliefen, war Dakar in der Republik Senegal. Diese Hafenstadt war ganz anders als Casablanca, jetzt waren wir in Schwarz-Afrika. Nur die Gepflogenheiten beim Einklarieren und die Hoffnung, daß der Makler Post aus der Heimat mitbrachte, blieben die gleichen. Auch »gechinged« wurde in Dakar, sogar noch mehr, als in anderen afrikanischen Häfen. Hier kamen die Händler beladen mit Sack und Pack – einer sogar mit einem alten Kinderwagen als Transportmittel – direkt ans Schiff und stellten ihre Waren neben der Gangway auf. Als sie sich sogar auf dem Achterdeck der »Humboldt« häuslich niederließen, sprach der Kapitän ein Machtwort und ließ sie vom Schiff weisen; der Watchman durfte fortan keine Chinger mehr an Bord lassen.

Zwischen der Besatzung und den Händlern an der Pier entwickelte sich ein reger Tauschhandel, stapelweise verließen alte Anzüge, Hemden, Sakkos und Hosen, ja sogar warme Pullover, Mäntel und Hüte, das Schiff, während Masken und andere Holzschnitzereien aus Mahagoni und Ebenholz (»ebenis wood«) an Bord gebracht wurden.

Dakar, 1971 Chingen mit ambulanten Händlern

Ebenholz und Mahagoni sind sehr hart und daher schwer zu bearbeiten. Wenn eine Figur beim besten Willen nicht stehen wollte, holte der Händler eine primitive, kurzstielige Hacke, die messerscharf war, aus seinen Utensilien hervor und stellte mit wenigen gezielten Schlägen ihre Standfestigkeit her. Abgesehen von der Treffsicherheit beeindruckte mich die spielend-leicht wirkende Bearbeitung des sehr harten Holzes. Auch ich setzte einiges an abgetragenen Klamotten um, darunter einen Sommeranzug. Für dieses »Kostüm komplett« erhielt ich nach langem Feilschen eine große Maske aus Mahagoniholz. Das Verchingen alter Klamotten wurde etwa zwei Jahre später generell für alle DDR-Schiffe verboten und mit der Schädigung des Ansehens der Deutschen Demokratischen Republik im Ausland begründet. Aber da war mein Kleiderschrank bereits leer.

Die ehemaligen französischen Kolonien, zu denen Senegal gehörte, waren besser gehalten als die englischen. Sie hatten auch nie ihren Kontakt mit dem französischen Mutterland verloren. In der Nähe von Dakar befand sich ein Institut, das von einem Franzosen geleitet wurde, und in dem neben Senegalesen auch viele Franzosen arbeiteten. Mit diesem Institut nahmen wir über den Makler Kontakt auf. Das war während der »Humboldt«-Reise im Frühjahr 1971 und wichtig für unser Image als Forschungsschiff. Diese Kontaktanbahnung gehörte daher zu den Festlegungen in unserem Forschungsprogramm. Die Franzosen kamen zu uns an Bord, und wir besuchten sie in ihrem Institut. Im DDR-Jargon würde es dazu heißen, »die Besuche fanden im beiderseitigen Interesse statt und ergaben gute Möglichkeiten für eine zukünftige Zusammenarbeit mit Senegal«.

Dakar machte einen guten Eindruck auf mich, die Häuser, Plätze und Parkanlagen sahen gepflegt aus, man sah farbenfroh und gut gekleidete Menschen, das

Elend blieb wohl unter der Oberfläche verborgen. Richtigen »Slums« sind wir nicht begegnet, wenngleich die Außenbezirke wesentlich schlechter gehalten waren als die Innenstadt. Lästig waren beim Stadtrundgang nur die vielen Schuhputzer, die jeden weißen Ausländer regelrecht verfolgten. Später lernten wir, sie durch ein energisches »Merci« zu verscheuchen, das verstanden sie. Vielleicht wurden sie auch unsicher und befürchteten, daß wir in Dakar arbeitende Franzosen wären. Bettelnden Kindern und Halbstarken begegneten wir damals selten. Beim Fotografieren und Filmen gab es in Senegal kaum Schwierigkeiten.

Dakar, 1971; Straßenbild

Nach der ersten gemeinsamen Stadtbesichtigung zog ich später allein los, um Souvenirs einzukaufen. Ich hatte für 100 DM Handgeld aufgenommen, das waren etwa 8000 senegalesische Franc. Außerdem hatte ich noch drei Taschenuhren. Ganz in der Nähe des Hafens war ein großer Markt, auf dem es alle Arten einheimischer Lebensmittel und andere Waren zu kaufen gab. Hier befanden sich auch einige Stände, an denen Holzschnitzereien und Silberschmiedearbeiten angeboten wurden. An einem Stand gleich am Eingang des Marktes sah ich eine Ebenholzfigur, eine Frau mit einer Kallebasse auf dem Kopf, die mir auf Anhieb gefiel. Noch hielt ich mich aber zurück und bekundete lediglich ein gewisses Interesse, in dem ich nach dem Preis fragte. Auf dem Weg ins Stadtzentrum wurde ich immer wieder von jungen Leuten angesprochen, die im Auftrag von Händlern Masken, kleine Boote und andere Schnitzereien aus Ebenholz oder Mahagoni anboten. Zumeist waren sie zu zweit unterwegs. Als erstes erwarb ich zwei kleinere Ebenholzmasken. Den Preis für beide hatte ich auf umgerechnet weniger als 9 DM runtergehandelt, immer noch fast geschenkt für das Geld. Als nächstes tauschte ich eine Taschenuhr gegen eine große Maske aus Mahagoni ein. Der Junge, mit dem ich diesen Tausch tätigte, zog freudestrahlend ab; ich war nicht minder froh über dieses Geschäft. Ebenfalls für eine Taschenuhr erwarb ich ein aus Mahagoni geschnitztes Drachenboot, das mit sieben Ruderern besetzt war. So große Basarstraßen, wie ich sie in Casablanca kennengelernt hatte, gab es in Dakar offenbar nicht, auch war hier die Handelsspanne viel geringer. Nur bei den Taschenuhren sahen die Straßenhändler nicht so recht durch, deren Wert kannten sie nicht.

Häufig begegnete man auch umherstreifenden Jugendlichen, die versilberte Armringe oder -reifen sowie Halsketten aus Muscheln anboten. Für den Schmuck aus »Senegalsilber« verlangten sie zwischen 300 und 600 Franc, die Ketten waren etwas billiger. Schließlich gaben sie sich aber mit ein oder zwei Schachteln Zigaretten, Marke Club, die wir reichlich hatten, zufrieden. Im Stadtzentrum stieß man nur gelegentlich, an belebten Straßen oder Kreuzungen, auf Verkaufsstände, in denen Holzarbeiten angeboten wurden. An einem dieser Stände tauschte ich meine letzte Taschenuhr gegen eine mittelgroße Trommel ein und machte damit einen älteren Händler glücklich. Er gab mir daraufhin eine kurze Gratislektion bezüglich ihrer Benutzung. Neben den Verkaufsständen auf Märkten und an Straßen hatten die Händler auch ladenähnliche, feste Domizile. Hier wurde sogar noch mit echten Elfenbeinschnitzereien gehandelt. Ein Stoßzahn kostete je nach Größe und Verzierungen 3000 - 5000 US-Dollar (14000-24000 DM). Diese Preise waren für uns natürlich unerschwinglich. Es gab auch billige Imitationen aus massivem Kunststoff, die zwar farblich dem Elfenbein ähnelten, jedoch kleine Bläschen aufwiesen. Wegen der Schnitzereien tut es mir heute leid, keine dieser Imitationen erworben zu haben.

Jedesmal, wenn ich in die Stadt ging oder von dort zurückkam, suchte ich den Händler mit der »Ebenholz-Dame« am Eingang zur Markthalle auf. Er wollte die Figur aber partout nicht für 800 Franc (10 DM) hergeben. Erst als ich noch 300 Franc drauflegte, wurden wir handelseinig, manchmal dauert der Handel eben etwas länger.

Einen Tag nach uns lief das DDR-Fischereihilfsschiff »Robert Koch«, das auch ärztliches Personal und einen Operationssaal an Bord hatte, in Dakar ein. Der Kapitän und einige Offiziere dieses Schiffes sowie die an Bord befindliche Ärztin statteten der »Humboldt« einen Höflichkeitsbesuch ab. Da die Ärztin noch am ehesten etwas von unseren Forschungsarbeiten verstand, zeigte ich ihr die Labors. Sie erzählte, daß sie bereits mehrmals mit der »Robert Koch« unterwegs gewesen wäre, sie aber auf dieser Reise im Gegensatz zu den sturmgepeitschten Fangplätzen des Nordatlantik wenig zu tun gehabt hätte. Auch auf der »Humboldt« gab es diesmal keinen Kranken.

Abends ging ich ins Senegalesische Nationaltheater, in dem das »Ballet d' Afrique« und andere Artisten auftraten. Die entsprechende Ankündigung in Form eines

Handzettels war mir in der Stadt zugesteckt worden. Leider konnte ich keinen meiner Kollegen überreden, mich zu begleiten. Bis zum Theater waren es etwa 2,5 km, den günstigsten Weg dorthin hatte ich mir bereits am Vormittag ausgekundschaftet. Die Eintrittspreise lagen zwischen 200 und 500 Franc (2,50 bis 6,00 DM). Die Holzverkleidungen im Theater bestanden ebenso wie die Sessel aus massivem Mahagoni.

Die artistischen Darbietungen waren beeindruckend, die Tänzerinnen oben ohne und mit kurzen Röckchen, dafür aber reichlich mit langen Halsketten behängt. Die Männer, ebenfalls oben ohne, veranstalteten mit ihren Trommeln einen ohrenbetäubenden Lärm und brachten die Tänzerinnen zu immer schnelleren rhythmischen Bewegungen. Trotz ihrer Lautstärke wirkten die Trommelwirbel nicht störend, das gehörte einfach dazu. Nicht nur die Zuschauer in dem nur etwa zu einem Drittel gefüllten Theater waren begeistert, auch den Mitwirkenden war der Spaß an ihren Darbietungen anzusehen.

Der Rückweg allein durch die nur spärlich erleuchteten Straßen wurde mir etwas unheimlich. Ich mußte aufpassen, in der Dunkelheit nicht auf Menschen zu treten. Es waren Obdachlose, die am Straßenrand unter Bäumen oder in Hauseingängen nächtigten, die Frauen oft mit einem Kleinkind im Arm. Ich war froh, als ich gegen Mitternacht wohlbehalten das Hafentor erreicht hatte. Auf den letzten hundert Metern durch den Hafen kam ich an mehreren Sielen vorbei, die für den Abfluß von Regenwasser vorgesehen waren. Rund um diese Siele wimmelte es von Kakerlaken, die sich in der Dunkelheit hervorgewagt hatten. Sie waren so groß wie ein Fünfmarkstück und damit viel größer als ihre Artgenossen an Bord der »Humboldt«. Erst durch das Knirschen unter meinen Schuhen bin ich auf diese niedlichen Käfer aufmerksam geworden.

Am Vormittag des nächsten Tages setzten wir mit der Fähre zur Île de Gorrée, der früheren Festungs- und Gefängnisinsel der Franzosen, über. Wir waren die einzigen Besucher und konnten uns die alten Geschütze und Kasematten in aller Ruhe ansehen. Bei unserem nächsten Aufenthalt in Dakar, im Sommer 1972, sind wir mit dem Rettungsboot der »Humboldt« in die Nähe von Gorrée gefahren und haben dort getaucht. Obgleich nur etwa 6 m tief bekam ich den Druckausgleich nicht hin und dadurch Ohrenschmerzen. Außerdem bin ich nie ein guter Schnorchler und Flossentaucher gewesen. Als am nächsten Tag nochmals getaucht werden sollte, bin ich nicht mitgefahren, sondern habe mich allein auf die Suche nach einem Holzschnitzerdorf gemacht, von dem ich gehört hatte. Ich fand diese Örtlichkeit

Dakar, 1973; Holzschnitzer am Werk

auch; sie war etwa 3 km vom Hafen entfernt und bestand aus zahlreichen Hütten, in denen fleißig gearbeitet wurde. Außerdem wurden Schnitzereien aus Ebenholz angeboten, die sehr preiswert und von besserer Qualität waren, als bei den Chingern im Hafen. Hier gingen die Taschenuhren, mit denen ich mich für diese Reise gut eingedeckt hatte, weg wie warme Semmeln. Für jeweils eine Uhr erhandelte ich einen Satz Masken der Wochentage, ein mit vier Ruderern und einem Jäger mit Speer besetztes Drachenboot sowie ein Mischmasch verschiedener anderer Kleinmasken und Skulpturen, alles aus Ebenholz. Der Faltbeutel, den ich vorsorglich mitgenommen hatte, faßte diese Holzladung kaum, so daß ich auch noch die Hosentaschen zu Hilfe nehmen mußte. Wegen des guten Erfolges bin ich im Frühjahr 1973, als wir mit der »Humboldt« erneut in Dakar waren, nochmals zu diesem Dorf gepilgert und habe einige weitere schöne Ebenholzschnitzereien eingetauscht. Zumeist war ich allein unterwegs, Angst, daß mir etwas passieren könnte, hatte ich nicht. Die Straßenkriminalität war damals noch relativ gering in Dakar. Das änderte sich jedoch 2-3 Jahre später. Vor allem im Hafenviertel wurden Seeleute des Nachts zusammengeschlagen und ausgeraubt.

Rund 30 km südlich von Dakar liegt M'Bour, ein größeres Fischerdorf. Diesen Ort besuchte ich im Frühjahr 1973 zusammen mit einem Polen, der mich eingeladen hatte. Im Auftrag der FAO der UNESCO sollte er in Senegal die Entwicklung der einheimischen Fischerei organisieren. Was ich in M'Bour zu sehen bekam, war wirklich höchst interessant. Der Ort hatte keinen Hafen. Da die Fangsaison vorbei war, lagen die langen, schnittigen Holzboote, die gelegentlich noch mit Drachenköpfen verziert und bunt bemalt waren, dicht bei dicht am Strand, es waren sicher mehr als 100 Fahrzeuge. Sie wurden zumeist mit Außenbordmotoren angetrieben. Frischfisch wurde wegen der auslaufenden Fangsaison kaum noch gehandelt. Hinter den Booten, am oberen Teil des Strandes, standen jedoch lange Reihen mit Tischen, auf denen Fische zum Trocknen lagen oder bereits als Dörrfisch in Körbe verpackt wurden. Es existierten auch einfache Lagerhallen und eine kleine Schiffswerft. Die Frauen in ihren bunten Kleidern zwischen den diskutierenden und rauchenden Männern boten ein farbenfrohes Bild. Mein Begleiter wußte zu berichten, daß die Fischer zur wohlhabenden Bevölkerungsschicht Senegals gehören. Er hatte sich um die Einführung der Außenborder verdient gemacht. Im Gegensatz zu diesem Vorhaben, das sich verhältnismäßig einfach umsetzen ließ, war das andere von ihm angestrebte Ziel viel schwieriger zu erreichen. Durch den Einbau eines offenen Beobachtungsschachtes am Boden der Boote sollten die Fischer die Möglichkeit erhalten, Fischschwärme zu »orten«. Daß es zu keinem Wassereinbruch kommen konnte, wenn die Wände des Schachtes so hoch wie das Freibord waren, wollte nicht in ihre Köpfe; ein Loch im Schiffsboden blieb ein Loch, da kam auch ein Wissenschaftler nicht gegen an!

M'Bour bei Dakar, 1973; Fischerboote am Strand

Da wir Zeit hatten und mein Begleiter seinen eigenen Wagen fuhr, zeigte er mir auf der Rückfahrt einiges von der Umgebung Dakars, einer Savannenlandschaft mit einzelnen großen Affenbrotbäumen und Termitenhügeln. Als Pole freute er sich über ein heimatlich anmutendes Roggenmischbrot, mit dem ich mich an Bord der »Humboldt« für die interessante Exkursion bedankte.

Am Nachmittag des gleichen Tages kam es zu einem Ereignis, das als »Zwischenfall von Dakar« in die Annalen des Instituts eingegangen ist. In der Nähe der »Humboldt« hatte ein westdeutscher Frachter festgemacht, um Ladung zu nehmen oder zu löschen. Wie das bei Seeleuten in ausländischen Häfen üblich ist, kam es zu gegenseitigen Besuchen an Bord, bei denen nicht unerhebliche Mengen Schnaps und Bier konsumiert wurden. Als ich von der Exkursion nach M'Bour zurückkam, herrschte auf dem Achterdeck der »Humboldt« bereits »Grande Party« mit Jubel, Trubel, Heiterkeit.

Die »Humboldt« hatte sich für diese Reise einen Steuermann von der »Penck« ausleihen müssen. Auf den Ostseereisen bin ich gut mit ihm ausgekommen, er machte seine Arbeit, besaß Lebenserfahrung und wußte interessant zu erzählen. Später, als Parteisekretär an Bord der »Penck«, entwickelte er sich zum »Partei-Apparatschik«. Auf dieser »Humboldt«-Reise wollte er sich vermutlich weiter profilieren. Anstatt als Wachhabender über das zwanglose Treiben auf dem Achterdeck der »Humboldt« hinwegzusehen, machte er ein Faß auf, sprach von »gesamtdeutschen Verbrüderungsszenen« und veranlaßte den Kapitän, Hals über Kopf auszulaufen. Fortan hieß er bei uns nur noch der »rote Kommissar«. Selbst die Institutsleitung und die Akademie hielten die Vorgehensweise des Steuermanns für übertrieben. Bei der erstbesten Gelegenheit, Trunkenheit bei Wachantritt, wurde er gefeuert. Die Partei ließ ihren bewährten Kader jedoch nicht fallen, sondern vermittelte ihm den Posten eines Hafenkapitäns im Rostocker Überseehafen.

Sierra Leone

Der Name bedeutet soviel wie »Gebirge des Löwen«. Als ich im Frühjahr 1971 zum ersten Mal an Bord der »Humboldt« in den Leone River einlief, war von Löwengebrüll jedoch nichts zu hören. Die Republik Sierra Leone ist aus einer britischen Kolonie hervorgegangen. Ihre Hauptstadt Freetown besaß damals noch keine nennenswerten Hafenanlagen. Die »Humboldt« mußte deshalb im Mündungsgebiet des Leone Rivers, etwa 2 km von der Stadt entfernt, ankern. Für die Verbindung mit dem Festland wurde das Rettungsboot der »Humboldt« benutzt.

Kaum lag die »Humboldt« vor Anker, als auch schon etliche schmale, mit Krimskrams beladene Holzboote mit jeweils 2-3 Eingeborenen auf uns zugerudert kamen und mit Erlaubnis des Kapitäns achtern festmachten. Da sich die Boote wegen der starken Strömung 15-20 m hinter dem Heck der »Humboldt« befanden, mußten Tauschgeschäfte über große Körbe abgewickelt werden, die an Leinen hin- und hergezogen wurden. Die Gegenstände, die die Einheimischen

Freetown, 1971; Ausbooten auf dem Leone River

zum Tausch anboten, waren mehr als dürftig, die Masken und Figuren aus Holz waren unansehnlich, und die Sachen aus Leder schlecht verarbeitet. Im Angebot waren ferner Häute von Pythonschlangen, kleine Affen und Kakadus, heiß begehrt waren leere Plasteflaschen und -kanister. Ein Matrose erhandelte gegen ein altes Oberhemd ein verschüchtertes Rhesusäffchen, das im Verlauf der Reise ganz zutraulich wurde. Da er das Äffchen nicht nach Hause mitnehmen konnte oder durfte, hat er es dem Rostocker Zoo vermacht. Ich habe nur Kleinigkeiten eingetauscht. Trotz des mehrfachen Hin und Her der Tauschgegenstände ging nichts verloren, weder daß ein Korb umkippte, noch durch Unterschlagung.

Freetown machte einen verwahrlosten Eindruck. Abgesehen von einigen Villen an den Hängen oberhalb der Stadt, in denen hauptsächlich Weiße wohnten, wirkte die Stadt wie ein einziger großer Slum. Die Menschen waren arm und hausten in Wellblechhütten, wenn sie überhaupt ein Dach über dem Kopf hatten. Die Straßen waren unbefestigt und glitschig vor Schmutz. Eine Kanalisation war nicht vorhanden, die stinkenden Abwässer an den Straßenrändern flossen in schmale Flußläufe, in denen die Frauen ihre Wäsche wuschen oder badeten. Auch die Kirchen und Moscheen sahen nicht besser aus. Schulunterricht wurde in allseitig offenen Wellblechhütten durchgeführt, wobei man sehen konnte, wie der Lehrer gelegentlich den Stock zur Bestrafung benutzte. In Freetown befanden wir uns im finstersten Afrika.

Freetown, 1971; Bootshandel

In den engen Straßen wogten Menschenströme hin und her, Frauen, die Waren auf ihren Köpfen balancierten oder unappetitlich aussehende Lebensmittel feilboten, und Männer, die palaverten und versuchten, Kleidung und technische Artikel zu verhökern. Dazwischen wuselten spärlich mit Lumpen bekleidete Kinder aller Altersklassen umher. Da wir fürchteten, unter die Räder zu kommen, gingen wir zumeist in größeren Gruppen in die Stadt. Den einzigen Lichtblick boten die primitiven, aber farbenfrohen Gewänder der Frauen, die sich ebenso wie die Männer und

Freetown, 1972; Straßenszene

Kinder geschmeichelt fühlten, wenn sie fotografiert wurden.

Läden und Märkte im eigentlichen Sinne habe ich in Freetown nicht gesehen, die Waren wurden auf Straßen und Plätzen feilgeboten und zwar nach Sortimenten geordnet. So fand man beispielsweise Schuhe, Kleiderstoffe und holzgeschnitzte Möbel jeweils nur an einer Stelle, dort lagen sie gestapelt oder standen lieblos auf der Erde verteilt umher. Weißen – außer den Besatzungsangehörigen der »Humboldt« – begegneten wir in den Eingeborenenvierteln kaum.

Wesentlich besser sah es im Umfeld des Parlaments sowie des Paramount-Hotels mit seinen Parkanlagen aus, in deren Nähe sich auch der riesige Mammutbaum, das Wahrzeichen Freetowns, befand. Einen ordentlichen Eindruck machten auch die Schülerinnen eines katholischen College, die in Anlehnung an die englischen Gepflogenheiten adrette Uniformen und Hütchen trugen. Eine echte Rarität waren die Briefmarken, die es in Freetown zu kaufen gab. Sie waren selbstklebend und entsprachen den heutigen Folienaufklebern. Mit ihren bunten Motiven vor allem aus der Pflanzen- und Tierwelt sahen sie darüber hinaus auch noch gut aus. Briefmarken waren daher die einzigen Objekte, für die es sich lohnte, die eingewechselten Sierra-Leone-Dollar auszugeben.

Auf Empfehlung des Watchman habe ich zusammen mit einem Expeditionstechniker einen Halbtagsausflug nach Lumely Beach gemacht, einem Strand, der nur wenige Kilometer von Freetown entfernt an der Atlantikküste liegt. Da uns die Fahrt mit dem Taxi zu teuer war, haben wir einen öffentlichen Kleinbus benutzt. Dafür mußte aber in Kauf genommen werden, als einzige Weiße hautnah mit 15-20 schwatzenden und kichernden Schwarzen zusammen zu fahren und als »Exoten« angestarrt zu werden. Es kam höchst selten vor, daß Weiße in öffentlichen Verkehrsmitteln fuhren. Sorgen bereitete uns allerdings, wie wir wieder zurückkommen würden, denn die Endhaltestelle befand sich j.w.d. (janz weit draußen).

Der Strand von Lumely Beach bestand aus bräunlichem Sand und war infolge Ebbe verhältnismäßig breit. Wegen der Brandung trauten wir uns nicht ins Wasser, obgleich die einheimischen Fischer problemlos ihre Boote an Land zogen. Daß einige farbenfroh gekleidete junge Frauen ebenfalls auf den Bus warteten, beruhigte uns, und der Bus kam tatsächlich zur angegebenen Zeit und brachte uns sicher nach Freetown zurück. Als Souvenir von Lumely Beach haben wir kalkhaltige Rückenschilde (Schulps) von Tintenfischen, die zahlreich dort angeschwemmt waren, mitgebracht.

Im Sommer 1972 machten wir mit dem Rettungsboot der »Humboldt« eine ganztägige Exkursion auf dem Leone River mit seinen vielen Inseln und Mangroven. Unser erster Halt war auf Tasso Island. An der primitiven Landungsbrücke wurden wir von Bewohnern der Insel neugierig begrüßt. Dem ebenfalls anwesenden Ortsvorsteher und Lehrer, der gut Englisch sprach, erklärten wir, daß unser Forschungsschiff in Freetown läge und fragten höflich, ob wir uns auf der Insel umsehen dürften. Er hat uns begleitet und einiges erklärt. Die auf Tasso Island lebenden 50 - 60 Menschen hausten wie von altersher in einfachen, schilfgedeckten Lehmhütten und zerstampften ihren Mais immer noch in großen Holzmörsern. Die meisten Frauen gingen »oben ohne«, nur mit einem Rock bekleidet, manche mit einem Kind auf dem Rücken oder im Arm. Einige der besser gestellten Schönen legten sich später, unserem Besuch zu Ehren, einen BH an, obgleich es uns anders, des Fotografierens wegen, lieber gewesen war. Haupterwerbsquellen der auf den Inseln lebenden Eingeborenen waren Fischfang, Holzhandel und Kokosnüsse. Es war erstaunlich, wie flink die Schwarzen mit bloßen Füßen die höchsten Wipfel der Kokospalmen erklommen und dort die Nüsse mit einer Machete abschlugen. Am Boden wurden die Nüsse durch geschickte Schläge mit diesem Messer von ihrer äußeren grünen Schale befreit, bevor sie später in der Sonne getrocknet wurden. Kokosnüsse gehörten zu unseren regelmäßigen Mitbringseln, wenn die »Humboldt« in Freetown war.

Tasso Island im Delta des Leone River, 1972

Auf der Rückfahrt fiel der Motor aus, so daß das Rettungsboot manövrierunfähig im Mündungsdelta des Leone River trieb. Schließlich kam uns ein Engländer mit seinem Boot zu Hilfe, der uns bis zur nächstgelegenen Insel, Pepel Island, schleppte. Nach etwa einer Stunde hatte der Maschinen-Ing. die defekte Dichtung ausgetauscht, so daß es weitergehen konnte. An Bord der »Humboldt« zurückgekehrt, erfuhren wir, daß solche Ausflüge nur mit Genehmigung der Behörden gestattet sind. Wer weiß, was aus unserem Vorhaben geworden wäre, wenn wir den offiziellen Weg beschritten hätten.

Als wir im Frühjahr 1973 die wissenschaftliche Besatzung der »Humboldt« in Freetown ablösten, lag das Schiff an einer neu in Betrieb genommenen Betonpier. Dadurch entfiel der Pendelverkehr mit dem Rettungsboot. Die Pier stand auf Betonpfählen, zwischen denen die Eingeborenen bei Ebbe mit kleinen Booten umherfuhren, ohne vom Deck der »Humboldt« oder von der Pier aus gesehen zu werden. So konnte es geschehen, daß ein Eingeborener durch das offene Bulleye in die Kammer eines unserer Biologen schlüpfte und dessen Fotoausrüstung und Kassettenrecorder entwendete. Da das Bulleye für einen Erwachsenen zu eng ist, wurde wahrscheinlich ein Kind vorgeschickt. Als der Diebstahl kurze Zeit später entdeckt wurde, war weit und breit keine Spur mehr von Räuber und Boot. Auch der Watchman hatte natürlich nichts bemerkt und wusch seine Hände in Unschuld, für offene Bulleyes wäre er nicht verantwortlich. Zu Hause wurde der Schaden durch die Allgemeine Versicherungsanstalt der DDR großzügig reguliert.

Kurze Zeit nach diesem Diebstahl, ich glaube, es war sogar noch am gleichen Tag, hatte ich ebenfalls ein unschönes Erlebnis. Auf dem Weg in die Stadt – leichtsinnigerweise war ich allein – kam mir in einer engen, menschenleeren Straße ein Jugendlicher entgegen, blieb bei mir stehen und zeigte auf meine Armbanduhr. In der Annahme, er wollte wissen wie spät es ist, hielt ich ihm die Uhr hin, die immerhin knapp 200 Mark gekostet hatte. Ehe ich es mich versah, grapschte der Schwarze zu und riß mir die Uhr ab. Zu seinem Pech hatte er aber nicht fest genug zugefaßt, die Uhr fiel auf die Straße. Während er noch überlegte, ob er sich bücken sollte, trat ich auf die Uhr und begann, mörderisch zu schimpfen. Ein anderer Schwarzer, der inzwischen hinzu gekommen war, unterstützte mich dabei. Der erfolglose Dieb trollte sich daraufhin in aller Gemütsruhe in die nahe gelegene Hügelkette. Meine Uhr hatte bis auf den herausgerissenen Steg keinen Schaden genommen.

Kanarische Inseln

Die Kanarischen Inseln gehören zu Spanien. Als Freihandelszone genießen sie einen ökonomischen Sonderstatus. Tauschgeschäfte waren nicht möglich, auf den Kanarischen Insel mußte »cash«, in Peseten, bezahlt werden. Im Sommer 1972, am Ende unserer damaligen Forschungsreise, war ich zum ersten Mal auf den Kanarischen Inseln, und zwar in Santa Cruz auf Teneriffa. Die »Humboldt« lag am äußersten Ende der etwa 2 km langen Mole, genau vis à vis dieses Ortes. Bis in die Stadt waren es somit etwa 4 km, die wir zumeist zu Fuß marschiert sind. Die letzten ein bis zwei Kilometer konnte man bereits mit einem Bummel durch Märkte und Geschäfte verbinden. Da Santa Cruz auch von sowjetischen Fischereifahrzeugen angelaufen wurde, waren die Läden auf russisch sprechende Kundschaft eingerichtet. Gelegentlich wurden wir in dieser Sprache angeredet, sehr zu unserem Leidwesen hielt man uns für Russen.

Santa Cruz wird auf der einen Seite vom Atlantik und auf der anderen Seite von steilen Berghängen begrenzt. Die Berge beginnen schon in Nähe der Mole. An ihren Hängen wachsen Kakteen, ihretwegen versuchten wir den Aufstieg, was sehr anstrengend war. Die Kakteenfreunde haben jedoch einige Exemplare ergattert und nach Hause mitgenommen.

Neben modernen Gebäuden sowie schönen Parkanlagen und Kirchen, waren in der Stadt auch viele Häuser und Villen im spanischen oder maurischen Baustil mit reich geschnitzten Balkonen und Fensterläden zu sehen. Erwähnen möchte ich auch die schwarzen Lacklederhelme der Guardia Civil, der Landpolizei, die hinten beidseitig in Form von Flügeln auslaufen.

Das Angebot an Quarzuhren, Kassettenrekordern, Transistorradios und Fotoapparaten aus Japan und Thailand war überwältigend. Ich kaufte mir auf dieser Reise meine erste Quarzuhr, die noch rotleuchtende Dioden als Ziffern besaß. Wegen des relativ hohen Energieverbrauchs und der Kurzlebigkeit der Batterien habe ich sie bereits ein Jahr später durch eine energetisch günstigere Quarzuhr mit LCD-Anzeige (Flüssigkristallanzeige) ersetzt. Später, als das Zeitalter der Mikroelektronik begonnen hatte, kam das riesige Angebot der verschiedensten wissenschaftlichen Taschenrechner hinzu. Uhren, Radios, Fotoapparate, Taschenrechner und andere elektronische Geräte waren sehr preiswert, weil sie zollfrei verkauft wurden. Preiswert war auch Bacardi, der weiße Rum, von dem ich jedesmal, wenn wir mit der »Humboldt« in Santa Cruz oder Las Palmas gewesen waren, einige Flaschen am

DDR-Zoll vorbeigeschmuggelt habe. Mitte der 1970er Jahre kamen die »Lachsäcke« auf, allenthalben auf Straßen und in den Gängen der Markthallen hörte man ihr Gelächter, vor allem die Russen waren von ihnen begeistert. Auch an Bord der »Humboldt« ertönte später ein Lachsack, den ein Expeditionstechniker erworben hatte.

Auf Kosten des gewerkschaftlichen Kulturfonds charterten wir im Sommer 1972 einen Kleinbus für einen Ausflug zum Pico de Teide, dem 3707 m hohen Vulkan in der Mitte der Insel. Wir hatten Glück mit unserer deutschsprachigen Reisebegleiterin, der Susi, die interessant über Land und Leute zu plaudern wußte. Sie erzählte uns von den gut schmeckenden Bananen, die auf Teneriffa wuchsen und wegen ihrer geringen Größe »Chinesen« genannt wurden. Ferner wies sie darauf hin, daß die Früchte des Feigenkaktus wohlschmeckend und die Kanarienvögel graue, unscheinbare Sänger sind.

Die Straßen auf Teneriffa waren bereits damals sehr gut ausgebaut und führten durch den Teide-Kuchen, der beiderseits der Straße aufragte und aus verschiedenfarbiger, vulkanischer Asche bestand. Wir kamen auch vorbei an der Teide-Rose, die ihr Aussehen durch Risse im Gestein erhielt, sowie am »Finger Gottes« und am »Bär«, Figuren, die aus erstarrter Lava bestanden. Die Straße führte bis auf etwa 3000 m Höhe an den Teide-Gipfel heran. Von dort ging es mit einer Gondelbahn auf etwa 3600 m Höhe weiter hinauf. Der letzte Höhenunterschied von gut 100 m mußte zu Fuß erklommen werden, bis man den Gipfel des Berges mit dem Kreuz erreichte. Er befindet sich auf dem Rand eines kleinen Nebenkraters, etwa 50 m über dem Boden des Hauptkraters. Dem Nebenkrater entströmten heiße, schwefelhaltige Gase. Bei deren Erkalten waren gelb-kristalline Schwefelabscheidungen entstanden, die sich auf Bimsstein abgelagert hatten. Der steile Aufstieg der letzten 200 m erfolgte auf Serpentinen, die mit lockerer, grobkörniger Lavaschlacke bedeckt waren.

Teneriffa, 1972; in 3707m Höhe auf dem Teide-Gipfel

War schon der Aufstieg schwierig, kam man abwärts noch leichter ins Rutschen. Beladen mit Fotoapparat und Filmkamera war ich beim Abstieg so leichtsinnig, einige Serpentinen abschneiden zu wollen. Das bekam mir schlecht, ich kam ins Schlittern und rutschte auf dem Hintern hinunter.

Las Palmas auf Gran Canaria ist größer als Santa Cruz. Ich lernte diesen Hafen im Frühjahr 1973 kennen. An den Kaianlagen standen damals nur wenige Liegeplätze zur Verfügung. Die Mehrzahl der Schiffe, darunter die »Humboldt«, mußte auf der Außenreede vor Anker gehen. Neben einheimischen Schiffen lagen hier vor allem Russen, Japaner und Rumänen, die vor NW-Afrika fischten und Las Palmas zur technischen Versorgung sowie zum Einkaufen anliefen. Die Verbindung zum Festland wurde mit Motorbarkassen aufrecht erhalten. Das Rettungsboot der »Humboldt« verkehrte 8 bis 10 Mal täglich. Als ich einmal den Anschluß verpaßt hatte, bedurfte es kaum einer Nachfrage, und schon nahm mich ein rumänisches Motorboot mit und lieferte mich bei der »Humboldt« ab. Auch die Verpflegung wurde von den Maklern mit Booten gebracht. Nur zur Bebunkerung mit Treibstoff und Wasser durften die Schiffe für kurze Zeit an einer Pier festmachen. Mit dem Rückgang der Fischerei und dem Ausbau der Hafenanlagen änderte sich das jedoch, auf späteren Reisen bekam die »Humboldt« in Las Palmas immer einen Liegeplatz im Hafen.

Wenn ich jetzt schreibe, daß Las Palmas und Teneriffa einander ähneln, so ist das nur bedingt richtig und bezieht sich auf Art und Zustand der Häuser, Kirchen und Parks, die sehr gepflegt waren, sowie auf das Warenangebot. Im übrigen unterscheiden sich beide Städte voneinander. Das trifft insbesondere auf das zu Las Palmas gehörende Feriendomizil La Luz zu. Die dicht bei dicht stehenden großen Hotels und die am Strand eng nebeneinander aufgestellten Pritschen, auf denen die Erholungssuchenden in Ermangelung eines weißen Sandstrandes bei gutem Wetter ruhen, waren nicht mein Ding. Infolge der vielen deutschsprechenden Gäste auf der Promenade und Restaurant- und Hotelnamen, wie »Münchner Hofbräuhaus«, »Hamburger Hof« usw. kam man sich fast wie in Westdeutschland vor.

Von Las Palmas aus haben wir einen Ausflug über den Ort Teror bis zum Cruiz de Tejeda, einem 1940 m hohen Berg mit einem Kloster, unternommen. Inzwischen war das Chartern eines Busses so teuer geworden, daß für uns nur noch die Fahrt mit einem normalen Touristenbus in Frage kam. Mich beeindruckten weniger die Gebäude und Ortschaften als vielmehr die Landschaft, durch die wir kamen, kahle Berge wurden abgelöst von Hügeln und Kratern ehemaliger Vulkane mit intensiver landwirtschaftlicher Nutzung, einschließlich dem Anbau von Bananen und Wein.

Gibraltar

Diese Halbinsel an der Südspitze Spaniens wurde Anfang des 18. Jahrhunderts (1704) von England erobert. Vom 8. bis zum 15. Jahrhundert stand sie unter arabischer Herrschaft. Neben Engländern und Spaniern leben daher auch noch viele Menschen arabischer Abstammung auf Gibraltar.

Wir besuchten Gibraltar im Frühjahr 1976, zu Beginn unserer damaligen Forschungsreise ins nordwestafrikanische Wasserauftriebsgebiet. Neben den vielen schnittigen Hochseeyachten, die im Hafen lagen und irgendwelchen Ölscheichs oder anderen Millionären gehörten, wirkte die »A. v. Humboldt« wie ein häßliches graues Entlein. Ganz in der Nähe unseres Liegeplatzes befand sich die ins Meer hinausgebaute Landepiste des Flughafens.

Die Sicherheitszone zu Spanien, die sich an der schmalsten Stelle der Halbinsel befindet, war durch einen mehrere Meter hohen Stacheldrahtzaun markiert. Beiderseits dieser streng bewachten Grenze standen Spanier, die mit Tränen in den Augen ihren Verwandten auf der anderen Seite des Zaunes zuwinkten. Ähnliches hatte ich im Westfernsehen nach dem Mauerbau in Berlin gesehen.

Gibraltar, 1976; der Affenfelsen

Infolge Erkrankung unseres Maschinenassis verlängerte sich der Hafenaufenthalt in Gibraltar auf vier Tage. Wir hatten daher genügend Zeit, uns den aus Kalkstein bestehenden Affenfelsen, der immerhin die stattliche Höhe von 424 m erreicht, genauer anzusehen. In den Hochlagen der Halbinsel sind wir auch tatsächlich »echten« Affen begegnet. Auf Gibraltar bilden sie eine natürliche Population, die einzige in Europa. Sie belästigen die Autofahrer und zerkratzen den Lack der Fahrzeuge.

Die Wasserversorgung Gibraltars erfolgte damals durch Zisternen. Um sie zu füllen, waren an den Berghängen große Schrägflächen mit Steinen gepflastert, von denen das Regenwasser ablief. In den mit Bäumen bestanden Hochlagen kann man gut wandern. An der Kreuzung zweier einsamer Waldwege traf ich unverhofft auf einen unserer Biologen, der wie ich allein unterwegs war. Als ich ins Schwärmen kam und sagte, was für ein Glück es doch sei, daß wir durch unseren Beruf so viel von der Welt zu sehen bekämen, stimmte er mir zu, ergänzte aber, daß es noch schöner wäre, wenn man das alles zusammen mit seiner Frau erleben könnte. Ich konnte ihm nur beipflichten.

An der Küste zur Straße von Gibraltar waren damals bereits große Feriensiedlungen entstanden. Im braunen Sand des schmalen Strandes findet man die Schalen von braungemusterten Herzmuscheln, die viel größer sind als die, die ich von der Ostsee her kenne. Als ich den Strand verließ, waren meine Füße durch ein anhaftendes Gemisch aus zähflüssigem Erdöl und Sand schwer geworden, und meine Schuhsohlen hatten enorm an Umfang gewonnen. Jetzt wurde mir auch klar, warum an allen Strandabgängen eiserne Schmutzabstreifer standen, wie man sie bei uns zu Hause noch gelegentlich vor alten Bauernkaten zum Abkratzen des Ackerbodens findet.

Die mit prunkvollen Villen bebauten Viertel der Stadt wirkten europäisch. Die engen Gassen der Araberviertel boten dagegen einen eher orientalischen Anblick. In den zahlreichen Straßenläden dieses Viertels wurde eifrig Handel getrieben. Quarzuhren, Radios, Fotoapparate und wissenschaftliche Taschenrechner aus Japan und Thailand waren sehr preiswert, sie wurden zollfrei eingeführt, weil Gibraltar ebenso wie die Kanarischen Inseln eine Freihandelszone ist.

Mozambique

Die Volksrepublik Mozambique war eine portugiesische Kolonie und wurde 1975 weitgehend unvorbereitet in die Unabhängigkeit entlassen. Mozambique gehört zu den Ländern, in denen die DDR durch die Entsendung von Spezialisten, wie Ärzten, Agraringenieuren und Motorenschlossern, Entwicklungshilfe leistete. Auch das ozeanologische Programm, das 1980 mit der »A. v. Humboldt« im Kanal von Mozambique durchgeführt wurde, ging in diese Richtung.

Obgleich die Mozambiquaner als die Preußen Afrikas gelten, ließen Zucht und Ordnung zu wünschen übrig. Besonders der bauliche Zustand und die Sauberkeit zeigten 1980 zumindest in den beiden großen Städten, der Hauptstadt Maputo sowie in Beira, erhebliche Mängel. Die erste mozambiquanische Stadt, die ich näher in Augenschein nehmen konnte, war Beira, die zweitgrößte Stadt des Landes, deren Hafen wir etwa nach der Hälfte unseres Meßprogramms anliefen. Toni, der Repräsentant der mozambiquanischen Meeres- und Fischereiforschung, zeigte noch am Einlauftag seinen schwarzafrikanischen Mitarbeitern das Schiff und nahm uns anschließend zur Besichtigung seiner Abteilung ins dortige Fischereiinstitut mit. Infolge starker Gezeiten lag die »Humboldt« anfangs etwa vier Meter unter der Kaikante, als wir zurückkamen jedoch drei Meter darüber. Dieser Gezeitenunterschied von sieben Metern war beeindruckend.

Der Hafen und die Stadt Beira, die zu Kolonialzeiten sehr modern ausgebaut worden waren, machten einen heruntergewirtschafteten Eindruck, die jetzt von Schwarzafrikanern bewohnten Häuser waren verkommen, kein Lift funktionierte, die Schaltkästen und Haustürklingeln waren herausgerissen, und die Flure und Vorgärten strotzten vor Schmutz und Unrat. Nicht viel besser sah es in den Verwaltungsgebäuden und Instituten aus, nur war es hier sauberer. Für werterhaltende Maßnahmen fehlte das Geld.

Toni hatte uns darauf hingewiesen, daß man in Beira günstig Schnitzereien erwerben könne, eine Besonderheit der afrikanischen Ostküste seien die Gefäße aus Eisenholz, einer Holzart, die härter ist als Ebenholz und infolge der hohen Dichte im Wasser untergeht. Ich habe diese Gelegenheit genutzt und mir einige Souvenirs eingehandelt, allerdings nicht für Geld, sondern gegen Taschenuhren. Ausreichend Zeit war dafür vorhanden, denn wir haben uns vier Tage in Beira aufgehalten, weil Toni, der den zweiten Reiseabschnitt an Bord der »Humboldt« mitmachte, als Portugiese ein Ausreisevisum benötigte, dessen Beschaffung einige Zeit in Anspruch nahm.

In Beira boten die Händler ihre Holzschnitzereien nicht auf der Straße oder auf Märkten an, sondern in ladenähnlichen Räumen. Da ich meinen Geschäften ungestört nachgehen wollte, machte ich mich allein auf den Weg. Und das war auch gut so, denn das Geschäft florierte wie schon lange nicht mehr. Wenn ich den einen Laden verlassen hatte, wurde ich sofort in den nächsten gelotst. Die Kunde, daß ein Weißer da war, der Uhren gegen Schnitzereien tauschte, verbreitete sich wie ein Lauffeuer. Während ich die erstandenen Gegenstände zum Schiff brachte und mich mit weiteren Uhren versorgte, hatten die Händler ihre Boys losgeschickt, um das Angebot durch ausgewählte Stücke zu ergänzen. Ich konnte deshalb besonders schöne Schnitzereien ergattern, Dosen und Gefäße aus Eisenholz, große Masken und Figuren aus wohlriechendem Sandelholz sowie kleine formschöne Figuren und einen »Familienbaum«, ein aus Ebenholz geschnitzter Stammbaum. Er besteht aus dem Familienoberhaupt, auf dessen Schultern und Kopf die ganze Last der Familie, bestehend aus Mutter und Kindern, ruht. Diese Familienbäume, die mit Kind- und Kindeskindern über einen Meter hoch sein können, habe ich in keinem anderen afrikanischen Land gesehen.

In meinen Reiseaufzeichnungen über Beira steht ferner: Nur Sonne, Lufttemperaturen von 32 °C, ein Ausflug zu dem in der Nähe von Beira gelegenen Nationalpark wurde wegen Partisanengefahr von der Emigration (Fremdenpolizei) nicht genehmigt.

Als Expeditionsleiter, 1972

In Maputo, das wir erst kurz vor unserem Rückflug erreichten, hatten wir nur noch einen Nachmittag zur Verfügung. Da ich noch meine letzte Taschenuhr umsetzen wollte und nicht wußte, wo die Holzhändler ihre Zelte aufgeschlagen hatten, blieb mir für die Stadtbesichtigung wenig Zeit. Aber das wenige, was ich sah, war ebenso vernachlässigt wie die Gebäude und Straßen in Beira. Anders als dort wurden die Holzschnitzereien in Maputo jedoch auf einem großen Markt angeboten, den ich schließlich auch fand. Da ich nur noch eine Uhr hatte, konnte ich mir bei der Auswahl der Tauschobjekte Zeit lassen. Endlich entschied ich mich für ein Pärchen aus Sandelholz, bestehend aus Oma und Opa. Zuerst verlangte der Händler drei Taschenuhren dafür. Er war jedoch so scharf auf die Uhr, daß er mir seine Boys mit immer günstigeren Angeboten nachschickte. Schließlich einigten wir uns auf eine Uhr. Außerdem erhielt ich eine exotische Muschel als Draufgabe.

Mauretanien

Die Islamische Republik Mauretanien liegt südlich von Kap Blanc, dessen Leuchtturm uns auf allen Afrikareisen den Weg gewiesen hat. Die Hauptstadt Mauretaniens ist Nouakchott. Entgegen unserer Absicht haben wir es nie geschafft, den Hafen

Cap Blanc, 1983; Leuchtturm

dieser Stadt anzulaufen, obgleich er relativ zentral zu unserem Arbeitsgebiet lag. Nouadhibou, ein kleiner, direkt bei Kap Blanc gelegener Hafen lag eben noch günstiger und wurde gelegentlich auch von Schiffen des Fischkombinats Rostock und des Instituts für Hochseefischerei Marienehe angelaufen. Im Frühjahr 1983 traf sich dort die »Humboldt« mit dem Fischereiforschungsschiff »Eisbär«, um gemeinsam mit dem in Nouadhibou ansässigen »Centre National de Recherches Oceanographiques et des Pêches« (CNROP) Absprachen für ein ozeanologisches und fischereibiologisches Meßprogramm zu tätigen. Der Makler hatte uns gewarnt, den Ort zu verlassen. Es bestand die Gefahr, in das Schußfeld von Polisario-Kämpfern zu geraten, die einen unabhängigen Staat »Westsahara« anstrebten. Außerdem sollte die Gegend immer noch vermint sein.

Nachdem die »Humboldt« von der Reede an die kleine Pier im Hafen verlegt worden war, hatten wir am Nachmittag drei Stunden Landgang. Mehr Zeit brauchte man auch nicht, um den am Rande der Sahara gelegenen Wüstenort, der die Größe eines Dorfes hatte, zu besichtigen. Außer einem Hotel, das einen gewissen Komfort bot, waren nur wenige Steinhäuser vorhanden. Es dominierten aus Holz, Plastefolien und Wellblech zuammengenagelte Hütten und Verkaufsstände. Da es genug Wüste gab, war der Ort weitläufig angelegt. Anstelle von Straßen existierten allenfalls Sandwege. Überall lag Unrat umher, von dem sich Esel und Ziegen ernährten; letztere

Nouadhibou, 1983; Müllhalden als »Weiden« für Ziegen

bemühten sich sogar, Plaste zu zerkauen.

Nouadhibou, 1983; das Leben am Rande der Wüste ist hart

Während die Mehrzahl der Kollegen, die anderntags an den Beratungen im CNROP teilgenommen hatten, mit einem Kleinbus zurückgebracht wurden, bin ich an der Küste entlang nach Nouadhibou gewandert. Dort lagen faustgroße Meeresschnecken im Seesand. Wie ich später an Bord feststellte, waren deren Gehäuse teilweise noch bewohnt und begannen nach einigen Tagen fürchterlich zu stinken. Außerdem sah ich ein Fort, das mitsamt seinen Langrohrgeschützen allmählich vom Wüstensand zugedeckt wurde. In der Nähe des Kaps lagen Wracks von gestrandeten Schiffen, an denen Rost und Seegang nagten. Zu sehen waren auch »weidende« Kamele, zuerst einzelne, später sogar kleine Herden, die zu einer Kamelstation gehörten. Wovon sich diese Tiere im Wüstensand ernährten, ist mir schleierhaft. Hin und wieder stieß man auf von der Sonne gebleichte Kamelknochen.

Während meines Landgangs traf ich vor dem Hotel in Nouadhibou einen Händler, der Masken anbot. Mein Tauschangebot, Taschenuhr gegen Maske, ließ ihn kalt, er wollte Dollars. Auf dem Rückweg zum Schiff wurde ich von einem Schwarzen angesprochen. Als ich stehen blieb, schob er seine Ärmel zurück und zeigte mir ein ganzes Sortiment von Quarzuhren, an jedem Arm mindestens vier. Er kam mir vor wie ein Russe nach der Eroberung Deutschlands am Ende des 2. Weltkrieges. Als ich grinsend in meine Hosentasche griff und drei Taschenuhren hervor holte, zog er enttäuscht ab. Das Vordringen der Quarzuhren selbst in diese einsame Wüstengegend bedeutete das Aus für unsere Uhrenwährung.

Forschungsobjekt Ostsee – der Ostseeforscher

Mein Hauptarbeitsgebiet als Meeresforscher war stets die Ostsee. Dies gilt auch für die Jahre intensiver Tätigkeit im Atlantik und Indik. Die interessanten Ergebnisse des Internationalen Ostseejahres 1969/70 hatten mir gezeigt, daß Umweltüberwachungsprogramme und angewandte Forschung einander nicht ausschließen, sondern sich sogar hervorragend ergänzen.

Auch wenn die Ostsee allenfalls als Miniozean bezeichnet werden kann, ist sie doch groß genug für die Erforschung grundlegender ozeanologischer Prozesse. Sie bietet darüber hinaus die Möglichkeit, Folgen anthropogener Umweltbelastungen in einem marinen Ökosystem zu untersuchen sowie Schutz- und Sanierungsmaßnahmen zu erproben. Als Beitrag zur Ökosystemanalyse der Ostsee wurden Probleme der Eutrophierung und Überdüngung sowie des Nährstoffkreislaufs zu meinen wichtigsten Aufgaben als chemischer Ozeanograph.

Infolge wachsender Umweltbelastungen durch die menschliche Gesellschaft gewinnt die Erforschung anthropogen bedingter Langzeitveränderungen nicht nur im terrestrischen Bereich sondern auch in den Küstenmeeren der entwickelten Industrieländer zunehmende Bedeutung. Der Vollständigkeit halber muß auch auf die Überfischung hingewiesen werden, die ebenfalls zu nachhaltigen Veränderungen mariner Ökosysteme führt. Das Umweltüberwachungsprogramm in der Ostsee ist für aktuelle Zustandseinschätzungen von wissenschaftlicher und praktischer Bedeutung. Wegen des stark eingeschränkten horizontalen Wasseraustausches durch die Dänischen Meerengen sind die hydrographisch-chemischen Bedingungen dieses Brackwassermeeres so starken unregelmäßigen Veränderungen unterworfen, wie sie sonst nur in Flußmündungsgebieten angetroffen werden. Untersuchungen über die Ursachen von Salzwassereinbrüchen in die Ostsee sowie deren Ausbleiben auf die Sauerstoffverhältnisse im Tiefenwasser gehören zu den wichtigsten Aufgaben der Ostseeforscher.

Wegen der starken Variationen der hydrographisch-chemischen Bedingungen sind regelmäßige Untersuchungen der Meeresumwelt der Ostsee auch im Zusammenhang mit speziellen Forschungsprojekten von Bedeutung. Sie gestatten die Einordnung der bei diesen Projekten gewonnenen Ergebnisse in jahreszeitliche und zwischenjährliche Variationen sowie in Langzeitveränderungen.

Vor der Küste Mecklenburg-Vorpommerns befindet sich die Darßer Schwelle. Durch ihre geringe Wassertiefe von maximal 18 m wirkt sie regulierend auf den Einstrom von Nordseewasser. Da dieser Prozeß erst weit im Inneren des Baltischen Meeres ausklingt, wurden auch die zentralen Becken der Ostsee in unsere Untersuchungen einbezogen. Grundlage für diese Untersuchungen waren die erweiterten Terminfahrten, die von 1971 bis 1978 vom Institut für Meereskunde Warnemünde durchgeführt wurden. Terminfahrten erfolgten bereits in den 1950er und 1960er Jahren, sie waren auf die westlichen Teile der Ostsee beschränkt. Dieses zunächst überwiegend nationale Meßprogramm wurde nach einer Empfehlung der VII. Konferenz der Baltischen Ozeanographen ab 1971 auf die zentrale Ostsee und den Finnischen Meerbusen ausgedehnt. Der Zusatz »erweitert« betraf nicht nur das Arbeitsgebiet sondern auch den Umfang der Meßprogramms. Neben der bisher üblichen Messung der Wassertemperatur sowie des Salz- und Sauerstoffgehaltes gehörte jetzt auch die Bestimmung der wichtigen phosphor- und stickstoffhaltigen Algennährstoffe sowie des giftigen Faulgases Schwefelwasserstoff zum Standardmeßprogramm. Ergänzend zum hydrographisch-chemischen Programm erfolgten Untersuchungen über die Produktivität, Menge und Zusammensetzung des Planktons sowie der am Meeresgrund lebenden höheren Tiere, dem Macrozoobenthos. Im Prinzip lag den erweiterten Terminfahrten das vom Internationalen Ostseejahr vorgegebene Meßprogramm zu Grunde; nur einige Stationen, die für die Warnemünder Meeresforscher von geringerer Bedeutung waren, wurden fortgelassen. An ihre Stelle traten in den westlichen Ostseegebieten Stationen, die im Rahmen des nationalen Terminfahrtprogramms für den Seehydrographischen Dienst (SHD) und die Ostseefischerei der DDR von Interesse waren.

Gemäß der ersten Anordnung über die auftragsgebundene Finanzierung wissenschaftlich-technischer Aufgaben (1968) sowie der daraus abgeleiteten Forschungsverordnung für die Akademie der Wissenschaften, Universitäten und Hochschulen der DDR (1972) fungierte das Ministerium für Bezirksgeleitete und Lebensmittel-Industrie, das auch für die Meeresfischerei zuständig war, für die chemischen und biologischen Untersuchungen als »gesellschaftlicher Auftraggeber«. Das Ministerium für Nationale Verteidigung, dem der SHD unterstand, nahm diese Funktion für die physikalisch orientierten Forschungen wahr, einschließlich der dafür erforderlichen Geräteentwicklung. Diese Aufgabenteilung galt auch für die Untersuchungen im Rahmen des erweiterten Terminfahrtprogramms.

Kenntnisse über die aktuellen ozeanologischen Bedingungen sind besonders in der Ostsee eine wichtige Voraussetzung für Prognosen über die Entwicklung der Fischbestände. Anfangs fanden vier erweiterte Terminfahrten statt, die über alle

Jahreszeiten verteilt waren. Zur besseren Erfassung des winterlichen Nährstoffmaximums sowie zur frühzeitigen Identifikation eventueller Salzwassereinbrüche wurde später eine weitere Meßfahrt im Februar durchgeführt. Außerdem wurde die Herbstterminfahrt bis ins südliche Kattegat ausgedehnt. Zwei der Terminfahrten, im Mai und im Oktober/November, gingen bis in den Finnischen Meerbusen, die drei anderen endeten in der zentralen Ostsee. In Abhängigkeit vom Umfang des Meßprogramms, den Witterungsbedingungen, dem zur Verfügung stehenden Schiff und der Entwicklung der Meßtechnik dauerten die Terminfahrten zwei bis fünf Wochen. Besonders in den Übergangsjahreszeiten März/April und Oktober/November mußten Ausfalltage eingeplant werden, weil wegen schlechten Wetters nicht gearbeitet werden konnte. Stand die größere und schnellere »A. v. Humboldt« zur Verfügung, konnte das Meßprogramm zügiger erledigt werden als mit der langsameren, kleineren »Professor Albrecht Penck«. Positiv wirkte sich auch die Ausrüstung beider Schiffe mit der Ozeanologischen Meßkette, der OM75, aus, die in der zweiten Hälfte der 1970er Jahre erfolgte. Mit diesem System konnte unter schwierigeren meteorologischen Bedingungen gemessen und Wasserproben gewonnen werden als mit Nansen-Wasserschöpfern. Außerdem wurde der Bug der »Penck« 1974 mit einer »Walback« (gewölbte Üderdachung) als Wetterschutz versehen, so daß das Schiff bei schlechtem Wetter weniger Wasser nahm als früher.

Während die Bereitstellung der Finanzmittel für die Terminfahrten kaum Schwierigkeiten machte, haperte es gelegentlich am Dieselkraftstoff für den Betrieb unserer Forschungsschiffe. Die weltweiten Ölkrisen in den 1970er Jahren machten sich auch in der DDR bemerkbar. Zwar floß das sibirische Erdöl auch weiterhin durch die in Schwedt endende »Erdölleitung der Freundschaft«, es war aber vorbei mit den Freundschaftspreisen. Die UdSSR glich ihre Rohölpreise zeitlich verzögert an die Weltmarktpreise an. Institutsleitung und Verwaltung mußten besonders Ende der 1970er, Anfang der 1980er Jahre große Anstrengungen unternehmen, damit der erforderliche Dieselkraftstoff bereitgestellt wurde. Es kam zwar nicht so weit, daß Terminfahrten oder Atlantikreisen ausfallen mußten, dazu waren unsere gesellschaftlichen Auftraggeber, Volksmarine und Hochseefischerei, zu mächtig, aber es mußte gespart werden.

Mit 160 - 180 Schiffseinsatztagen pro Jahr leisteten die Meeresforscher der DDR zwei Jahrzehnte lang einen wichtigen Beitrag zum Umweltüberwachungsprogramm in der Ostsee. Abgesehen von den Jahren 1972 und 1980, in denen ich wegen meiner Tätigkeit in anderen Gebieten des Weltmeeres nicht in der Ostsee arbeiten konnte, habe ich im Mittel an zwei Terminfahrten im Jahr teilgenommen. Auf den meisten dieser Fahrten war ich als Expeditionsleiter eingesetzt. Im Zeitraum 1971 bis 1990 summiert sich das auf über 30 Fahrten, auf denen ich neben meiner leitenden Tätigkeit auch einen Teil der Nährstoffanalysen durchgeführt habe. Die Hälfte dieser Reisen war im Oktober/November, die anderen fanden im März/April bzw. im Februar statt. Getreu meinem Vorsatz nach der ersten Afrikareise, nie mehr in der »schönen« Jahreszeit auf See zu sein, habe ich mich vor allen Umweltüberwachungsfahrten im August gedrückt und nur ein- oder zweimal an einer Maireise teilgenommen. Dafür nahm ich lieber in Kauf, während der in Bezug auf Wind und Eisbedeckung ungünstigeren Jahreszeiten auf See zu sein. Das geschah allerdings nicht ganz ohne Hintergedanken; ich wollte vor Ort sein, wenn es um die Entscheidung ging, die Messungen wegen schlechten Wetters abzubrechen oder auf Kraft noch die eine oder andere Station zu bearbeiten. Bei kritischen Arbeitsbedingungen war ich auch in meiner wachfreien Zeit bei den Stationsarbeiten zugegen und hing gelegentlich – wenn ein Brecher überkam und wir das Gleichgewicht verloren – zusammen mit den Wachgängern an den Strecktauen, den bei Sturm auf dem Arbeitsdeck ausgespannten Sicherungsleinen. Besonders unangenehm war das Arbeiten in der Nacht, wenn nur das Arbeitsdeck und der Windenraum hell erleuchtet und die anrollenden Brecher erst im letzten Augenblick zu erkennen waren. Auch wenn ich nur selten helfend einzugreifen brauchte, genügte meine Anwesenheit, damit sich die Wachgänger nicht im Stich gelassen fühlten; letztendlich wurde anerkannt, daß ich mich nicht geschont habe.

»Wo de Ostseewellen trecken ...«, 1971-1978

Besonders in den 1970er Jahren haben wir in der Ostsee unter sehr schwierigen Wetterbedingungen gearbeitet. Die Entscheidung fiel schwer, wenn es darum ging, trotz ungünstiger Wettervorhersagen den geschützten Ankerplatz zu verlassen, um eventuell doch mit den Messungen beginnen zu können. Oftmals war die Warnung des Kapitäns berechtigt; denn auf Station angekommen, ließen Wind und Seegang kein gefahrloses Aussetzen der Geräte zu, und das Schiff mußte unverrichteter Dinge gegenandampfen oder erneut unter Landschutz gehen. Manchmal glückte es aber doch, trotz »Schietwetters« die eine oder andere Station zu bearbeiten, dann waren Besatzung und Forscher gleichermaßen stolz und alle Mühsal vergessen. Bei aller Risikobereitschaft ist es auf den von mir geleiteten Terminfahrten zu keinen schwerwiegenden Geräteverlusten und Havarien gekommen. Ab Windstärken von 6 - 8 Bft mußte die Meßtätigkeit eingestellt werden und das Schiff unter Landschutz gehen, die kleinere »Penck« bereits bei einer Windstärke weniger als die »Humboldt«. Bis Mitte der 1970er Jahre war das Aufsuchen von Landschutz kein Problem, wenn unsere Schiffe außerhalb der drei Seemeilen umfassenden Territorialgewässer ankerten. Neben den DDR-Küsten boten in der zentralen Ostsee insbesondere die schwedische Ostküste, einschließlich der Insel Gotland, Schutz vor Winden aus West bis Nord. Durch »rund um Bornholm« konnte man sich hinter dieser dänischen Insel sogar bei Winden aus allen Richtungen verkriechen. Im Finnischen Meerbusen sowie unter der Küste der UdSSR haben wir nur selten unter Landschutz gelegen, und wenn, dann auf den Außenreeden größerer Häfen. Das galt auch für Polen; wenn wir dort an der Küste in Sturm gerieten, war es zumeist möglich, die Reede von Gdynia zu erreichen oder einen Hafen anzulaufen.

Die Möglichkeit, außerhalb der drei Seemeilen breiten Hoheitsgewässer ungehindert Meeresforschung zu betreiben, änderte sich ab Mitte der 1970er Jahre grundlegend mit der Anwendung des neuen internationalen Seerechtes. Nachdem die Sowjetunion bereits ab 1960 ihre Hoheitsgewässer in der Ostsee auf zwölf Seemeilen ausgeweitet hatte, folgten Polen (1978) Schweden (1979) und die DDR (1984/85) erst etliche Jahre später diesem Beispiel, während die BRD, Dänemark und Finnland sich weiterhin mit drei bzw. vier Seemeilen begnügten. Außerdem wurde die Ostsee ab 1977 nach dem Mittellinienprinzip aufgeteilt in Fischereizonen, die später in die exklusiven Wirtschaftszonen (EEZ) umgewandelt wurden. Infolge der großen Küstenlänge fiel fast die halbe Ostsee an Schweden. Durch die Aufteilung der Ostsee gingen einigen Ländern, darunter der DDR, traditionelle Fangplätze verloren. Es blieben jedoch einige »Grauzonen« übrig, weil sich die Küstenstaaten infolge vorgelagerter Inseln nicht über ihre Ansprüche einigen konnten.

Durch die Ausweitung der Territorialgewässer auf zwölf Seemeilen konnten einige Standardstationen unseres nationalen Terminfahrtprogramms nur noch nach vorheriger Genehmigung durch den Küstenstaat bearbeitet werden. Ab 1981 erteilten die schwedischen Behörden diese Genehmigung nicht mehr. Seitdem beschränken sich Terminfahrtuntersuchungen daher auf die Stationen, die außerhalb der Hoheitsgewässer der Küstenstaaten liegen. Hierzu gehören die internationalen

Stationen längs des Tiefwasserweges durch die eigentliche Ostsee und den Finnischen Meerbusen sowie einige weitere Stationen im Bornholmbecken. Eine Ausnahme bildet das südöstlich von Stockholm gelegene Landsorttief, das innerhalb der schwedischen Hoheitsgewässer liegt und mit knapp 450 m die tiefste Stelle der Ostsee ist. Die Bearbeitung dieser internationalen Station mußte jetzt auf diplomatischem Wege ein halbes Jahr im voraus angemeldet werden. Zwei weitere Anmeldungen und die Abmeldung bei der schwedischen Coast Guard 48 Stunden vor Beginn der Messungen sowie zum Zeitpunkt des Einlaufens und Verlassens der Territorialgewässer wurden gefordert, wenn die schwedischen Behörden dem Antrag zur Bearbeitung des Landsorttiefs zugestimmt hatten. Das war jedoch – wahrscheinlich infolge von Manövern der schwedischen Marine – nicht immer der Fall.

Die Notifikation von Forschungsarbeiten war auch für die Fischereizonen bzw. die Wirtschaftszonen fremder Ostseeländer erforderlich, in denen ozeanographische Untersuchungen durchgeführt werden sollten. In einem vom Internationalen Rat für Meeresforschung in Kopenhagen entwickelten Formblatt wurden neben Angaben zu Schiff und Besatzung sowie dem Arbeitsgebiet auch Informationen über den Zweck und die internationale Einbindung der Arbeiten, die Ausrüstung des Schiffes mit Forschungsgeräten, geplante Häfen und Referenzen sowie die Möglichkeit der Mitnahme von Beobachtern abgefordert. Außerdem wurde gefragt, in welcher Entfernung zur Küste ozeanographische Messungen geplant seien. Die Notifikationen wurden über das Ministerium für Auswärtige Angelegenheiten der DDR an die entsprechenden Ministerien der Länder geleitet, in deren Gewässer die Untersuchungen erfolgen sollten. Außerhalb der Territorialgewässer hatten wir in der Ostsee keine Schwierigkeiten mit den Genehmigungen. Die Erteilung dieser Erlaubnis wurde immer mit der Floskel beendet, daß »the Ministery of Foreign Affairs of the – Name des Landes – avails itself of this opportunity to renew to the Ambassy of German Democratic Republic in – Name der Hauptstadt – the assurances of its highest consideration.«

Durch die Erweiterung der Territorialgewässer in der Ostsee verringerten sich die Möglichkeiten, bei schlechtem Wetter unter Landschutz zu gehen; in zwölf Seemeilen Entfernung bietet das Festland kaum noch Schutz vor Wind und Seegang. Vorsichtshalber haben wir mit unseren Forschungsschiffen auch für Dänemark ein Küstenmeer von zwölf Seemeilen Breite respektiert und uns selbst das Leben schwer gemacht, weil damit auch die Insel Bornholm als Landschutz wegfiel. Übrig blieben nur noch die Gewässer entlang der DDR-Küste. Unsere wichtigsten Zufluchtsorte bei schlechtem Wetter wurden jetzt die auf der Ostseite von Rügen gelegene Tromper Wiek, die nur bei Stürmen aus östlichen Richtungen keinen Schutz bietet. In diesem Fall kann man sich jedoch hinter Hiddensee verkriechen. Nicht nur die Forschungsschiffe sondern auch die Fischkutter aus Saßnitz waren auf diese Zufluchtsorte angewiesen, wenn sie in der Nähe ihrer Fangplätze bleiben wollten. Im Herbst 1978 lag die »Penck« zusammen mit elf Fischereifahrzeugen und dem Fischereiforschungsschiff »Eisbär« in der Tromper Wiek vor Anker, um auf das Abflauen des Sturmes zu warten. Wenn so viele Fischer in der Nähe sind, ist die Versorgung mit grünem Hering und anderem Frischfisch gesichert.

In der zentralen Ostsee hatten wir jetzt keine Möglichkeit mehr, bei schlechtem Wetter unter Landschutz zu gehen, es sei denn, das Schiff konnte auf der Reede eines in der Nähe gelegenen Hafens in Polen oder in der UdSSR vor Anker gehen. Da dies oftmals nicht möglich war, hieß es entweder abwettern und vor Ort bis zur Wetterbesserung auszuharren oder das Meßprogramm für längere Zeit zu unterbrechen und weit entfernt liegenden Landschutz aufzusuchen, was oftmals ein 12 - 24-stündiges »Gegenanbolzen« bedeutete. Ich habe mich in Abstimmung mit dem Kapitän häufig für die erste Variante entschieden, weil vor Ort die Wetterentwicklung besser eingeschätzt werden kann als unter Landschutz. Manchmal dauerte es nur zwölf Stunden, bis der Wind so weit abflaute, daß wir bei Tageslicht und mit Maschinenunterstützung arbeiten konnten. Wir haben aber auch zwei und mehr Tage ausgeharrt und sind mit langsam laufender Maschine gegen die Wellen »angegangen«. Obgleich sich das Schiff dabei nur selten schwere Brecher einfing, die alles durcheinander warfen, war auch das Gegenangehen mit seinem sanften Auf und Ab auf Dauer gesehen zermürbend. In der Koje liegen und lesen mochte ich nicht immer. Allmählich schmeckte auch das Essen nicht mehr, selbst wenn es magenfreundliche Kost, wie z.B. Pudding oder Milchsuppe, gab. Als Expeditionsleiter mußte ich mich zumindest bei den Mahlzeiten in der Messe und zwischendurch auch auf der Brücke sehen lassen, und sei es nur, um aus dem »Schiffsfenster« eventuell einen Silberstreif am Horizont zu erspähen. Außerdem konnte ich ein paar Worte mit dem Kapitän oder dem Wachoffizier wechseln und einen Brückenkaffee abfassen. Oftmals war es mit einer Schlechtwetterperiode nicht abgetan, auf Gammel eins folgte Gammel zwei und gelegentlich sogar Gammel drei.

Bei unsicheren Wetterlagen war auch die Organisation des Meßprogramms wichtig. Manchmal war es besser, mit den Arbeiten westlich der Insel Gotland zu beginnen und erst danach – wie normalerweise üblich – die Stationen im östlichen

Gotlandbecken abzuarbeiten. Oftmals empfahl es sich sogar, zwischenzeitlich Gdynia zur Trinkwasserversorgung anzulaufen und nach Abflauen des Windes von dort aus erneut zu starten. Vor einer Herbstreise begrüßte mich der Kapitän der »Penck«, Günter Harms, einmal mit den Worten: »Na Dietwart, dann wollen wir mal wieder durch die Ostsee torkeln.«

Während des Abwetterns blieben die Aufarbeitung des Datenmaterials und andere sinnvolle Beschäftigungen dem Einzelnen überlassen, weil das ständige Auf und Ab des Schiffes sich mehr oder weniger auf das Konzentrationsvermögen und das körperliche Wohlbefinden auswirken. Deshalb trafen sich nur Hartgesottene abends zum Doppelkopf- oder Skatspielen in der Messe. Ganz anders war es dagegen, wenn das Schiff unter Landschutz lag. Während man sich tagsüber mit dienstlichen Belangen beschäftigte, traf sich abends die halbe Besatzung in der Messe zu Filmveranstaltungen, zum Fernsehen oder zum Kartenspielen. Dann wurde auch der für jede Reise gemäß Kulturplan obligatorische Preisskat veranstaltet. Der Hauptgewinn war eine Flasche Schnaps, gefolgt von einer Flasche Wein, zwei Schachteln Zigaretten und einer Tafel Schokolade. Der Trostpreis, auf den aber keiner Wert legte, war »ein Gang durch die Kombüse«. Ich freute mich am meisten, wenn ich den vierten Preis gewann. Während den anderen Preisen anschließend gemeinsam der Garaus gemacht wurde, konnte ich die Tafel Schokolade behalten. In der zweiten Hälfte der 1980er Jahre hatte ich das Pech, drei- oder viermal hintereinander den ersten Preis zu gewinnen und mußte deshalb bleiben, bis alle alkoholischen Preise und noch einige weitere Flaschen Schnaps vertilgt waren.

Skat wurde allmählich durch Doppelkopf verdrängt. Bei diesem Spiel konnte mehr noch als beim Skat darüber diskutiert werden, was wäre gewesen, wenn ... Außerdem konnte man sich diebisch darüber freuen, wenn man den Gegnern die »Füchse« (Karoasse) weggefangen und »Karlchen Meier« (Kreuzbube) den letzten Stich gemacht hatte. Der Höhepunkt der Gefühle

Skat oder Doppelkopf? Mitte der 1970er Jahre

war jedoch, wenn es gelang, einem der Mitspieler die »Dulle« (Herzzehn) mit der Karosieben wegzufangen; dieses seltene Glück wurde später den daheim gebliebenen Doppelkopffreunden als wichtigstes Reiseereignis berichtet und bot auch noch Gesprächsstoff auf weiteren Terminfahrten. Ich habe das Kartenspielen an Bord sehr genossen, brachte es doch etwas Abwechslung in den eintönigen Schiffsalltag und trug dazu bei, etwaige Förmlichkeiten zwischen dem Expeditionsleiter und der Besatzung, abzubauen. Das galt nicht nur für die häufig wechselnden Mitspieler sondern auch für die zahlreichen »Kiebitze«, die die Back, an der gespielt wurde, umlagerten.

Der Chief der »Penck« war ein leidenschaftlicher Käseesser, der regelmäßig um 21.00 Uhr in der Messe erschien und an den Kühlschrank ging, um sich über die reichlich vorhandenen Käsereste herzumachen. Eine Zeit lang haben sich die Doppelkopfspieler den Spaß gemacht, den Käse vor seinem Erscheinen restlos zu vertilgen. Der Chief, ein ruhiger Zeitgenosse, nahm es beim ersten Mal gelassen. Er wunderte sich zwar, als er den leeren Käseteller sah, begnügte sich dann aber mit harter Wurst. Beim zweiten Mal wurde er bereits unruhig, und beim dritten Mal murmelte er etwas von »verdammten Käsefressern«. Weil wir lachen mußten und ihm klar wurde, was Sache war, machte er zwar gute Miene zum bösen Spiel, ignorierte jedoch fortan den Kühlschrank, wenn die Doppelkopfrunde zu Gange war. Aber das konnten wir auf Dauer nicht mit ansehen, er fiel uns ja förmlich vom Fleisch. Als der Chief wieder einmal in die Messe kam und verdrossen gehen wollte, als er uns sah, sagten wir daher grinsend, er könne ruhig an den Kühlschrank gehen, es sei noch reichlich Käse da.

Beim Kartenspielen wurde natürlich auch Bier oder Schnaps getrunken, beim Doppelkopf weniger als beim Skat. Daß dem Alkohol nur in Maßen zugesprochen wurde, war besonders wichtig, wenn längere Fahrzeiten bis zum Beginn der Mitternachtswache mittels Kartenspielen überbrückt wurden. Obgleich Wachvergehen infolge Trunkenheit selten geworden waren, gab es Ausnahmen. Kritisch waren vor allem die Geburtstage. Häufig wurde das Geburtstagskind unmittelbar nach Mitternacht aus der Koje geholt und mußte eine oder mehrere Runden spendieren.

Nach diesem Exkurs in das Alltagsleben an Bord jetzt wieder zurück zu Sonne, Wind und Wellen. Jemand, der vorrangig die Ostseeterminfahrten im Mai und August mitgemacht hat, würde diesem Problem viel weniger Aufmerksamkeit widmen als ich. Aber auch bei den vom Wetter besonders benachteiligten Herbstreisen gab es Ausnahmen; eine davon habe ich im Brigadetagebuch der »Penck«-Besatzung verewigt. Mein Beitrag, der allerdings aus den 1980er Jahren stammt, lautete wie folgt (Ergänzungen in Normalschrift):

Über eine Schönwetterreise (23. 10. - 14. 11. 1984)

Die Oktober/November-Terminfahrten gehören erfahrungsgemäß zu den Reisen, die sich durch schlechtes Wetter auszeichnen. So mußten wir uns im Herbst 1983 bei Windspitzen bis 24 m/s und Angstschweiß auf der Stirn (wegen eventueller Geräteverluste) *mit der Gewinnung der Wasserproben quälen, um die Planaufgaben zu erfüllen.*

Aber keine Regel ohne Ausnahme. Als wir ein Jahr später, am Nachmittag des 23. Oktober, bei relativ schlechtem Wetter von Rostock-Marienehe ausliefen, sahen wir den weiteren Ereignissen mit gemischten Gefühlen entgegen. Aber nichts geschah, das Wetter besserte sich, und im weiteren Verlauf der Reise traten nur selten Windgeschwindigkeiten über 10 m/s auf. So brauchte unser Funker kein tröstliches Lächeln aufzusetzen, was er immer tut, wenn der amtliche Wetterbericht Windstärken von 8 - 12 Bft (Sturm bzw. Orkan) *prophezeit. Auch der Bootsmann hatte keine Gelegenheit, uns mit seinem »et briest uff« zu schrecken, denn das trat* (auf dieser Reise) *nie ein. Auch der Kapitän konnte seine seemännische Erfahrung, daß, »wenn das Wetter am schlechtesten ist, es nur noch besser werden kann«* (was immer stimmt!) *für sich behalten.*

Die Folge dieser überraschenden Schönwetterperiode war, daß unser Schiff, die »Penck«, *überall zu früh aufkreuzte und unsere Hafenaufenthalte in Gdynia* (Allerseelen) *und Tallinn* (Oktoberrevolution) *nicht nur mit einem Feiertag, sondern infolge der* (aus Sicht der Werktätigen) *günstigen Lage zum Wochenende mit jeweils 2 - 3 arbeitsfreien Tagen zusammenfielen. Trotzdem konnten die wissenschaftlichen Kontakte zu unseren Partnerinstituten erfolgreich wahrgenommen werden. Nach Tallinn konnten wir, ausgerüstet mit Elektro-Ölradiatoren* (E-Heizkörper gab es in der DDR nicht zu kaufen), *auch dem strengsten Winter gelassen entgegensehen. Darüber hinaus hatte der Zoll ein Einsehen und kontrollierte nicht. Unsere gewissenhaft ausgefüllten Zollerklärungen kamen daher gar nicht zur Geltung.*

Erwähnenswert von dieser Reise ist ferner, daß der Karnevalsbeginn (11. 11./11 Uhr 11) *erstmals an Bord feierlich begangen wurde. Unser Koch hat je-*

doch etwas übertrieben, indem er seit Tallinn mit einer Gesichtsmaske (»Veilchen«) *umherlief, die sich erst kurz vor dem Einlaufen in Rostock aufzulösen begann.*

Ich hoffe, die »Penck«-Besatzung, bei der ich mich auch an dieser Stelle für die gute Zusammenarbeit bedanke, verzeiht mir, daß ich keinen »wissenschaftlich fundierten« Beitrag für ihr Brigadetagebuch geschrieben habe, sondern es bei diesen Randbemerkungen bewenden lasse. Wenn ich die Reise in Kurzform charakterisieren sollte, müßte ich sagen, es war ein Kampf gegen die Zeit und die Feiertage: Von beidem zu viel!

Alles in allem wird die Herbstterminfahrt des Jahres 1984 als Schönwetterreise in die Annalen des Instituts eingehen. Sie wurde in der (damaligen) *Rekordzeit von nur 22 Tagen – neun Tage weniger als geplant – beendet.*

Rostock, den 1. Dezember 1984
Prof. Dr. Nehring / Expeditionsleiter

Wenn während der Herbstreise leidlich gutes Wetter herrschte, bekamen unsere Forschungsschiffe Probleme mit der Fischerei. Durch unsere »Kreuz- und Querkutschiererei« stießen wir außerhalb der Schiffahrtsrouten immer wieder auf Stellnetze und Langleinen (Angeln), die vorsichtig umfahren werden mußten. Verbunden damit waren Umwege von einigen Seemeilen. Gelegentlich konnten Stationen nicht bearbeitet werden, weil sie inmitten von Netzen und Angeln lagen. Besonders unangenehm waren die nächtlichen Arbeiten im Fischereigebiet, weil die schwach beleuchteten Begrenzungsspieren der Fanggeräte nur schwer auszumachen waren.

Wissenschaftliche Kontakte sowie Handel und Wandel in den Ostseehäfen, 1971 - 1989

Der Expeditionsleiter konnte in gewissem Maße das Anlaufen bestimmter Ostseehäfen steuern. Als Begründung dienten Kontakte mit den dortigen meereswissenschaftlichen Instituten. Neben dem Kennenlernen von Land und Leuten waren für uns auch die Einkaufsmöglichkeiten in den Häfen von Interesse gemäß der Devise, was kann man wo preiswert erwerben. Es waren weniger die Waren des täglichen Bedarfs als vielmehr Textilien, Elektrogeräte, Werkzeuge, Installationsmaterial und Autoersatzteile, die gekauft wurden, weil sie entweder in der DDR teurer waren oder es sie dort nicht gab. Mein Interesse galt auch Büchern aus der DDR, die zu Hause zur »Bückware« gehörten, sowie Kunstgewerbeartikel und Antiquitäten, deren Ausfuhr damals noch gestattet war. Die Herbstreisen waren auch die letzte Gelegenheit für den Einkauf von Weihnachtsgeschenken, denen, weil sie aus der Fremde stammten, so etwas wie ein »Duft der großen weiten Welt« anhaftete. Nachmittags traf man sich in der Messe, um beim verspäteten Mittagessen oder beim Kaffeetrinken über die erworbenen Neuerrungenschaften zu berichten. Diese Informationsbörse führte gelegentlich dazu, daß diejenigen, die bisher nicht die richtige Idee für ein Mitbringsel hatten, losstürzten, um zu kaufen.

Institutsbesuche und Schiffsbesichtigungen, die zumeist nur eine kleine Gruppe von Wissenschaftlern und Ingenieuren betrafen, hatten natürlich Vorrang vor anderen Aktivitäten. Trotzdem war die wissenschaftliche Besatzung in Bezug auf Landgang besser dran als die Stammbesatzung, die auch im Hafen Wache gehen mußte. Dies gab Anlaß zu Mißstimmungen, so daß – wie bereits auf den Atlantikreisen – ab Mitte der 1970er Jahre die Ozeanographen in den Hafenwachtörn einbezogen wurden. Als Begründung wurde die Anwesenheit eines Fachmannes bei unverhofften Besuchen von Wissenschaftlern an Bord unserer Schiffe genannt. Darüber hinaus spielte zumindest zeitweise die Frage der erhöhten Ordnung und Sicherheit in einigen Häfen – nicht etwa des kapitalistischen, sondern des sozialistischen Auslands – eine Rolle. Der Friede zwischen der Stammbesatzung und den Expeditionsteilnehmern wurde durch diese Maßnahme aber nicht wiederhergestellt; jetzt stichelten die Ozeanographen, sie müßten Wache schieben, damit die anderen mehr Freizeit hätten. Im Einvernehmen mit dem jeweiligen Kapitän einigte man sich schließlich darauf, daß nur tagsüber ein Ozeanograph an Bord sein mußte, um eventuelle Besucher zu empfangen.

Gdynia, ehemals Gdingen, war der polnische Hafen, der während der Terminfahrten am häufigsten von unseren Schiffen angelaufen wurde. Dort besuchten wir das Institut für Meteorologie und Hydrologie (IMGW) sowie das Institut für Meeresfischerei (MIR). Mit diesen Besuchen waren nicht nur fachliche *ad hoc*-Beratungen verbunden, es wurden auch ozeanologische Daten sowie Forschungsgeräte ausgetauscht. Außerdem besichtigten Professoren, die an der Danziger Universität Vorlesungen hielten, mit ihren Studenten unsere Forschungsschiffe.

Obgleich der für die Zollbelehrungen verantwortliche Nautiker jedesmal auf die Verwerflichkeit des illegalen Geldtauschens auf der Straße und die angeblich damit verbundenen, schweren Strafen durch die polnischen Behörden hinwies, hat sich keiner daran gehalten; wegen des niedrigen offiziellen Wechselkurses war die Versuchung einfach zu groß. Mitte der 1980er Jahre wurde der Złoty dem jeweiligen Marktwert angepaßt. Jetzt übernahmen die halboffiziellen Kontore, die wie Pilze aus der Erde schossen, den Geldumtausch zum Schwindelkurs. Dadurch verloren die Chinger ihren Job.

Gdynia, 1976; Markthalle

Besonders günstig zum Einkaufen waren die große Markthalle in Gdynia sowie der Flohmarkt vor dieser Halle, auf dem interessanter alter Plunder feilgeboten wurde. Und was wäre ein Hafenaufenthalt in Gdynia ohne den Kauf eines oder mehrerer Weidenkörbe gewesen. Es gab diese Körbe in verschiedenen Größen und Ausführungen. Fast alle kauften sie, nicht nur um sich selbst, sondern auch die gesamte Verwandtschaft und Bekanntschaft damit zu versorgen.

Günstig war es, wenn unser Schiff, teils mit Hilfe des IMGW, einen Liegeplatz an der Pomorske(Pommern)-Pier oder im Fischereihafen zugewiesen bekam, von dort aus war es nicht weit zu den Instituten und Einkaufsstätten. Eine Zeit lang durfte die »Penck« sogar ohne Lotsen in Gdynia einlaufen und ablegen.

Wegen der direkten Bahnverbindung mit Berlin war Gdynia ein beliebter Hafen für den Austausch von Besatzungsmitgliedern. Abends um 18.00 Uhr stieg man in Berlin in den Schlafwagen nach Gdynia und kam dort am nächsten Morgen um 4.30 Uhr an. Als wenig angenehm habe ich dagegen die Heimreise von Gdynia aus empfunden. Der Zug fuhr gegen 22.00 Uhr ab. Manchmal konnte oder wollte das Schiff nicht so lange warten. Wer im Ausland allein an der Pier zurück bleibt, kommt sich sehr verlassen vor.

Ich war mit der »Penck« noch in zwei weiteren polnischen Häfen, in denen es wissenschaftlich jedoch nichts zu holen gab. Bereits im Herbst 1971 liefen wir Novy Port an der Westernplatte an, von dem später gebauten, neuen Hafen war damals noch nichts zu erkennen. Der Grund für das Anlaufen dieses Hafens war seine

Nähe zu Danzig. Außer einem einfachen Denkmal für die gefallenen polnischen Soldaten, die zu Beginn des 2. Weltkrieges auf der Westernplatte einer deutschen Übermacht getrotzt hatten, gab es dort nur einige armselige Häuser und eine Kneipe. Bis Danzig waren es auch noch etwa sechs Kilometer. Als erstes statteten wir der Kneipe einen Besuch ab. Dort waren wir nicht die einzigen Gäste. In unserer Nähe saßen einige junge Frauen und Männer, die ein altes Teleskop-Fernrohr begutachteten, wie es seinerzeit Admiral Nelson vor sein blindes Auge gehalten hat, um die Übermacht der feindlichen Schiffe nicht sehen zu müssen. Dieses Fernrohr hätte ich gerne gehabt, aber es war zu teuer. Als uns die Frauen lästig wurden und partout wissen wollten, wie unser Schiff hieß, gab der Chief »Santa Maria« als Namen an, so hieß das Flaggschiff, mit dem Christoph Columbus Amerika entdeckte. Da waren Ungläubigkeit und Staunen groß, aber wir blieben dabei.

Einigermaßen schief geladen machten wir uns später zu Fuß auf den Weg nach Danzig, das wir mit Einbruch der Dunkelheit erreichten. Nach einigen weiteren Runden Bier hatten wir die Nase voll und begaben uns auf den Rückmarsch, der uns lang und länger wurde. Unterwegs begegneten wir einer mit Maschinenpistolen bewaffneten polnischen Doppelstreife. Im Handumdrehen hatte Caesar, einer unserer Biologen, dem einen Posten seine Kalaschnikow entrungen und präsentierte damit. Danach gab er die Waffe freundlich grinsend zurück. Die Soldaten verstanden Spaß und eskortierten uns kauderwelschend zur »Penck« zurück. Dies sind meine Erinnerungen an Novy Port und die Westernplatte sowie die Erklärung dafür, warum die »Penck« für kurze Zeit zum Flaggschiff von Christoph Columbus geworden war.

Der dritte polnische Hafen, den ich im Herbst 1975 bei einem kurzen Zwischenstop von knapp 24 Stunden kennenlernte, war Kolobrzeg, ehemals Kolberg. Grund für das Anlaufen dieses Hafens, der wesentlich näher zur DDR lag als Gdynia, waren der Austausch von Besatzungsmitgliedern sowie einige dringend benötigte Ersatzteile für die ozeanologische Meßkette.

Die »Penck« hatte bereits am Vorabend auf der Reede von Kolobrzeg geankert, bekam aber wegen Überfüllung dieses kleinen Hafens erst am nächsten Vormittag einen Liegeplatz. Der damalige Steuermann der »Penck«, der viele Jahre bei der Fischerei gefahren war, wußte, daß es im Herbst vor der pommerschen Küste reichlich Schollen gab. Leider blieb das kleine Stellnetz, das er mit Unterstützung einiger Matrosen im Handumdrehen zusammengebastelt und über Nacht ausgesetzt hatte, leer. Damit scheiterte der einzige Versuch, den ich an Bord der »Penck« erlebt habe,

Kolobrzeg (Kolberg), 1975; Markt

Fische mit einem Netz zu überlisten.

Kolberg war am Ende des 2. Weltkrieges eine stark zerstörte Stadt. Daran hatte sich zwischenzeitlich nicht viel geändert; weite Flächen der Innenstadt waren immer noch unbebaut. Am Rande dieser Einöde boten einige wenige Straßenhändler ihre kümmerlichen Waren feil. Der einzige Wirtschaftszweig, der sich in Kolobrzeg entwickelt hatte, war damals die Fischerei, der Hafen lag voll mit Kuttern und Loggern. Die »Penck« bekam einen Liegeplatz in der Nähe der Hafeneinfahrt zugewiesen. Als der Wind im Laufe des Tages vorübergehend auffrischte, mußten wir ins Hafeninnere verholen und den Aufenthalt bis zum nächsten Vormittag verlängern.

In der UdSSR führten uns die Terminfahrten häufiger nach Tallinn, ehemals Reval, als nach Riga, den Hauptstädten der damaligen Lettischen und Estnischen Sowjetrepubliken. Der Grund hierfür war, daß wir mit Tallinn den nördlichsten Teil unseres Arbeitsgebietes, den Finnischen Meerbusen, erreicht hatten. Außerdem war Tallinn einfacher anzulaufen als der Rigaer Hafen, dessen Lotsenrevier den gesamten Rigaer Meerbusen umfaßt, was die Anreise um etwa 20 Stunden verlängert. Ein weiterer Grund waren die meereswissenschaftlichen Einrichtungen. In Riga gab es nur das Institut für Ostseefischerei, das BaltNIIRCH, mit dem es sich aus meiner Sicht lohnte, engere Kontakte zu pflegen. In Tallinn waren es dagegen das Institut für Ökologie und Meeresforschung der Estnischen Akademie der Wissenschaften sowie die Ostseeabteilung des Instituts für angewandte Geophysik, die wir häufig aufsuchten.

Bei den Besuchen von Meereswissenschaftlern aus Riga und Tallinn an Bord unserer Forschungsschiffe machten wir mit unserer neuen Forschungstechnik Furore. Die Erfahrungen mit der nach oben ausschwenkbaren Seitenluke der »Humboldt« zum Aussetzen der Sonde wurden später von einer finnischen Werft beim Bau der »Arnold Weimer«, des neuen Forschungsschiffes der Estnischen Akademie der Wissenschaften, genutzt.

In den Rigaer und Tallinner Instituten waren unvorbereitete Höflichkeitsbesuche unsererseits wenig willkommen, vermutlich weil die Gebäude ziemlich marode und die Laboratorien schlecht mit Forschungsgeräten ausgestattet waren. Letzeres änderte sich jedoch in den 1980er Jahren. Hinzu kam die allgemeine Geheimniskrämerei aus Angst vor Spionage, die in der Sowjetunion besonders ausgeprägt war und auch vor den Instituten nicht Halt machte. Natürlich fanden auch gemeinsame Veranstaltungen, beispielsweise im BaltNIIRCH, statt, die aber offiziellen Charakter hatten und daher eine längere Vorbereitungszeit durch den jeweiligen »Auslandsbeauftragten« der Einrichtung erforderten. Bei Empfängen auf unseren Forschungsschiffen gestattete die sowjetische Seite immer nur einer geringen Anzahl handverlesener Wissenschaftler die Teilnahme. Diese Reglementierung der Gastfreundschaft war den Kollegen aus Riga und Tallinn unangenehm und widersprach im Grunde genommen der Mentalität der Letten und Esten sowie der Russen, die die herrschende Oberschicht in den Baltischen Sowjetrepubliken bildeten. Sie organisierten daher über den Internationalen Seemannsklub Stadtrundfahrten für die Besatzungen unserer Forschungsschiffe. In Tallinn, anders als in Riga, wurden Ozeanographen und leitende Schiffsoffiziere außerdem von den Institutsdirektoren zusammen mit deren Mitarbeitern zum Essen eingeladen. In diesem Zusammenhang besuchten wir auch die exklusivste Tallinner Nachtbar, in der leicht bekleidete Frauen zu später Stunde Schleiertänze vorführten. Da uns dies nicht sonderlich beeindruckte und wir darüber hinaus keine Anstalten zum Tanzen machten, waren unsere Gastgeber enttäuscht. Eine andere Einladung, die besser ankam, führte uns in das Restaurant des hoch über der Stadt gelegenen Fernsehturmes. Von dort aus hat man einen herrlichen Blick auf Tallinn. Die Gelegenheit, anderntags an einem Saunaabend auf der »Arnold Weimer« teilzunehmen, nahmen nur wenige von uns wahr. Mir war gar nicht bewußt, daß derartige Abende nicht nur dem Schwitzen sondern auch der Diskussion wissenschaftlicher Probleme dienen.

Neben den offiziellen Verpflichtungen nutzten wir die Hafenaufenthalte in Riga und Tallinn auch zum »Shopping«, die dafür erforderlichen Rubel wurden zu Hause eingetauscht. In beiden Städten gab es staatliche Läden, in denen man beispielsweise alte Samoware, Bronzeglocken oder Wanduhren zu günstigen Preisen kaufen konnte. Tallinn war außerdem die einzige Stadt der UdSSR, in der Ölradiatoren produziert wurden. Diese preiswerten Elektroheizkörper wurden vor allem in dem großen Warenhaus in der Nähe des Hafens angeboten. Da es in der DDR aufgrund der angespannten Energiesituation keine elektrischen Heizgeräte zu kaufen gab, waren sie bei uns heiß begehrt. Schon beim Einlaufen in Tallinn wurde nach DDR-Schiffen Ausschau gehalten, deren Besatzungen als Konkurrenten in Frage kamen. Kaum war unser Schiff einklariert, stürzten alle, die abkömmlich waren, an Land, um sich mit diesen Heizgeräten einzudecken, nicht nur für den Eigenbedarf, sondern auch für Verwandte und Bekannte. Auf manchen Reisen stapelten sich die Ölradiatoren in Kammern, Windenräumen und Laboratorien. Aber wehe, wenn diese Heizgeräte in Tallinn nicht vorrätig waren, dann gab es lange Gesichter, und die Reise galt als totaler Mißerfolg in Bezug auf Handel und Wandel.

Helsinki war der andere Hafen im Finnischen Meerbusen, der häufig auf unseren Routinemeßfahrten angelaufen wurde. Die damaligen Aufenthalte in der Hauptstadt Finnlands stellten einige Anforderungen in Bezug auf Schiffs- und Institutsbesichtigungen sowie an unsere Trinkfestigkeit. Mal waren es die Meereschemiker oder -biologen und mal die physikalischen Ozeanographen, die mit ihren Studenten auf die »Penck« oder »Humboldt« kamen oder abends zu Gast bei uns an Bord waren. Interessierte Ozeanographen sowie die Kapitäne unserer Forschungsschiffe wurden im Gegenzug zu Institutsbesuchen, zuerst in das alte, später in das neue Finnische Institut für Meeresforschung sowie in das damals neue Limnologische Institut in Helsinki eingeladen.

Da die finnischen Gäste, die uns abends an Bord besuchten, deutsch sprachen, gab es keine Verständigungsschwierigkeiten. Für diese Besuche stellte der Kapitän der »Penck« seine Kammer zur Verfügung. Die angeregten Gespräche, in denen es zumeist um aktuelle wissenschaftspolitische Aspekte der Ostsee ging, dauerten gelegentlich bis drei Uhr morgens. Dabei wurde natürlich auch gegessen und getrunken. Ein Anruf des Kapitäns in der Kombüse genügte, um kalte Platten, und – am Ende der Sitzung – Kaffee kommen zu lassen. Koch oder Steward haben sich nie über die damit verbundene Mehrarbeit beklagt und dem Schiff immer Ehre gemacht. War die Bewirtung eines größeren Personenkreises zu erwarten, wurde bereits im Expeditionsauftrag darauf hingewiesen und beim Aufrüsten im Heimathafen Verpflegung für einen zusätzlichen Expeditionsteilnehmer aufgenommen.

Im Gegensatz zur Verpflegung mußten die geistigen Getränke vom Kapitän und vom Expeditionsleiter finanziert werden. Beiden stand hierfür ein Repräsentations-Fonds von jeweils 20 Valutamark (DM) und 40 Ostmark pro Hafen zur Verfügung. Das hört sich weniger an als es war, denn die alkoholischen Getränke wurden der unversteuerten Transitware entnommen und Bier sowie alkoholfreie Getränke gab es zum Großhandelspreis. Trotzdem reichte das Reprä oftmals nicht aus, um die zahlreichen Gäste zu bewirten. Die Häfen Helsinki, seltener auch Riga und Tallinn, kamen Kapitän und Expeditionsleiter teuer zu stehen. Da jedoch nicht bei jedem Hafenaufenthalt Gäste bewirtet werden mußten, machte man im Mittel kein Minus.

Unsere finnischen Gäste wollten natürlich nicht zurückstehen. Da der Hafenaufenthalt selten länger als zwei Tage dauerte, mußten gelegentlich – wie im November 1973 – zwei Einladungen am gleichen Abend »bewältigt« werden. Zum Abendbrot waren der Kapitän und ich bei der einen Familie zu Gast, von dort aus wurden wir gegen 21.00 Uhr zu einer anderen Familie verfrachtet, wo uns auch ein Kollege vom Kieler Institut für Meereskunde sowie die Trolle des Hausherrn erwarteten – ohne Trolle, die das einsam gelegene Haus beschützen und seinen Bewohnern Glück bringen sollen, geht es in Finnland, wie auch in den anderen skandinavischen Ländern, nicht. Spätestens um 24.00 Uhr wollten wir wieder an Bord der »Penck« sein, denn noch in der Nacht sollte es weiter gehen. Bei Minustemperaturen von -7 °C und vereisten Straßen – es hatte den ganzen Tag über geschneit – war die Fahrt mit dem Taxi zum Hafen die reinste Schlitterpartie. Während ich mich jedoch in die Koje verholen konnte, mußte der Kapitän noch das Ablegemanöver und das Auslaufen beaufsichtigen.

Politisch geprägt und besonders stressig war unser Hafenaufenthalt in Helsinki im Frühjahr 1974. Diese Terminfahrt mit der »A. v. Humboldt« fiel in die Zeit, als sich die Honecker-Regierung intensiv um die internationale Anerkennung der DDR bemühte. Finnland gehörte zu den westlich orientierten Ländern, die die DDR bereits frühzeitig anerkannt hatten. Unsere Aufgabe war es, mit Hilfe der DDR-Botschaft die Bedeutung des Warnemünder Instituts im Rahmen der internationalen Forschung und des Umweltüberwachungsprogramms in der Ostsee herauszustellen. Die Botschaft der DDR hatte aus diesem Anlaß zu einer Pressekonferenz an Bord der »Humboldt« eingeladen. Bei den Vertretern der sieben wichtigsten, in Helsinki erscheinenden Tageszeitungen sowie von zwei wissenschaftlichen Zeitschriften fanden unsere Ausführungen ein überraschend großes Echo. Ob unseres Erfolges in der Öffentlichkeit sah sich der damalige DDR-Botschafter in Finnland bemüßigt, uns persönlich für unser Engagement zu danken. Ich kann nicht verleugnen, daß wir stolz waren, der DDR »gedient« zu haben. Es war die Zeit der internationalen Konsolidierung der DDR, und wir leisteten dazu unseren Beitrag, weil der Staat, in dem wir lebten, uns die Voraussetzungen für eine erfolgreiche Arbeit auf dem Gebiet der Meeresforschung bot. Bei solchen Gelegenheiten trat bei mir der

Zwiespalt zwischen der Tagespolitik in der DDR einerseits und der fachlichen Arbeit andererseits in den Hintergrund.

Der Botschafter wurde begleitet von zahlreichen Botschaftsangehörigen und deren Kindern, die sich für das Schiff und unsere Arbeiten interessierten und reichlich auf ihre Kosten kamen. Die Erwachsenen wurden nach der Schiffsbesichtigung mit Kartoffelsalat, Bockwurst, Kaffee und Bier bewirtet. Den Kindern wurde der 1972 auf der »Humboldt« gedrehte Sandmännchenfilm gezeigt, sie bekamen außerdem Kuchen und Kakao. Um ihre Betreuung hat sich »Timmi« – ein ehemaliger Lehrer, der zur Meeresforschung übergewechselt war – mit Begeisterung gekümmert. Als Anerkennung für unser Engagement beschenkte der Kulturattaché der DDR-Botschaft jeden der Hauptakteure mit einem Finnendolch.

Glücklicherweise waren nicht alle Hafenaufenthalte in Helsinki so anstrengend, aber auf Besucher und Einladungen mußten wir immer gefaßt sein. Trotzdem blieb noch Zeit, um Neues in der Stadt kennenzulernen und einen Bummel durch die Warenhäuser zu machen. Einkäufe wurden jedoch kaum noch getätigt, weil im Vergleich zu früher alles teurer geworden war; unser Handgeld, das in Finnmark aufgenommen werden konnte, war uns dafür zu schade. Da war es vorteilhafter, im heimischen Basar, der Einkaufsstätte für Seeleute, steuerfreie oder steuerbegünstigte Waren zu erwerben.

Was uns beim Schlendern durch die Straßen von Helsinki immer wieder auffiel, waren das reichhaltige Angebot und die prall gefüllten Auslagen in den Bäcker- und Fleischerläden. Nach Engpässen Anfang der 1960er Jahre gab es inzwischen auch in der DDR genügend zu essen. Brot war so reichlich und preiswert vorhanden, daß es sogar als Futter in der staatlich geförderten Kaninchenmast verwendet wurde. Wegen des subventionierten Brotpreises war dies billiger als die Verfütterung von Getreide! Wenn jedoch in der DDR fünf Brot- und Brötchensorten angeboten wurden, war es in Helsinki ein Vielfaches davon. Ähnlich war es beim Wurstangebot. Manche Gespräche an Bord drehten sich um die Frage, ob solch ein luxuriöses Angebot notwendig sei, und was wird aus den Waren, die nicht verkauft werden, die Schaufenster waren bis zum späten Abend voll damit. Heute überrascht dieses reichhaltige Angebot die Menschen in den neuen Bundesländern nicht mehr; ob es auch in Bezug auf eine gesunde Ernährung sinnvoll ist, sei dahingestellt.

Während der Terminfahrten waren wir mit der »Penck« nicht nur in Helsinki sondern auch in anderen finnischen Häfen, so in Mariehamn, auf den landschaftlich schönen Åland-Inseln. Der Besuch von Turku im Herbst 1978 war unter wissenschaftspolitischem Aspekt wichtig, da es hierbei um die Neuorganisation des Umweltüberwachungsprogramms in der Ostsee ging. Der Nachteil beim Anlaufen dieses Hafens ist sein langes Lotsenrevier. Die Fahrt durch die beeindruckende Landschaft des Finnischen Schärenmeeres nahm knapp sieben Stunden in Anspruch. Wir hatten zahlreiche Gäste der altehrwürdigen schwedischen Åbo-Universität sowie aus Helsinki an Bord. Als kleine Sensation wurde über den Fang einer Nesselqualle am Eingang des Finnischen Meerbusens berichtet. Wegen des zu geringen Salzgehalts ist diese Quallenart dort nicht heimisch, ihr Auftreten wurde mit dem Einstrom salzreichen Nordseewassers im Winter 1976/77 in Beziehung gebracht.

Im Finnischen Schärenmeer, 1978

Fast genau ein Jahr später waren wir mit der »Penck« im finnischen Hafen Hanko, um Wasser zu nehmen, mehr als Wasser gab es dort im November kaum zu holen. Auf dieser Reise begleitete uns Sascha, ein Gastwissenschaftler von der Bulgarischen Akademie der Wissenschaften. Er arbeitete als promovierter Meereschemiker in einem ozeanologischen Institut in Varna am Schwarzen Meer und befaßte sich auf dieser Reise mit der elektrochemischen Bestimmung von Ammoniumstickstoff, einer etwas fragwürdigen Methode. Deshalb lagen seine Werte immer »etwas nieder (zu niedrig), aber sonst gutt« im Vergleich zu unseren, was jedoch seinem Eifer keinen Abbruch tat, und im übrigen genoß er seinen Aufenthalt an Bord der »Penck«. Wir

Turku, 1978

hatten viel Spaß mit Sascha, der ein lebhafter Erzähler war, wobei es gelegentlich, wegen eines falsch verwendeten deutschen Wortes, zu lustigen Mißverständnissen kam. Einmal blieb uns jedoch vor Schreck der Mund offen, als er uns voller Stolz erzählte, wie günstig er in Hanko eine Flasche Transitschnaps an den Mann gebracht hätte. Wäre er dabei gefaßt worden, hätte dieses Zollvergehen für ihn, die »Penck« und sein Institut – er war dort Parteisekretär – übel ausgehen können.

Sascha war auch ein großer Freund des Fußballs. Während der Heimreise fand ein wichtiges Europacupspiel zwischen Lok Leipzig und einer renommierten englischen Mannschaft statt, Lok hatte das Hinspiel in England bereits mit 2:0 gewonnen. Wir hatten das Expeditionsprogramm so geplant, daß wir zum Zeitpunkt des Rückspiels im Empfangsbereich des DDR-Fernsehens waren. Als Lok dann sang- und klanglos mit 1:3 einging und aus dem UEFA-Cup ausschied, war unser Bedauern natürlich groß. Am schlimmsten haderte aber Sascha mit der Mannschaft von Lok, so etwas durfte doch nicht passieren(!), entrüstete er sich.

Er hat mich bei späteren Besuchen wiederholt zu sich nach Varna eingeladen und das Schwarze Meer mit seinen Möglichkeiten zum Baden und zu Angelpartien in den rosigsten Farben geschildert. Sascha wollte alles organisieren, vom kostenlosen Aufenthalt und gemeinsamen Forschungsprogramm bis hin zu Abstechern nach Sofia und zum Rila-Kloster. Leider ist nie etwas daraus geworden, vor allem wohl deshalb, weil ich zu viel anderweitig unterwegs war.

Der wichtigste schwedische Hafen, der in den 1970er Jahren relativ häufig während der Terminfahrten angelaufen wurde, war Visby auf der Insel Gotland. In den 1980er Jahren nahm die Häufigkeit unserer Besuche in schwedischen und finnischen Häfen ab. Die schwindende Kaufkraft unserer Devisen führte dazu, daß wir begannen, Häfen in Polen und in der UdSSR zu bevorzugen. In diesen Ländern konnten wir mit unserem Geld, der Ostmark, etwas anfangen und waren nicht, wie in den skandinavischen Ländern, auf harte Devisen (DM oder US$) angewiesen.

Auch die an der Ostküste Rügens gelegenen Häfen Saßnitz und Mukran wurden zur technischen Versorgung und für den Besatzungstausch genutzt oder dienten als Schutzhäfen. Im Winter 1988 mußten wir mit der »Penck« vier Tage lang wegen schlechten Wetters in Saßnitz ausharren, obgleich wir eigentlich nur ein Team des DEFA-Dokumentarfilmstudios absetzen wollten. Saßnitz im Winter ist nicht gerade das, was man sich wünscht. Nur, um uns die Beine zu vertreten, klapperten wir die wenigen offenen Geschäfte nach etwas Brauchbarem ab. Am dritten Tag wanderte ich in Begleitung von Kapitän Otfried Albrecht, der seit einigen Jahren zum Stammkapitän der »Penck« avanciert war, vom Fischereihafen in Saßnitz aus die etwa 6 km am Ufer der Stubnitz entlang bis zum Königsstuhl und zurück. Einen »Hühnergott« von etwa 70 cm Durchmesser, den ich zu gerne für unser Wochenendhaus gehabt hätte, mußten wir leider liegenlassen, er war uns dann doch zu schwer.

Das Kamerateam, das wir in Saßnitz abgesetzt hatten, sollte im Auftrag des damaligen Rostocker Oberbürgermeisters Dr. Henning Schleiff einen Dokumentarfilm mit verschiedenen Beiträgen über Rostock drehen. Es hatte uns fünf Tage lang begleitet und Aufnahmen von unseren Arbeiten gemacht. Die letzte Szene des meereswissenschaftlichen Beitrages, in der ich mich zum aktuellen Zustand der Ostsee äußere, wurde im Herbst 1988 bei stürmischem Wetter am Strand von Warnemünde abgedreht. Nicht nur dieser Drehtag sondern auch der Film selbst wurde »vom Winde verweht«, er war nach der politischen Wende in der DDR nicht mehr aktuell. So wurde nichts aus meiner Filmkarriere. Ich habe sogar seine Uraufführung im Frühjahr 1989 verpaßt, weil ich auf See war.

So wie das gründliche Aufklaren der Labor- und Arbeitsräume vor dem Anlaufen eines Hafens gehörte für mich das Abschiednehmen zum Ritual beim Auslaufen, auch wenn die Häfen häufig angesteuert wurden und unabhängig davon, ob sie an der Ostsee oder den Gestaden ferner Meere lagen. Je nach Klimazone und Jahreszeit stand ich mit leichtem Oberhemd, Rollkragenpullover oder Wattejacke bekleidet zusammen mit anderen auf dem Achterdeck und blickte zurück auf den Hafen, bis dessen Lichter in der Dunkelheit verschwanden oder Klippen und Dunst die Sicht nahmen. Auch Wind, Regen und Schnee hielten mich nicht davon ab, selbst die Skat- oder Doppelkopffreunde mußten warten. Einerseits freute ich mich auf die bevorstehenden Forschungsarbeiten, andererseits kam auch ein Gefühl von Wehmut auf. Vielleicht war es der letzte Abschied von diesem Hafen, weil in anderen Meeresgebieten geforscht wurde. Auch der Verlust der Seetauglichkeit infolge Krankheit oder der Entzug des Seefahrtsbuches infolge unliebsamer politischer Äußerungen, die gewissen Dienststellen hinterbracht worden waren, konnten dazu führen, daß es vorbei war mit den Seereisen. Von den DDR-spezifischen Gründen blieb ich glücklicherweise verschont. Und anläßlich meiner letzten Reise vor dem Ausscheiden aus dem aktiven Arbeitsleben wurde soviel Aufhebens gemacht, daß ich gar keine Zeit hatte, traurig zu sein.

Fragmente zum »politisch-ideologischen Programm«, 1974 - 1982

Anfang der 1970er Jahre wurde damit begonnen, während der Expeditionen politische Schulungen durchzuführen, zunächst im Rahmen von Gewerkschaftsveranstaltungen, später unabhängig davon. Der Begriff politisch-ideologisches Programm taucht in meinen Reisenotizen erstmals im Frühjahr 1974 auf, die Durchführung desselben war dem Institut von übergeordneter Stelle auferlegt worden, »um das politische Bewußtsein der Werktätigen zu festigen, die im Dienste der Meeresforschung fernab der Heimat tätig waren.« In diesem Zusammenhang hieß es: »Das politisch-ideologische Programm ist fester Bestandteil des Expeditionsauftrages«. Verantwortlich für die ordnungsgemäße Durchführung des PIP an Bord der Forschungsschiffe waren der Kapitän und der Expeditionsleiter – die Abkürzung PIP für das politisch-ideologische Programm war nicht offiziell, ich habe sie ad hoc geprägt. Vortragende waren zumeist Wissenschaftler oder Expeditionsingenieure. Mir ist nicht bekannt, ob auch auf anderen Schiffen der DDR ähnliche politische Schulungen durchgeführt wurden.

Langeweile während des politisch-ideologischen Programms; Mitte der 1970er Jahre

Vom Zeitaufwand her fiel das PIP kaum ins Gewicht. Dumm dran war nur der Referent, der sich anhand von Zeitungen oder speziellen Schulungsmaterialien, die von zu Hause mitgenommen wurden, vorbereiten mußte. Die Zuhörer waren zumeist desinteressiert, die Freiwache hoffte, möglichst schnell in die Koje zu kommen. Diskussionen entwickelten sich kaum, niemand wollte riskieren, politisch unliebsam aufzufallen. Als jemand beim Thema »Sozialistische Integration« die zwangsweise Verlagerung traditioneller Industriezweige aus der DDR in andere sozialistische Staaten kritisierte, wurde er wegen dieser »negativen Diskussion« vom Kapitän des Raumes verwiesen. Bei der nachfolgenden Aussprache vor dem Schiffsrat sah er sein »Fehlverhalten« ein. So war das damals mit der freien Meinungsäußerung!

Die Themen, die im PIP behandelt werden sollten, wurden von der SED-Parteileitung des Instituts ausgewählt. Sie betrafen aktuelle nationale und internationale Ereignisse und gegebenenfalls ihren Bezug zu unseren meereswissenschaftlichen Arbeiten. Relativ häufig – mindestens dreimal – wurden die so genannten Volkswahlen in der DDR behandelt, bei denen die Abgeordneten für die Volkskammer, die Bezirkstage oder die Kommunalvertretungen »bestätigt« wurden; die Möglichkeit einer freien Wahl bestand nicht, denn die Vertreter der Blockparteien (CDU, LDPD, NDPD und Bauernpartei) standen einträchtig mit den Kandidaten der SED und der Massenorganisationen (FDGB, DSF, DFD, FDJ, DTSB und Kulturbund) auf dem gleichen Wahlzettel, über den en bloc abgestimmt wurde. Aufgabe des Referenten war es, den Zuhörern klar zu machen, daß diese Art der Abstimmung die demokratischste aller Wahlen sei, weil mißliebige oder unfähige Kandidaten gar nicht erst zur Wahl zugelassen würden.

Eines der ersten PIPs im Herbst 1974 war noch sehr umfangreich und sah die Behandlung folgender Punkte vor (Anmerkungen in Normalschrift):

1. *Die Wissenschaft und ihre Stellung in der DDR nebst ihrer Definition sowie ihrer Bedeutung als unmittelbare Produktivkraft.*
2. *Die Bedeutung der Forschung im Planjahr 1975 und – im Rahmen des neuen Fünfjahrplanes 1976 - 80 zur Erfüllung der* (sogenannten) *Haupt aufgabe* – die 1971 auf dem VIII. Parteitag der SED beschlossenen Einheit von Wirtschafts- und Sozialpolitik.
3. *Die Bedeutung des sozialistischen Wettbewerbs und seiner Ziele im Warnemünder Institut.* Dieser Punkt spielte auch bei späteren PIPs eine Rolle.

Aus aktuellem Anlaß wurde außerdem über den Abschluß der Helsinki-Konvention zum Schutz der Meeresumwelt der Ostsee berichtet. Im Jahr 1976 wurden die Ergebnisse der KSZE (Konferenz für Sicherheit und Zusammenarbeit in Europa) in Helsinki und ihre Bedeutung für die Sicherung der Westgrenze, einschließlich der Seegrenze, behandelt. Weitere Themen waren die Freiheitsbewegungen in Südafrika sowie die in diesem Jahr erfolgte Ausbürgerung des Sängers und Regimekritikers Wolf Biermann: »Auf diesen Künstler und Nutznießer der Errungenschaften der DDR könne unser Land verzichten.« Obgleich es nicht offen ausgesprochen wurde, verstanden viele DDR-Bürger nicht den Presserummel der BRD, der um diese Ausbürgerung gemacht wurde; nicht wenige von ihnen wären froh gewesen, auf diesem Wege der DDR zu entkommen.

Die 1. KSZE-Nachfolgekonferenz in Belgrad war 1977 ein PIP-Thema; der militärischen Entspannung in Europa sollte jetzt die politische folgen, hieß es. Außerdem wurden in diesem Jahr die Stellung der DDR zu den Terroristen in der BRD (RAF/Rote-Armee-Fraktion) sowie die Beziehungen zwischen der DDR und der BRD behandelt. Durch die Erziehung zur Mißachtung der Staatsflagge der DDR und die Darstellung Deutschlands in den Grenzen von 1937 würde bei der Jugend in der BRD der Revanchismus geschürt werden, das war die Quintessenz dieses PIPs. Im Jahre 1978 wurden u.a. die Beziehungen Chinas zur sozialistischen Staatengemeinschaft erörtert. Im Herbst 1979 ging es um die sozialistische Umgestaltung in der Landwirtschaft. Anfang 1981 wurde aus gegebenem Anlaß die aus Sicht der DDR politisch-gefährliche Entwicklung in Polen behandelt, die 1980 mit der Gründung der unabhängigen Gewerkschaft Solidarność eingetreten war.

Im Zusammenhang mit dem häufigen Anlaufen unserer Forschungsschiffe in Tallinn war Anfang der 1980er Jahre auch die Verfassung der »halbautonomen« Estnischen Sowjetrepublik ein PIP-Thema. Diese Verfassung sicherte Estland, wie allen anderen sozialistischen Sowjetrepubliken, vom Papier her eine gewisse Selbstständigkeit zu. Auch in Estland konnte eine eigene Duma (Parlament) gewählt werden. Da in der Sowjetunion nur eine Partei, die Kommunistische Partei der UdSSR, existierte, wurden alle wichtigen Entscheidungen dieser Parlamente von Moskau aus gesteuert. Hinzu kam, daß die Russen alle wichtigen Funktionen in Partei, Armee, Wirtschaft und Verwaltung besetzten und daher auch in der Duma das Sagen hatten.

Äußeres Zeichen für die Selbständigkeit in den verschiedenen Sowjetrepubliken war, daß neben russisch als »Amtssprache« die Landessprache erhalten blieb. Für die Estnische SSR bedeutete das die Auszeichnung der Waren und Preise sowie die Beschriftung der Straßen, Plätze und öffentlichen Gebäude in estnisch und russisch. Diese Sprachen wurden auch an den Schulen gelehrt. Während sich jedoch die Esten in beiden Sprachen verständigen konnten, beherrschten die Russen nur ihre Muttersprache. Wenn die Esten die Vertreter der russischen »Besatzungsmacht« ärgern wollten – und das kam im Alltagsleben häufig vor – unterhielten sie sich ungeniert in ihrer Muttersprache. Andererseits verstanden die Esten, Letten und Litauer nur selten die Muttersprache des anderen, sie verständigten sich daher untereinander in russisch, diese Sprache beherrschten sie alle.

Obgleich das PIP bis zur politischen Wende in der DDR fortgesetzt wurde, liegen mir ab 1982 kaum Aufzeichnungen hierzu vor. Inzwischen war mir diese Pflichtübung so lästig geworden, daß ich auf jegliche Aufzeichnungen verzichtete.

Als Referent für ein spezielles PIP-Thema brauchte ich nur selten zu fungieren. Als Expeditionsleiter oblag mir jedoch die Information über die Aufgaben und wissenschaftlichen Ergebnisse der Reise. Diese Informationen gehörten zwar nicht zum PIP, erfolgten aber häufig im Anschluß an dieses Programm. Als wir im Laufe der Zeit immer besser über die ozeanologischen Bedingungen in der Ostsee Bescheid wußten, kamen kurze, allgemeinverständliche Berichte über Salzwassereinbrüche, die Sauerstoffverhältnisse und die Nährstoffbelastung hinzu. Ziel dieser Informationen war es, die gesamte Besatzung vom Decksmann bis zum Kapitän, vom Expeditionstechniker bis zum Wissenschaftler von der Bedeutung der gemeinsamen Arbeiten zu überzeugen. Wir hatten daher nie Probleme bei der Zusammenarbeit von Stammbesatzung und Expeditionsteilnehmern.

Zwischenfälle, 1971 - 1989

Während der meereswissenschaftlichen Ostsee-Expeditionen kam es gelegentlich zu unliebsamen Ereignissen, die überwiegend mit dem Kalten Krieg und dem Eisernen Vorhang zwischen Ost und West zusammenhingen. Die meisten der hier geschilderten Ereignisse habe ich an Bord der »Penck« oder »Humboldt« miterlebt, von anderen weiß ich nur vom Hörensagen, manchmal sogar nur hinter vorgehaltener Hand. Zu den relativ harmlosen Zwischenfällen gehörte der Anflug schwedischer Düsenjäger, die im Tiefflug über uns hinweg donnerten. Des öfteren wurden wir auch von Aufklärungsflugzeugen fotographiert, die in geringer Höhe ihre Kreise zogen. Derartige Vorkommnisse spielten sich allerdings nur in den internationalen Gewässern und den Grauzonen der Ostsee ab.

Trotz Genehmigung unserer Arbeiten durch die schwedischen Behörden waren wir im Landsorttief nie vor unangenehmen Überraschungen sicher, vor allem, wenn die Messungen am Tage erfolgten. Dann wurden wir gelegentlich von schwedischen Hubschraubern angeflogen, die mit ihren Rotoren das Wasser aufwirbelten und unser Schiff von allen Seiten fotographierten. Auf einer Terminfahrt, an der ich nicht teilgenommen habe, wurde die »Penck« während der Bearbeitung des Landsorttiefs durch ein schwedisches Küstenschutzboot nachdrücklich zum Verlassen der Station aufgefordert und mit gefechtsbereiten Schnellfeuerkanonen aus den Territorialgewässern eskortiert. Aber nicht nur den DDR-Forschungsschiffen ist es so ergangen, auch finnische Kollegen haben sich über das rüde Verhalten der schwedischen Navy gegenüber ihrem Forschungsschiff beschwert.

Zu verstehen ist das rigorose Vorgehen der schwedischen Marine nur im Zusammenhang mit der hysterischen Angst vor dem Eindringen fremder U-Boote in die Territorialgewässer, angeblich wurden dort sogar welche geortet und mit Wasserbomben belegt. Diese unbekannten Unterwasserobjekte haben sich später als Kühlschränke oder Autowracks entpuppt. Schwedische Kollegen äußerten bereits in den 1970er Jahren den Verdacht, daß ihre Marine die U-Boot-Hysterie dazu benutzte, um auf die Regierung Druck wegen einer Flottenmodernisierung auszuüben.

In Bezug auf die U-Boot-Hysterie in Schweden ist jedoch eine Ausnahme bekannt. Am 28. Oktober 1981 ist nämlich ein sowjetisches U-Boot in die Zufahrt zum schwedischen Kriegshafen Karlskrona eingedrungen und auf eine Klippe aufgelaufen. Angeblich hatte es sich verfahren. An dieser Version der sowjetischen Seite mag sogar etwas Wahres dran sein. Ich kann mir nämlich schlecht vorstellen, daß die Russen ein U-Boot zum Ausspionieren eines Kriegshafens losschicken, welches nicht mit modernster Unterwasser-Navigationstechnik ausgerüstet ist.

Als Provokationen galten Belästigungen durch den Bundesgrenzschutz (BGS) an der so genannten Seegrenze West. Ich erinnere mich an ein solches Ereignis im Herbst 1976, das symptomatisch für die damalige Zeit war. Wir ankerten mit der »Penck« in der Lübecker Bucht und führten unsere Messungen durch, als das Küstenschutzboot »Bayreuth« des BGS mit voller Fahrt angebraust kam. Es stoppte erst unmittelbar vor uns auf, obgleich die »Penck« das Signal »äußerste Vorsicht, ausgebrachte Meßgeräte« gesetzt hatte. Während uns der westdeutsche »Krieger« in Rufweite umkreiste, rief ein Maat rüber, ob jemand die Position wechseln wolle. Ich war so blauäugig, daß ich dieses versteckte Angebot zur Republikflucht nicht verstand, erst der Kapitän klärte mich über diesen Sachverhalt auf. Gelegentlich wurden auch Schachteln mit Zigaretten zu uns rübergeworfen, die natürlich sofort außenbords gingen.

Ende der 1970er, Anfang der 1980er Jahre hörte diese Art deutsch-deutscher Provokationen auf. Dies war eine Folge der KSZE und entsprechender Nachfolgekonferenzen. Wenn sich jetzt Schiffe des BGS der »Penck« oder »Humboldt« näherten, hielten sie sich in gebührendem Abstand. Kaum war jedoch der eine Krieger abgezogen, näherte sich ein Krieger der anderen Fakultät – der Volksmarine der DDR – und fragte über UKW an, was jener gewollt hätte. Ab Mitte der 1980er Jahre mußten wir die Aktivitäten unserer Forschungsschiffe an der Seegrenze West vorher bei den zuständigen DDR-Behörden anmelden.

Die ozeanographischen Arbeiten an der Seegrenze West waren mir aber noch aus einem anderen Grund unangenehm. Zu DDR-Zeiten war nämlich der gemeinschaftliche Empfang von westdeutschen Sendern, einschließlich des Fernsehens, untersagt. Für die Einhaltung dieses Verbotes waren der Kapitän und der Expeditionsleiter verantwortlich. Es passierte jedoch immer wieder, daß sich Matrosen und Expeditionstechniker während ihrer abendlichen Freiwache das Westfernsehen einschalteten. Um nicht eingreifen zu müssen und mich damit lächerlich zu machen, habe ich es deshalb im Empfangsbereich des Westfernsehens tunlichst vermieden, abends die Messe aufzusuchen.

Im Finnischen Meerbusen wurde die »Penck« einmal von einem sowjetischen Patrouillenboot aufgebracht und kontrolliert, obgleich wir uns in internationalen Gewässern befanden. Nachdem der Kapitän die Schiffspapiere vorgezeigt hatte, durften wir unsere Arbeiten fortsetzen. Vielleicht waren diese Kontrollen nicht von ungefähr, denn auch die Forschungsschiffe der Bundesmarine waren in der Ostsee unterwegs. So begegneten wir im April 1975 der »Oste«, die uns in der Danziger Bucht in gebührendem Abstand umkreiste und mißtrauisch beäugte.

Als Zwischenfall galt auch, wenn eines unserer Forschungsschiffe bei Nacht versehentlich schwedische Territorialgewässer durchfuhr. Sofort wurden wir unter dem Schiffsnamen von der nächstgelegenen schwedischen Küstenfunkstelle über UKW-Funk angerufen und auf diesen Irrtum aufmerksam gemacht. Dies zeigt, daß unsere Schiffe unter ständiger Radarkontrolle standen. Ich erinnere mich an zwei oder drei solcher Zwischenfälle, die natürlich ins Schiffstagebuch eingetragen wurden und dem Wachoffizier, der für diesen Fehler verantwortlich war, eine Ermahnung oder einen Verweis eintrugen. Außerdem traf wenig später eine Note des schwedischen Außenministeriums ein, die dem Institut über das Ministerium für Auswärtige Angelegenheiten der DDR und die Akademie zugeleitet wurde, was natürlich wenig angenehm war. Diese Note erforderte jedoch keine Stellungnahme.

Aus für uns unerfindlichen Gründen hatten wir gelegentlich mit der »Penck« Probleme bei Hafenaufenthalten. Im Herbst 1976 durfte sich das Schiff nur für 24 Stunden im Hafen von Visby/Gotland aufhalten. Beim Anlaufen von Mariehamn/Åland Inseln bekam wir im Mai 1981 trotz vorheriger Anmeldung zunächst keinen Landgang, weil angeblich ein Stempel in den Seefahrtsbüchern fehlte. Zu unserem Glück lief wenig später die »Aranda« mit hochkarätigen finnischen Meeresforschern an Bord in Mariehamn ein, die die Angelegenheit regelten. Schließlich erteilten uns ab Mitte der 1980er Jahre die Grenzbehörden von Tallinn nur widerwillig die Genehmigung zum Anlaufen dieses Hafens, mal lag angeblich keine Anmeldung für die »Penck« vor, mal war kein Liegeplatz frei. Ursache waren aber wohl eher die wachsenden politischen Spannungen zwischen Esten und Russen. Einmal wurde sogar ein Doppelposten an der Gangway der »Penck« postiert, um zu verhindern, daß Besucher an Bord kamen. Wir konnten daher auch keine Gäste aus den befreundeten meereswissenschaftlichen Instituten in Tallinn empfangen.

Wesentlich unangenehmer waren Vorfälle, die unter die Rubrik »Republikflucht« fielen und der Unrechtgesetzgebung der DDR geschuldet waren. Auf der Ostseereise im Herbst 1983 kehrte in Helsinki ein Expeditionsingenieur nicht vom Landgang zurück. Der damalige Kapitän, der die Reise in Vertretung des Stammkapitäns leitete, mußte diesen Vorfall natürlich der Botschaft der DDR in Finnland mitteilen; obgleich vieles auf eine Republikflucht hindeutete – was sich später bestätigte – konnten andere Ursachen, z.B. ein Unfall, nicht ausgeschlossen werden. Unser nächster Hafen, der in einem sozialistischen Bruderland lag, war Riga. Der Kapitän informierte Prof. Voigt von dort aus zu nachtschlafender Zeit von diesem Vorfall. Die von mir befürchtete, hochnotpeinliche Befragung nach Rückkehr von der Reise fand nicht statt. Dieser Übergang zur Tagesordnung war vermutlich auch eine Folge der KSZE. Bei unabänderlichen Tatsachen wollten sich die entsprechenden Dienststellen in der DDR keine zusätzliche Blöße geben.

Besonders unangenehm in Bezug auf Republikflucht war ein Vorfall, der sich in der Arkonasee ereignete. Auf einer »Penck«-Reise mit schwedischen Gastwissenschaftlern an Bord wurde ein Paddel- oder Schlauchboot mit zwei jungen Männern aus der DDR aufgefischt, die am Ende ihrer Kräfte waren, im Prinzip ein Seenotfall. Dem Kapitän blieb gar nichts anderes übrig, als der Grenzbrigade »Küste« über diesen Vorfall Mitteilung zu machen, die umgehend ein Küstenschutzboot zur »Penck« beorderte. Trotz aller Bitten von Kapitän und Expeditionsleiter, den Fall wegen der ausländischen Gäste an Bord so unauffällig wie möglich zu behandeln, wurden die Republikflüchtlinge von Matrosen der Volksmarine mit Maschinenpistolen im Anschlag abgeführt. Was aus den Aufgegriffenen geworden ist, weiß ich nicht. Abgespielt haben muß sich dieser Vorfall, den ich nur vom Hörensagen kenne, Mitte der 1980er Jahre, denn es gab bereits Handys, von denen die schwedischen Gäste an Bord der »Penck« eifrig Gebrauch machten, um brühwarm nach Hause zu berichten.

Internationale Zusammenarbeit, 1971 - 1989

Konferenzen der Baltischen Ozeanographen

Die Konferenzen der Baltischen Ozeanographen (CBO) haben in den ersten Jahrzehnten der Nachkriegsära maßgeblich die Zusammenarbeit in der Ostsee bestimmt. Hierauf wurde bereits im Zusammenhang mit dem Internationalen Ostseejahr 1969/70 eingegangen. Eine wichtige Empfehlung der IX. CBO, die 1974 in Kiel stattfand, war die Planung und Durchführung internationaler Untersuchungen, die der Erforschung der vertikalen Transportvorgänge zwischen der Meeresoberfläche und dem Tiefenwasser in der küstenfernen Ostsee dienen sollten. Dieses Unternehmen erhielt die Bezeichnung BOSEX – von Baltic Open Sea Experiment. Im Frühjahr 1976 fanden im Kieler Institut für Meereskunde vorbereitende Beratungen zu diesem Experiment statt, bei denen die Vorschläge der teilnehmenden Länder vorgestellt und aufeinander abgestimmt werden sollten.

An den ersten beiden Tagen der Beratungen herrschte ein hoffnungsloses Chaos, jedes Land versuchte, seinen Vorschlag als unverzichtbar darzustellen. Von einem gemeinsamen Programm waren wir am Ende des zweiten Beratungstages meilenweit entfernt; außer dem bereits im Vorfeld abgestimmten Zeitraum für das Experiment (7.-21. September 1977) und dem Seegebiet im südöstlichen Gotlandbecken sowie einer zentralen Station, auf der Strömungsmessungen erfolgen sollten, war alles offen. Mein Kollege und ich befürchteten schon, unverrichteter Dinge nach Warnemünde zurückkehren zu müssen. Aber es kam anders. Am letzten Tag der Beratungen ergriff der Leiter der Abteilung Meereschemie des Kieler Instituts die Initiative und gruppierte mittels Wandtafel und Kreide die einzelnen Vorschläge um die Zentralstation, wobei die Programme für zehn Forschungsschiffe berücksichtigt werden mußten. Zu unser aller Verblüffung wurde sein Vorschlag jedoch den Interessen aller Teilnehmer gerecht.

Aufgabe der »Penck« war die Bearbeitung eines »Polygons« (Vieleck) mit insgesamt acht quadratisch angeordneten Stationen, auf denen hydrographische sowie chemische und biologische Untersuchungen durchgeführt werden sollten. Das Polygon war so bemessen, daß es einmal innerhalb von 24 Stunden bearbeitet werden konnte. Darüber hinaus sah unser Programm die Durchführung von Strömungsmessungen vor.

Am Abend des 4. September 1977 machten wir uns mit der »Penck«, ausgerüstet mit allen im Institut verfügbaren Strömungsmessern auf den Weg ins südöstliche Gotlandbecken. Da die Erforschung des vertikalen Wasseraustausches im Vordergrund stand, wurde die Reise von einem physikalischen Ozeanographen geleitet. Schon auf der Anreise zum BOSEX-Gebiet wurden gemäß Programm Wasserproben genommen und analysiert. Eine Belehrung über das Verhalten gegenüber der »Poseidon«, dem Kieler Forschungsschiff, durfte nicht fehlen, denn von diesem Schiff sollten unsere Bojenstationen mit den Strömungsmessern ausgesetzt werden. Dabei waren Kontakte zwischen den Besatzungsmitgliedern der »Poseidon« und unseren Expeditionstechnikern unvermeidbar, allein diese Möglichkeit war gewissen Dienststellen in der DDR suspekt.

Im Arbeitsgebiet angekommen trafen wir auf die »Aranda« aus Finnland, deren Geologen gerade dabei waren, Sedimentproben zu nehmen. Wir sichteten auch die Strömungsmesser-Bojenstation der »Aju Dag«, dem sowjetischen Forschungsschiff aus Tallinn und trafen die »Hydromet«, das polnische Forschungsschiff. Mit dem Expeditionsleiter an Bord der »Poseidon«, der die »Feldarbeiten« koordinierte, wurden für 10.00 und 21.00 Uhr Rundgespräche über UKW zwischen den im BOSEX-Gebiet tätigen Forschungsschiffen vereinbart.

In der Nacht kam mit 7 - 8 Bft stürmischer Wind auf, so daß die Strömungsmesser von der »Poseidon« erst mit 24 Stunden Verspätung ausgesetzt werden konnten. Auch unsere hydrographischen, chemischen und biologischen Untersuchungen auf dem Polygon begannen mit eintägiger Verspätung. Inzwischen hatten sich einige Forschungsschiffe – auch größere als die »Penck«, bereits aus dem Staub gemacht und waren an der polnischen Küste unter Landschutz gegangen. Indessen quälten wir uns weiter mit unseren Messungen, um im Zeitplan – ein Umlauf pro Tag – zu bleiben. In der Folgezeit traten wiederholt Starkwindperioden mit 6 - 7 Bft aus westlichen Richtungen auf, so daß am 9. September außer der »Penck« nur noch die »Argos« aus Schweden, die »Martin Knudson« aus Dänemark, die »Poseidon« und die »Alkor«, die ebenfalls zum Kieler Institut für Meereskunde gehörte, im Operationsgebiet anwesend waren. Die kleineren Forschungsschiffe, wie die »Penck« und die »Alkor« hatten jedoch ihre Messungen unterbrochen und hielten langsam gegenan.

Nachdem es uns zwischenzeitlich noch einmal gelungen war, das gesamte Polygon abzuarbeiten, ging es weiter wie bei den »Zehn kleinen Negerlein«, am Abend des 11. September harrten von den zehn Forschungsschiffen nur noch die »Penck«, die »Poseidon« und die »Argos« im Arbeitsgebiet aus. Weiterer starker Druckabfall des Barometers und erneute Windzunahme veranlaßten uns dann doch, das Weite zu suchen. Auf dem Weg nach Gdynia, dem für BOSEX vorgesehenen Nothafen, wurde es noch einmal »haarig«, der Wind frischte auf 9 - 10 Bft auf und sprang später, während der Luftdruck stark anstieg, von SW auf NW um. Infolge der dadurch entstehenden Kreuzseen türmten sich haushohe Wellenberge auf, und die »Penck« fiel von einem Loch ins andere, der Kapitän war machtlos. Am Morgen des nächsten Tages hatten wir die Halbinsel Hel querab und machten wenig später am Pomorske-Kai in Gdynia fest.

Am folgenden Tag liefen auch die »Argos« und die »Knudsen« in Gdynia ein, während die »Poseidon« mit Maschinenschaden in Rønne (Bornholm/Dänemark) lag. Von der »Aranda« war zu hören, daß sie sich mit einem Schwerverletzten an Bord bereits auf dem Heimweg nach Helsinki befand. Damit war das BOSEX-Programm gelaufen, ohne überhaupt richtig begonnen zu haben. Einige der Forschungsschiffe, die in Gdynia Schutz gesucht hatten, begaben sich zwar noch einmal ins Arbeitsgebiet, schließlich mußten ja die Strömungsmesser geborgen werden. Die »Penck« machte sich am 18. September dorthin auf Weg. Als wir das BOSEX-Gebiet erreicht hatten, trafen wir auf die »Argos« und »Knudsen«, zu denen sich später auch die »Aju Dag« gesellte. Inzwischen war auch die »Gauß«, das Forschungsschiff des Deutschen Hydrographischen Instituts in Hamburg, eingetroffen und hatte wenigstens einen Umlauf des von den Hamburger Kollegen zu bearbeitenden Polygons geschafft.

Kaum angekommen begann auch schon die Verabschiedung. Da die Rückkehr der »Poseidon« ins Operationsgebiet ungewiß war, wurde die »Penck« zum Leitschiff bestimmt. In Vertretung des Expeditionsleiters, der bereits von Gdynia aus die

Heimreise angetreten hatte, führte ich am Abend des 20. September das letzte BOSEX-Rundgespräch mit den noch im Arbeitsgebiet anwesenden Forschungsschiffen. Nach Bergung unserer Strömungsmesser-Bojenstation haben wir am 21. September letztmalig unser Polygon bearbeitet. Die »Penck« war das letzte Forschungsschiff, das die Heimreise aus dem BOSEX-Gebiet antrat. Gemessen am Aufwand von zehn Forschungsschiffen und der Dauer von drei Wochen waren die wissenschaftlichen Ergebnisse des Experiments gering. Ursache für diesen Mißerfolg war nicht das Konzept, sondern die für die Jahreszeit ungewöhnlich schlechten Wetterbedingungen, BOSEX wurde buchstäblich vom Winde verweht. Als Fazit aus BOSEX bleibt für die Warnemünder Ozeanographen, daß sie noch unter Arbeitsbedingungen gemessen haben, unter denen andere Forschungsschiffe, selbst wesentlich größere, längst aufgegeben hatten.

Zur XI. CBO hatte turnusgemäß die DDR eingeladen; sie fand im Herbst 1978 in Rostock statt. Die Empfehlungen dieser Konferenz waren insofern wichtig, als sich die Ostseeozeanographen einhellig gegen den Plan Dänemarks stellten, die Fährverbindung über den Großen Belt durch einen Damm und eine Brücke zu ersetzen. Der Damm hätte den Querschnitt dieser Wasserstraße um etwa 20% verringert und damit den Wasseraustausch zwischen Nord- und Ostsee eingeschränkt. Der Hinweis auf die damit verbundenen Gefahren für die Ostsee hatte so viel Gewicht, daß die dänische Regierung das Vorhaben einer festen Querung über den Großen Belt auf Eis legte. Ende der 1980er, Anfang der 1990er Jahre ist die Querung dann doch gebaut worden, jedoch ohne Damm und in einer Kombination von Tunnel und Brücke. Für die dänische Regierung war der verzögerte Bau der festen Beltquerung wichtig, denn 1977 begann die längste bisher bekannte Stagnationsperiode in der zentralen Ostsee, die bis 1992 dauerte und in deren Verlauf das Tiefenwasser besonders nachhaltig an Sauerstoff verarmte und faulig wurde. Bei einem Baubeginn der Querung Ende der 1970er Jahre wäre Dänemark unweigerlich der Vorwurf gemacht worden, die Schuld an dieser unheilvollen Entwicklung zu haben.

Auf der XIV. CBO, die im Herbst 1984 in Gdynia stattfand, mußte ich Prof. Voigt in seiner Funktion als Seniorwissenschaftler der DDR vertreten. Da uns die »Humboldt« zur Verfügung stand, war die DDR mit zahlreichen Meereswissenschaftlern und entsprechend vielen Vorträgen in Gdynia vertreten. Die Kieler Ozeanographen, waren ebenfalls mit einem Forschungsschiff, der »Alkor«, angereist.

Jeden Tag vor Beginn der Veranstaltungen traf ich mich mit meinen Mitstreitern, einschließlich der Kollegen von der Universität Rostock, im Klubraum der »Humboldt«. Neben der Berichterstattung über die Vorträge, die ich aus Zeitmangel nicht alle hören konnte, ging es dabei vornehmlich um aktuelle Informationen über den Stand der Empfehlungen, die die DDR und andere Ostseeländer unterbreitet hatten. Von Interesse für mich war natürlich auch zu erfahren, welche DDR-Ozeanographen als Chairmen (Vorsitzende) vorgeschlagen worden waren, denn die Leitung einer Vortragsveranstaltung galt als Auszeichnung für den betreffenden Wissenschaftler. Darüber hinaus mußte ein Empfang an Bord der »Humboldt« mit Veranstaltungen ähnlicher Art koordiniert und vorbereitet werden.

Die XIV. CBO verlief sehr erfolgreich für die Meereswissenschaftler der DDR. Sie kamen mit ihren Vorträgen gut an und leiteten fünf Sitzungen. Außerdem brachten sie mehr als die Hälfte (8 von 13) der von den Seniorwissenschaftlern bestätigten Empfehlungen ein.

Ein Schwerpunkt auf der XIV. CBO war die Vorbereitung eines internationalen Patchiness-Experiments (PEX), dessen Durchführung der Internationale Rat für Meeresforschung (ICES) bereits im März 1983 in Tallinn empfohlen hatte. Ich hielt nicht viel von diesen Untersuchungen über physikalische und biologische Prozesse, die »fleckenhaft begrenzt« sind und auf engstem Raum eine ungleichmäßige Verteilung der Wassertemperatur sowie der Mikroalgen und Nährstoffe erzeugen, um nur einige Beispiele zu nennen. Diesen Prozessen kommt allenfalls in den Übergangsjahreszeiten eine gewisse Bedeutung zu, wenn sich die Ostsee erwärmt oder abkühlt und die Massenentwicklung von Mikroalgen eintritt. Die Patchiness-Problematik wurde immer wieder zum Anlaß genommen, die Nährstofftrends in der winterlichen Oberflächenschicht anzuzweifeln, mit denen ich mich seit Ende der 1970er Jahre befaßte. Wichtigste Voraussetzung für Trenduntersuchungen ist jedoch eine homogene Verteilung, die im Winter vorhanden ist. Als für die Durchführung von PEX der Mai 1986 zur Debatte stand, machte ich den Vorschlag, ein weiteres Experiment im Winter durchzuführen. Diesem Vorschlag war jedoch kein Erfolg beschieden, ich biß auf Granit.

Neben den öffentlichen Veranstaltungen der XIV. CBO nahm ich auch an den internen Beratungen der Seniorwissenschaftler teil. Hier ging es vor allem um die Annahme und Harmonisierung der Empfehlungen. Anläßlich eines Dinners zu Ehren der Seniorwissenschaftler überreichte ich im Auftrage von Prof. Voigt die Leibniz-Medaille der Akademie an die Mitglieder des Organisationskomitees der XIV. CBO.

Auch der Oberbürgermeister von Danzig gab einen Empfang, der allerdings nur ein musikalischer Ohrenschmaus war, denn zu essen gab es nichts. Um so nahrhafter waren dafür die Empfänge an Bord der »Humboldt« und »Alkor«, die aus Zeitmangel am gleichen Abend stattfanden. Da der Empfang an Bord der »Humboldt« als Arbeitsessen deklariert war, hatten wir 40 persönliche Einladungen verschickt. Es kamen schließlich weit über 100 Gäste, die alle satt wurden und teilweise bis Mitternacht blieben. Durch die großzügige Bewirtung an Bord unserer Forschungsschiffe gelang es häufig, anderen Veranstaltern die Gäste abspenstig zu machen. Diese indirekte Werbung für die Meeresforschung der DDR wurde staatlicherseits gebilligt, ohne daß die Kosten hierfür übernommen wurden.

In einem Brief, der mich auf der Monitoringfahrt im November 1984 erreichte, hat sich Prof. Voigt u.a. wie folgt über unser Auftreten in Gdynia geäußert: »Lieber Kollege Nehring, vielen Dank auf diesem Wege für die umfassende Leitung und Berichterstattung über die XIV. CBO usw. In Varna war Prof. C. Druet (polnischer Ozeanograph) voll Lob über die DDR-Delegation und alle unter ihrer Mithilfe geleisteten wissenschaftlichen und organisatorischen Beiträge.« Ein bißchen stolz war ich schon über diese Anerkennung. Hauptgrund des Briefes von Prof. Voigt war jedoch die Information, daß ich als Berater für Meeresfragen in einer »kommerziellen« Delegation der Akademie und des Ministeriums für Wissenschaft und Technik nach Kuweit reisen solle. Diese Reise, die für den Dezember 1984 geplant war, hat – vermutlich aus Geldmangel – nicht stattgefunden.

Unmittelbar nach der XIV. CBO fand eine zweitägige Expertenberatung statt, bei der es um die Verschmutzung der Ostsee ging. Da die »Humboldt« bereits Gdynia verlassen hatte, mußte ich in das damals neue Komfort-Hotel Gdynia übersiedeln. Nachts wurde ich mehrfach durch Anrufe gestört, bei denen eine weibliche Stimme in fast akzentfreiem Deutsch fragte, ob ich Gesellschaft haben möchte. Das war ja nun was ganz Neues für mich! Ich überlegte ernsthaft, mich bei der Rezeption wegen dieser Ruhestörungen zu beschweren.

Bei weiteren PEX-Beratungen 1985 in Charlottenlund bei Kopenhagen sowie im Februar 1986 in Gdynia wurden der Termin (20. April - 10. Mai 1986) und die Einzelheiten des Meßprogramms festgelegt. An der letzten Beratung konnte ich nicht teilnehmen, weil widrige Winde – ich befand mich an Bord der »Penck« – mein rechtzeitiges Eintreffen in Gdynia verhinderten. Die Gesamtleitung des Experiments wurde einem schwedischen Fischereibiologen übertragen. Ich nahm an der

Meßkampagne an Bord der »Penck« nicht teil, schickte aber zwei Techniker mit, um die Nährstoffanalytik abzusichern. Bei geringen Stationsabständen sowie in einem eng begrenzten Meßfeld, das jedes der 14 teilnehmenden Forschungsschiffe einmal täglich bearbeiten mußte – und das 14 Tage lang – leisteten die Ozeanographen Schwerstarbeit. Gleiches galt auch für die Nautiker, die aufpassen mußten, daß die Schiffe sich nicht gegenseitig in die Quere kamen. Infolge einer stabilen Hochdruckwetterlage herrschte während des gesamten Experiments ideales Forscherwetter.

Am 26. April 1986 passierte die Reaktorkatastrophe von Tschernobyl (Ukraine), bei der radioaktiv-belastete Luftmassen auch über die zentrale Ostsee und den Bottnischen Meerbusen hinwegzogen. An Bord der Forschungsschiffe aus Polen, der UdSSR und der DDR wurde der Unfall ignoriert. Aber auch die anderen Forschungsschiffe haben die Messungen fortgesetzt. An Bord der »Alkor« aus Kiel wurden jedoch Vorsichtsmaßnahmen gegenüber radioaktiven Partikeln ergriffen, mit Schutzanzügen bekleidet hat die Besatzung ihr Schiff von oben bis unten mit Seifenlösung abgeschrubbt und mit Seewasser abgespritzt.

Dank des günstigen Wetters – viel Sonne, wenig Wind – konnten signifikante Inhomogenitäten in der Verteilung der Wassertemperatur, der Mikroalgen und der Nährstoffe sowie anderer ozeanologischer Größen beobachtet werden, von daher war PEX ein Erfolg. Im Grunde genommen entsprachen die Ergebnisse aber den Erwartungen.

Im Juni 1986 fand in Göteborg (Schweden) ein Symposium zum Thema »Chemistry of the Black Sea« statt. Amerikanische und schwedische Meeresforscher hatten Anfang der 1980er Jahre mehrere gemeinsame Expeditionen ins Schwarze Meer durchgeführt, dessen Tiefenwasser im Gegensatz zur Ostsee ständig Schwefelwasserstoff enthält. Zur Ergänzung der Thematik wurden auch andere Meeresgebiete behandelt, in deren Tiefenwasser dieses Faulgas vorhanden ist. Zusammen mit einem weiteren Meereschemiker aus Warnemünde war ich daher nach Göteborg eingeladen worden, um etwas über die Ostsee beizusteuern, wir hatten damit den Vorzug gegenüber den Kieler Meereschemikern erhalten.

Auf dem Symposium dominierten die US-amerikanischen Meereswissenschaftler. Endlich hatte ich Gelegenheit, die Chemiker persönlich kennenzulernen, von denen ich bereits interessante Publikationen in internationalen Fachzeitschriften gelesen hatte. Mein Beitrag über »Zeitliche Veränderungen des Phosphats und der anorganischen Stickstoffverbindungen im Tiefenwasser der zentralen Ostsee« paßte gut in das Anliegen des Symposiums.

Bei den Amerikanern war es damals üblich, die Vorträge mit einer geistreichen Story zu beginnen, die nichts mit der eigentlichen Thematik zu tun hatte – nur um die Zuhörer in ihren Bann zu ziehen. Ich erinnerte mich in diesem Zusammenhang an die Einleitung, die ich früher einmal von einem amerikanischen Professor gehört hatte. In gebrochenem Deutsch hatte dieser sinngemäß gesagt: »Mit der deutschen Sprache geht es mir wie mit meiner Frau, ich kenne und ich liebe sie, aber ich beherrsche sie nicht«. Mit dieser ins Englische übersetzten Einleitung hatte ich die Lacher auf meiner Seite und aufmerksame Zuhörer.

Ab Mitte der 1970er Jahre wurde intensiv über die Daseinsberechtigung der CBO diskutiert, jedoch nur inoffiziell und mit wechselnden Standpunkten. Ich wurde mit diesen Diskussionen während der Aufenthalte unserer Forschungsschiffe in den Ostseehäfen konfrontiert. Aus Sicht der Wissenschaftler des Warnemünder Instituts für Meereskunde war der Fortbestand der CBO als Forum für wissenschaftliche Vorträge sowie für die Planung und Durchführung internationaler Forschungsvorhaben in der Ostsee dringend erforderlich. Wir wußten uns in dieser Hinsicht einig mit den polnischen Kollegen. Strickte Vertreter einer Auflösung der CBO waren dagegen die schwedischen und teilweise auch die Kieler Kollegen. Den Dänen war beides recht, und der Standpunkt der UdSSR war nicht in Erfahrung zu bringen.

1975 ging es anfangs um die Überführung der CBO in den ICES, einer zwischenstaatlichen Organisation. Besonders die schwedischen Kollegen machten sich für diesen Vorschlag stark, weil sie befürchteten, kein Geld mehr für die Mitarbeit in nichtstaatlichen Gremien zu bekommen. Die Finnen konnten sich mit diesem Vorschlag nicht anfreunden, sie hielten die Mitarbeit der UdSSR in nichtstaatlichen Organisationen eher für möglich als im ICES.

In den Jahren 1977/78 wurde die HELCOM, bzw. deren Interimskommission, als eventuelle Heimstatt der CBO ins Gespräch gebracht. Die Finnen erklärten, daß die HELCOM als Organisation zur Überwachung der Meeresumwelt nicht geeignet wäre, Grundlagenforschung zu initiieren. Eine Lösung der Frage, Auflösung oder Beibehaltung der CBO, zeichnete sich nicht ab. Anfang der 1980er Jahre hörten diese Diskussionen auf, die CBO führte weiterhin ihre turnusgemäßen Veranstaltungen durch, wobei die Zahl der Teilnehmer nicht abnahm sondern wuchs.

Der Rat für Gegenseitige Wirtschaftshilfe

Im Rahmen des Rates für Gegenseitige Wirtschaftshilfe (RGW), dem Pendant der Ostblockländer zur Europäischen Wirtschaftsgemeinschaft (EWG), wurde 1971 von den Regierungsvertretern aus Bulgarien, der DDR, Polen, Rumänien und der UdSSR ein Abkommen zur Meeresforschung unterzeichnet. Dieses Abkommen, das die Kurzbezeichnung »Weltozean« trug, umfaßte die »Untersuchung chemischer, physikalischer, biologischer und anderer Prozesse der wichtigsten Gebiete des Weltozeans und die Entwicklung moderner technischer Mittel zur effektiven Erforschung und Nutzung seiner Ressourcen«. Im RGW-Komplexprogramm »Weltozean« wurden fünf Forschungsrichtungen verfolgt, die in zahlreiche Unterthemen gegliedert waren. Mein Arbeitsgebiet war in der Forschungsrichtung (3), Untersuchung chemischer Prozesse im Meer, angesiedelt. Die anderen Forschungsrichtungen betrafen physikalische (1), biologische (2) und geologische (4) Fragestellungen sowie die Geräteentwicklung und -interkalibrierung (5). Grundlage für die Bearbeitung des Themas Weltozean waren Fünfjahrespläne, die durch konkrete Aufgaben für die einzelnen Jahre untersetzt wurden. Die Kosten für die auszurichtenden Maßnahmen trug jedes Land selbst.

Die Koordination des RGW-Komplexprogamms Weltozean erfolgte in einem Koordinierungszentrum, das dem Institut für Ozeanologie der Akademie der Wissenschaften (ION) der UdSSR in Moskau zugeordnet war. Die Vertreter der Länder im Rat der Bevollmächtigten waren in der Regel die Direktoren der führenden Meeresforschungsinstitute. In der DDR übernahm Prof. Dr. Klaus Voigt diese Aufgabe Mitte der 1970er Jahre. Er wurde 1990 von Prof. Dr. Dieter Lange abgelöst, der dem Rat der Bevollmächtigten bis zu dessen Auflösung Ende 1991 angehörte.

Woran das RGW-Komplexprogramm Weltozean krankte, waren weniger die Finanzen als vielmehr der Mangel an Ideen und die Bereitschaft zur Mitarbeit. Bei mir kam noch die Sprachbarriere hinzu. Ich scheute mich oftmals, an Beratungen teilzunehmen und Vorschläge zu unterbreiten, weil ich nicht Russisch konnte, die einzige im RGW akzeptierte Verhandlungssprache.

Der Koordinator für das Komplexprogramm kam mindestens einmal im Jahr nach Warnemünde, um die Zusammenarbeit für das nächste Jahr abzustimmen und für die Beschlußfassung im Rat der Bevollmächtigten vorzubereiten. Dabei hat er immer wieder versucht, mein Interesse zu wecken, ihm genügte mein fachliches »Know-how«, Forschungsschiffe von 10.000 BRT und größer würden von der russischen Seite gestellt werden. Dies zeigt aber das ganze Dilemma auf dem Gebiet der prozeßorientierten, chemischen Meeresforschung, daß es nämlich auch in den anderen RGW-Ländern an Ideen mangelte oder kein Bedarf an einer Zusammenarbeit bestand.

Im Rahmen des Komplexprogamms Weltozean wurde dem Wissenschaftleraustausch große Bedeutung beigemessen. Der Austausch mit Wissenschaftlern aus der UdSSR war oft mit Wartezeiten verbunden, weil die Gäste verspätet anreisten oder irgendwelche Stempel und Genehmigungen fehlten, die nicht von den örtlichen Behörden, sondern nur in Moskau beschafft werden konnten. Sowohl im Herbst 1973 als auch 1974 hatten wir während der Terminfahrten Gäste aus der UdSSR auf der »Penck« mit, die in Tallinn an Bord kamen. Glücklicherweise setzte sich dieser Besucheransturm nicht fort. Es blieben sogar die einzigen RGW-Aktivitäten dieser Art, an denen ich beteiligt war.

Im Zusammenhang mit der Forschungsrichtung (3) des RGW-Komplexprogramms arbeitete ich mit an der Monographie »Verschmutzung von Brackwassermeeren« sowie den »Methodischen Hinweisen zur chemischen Meerwasseranalyse für die RGW-Länder«, die 1976/77 im RGW-Verlag in Gdynia publiziert wurden. Durch meine Beiträge in der Monographie und im Methodenhandbuch bin ich zu russisch-sprachigen Veröffentlichungen gekommen. In der Liste meiner Veröffentlichungen machten sie sich gut, denn auf Publikationen in Russisch wurde von Akademien und Universitäten in der DDR großer Wert gelegt.

Vom Warnemünder Institut für Meereskunde sowie von Fischereiinstituten in Polen und in der UdSSR wurden Methodenvergleiche als wichtige Voraussetzung für die Vergleichbarkeit von Meßwerten und den Datenaustausch angesehen. Im Mai 1977 trafen sich daher die »Penck« sowie die »Mazirbe« aus Riga und die »Birkut« aus Gdynia zu einer Interkalibrierung unter der Flagge des RGW-Komplexprogramms. Da ich bereits Erfahrungen auf diesem Gebiet besaß, wurde mir die Leitung des Methodenvergleichs, der im Danziger Tief durchgeführt wurde, übertragen.

Alle Beteiligten benutzten ihre eigenen Flaschen zum Abfüllen der Wasserproben, die an Bord der »Penck« mit der OM 75 geschöpft wurden, und kehrten zu deren Aufarbeitung auf ihre Schiffe zurück. Nach etwa vier Stunden trafen sich die Teilnehmer wieder auf der »Penck« und tauschten ihre Meßergebnisse aus. Dabei gab es mehr oder weniger lange Gesichter, denn überragend waren die Ergebnisse dieses Methodenvergleichs nicht, wobei natürlich jede Seite auf der Richtigkeit der eigenen Messungen beharrte. Bei dem sich anschließenden Empfang in der Messe der »Penck« glätteten sich die Mienen wieder; ein Anfang war gemacht. Es blieb jedem Teilnehmer selbst überlassen, welche Schlußfolgerungen er zog. Weitere Methodenvergleiche mit besseren Ergebnissen folgten in den 1980er Jahren vor allem mit dem BaltNIIRCH, dem Ostseefischerei-Institut in Riga.

Neben den Beratungen zur Vorbereitung der RGW-Monographie über die Verschmutzung von Brackwassermeeren und des RGW-Handbuches zur Meerwasseranalytik, von denen zwei oder drei auch in Warnemünde durchgeführt wurden, fanden in der zweiten Hälfte der 1970er Jahre einige gemeinsame Veranstaltungen zu den Forschungsrichtungen (2) »Untersuchung von Prozessen der biologischen Produktivität« und (3) »Untersuchung chemischer Prozesse« statt. Die RGW-Zusammenarbeit auf dem Gebiet der Meeresforschung sollte in dieser Zeit mit aller Kraft durchgesetzt werden. Neben Vertretern aus dem Warnemünder Institut nahmen an den Beratungen, die in Gdynia und Tallinn stattfanden, auch Kollegen der Sektion Biologie der Rostocker Universität teil. Greifbare Ergebnisse in Bezug auf gemeinsame Forschungsvorhaben ergaben sich aus diesen Beratungen nicht.

Wie die Randbedingungen bei den RGW-Beratungen unter Umständen waren, zeigt das Beispiel einer mehrtägigen Veranstaltung, die Anfang September 1976 in Gdynia durchgeführt wurde. Da chemische und biologische Fragen zur Debatte standen, reiste die »DDR-Seite« mit einer größeren Delegation an. Wir wohnten etwas außerhalb von Gdynia im Hotel Gdańsk, das in der Nähe einer viel befahrenen Bahnstrecke stand. Ich hatte Glück, mein Zimmer lag in Richtung waldbestandener Hügel. Andere waren am Morgen wie gerädert. Einer von ihnen erbot sich, eine Statistik über die nächtlichen Bahntransporte auf der Strecke Gdańsk-Gdynia anzufertigen. Da das Essen im Hotel zwar gut, aber auch teuer war, haben wir es meistens vorgezogen, unser Frühstück in einem Schnellimbiß auf dem Weg zum Hydrometeorologischen Institut (IMGW), dem Ort der Beratungen, einzunehmen. Zeit dazu hatten wir, denn die Beratungen begannen nicht vor zehn Uhr. Ähnlich sparsam waren wir beim Mittagessen, das wir ein einer Offizierskantine der polnischen Seestreitkräfte oder ebenfalls in einem Schnellimbiß eingenommen haben, in beiden Fällen war es ein undefinierbares »Etwas«.

Worüber wir beraten haben, ist mir entfallen, weltbewegende Probleme waren es jedenfalls nicht. Woran ich mich aber noch gut erinnere, war ein Abend, den wir in der verrufenen Nachtbar Eremitage in Gdynia verbrachten. Wenn schon die Beratungen langweilig waren, wollten wir uns wenigsten durch den Besuch einer Bar entschädigen. Bereits an der Eingangstür wurden wir von einem uniformierten und reichbetressten Portier begrüßt, der uns eine steile Treppe hinab in die Bar geleitete. Da wir offensichtlich zu den bevorzugten Gästen gehörten, wurden im Handumdrehen Tische zusammengerückt sowie Bier und Wodka bereit gestellt. Das alles hatte einer unserer Kollegen mit Hilfe der Ober organisiert. Mit Umarmungen hier und Küßchen dort hatte er auch schnell einige junge Frauen an unseren Tisch gelotst. Ich möchte mich nicht darüber auslassen, um welche Art von Frauen es sich handelte, aber man konnte gut mit ihnen tanzen und sich unterhalten, denn sie sprachen deutsch. Als wir um Mitternacht die Bar verließen, warteten zwei von ihnen auf uns. Um zu beweisen, daß sie deutscher Abstammung war, zeigte eine der Frauen ihren Ausweis, sie hieß Gebhard mit Nachnamen. Jetzt klärte sich auch auf, warum wir bevorzugt behandelt worden waren. In den HO-Schuhgeschäften der DDR waren Mitte der 1970er Jahre westdeutsche Leiser-Schuhe mit auffälligen Metallverzierungen verkauft worden, und anhand dieser Schuhe, die zwei von uns anhatten, waren wir als »Westgermanen« identifiziert worden. So konnte es einem damals in Polen ergehen.

In den 1980er Jahren entwickelte sich zwischen unserem Institut und dem BaltNIIRCH in Riga eine erfolgreiche Zusammenarbeit. Bei den gemeinsamen Beratungen ging es vorrangig um die Praxiswirksamkeit von hydrographischen, chemischen und biologischen Daten für die mittel- und langfristigen Prognosen über die Entwicklung der Fischbestände der Ostsee. Die Rigaer Kollegen verfügten auf diesem Gebiet über langjährige Erfahrungen, die auch den Fischern in der DDR von Nutzen waren. Auf Vorschlag des Fischkombinats Saßnitz wurden deshalb fünf von ihnen anläßlich des 7. Oktober 1984, dem Jahrestag der DDR, als Aktivist der Sozialistischen Arbeit ausgezeichnet.

Die erste Beratung dieser Art, an der neben der UdSSR und der DDR auch Vertreter aus Polen teilnahmen, fand im Herbst 1983 in Riga statt. Wegen Teilnahme an der Herbstterminfahrt war ich an Bord der »Penck« nach Riga gekommen; zwei weitere Kollegen des Warnemünder Instituts waren direkt angereist. Obgleich die sowjetische Seite über die wichtigeren Erfahrungsträger verfügte, kam die Diskussion erst in Gang, als die Warnemünder Kollegen ihre Beiträge vorgestellt hatten. Im Ergebnis dieser Beratung wurde der systematische Austausch von hydrographischen und chemischen Meßwerten zwischen unserem Institut und dem BaltNIIRCH vereinbart, um die Datenbasis der Fischereiprognosen für die Ostsee zu verbessern.

Ein anderes Ergebnis der Rigaer Beratung war die Anregung zu einem weiteren Methodenvergleich.

Die Abschlußparty an Bord der »Penck« fand in gelockerter Atmosphäre statt. Da trauten sich unsere Gäste schon mal, deutsch oder englisch zu sprechen, sehr zum Mißfallen des Auslandsbeauftragten des BaltNIIRCH, eines Russen, der nur seine Muttersprache beherrschte. Leider endete die Party etwas abrupt gegen 22.00 Uhr, weil die Sowjetmacht in Form ihrer Grenzpolizei zur Ausklarierung des Schiffes erschien und alle Gäste von Bord mußten. Jetzt saßen wir da mit einem Teil unserer kalten Platten und den alkoholischen Getränken. Daher ging die Feierei nach dem Ablegen erst richtig los, wegen der langen Revierfahrt durch den Rigaer Meerbusen konnten wir am nächsten Tag ausschlafen. Es war eines der seltenen Male, daß ich beim Trinken kräftig mitgehalten habe. Obgleich meine Zechkumpane versuchten, mich »abzufüllen« und meine Cola klammheimlich mit reichlich Korn oder Gin versetzten, ist es ihnen nicht gelungen, den Expeditionsleiter unter den Tisch zu trinken. Ich machte ihnen die Freude und tat, als ob ich nichts von dieser Absicht merkte. Vielleicht war es die Euphorie über den erfolgreichen Verlauf der Rigaer Beratung, die nachwirkte und dafür sorgte, daß ich in dieser Nacht in Bezug auf Alkohol gut in Form war. Schrecklich war allerdings der nächste Morgen.

Die Beratungen über die Nutzung von ozeanologischen Daten für die Prognosen der Ostseefischerei wurden zwar als RGW-Aktivitäten ausgewiesen, tauchten aber ebenso wie die Methodenvergleiche nicht in den Jahresplänen des RGW-Komplexprogramms auf. Von diesen Ausnahmen abgesehen war die RGW-Zusammenarbeit auf dem Gebiet der Meereschemie wenig ergiebig. Insgesamt wurden die gemeinsamen Vorhaben mit einem Minimum an Ideen, Zeit und Geld bewerkstelligt.

Internationaler Rat für Meeresforschung und Baltische Meeresbiologen

Der Grund dafür, den ICES und die BMB (Baltischen Meeresbiologen) gemeinsam zu behandeln, ist der, daß meine Aktivitäten in diesen beiden Gremien gering waren. Mit dem Beitritt der DDR zum ICES im Jahre 1975 war ein Mitarbeiter des Instituts für Meereskunde Warnemünde Delegierter der DDR und Vertreter der Akademie der Wissenschaften in diesem Gremium geworden. Wenn auch dieser Delegierte als Einzelkämpfer auftrat, was zumeist der Fall war, haben viele Ozeanogra-

Warschau, 1979; historische Altstadt

phen des Warnemünder Instituts von seiner Anwesenheit auf den ICES-Hauptversammlungen profitiert. Er brachte stapelweise meereswissenschaftliche Papers and Reports (schriftliche Vorträge und Berichte) mit und trug auf diesem Wege dazu bei, daß die Warnemünder Ozeanographen aktuell informiert wurden und nicht den Kontakt zur internationalen Meeresforschung außerhalb der Ostsee verloren.

Meine Teilnahme an der Hauptversammlung des ICES 1971 in Helsinki stand im Zusammenhang mit unseren Aktivitäten im nordwestafrikanischen Auftriebsgebiet; ich stellte dort erste Ergebnisse unserer Untersuchungen vor. Im Herbst 1979 fand die Hauptversammlung des ICES in Warschau statt. Als Hauptstadt eines sozialistischen Bruderlandes, das unmittelbar an die DDR grenzte, war dieser Veranstaltungsort günstig für die DDR-Teilnehmer, so daß wir mit einer starken Delegation nach Warschau reisen konnten und auch bei den Vorträgen gut abschnitten.

Kopenhagen, 1980; Rathaus

Im Herbst 1980 nahm ich an der Hauptversammlung des ICES in Kopenhagen teil. Meine Reise zu dieser Veranstaltung hatte Prof. Voigt bei der Akademie außer der Reihe durchgesetzt, und zwar in Anbetracht des Aufsehens, das meine Untersuchungen über die Nährstofftrends in der Ostsee erregten.

Mitte der 1980er Jahre tagte die ICES-Arbeitsgruppe zur Meeresumwelt der Ostsee in Warnemünde, sie wurde damals von einem Mitarbeiter unseres Instituts geleitet. Bei diesen Beratungen wurde ich aufgefordert, kurzfristig ein schriftliches »Statement« (Verlautbarung) über die Nährstoffbelastung der Ostsee vorzulegen. Unter Einbeziehung von Konzeptionen für das RGW-Komplexprogramm Weltozean und meiner Erfahrungen aufgrund der Zustandsbewertungen der Ostsee fiel mir das nicht schwer.

Anläßlich eines meeresbiologischen Symposiums in Rostock und auf Hiddensee konstituierte sich 1968 das Komitee der Baltischen Meeresbiologen (BMB). Anders als die locker organisierten Ostseeozeanographen hatten die Baltischen Meeresbiologen einen ständigen Vorsitzenden und einen Sekretär. Außerdem unterhielten sie zeitweilige Arbeitsgruppen. Ihr erster Vorsitzender war ein bekannter Rostocker Biologe.

An den BMB-Symposien, die in zweijährigem Abstand alternierend zu den CBO durchgeführt wurden, habe ich in den 1970er und 1980er Jahren relativ selten teilgenommen. Die dort behandelten Themen interessierten mich zwar, aber andere Termine verhinderten oftmals meine Teilnahme. Da die CBO eine längere Tradition als die entsprechenden BMB-Veranstaltungen hatten, waren die Meeresbiologen darüber hinaus häufiger mit Beiträgen auf den Konferenzen der Ostseeozeanographen vertreten als umgekehrt, so daß ich ohnehin verhältnismäßig gut über die aktuellen biologischen Probleme in der Ostsee informiert war. Bei den Ostseebiologen haben interne Diskussionen über den Fortbestand der BMB eine viel geringere Rolle gespielt als bei den Ostseeozeanographen.

Weniger aus fachlicher als aus politischer Sicht möchte ich auf das 11. BMB-Symposium eingehen, das im September 1989 in Szczecin (Stettin) in Polen stattfand. Während dieser Veranstaltung war bereits das Wetterleuchten einer neuen Zeit am politischen Horizont zu erkennen. Wegen der Nachbarschaft zur DDR waren Wissenschaftler vom Warnemüder Institut für Meereskunde und von der Sektion Biologie der Universität Rostock zahlreich vertreten. Die polnischen Gastgeber hatten keine Anstrengungen gescheut, um die Veranstaltung trotz zunehmender innenpolitischer und wirtschaftlicher Schwierigkeiten zu einem Erfolg werden zu lassen. Beigetragen dazu haben auch die Vorträge der Warnemünder und Rostocker Kollegen.

Wegen der angespannten politischen Situation hatte ich ein kleines Taschenradio mit und war froh, wenigstens die Nachrichtensendungen aus der DDR empfangen zu können, sie mußten nur »richtig« interpretiert werden. Es war bereits die Zeit der Montagsdemonstrationen in Leipzig sowie der Massenflucht ausreisewilliger DDR-Bürger über Ungarn und die ČSSR in die BRD. Wenn ich die Rede auf die aktuellen politischen Ereignisse in der DDR brachte, reagierten einige meiner DDR-Kollegen zurückhaltend. Es war ihnen offensichtlich unangenehm, daß ich meine Informationen an sie weitergab; mein Hinweis darauf, daß diese Informationen von einem DDR-Sender stammten, änderte wenig daran. Keiner wußte, wohin die politische Entwicklung in der DDR steuerte.

Die Helsinki-Kommission

In der ersten Hälfte der 1970er Jahre verabschiedeten die Ostseeländer zwei wichtige Konventionen. Die erste »Konvention über den Schutz der Fischerei und der lebenden Ressourcen in der Ostsee und in den Belten« wurde 1973 in Danzig unterzeichnet. Im Ergebnis dieser Konvention kam es zur Gründung der Internationalen Kommission für die Fischerei in der Ostsee mit Sitz in Warschau. Neben dem ICES wurde die Warschauer Fischereikommission das wichtigste Gremium für die internationalen Beratungen und Empfehlungen der in der Ostsee tätigen Fischereibiologen.

Viel interessanter aus Sicht der Warnemünder Meeresforscher waren jedoch die Konvention und die Gründung der Helsinki-Kommission (HELCOM) zum Schutz der Meeresumwelt der Ostsee, die 1974 erfolgten und die internationale Zusammenarbeit im Ostseeraum auf eine neue Basis stellten. Als wir in diesem Jahr mit der »Humboldt« in Helsinki waren, brachten die finnischen Kollegen ihre Verwunderung darüber zum Ausdruck, daß nur Regierungsvertreter und keine Meereswissenschaftler aus der DDR an den Abschlußberatungen zum Helsinki-Abkommen teilgenommen hätten. Sie selbst waren als Berater ihrer Regierungskommission tätig gewesen. Erstmals wurde auch die Frage diskutiert, ob ozeanologische Messungen in den Küstengewässern fremder Ostseeländer zukünftig notifiziert, d.h. angemeldet und genehmigt werden müßten. Damals bestand Einigkeit darüber, daß man schlafende Hunde nicht wecken solle. Im Zusammenhang mit der UN-Seerechtskonferenz erledigte sich diese Frage von selbst, ab 1976 mußten alle Forschungsaktivitäten in den Hoheitsgewässern und Wirtschaftszonen fremder Küstenstaaten und damit auch in der Ostsee notifiziert werden.

Bis zur Ratifizierung des Helsinki-Abkommens durch die Regierungen aller Ostseeanrainer nahm eine Interimskommission (IC) die Aufgaben der HELCOM wahr. Während die DDR dieses Abkommen bereits 1976 ratifizierte, verhielt sich die BRD zögerlicher und trat ihm erst Ende 1979 bei. Als alle der damals sieben Ostseeanrainer die Konvention ratifiziert hatten, konnte sie am 3. Mai 1980 in Kraft treten. Aber bereits zur Zeit der IC klappte die Zusammenarbeit problemlos.

An der Spitze der HELCOM steht ein Exekutiv-Sekretär, der dieses Amt zeitlich befristet ausübt. Zu den Exekutiv-Sekretären der 1980er und der frühen 1990er Jahre hatte ich gute persönliche Kontakte. Ich hatte sie bei Hafenaufenthalten in Tallinn und Helsinki sowie während der Konferenzen der Ostseeozeanographen kennengelernt.

Die Aufgaben der HELCOM zum Schutz der Meeresumwelt der Ostsee sind vielfältiger Art. Neben dem Umweltüberwachungsprogramm und den Zustandseinschätzungen der Ostsee waren es vor allem Bilanzen über die verschiedenen Wege des Eintrages von Nährstoffen und organischem Material sowie von potentiellen Schadstoffen, mit denen sich die HELCOM befaßt hat und weiterhin befaßt. Im Zusammenhang mit den Bilanzuntersuchungen spielte auch die Aktualisierung des Wasserhaushaltes der Ostsee eine wichtige Rolle. Andere Probleme betreffen den Transport gefährlicher Güter durch Tanker und die damit verbundenen Risiken sowie die Entsorgung von Schiffsabfällen, einschließlich Ölrückständen, in den Häfen sowie die Sicherheit der Schiffahrt, die Verlegung von Elektrokabeln und die Errichtung von Bauwerken (Brücken) in der Ostsee.

Grundlage für das internationale Umweltüberwachungsprogramm der HELCOM, das Baltic Monitoring Programme (BMP), waren die Untersuchungen während des Internationalen Ostseejahres, erweitert um die Bestimmung von Schwermetallen sowie von Chlor- und Erdölkohlenwasserstoffen gemäß dem Stand der Analysentechnik. In der eigentlichen Ostsee entsprechen die zu untersuchenden Stationen denen, die wir bereits während der erweiterten Terminfahrten bearbeiteten. Analoge Meßprogramme wurden auch von den Anrainern im Bottnischen, Finnischen und Rigaer Meerbusen sowie in der Beltsee und im Kattegat durchgeführt.

Die Auswahl der Stationen bereitete kaum Probleme. Dagegen haperte es bei der zeitlichen Koordinierung der Meßfahrten in der eigentlichen Ostsee. Während es beim Internationalen Ostseejahr noch gelang, jeden Monat mit einer Meßfahrt zu belegen, klappte dies beim BMP nur ungenügend. Die aktiv in der zentralen Ostsee tätigen Anrainer, allen voran Schweden und die DDR hatten ihre 4 - 5 Meßtermine gleichmäßig über das ganze Jahr verteilt, sie zumeist sogar in die Mitte des jeweiligen Quartals gelegt, so daß für einige Monate Messungen von drei verschiedenen Forschungsschiffen vorliegen und von anderen Monaten gar keine. Wegen der termingebundenen Untersuchungen begegneten sich die Forschungsschiffe relativ häufig bei ihrer Arbeit. Im Landsorttief passierte es sogar, daß ein dort arbeitendes Forschungsschiff den Platz räumen mußte, damit wir mit der »Penck« unsere Messungen durchführen konnten. Kein Land war bereit, seine Meßtermine zugunsten eines anderen Landes zu verlegen. Bedeutete dies doch, daß langjährige Meßreihen einen Bruch bekamen und nicht mehr zu vergleichen waren. Außerdem mußte das Warnemünder Institut bei der Datenbereitstellung für unseren Kooperationspartner, das Institut für Hochseefischerei und Fischverarbeitung in Rostock-Marienehe, bestimmte Termine einhalten, um die Prognosen über die Entwicklung der Ostseefischerei zu unterstützen. An der zeitlichen Koordinierung der Meßfahrten krankt das BMP der HELCOM bis heute.

Vom 7. - 19. März 1977 fanden im Kieler Institut für Meereskunde internationale »Ostsee-Werkstattage« statt. Dieser Workshop erfolgte in Vorbereitung des BMP und diente dem Vergleich und der Abstimmung chemischer Meßmethoden sowie der Vergleichbarkeit der dabei gewonnenen Werte. Die Teilnehmer waren gebeten worden, die von ihnen benutzten Chemikalien und Eichlösungen sowie ihre speziellen Gerätschaften für die Analysen mitzubringen. Deshalb fuhr ich in Begleitung eines weiteren Warnemünder Chemikers mit meinem Lada nach Kiel. Für die Benutzung des Autos hatte ich eine Sondergenehmigung erhalten, die Reise ging ja schließlich über die streng bewachte innerdeutsche Grenze. Rücksitze und Kofferraum waren bis obenhin mit Chemikalienkisten und anderem Material bepackt. Eigens zu deren Aus- und Einfuhr (Rückreise) hatte uns der DDR-Zoll die erforderlichen Dokumente ausgestellt. Als wir kurz vor Wismar waren, leuchtete die rote Ladekontrollampe auf, die Lichtmaschine des Autos war im Eimer. Wir mußten also unbedingt eine Werkstatt aufsuchen, um eine neue Lichtmaschine – wenn es die denn gab – einbauen zu lassen. Das war an einem Sonntag leichter gesagt als getan. In der Werkstatt war nur ein Pförtner anwesend, der sich jedoch unter Hinweis auf unsere »geheime Mission in den Westen« dazu bewegen ließ, einen Automechaniker herbei zu rufen. Letzterer rückte auch eine neue Lichtmaschine raus, als wir ihm den Grund für unsere Reise erklärten und dies mit Dienstreiseauftrag und Zolldokumenten belegten. Der Austausch der Lichtmaschine war in einer halben Stunde erledigt. Die defekte Lichtmaschine nahm ich mit.

Es war ein merkwürdiges Gefühl, als ich zum ersten Mal mit dem Auto an der mit hohen Sicherheitszäunen und Wachtürmen befestigten DDR-Grenze entlangfuhr. Diese Grenzbefestigungen begannen bereits einige Kilometer vor der Kontrollstelle bei Schlutup. An einer kleinen Steinbaracke weit vor der Grenze mußten wir die erste Kontrolle über uns ergehen lassen. Dort waren wir das einzige DDR-Fahrzeug, das die Grenze passieren wollte. Bevor der Unterleutnant unsere Papiere und das Auto kontrollierte, herrschte er mich erst einmal an, ich würde anscheinend die Verkehrszeichen nicht kennen, weil ich ein etwa 20 m vor seinem Häuschen stehendes Stopschild überfahren hätte. Ich hatte dieses Schild zwar gesehen, war aber, da wir das einzige Fahrzeug weit und breit waren, gleich zu ihm vorgefahren. Jedenfalls war ich zunächst einmal verunsichert, und damit hatte der DDR-Grenzer sein Ziel erreicht. Er wurde etwas zugänglicher, als er unsere Reisedokumente geprüft hatte und ließ sich später sogar herbei, uns eine gute Weiterfahrt zu wünschen.

Auf der Lübecker Seite der Grenze nahm man von uns und unserer Fuhre kaum Notiz. Am frühen Sonntagnachmittag kamen wir beim Kieler Institut an. Das Auto stellte ich wegen seiner Ladung und seines DDR-Kennzeichens vorsichtshalber in der Tiefgarage des Instituts unter. Am Montagmorgen trafen sich die Teilnehmer am Workshop im Hörsaal des Instituts. Dort begrüßte uns der Leiter der Abteilung Meereschemie und informierte uns über den Ablauf der Veranstaltung. Danach begannen die praktischen Arbeiten. Während mein Begleiter und einige andere sich in einem Speziallabor mit der Analytik von Spurenmetallen befaßten, wandten sich die meisten Teilnehmer im großen Praktikumssaal der Bestimmung von Nährstoffen zu. Alle Meereschemiker mit Rang und Namen, die sich im Ostseeraum dieser Problematik widmeten, waren gekommen, einige sogar mit ihren Mitarbeitern. Ich arbeitete Seite an Seite mit polnischen, schwedischen, finnischen, dänischen und westdeutschen Kollegen. Nur aus der UdSSR war niemand angereist. Die Deutschen und Polen trugen weiße Laborkittel, die Skandinavier normale Oberbekleidung. Die Teilnehmer am Workshop teilten Freud und Leid miteinander und tauschten ihre Erfahrun-

Institut für Meereskunde Kiel, 1977

Chemischer Methodenvergleich, 1977;
wir arbeiteten wie im Praktikum

gen aus wie Studenten während des anorganischen Chemie-Praktikums.

Während die Kieler Kollegen auch ihre Analysenautomaten bei der Nährstoffbestimmung einsetzten, benutzten die anderen Teilnehmer ausschließlich manuelle Methoden. Nach Abschluß der Laborarbeiten erfolgte eine Ausfahrt mit dem Kieler Forschungsschiff »Poseidon« zur Demonstration neuer Wasserschöpfer und moderner ozeanologischer Meßtechnik sowie zur Entnahme von Wasserproben. Letztere wurden im Anschluß an die Ausfahrt im Institut analysiert.

Neben den Arbeiten zum Methodenvergleich fanden auch Empfänge statt. An einem Abend hatte die Christian-Albrecht-Universität ins Kieler Institut für Meereskunde eingeladen. An einem anderen Abend waren wir zu Gast beim Leiter der Abteilung Meereschemie des Kieler Instituts. Auf seinem Balkon prangten die Fahnen aller sieben Ostseeanrainer, also auch die der DDR, wie ich sogleich mit einem Seitenblick feststellte. Mir fiel ein Stein vom Herzen, ich brauchte keinen Protest zu erheben.

Den Abschluß des Gesellschaftsprogramms bildete ein Busausflug durch Schleswig-Holstein nach Hamburg. Während der Exkursion besichtigten wir ein Klärwerk sowie den Kernreaktor in Geesthacht an der Elbe. Beim Blick in den mit Wasser gefüllten, blau-fluoreszierenden Reaktorraum konnte ich mich eines leichten Schauders nicht erwehren, als ich an die enormen Energien dachte, die bei der unkontrollierten Verschmelzung von Atomkernen freigesetzt werden können. Außerdem besichtigten wir die chemische Abteilung des Deutschen Hydrographischen Instituts (DHI) in Hamburg-Sülldorf sowie den oberhalb der St.-Pauli-Landungsbrücken gelegenen Hauptsitz dieser Einrichtung. Während unseres Ausfluges nach Hamburg waren die Kieler Kollegen fleißig gewesen und hatten die während des Workshops gewonnenen Meßwerte statistisch ausgewertet. Dabei zeigte sich, daß fast alle verwendeten Methoden vergleichbare Resultate lieferten.

Als mein Warnemünder Kollege und ich am nächsten Tag aufbrachen, ließen wir uns Zeit und benutzten die Bäderstraße über Oldenburg, Neustadt, Timmendorf und Travemünde und waren auch in Scharbeutz, dem Bad der unverstandenen Frauen, nach denen wir während der Terminfahrten von See her vergeblich durch das Fernglas Ausschau gehalten hatten. Auch diesmal hatten wir kein Glück! An der innerdeutschen Grenze angekommen brachte ich den DDR-Zöllner mit meiner defekten Lichtmaschine in arge Gewissenskonflikte. Weil ihre Ausfuhr nicht in der Zolldeklaration vermerkt war, hatte er Zweifel, ob er diesem »Reimport« in die DDR zustimmen dürfe. Schließlich gab die Rechnung der Wismarer Autowerkstatt den Ausschlag dafür, daß seine Bedenken zerstreut wurden.

Zum BMP gehören auch biologische Untersuchungen, deren internationale Vergleichbarkeit ebenfalls gewährleistet sein muß. Die Ostseebiologen führten deshalb 1978(?) in Stralsund an Bord von Forschungsschiffen einen Methodenvergleich durch, der vom Wetter her beeinträchtigt war und auch methodische Unzulänglichkeiten erkennen ließ. Trotzdem wurde 1979 mit dem Ostseeüberwachungsprogramm unter der Verantwortung der HELCOM begonnen.

Monitoringfahrten, 1979 - 1989

Für die Warnemünder Ozeanographen änderte sich durch die Einführung des Ostseeüberwachungsprogramms der HELCOM wenig, sie führten weiterhin ihre turnusmäßigen Meßfahrten durch. Wie alle anderen Ostseeländer mußte auch die DDR die damit verbundenen Kosten selbst tragen. Die Meßfahrten wurden jetzt aber nicht mehr Terminfahrten sondern Monitoringfahrten genannt. Außerdem mußten kurze Reiseberichte, so genannte Cruise Reports, angefertigt und ebenso wie die Meßwerte von bestimmten Stationen bei der HELCOM abgeliefert werden. Die im Daten-Center der HELCOM archivierten Meßwerte sind vorgesehen für die Zustandseinschätzungen der Ostsee, die die Grundlage für Empfehlungen von Schutz- und Sanierungsmaßnahmen bilden.

Während zwischen den fachlichen Aufgaben der erweiterten Terminfahrten und der Monitoringfahrten in der Ostsee kaum Unterschiede bestehen, veränderte sich ihre Zielstellung. Ging es anfangs vor allem um die Gewinnung von hydrographischen Daten als Beitrag für Fischereiprognosen und die Landesverteidigung, rückten mit Beginn des HELCOM-Monitoring-Programms die Erforschung von Langzeitveränderungen und der marine Umweltschutz in den Vordergrund. Die Ministerien für Bezirksgeleitete und Lebensmittel-Industrie sowie für Nationale Verteidigung der DDR waren auch die gesellschaftlichen Auftraggeber für unsere Monitoringfahrten. Darüber hinaus rückten die Monitoring-Aufgaben zunehmend in das Interesse des Ministeriums für Umweltschutz und Wasserwirtschaft, das – vertreten durch die Wasserwirtschaftsdirektion Küste – die Verpflichtungen der DDR gegenüber der HELCOM wahrnahm.

Eine weitere wichtige Veränderung war, daß die Meeresforscher des Warnemünder Instituts in Bezug auf das Umweltüberwachungsprogramm in der Ostsee jetzt nicht mehr im »eigenen Saft schmorten« und ihr Einsatz anerkannt wurde. Verbunden damit war die Möglichkeit eines freizügigeren Umganges mit den Kollegen aus der BRD und Skandinavien. Zum ersten Mal fiel mir das im Mai 1981 auf, als wir auf einer Monitoringfahrt mit der »Penck« dem schwedischen Forschungsschiff »Argos« im westlichen Gotlandbecken begegneten. Als ich mich in Warnemünde wegen eines Besuchs an Bord der »Argos« rückversicherte, erhielt ich von Prof. Voigt die ausdrückliche Aufforderung dazu. Ich fuhr also mit dem Schlauchboot rüber und diskutierte mit den schwedischen Kollegen fachliche Probleme. Bereits damals wurde die Notwendigkeit von Patchiness-Untersuchungen in der Ostsee angesprochen. Die Begegnung wurde deshalb auch für einen Methodenvergleich genutzt, wobei an Bord beider Schiffe, die in etwa zwei Seemeilen Entfernung voneinander lagen, zur gleichen Zeit und aus identischen Tiefen Wasserproben geschöpft und analysiert wurden. Die Ergebnisse dieser Untersuchungen wurden 24 Stunden später über UKW ausgetauscht und ergaben eine gute Übereinstimmung, in bezug auf kleinräumige Unterschiede – Patchiness – konnten wir daher vorerst einmal beruhigt sein.

Waren die Kontakte mit Kollegen aus dem westlichen Ausland seitens der Institutsleitung früher nur geduldet, wurden wir in den 1980er Jahren von Prof. Voigt ermuntert, sie wahrzunehmen, und dies geschah sicher nicht ohne die Rückendeckung der Akademie. Hierzu gehörten Reisen ins westliche Ausland, wenn diese von der einladenden Seite finanziert wurden, ebenso wie Publikationen in renommierten westlichen Fachzeitschriften.

Es mehrten sich auch sonst die Zeichen für die beginnende Entspannung zwischen den beiden Machtblöcken in Europa. Prof. Voigt lud jetzt prominente Meeresforscher aus der BRD zu Kurzbesuchen ans Warnemünder Institut ein. Diese Einladungen waren sicher nur nach vorheriger Absprache mit der Akademieleitung und der Zustimmung gewisser »anonymer« Dienststellen der DDR möglich. So hielt beispielsweise Prof. Hempel, der damalige Direktor des Alfred-Wegener-Instituts für Polar- und Meeresforschung in Bremerhaven, 1988 einen Kolloquiumsvortrag bei uns. Aus dem gleichen Anlaß weilte wenig später auch der Geschäftführende Direktor des Kieler Instituts für Meereskunde in Warnemünde. Wenn ich diese beiden Besuche als etwas Besonderes herausstelle, so deshalb, weil sie noch vor der politischen Wende in der DDR stattfanden. Damals freute man sich über jeden Hoffnungsschimmer in der Normalisierung der Beziehungen zwischen den beiden deutschen Staaten.

Unter der Federführung physikalischer Ozeanographen war 1980 vom Warnemünder Institut für Meereskunde damit begonnen worden, spezielle Untersuchungen über den Wasseraustausch zwischen Ost- und Nordsee durchzuführen. Im Rahmen dieser Untersuchungen, deren Abkürzung WEDS (Water Exchange Darss Sill) lautete, erfolgten mehrmals im Jahr dreiwöchige Meßkampagnen im Bereich der Darßer Schwelle. Die sture Wiederholung eines engabständigen Stationsnetzes hat einen der Expeditionsingenieure zu dem verzweifelten Ausspruch »Nie wieder WEDS!« veranlaßt, der einige Jahre lang den Registrierraum der »Humboldt« zierte. WEDS hat insofern an dieser Stelle Bedeutung, als bis etwa 1990 zu Beginn und am Ende jeder Monitoringfahrt der zentrale WEDS-Schnitt auf der Darßer Schwelle bearbeitet werden mußte. Während der dafür erforderliche Zeitaufwand jeweils nur etwa zwölf Stunden in Anspruch nahm, war ein anderes Zusatzprogramm wesentlich zeitaufwendiger.

Mitte der 1980er Jahre wurde versucht, einige unserer Monitoringfahrten auf die Nordsee auszudehnen. Ursprünglich ging es bei diesen Untersuchungen vor allem darum, daß die DDR-Forschungsschiffe auch in der Nordsee Flagge zeigen, d.h. präsent sein sollten. Dementsprechend war auch das Meßprogramm. Entlang eines Dreiecks mit den Eckpunkten Ausgang Skagerrak – Shetland Inseln – Eingang Englischer Kanal wurden auf rund 35 Stationen hydrographische Messungen durchgeführt, deren Bearbeitung drei bis vier Tage in Anspruch nahm. Aufgrund meiner früheren Arbeiten im Gebiet der Norwegischen Rinne habe ich mich 1984 bemüht, diesem Programm unter dem Titel Nordsee-Ostsee-Wasseraustausch-Projekt (NOWAP) – Abkürzungen sind immer gut – eine wissenschaftliche Zielstellung zu geben. Dabei erschien mir die Einbeziehung des Baltischen Stromes im Gebiet Kattegat-Skagerrak-Norwegische Rinne sinnvoll. Mit diesem Vorschlag hatte ich mich jedoch in eine Problematik hinein manövriert, deren Bearbeitung eigentlich den physikalischen Ozeanographen vorbehalten ist; unter Leitung eines Meereschemikers war sie zum Scheitern verurteilt.

NOWAP stand aber noch aus einem anderen Grund unter einem schlechten Stern. Der Winter 1984/85 war der erste von drei Eiswintern in Folge, bei dem auch die westlichen Teile der Ostsee, einschließlich des Kattegats, zufroren und mit einer 30 - 40 cm dicken Eisschicht bedeckt waren. Im Februar 1985 konnten wir daher nicht wie geplant das NOWAP-Programm im Anschluß an die Monitoringfahrt durchführen, weil die »Humboldt« gar nicht erst aus der Ostsee raus kam. Ich habe den Verlauf dieser Fahrt als Beitrag zum Brigadetagebuch der »Humboldt« skizziert und gebe ihn mit Ergänzungen (in Normalschrift) versehen nachfolgend wieder.

Die Februar-Terminfahrt 1985 (die eigentlich eine Monitoringfahrt war)

Die Terminfahrt im Februar 1985 beinhaltete neben dem Ostseeprogramm erstmals auch ozeanologische Termin-Untersuchungen im Übergangsgebiet (zwischen Ost- und Nordsee: Kattegat und Skagerrak) *sowie in der Nordsee. Als die »A. v. Humboldt« am Nachmittag des 30. Januar unbehindert durch Eis und Schnee die Mole von Warnemünde passierte, ahnten wir noch nicht, daß eine hartnäckige Frostperiode uns den Weg in die Nordsee versperren würde.*

Bei vorherrschenden Winden von 5 - 6 Bft aus SO bis NO gingen die ozeanographischen Arbeiten zügig voran. Sie mußten nur zweimal kurzfristig infolge des stark auffrischenden Windes unterbrochen werden. Östlich von Bornholm lagen die Lufttemperaturen zumeist erheblich unter dem Gefrierpunkt, so daß die Decks vereisten und die Hydrographen froh waren, die Wasserproben in dem geschlossenen und daher relativ warmen Windenraum der »Humboldt« abfüllen zu können. Ganz so problemlos wie hier geschildert verlief der erste Reiseabschnitt nicht, denn bereits im Arkonabecken war die Hauptmaschine mehrfach ausgefallen, weil Eisbrei die Kühlwasseransaugleitung verstopft hatte.

Der Hafen Gdynia konnte weitgehend unbehindert durch Eis vom 7.-9. Februar angelaufen werden. Allerdings herrschten auch hier strenger Frost und Schneetreiben. Schlepper mußten das Eis in den Hafenbecken brechen, um die Schiffahrt zu gewährleisten. Als wir aus Gdynia ausliefen, führte das Spritzwasser eines leichten

Brechers dazu, daß die Scheiben auf der Brücke im Handumdrehen vereisten und nichts mehr zu sehen war, bei Revierfahrt ein ernstes Problem! Aber mittels heißem Wasser und warmer Luft war der Schaden schnell behoben. Am Morgen des 11. Februar befand sich die »Humboldt« bereits wieder vor Warnemünde, um planmäßig einen Mitarbeiter des Bereichs Wissenschaft mit dem Lotsenboot abzusetzen und anschließend in die Nordsee abzulaufen.

Damit begann das Dilemma! Bei Minustemperaturen des Wassers (Gefrierpunkterniedrigung durch den Salzgehalt) *von -0,4 bis -0,7°C und Lufttemperaturen von -5 bis -8°C war es nur noch eine Frage von Stunden, bis die westliche Ostsee zugefroren war. Die für die Eutrophierungsproblematik besonders im Winter so wichtigen Stationen in der Mecklenburger Bucht mußten teilweise bereits im Eis bearbeitet werden, wobei 10 - 20 cm dicke Eisschollen mit dem Enterhaken beiseite geschoben wurden. Die Stationen in der Lübecker Bucht konnten wegen Festeises nicht mehr erreicht werden.*

Obgleich das Eis anfangs noch relativ dünn war und dem Schiff keine ernsthaften Schwierigkeiten bereitete, zeigte die häufige Verstopfung der Kühlwasseransaugleitung und der damit verbundene Ausfall der Hauptmaschine, daß die »Humboldt« die zunehmend vereisende Beltsee und das Kattegat kaum noch mit eigener Kraft würde passieren können. Große Anstrengungen der Kollegen zu Hause, das Schiff im Kielwasser der »Zwickau« in die Nordsee zu bugsieren, bereitete uns bis zum 13. Februar spannungsgeladene Stunden. Das Auslaufen dieses Frachters der DSR verzögerte sich von Tag zu Tag. Schließlich zwang die sich weiter verschlechternde Eislage und die zunehmende Gefährdung unseres Schiffes zur Aufgabe dieses Planes, so daß wir am Mittag des 14. Februar am stark vereisten Liegeplatz des Fischkombinats in Marienehe festmachten.

An dieser Stelle bedarf es einiger Ergänzungen. Während der Wartezeit haben wir Eisbrocken »aufgepickt« und auf ihren Gehalt an Salz und Nährstoffen untersucht. Der Salzgehalt des Schmelzwassers war kleiner als 0,5 - 0,7‰, so daß das Wasser des geschmolzenen Meereises hätte als Trinkwasser genutzt werden können. Das Salz wird beim Gefrieren des Meerwassers ausgeschieden.

Die Heimreise der »Humboldt« begann am Abend des 13. Februar und wurde durch dichtes Treibeis behindert. Um uns abzulenken, war für diesen Abend ein Preisskat angesetzt worden. So rechte Ruhe hatte jedoch keiner dabei, weil Eisschollen an die Bordwand wummerten und die Hauptmaschine immer wieder ausfiel. Dann eilten Mitspieler nach draußen, um nachzusehen, ob die »Humboldt«

endgültig im Eis fest saß oder Hoffnung auf Weiterfahrt bestand. Es war eine gespenstische Fahrt durch die bis zu 5 m hoch aufgetürmten Eisschollen, die am Rande des Fahrwassers vom fahlen Licht der großen Schiffsscheinwerfer angestrahlt wurden. Am Morgen des nächsten Tages war es geschafft. Nach einigem Warten auf einen Liegeplatz ging es warnowaufwärts. Wegen der Eisschollen im Hafenbecken des Fischkombinats mußte der Schlepper, der die »Humboldt« während der Revierfahrt begleitet hatte, das Schiff an die Pier drücken. Ein Glück, daß die Gangway der »Humboldt« lang ist, denn dichter als 2 m kamen wir infolge zusammengepreßter Eisschollen nicht an die Kaikante heran.

Trotz objektiver Gründe für den Abbruch der Reise blieb ein Unbehagen zurück, die vorgegebene Aufgabenstellung nur teilweise erfüllt zu haben. Dies war um so mehr der Fall, als in der zweiten Februarhälfte vom Wind her ideales »Forscherwetter« in der Nordsee herrschte. Uns bleibt jedoch der Trost, daß im ersten Reiseabschnitt wichtige Erkenntnisse zur Zustandseinschätzung der Ostsee gewonnen wurden. So konnte gezeigt werden, daß bis Mitte Februar 1985 nur wenig salzreiches Wasser die Ostseezugänge passiert und zu keiner nachhaltigen Verbesserung der Sauerstoffverhältnisse im Tiefenwasser des Bornholm- und Gdańsker Beckens geführt hat. Außerdem wurde nachgewiesen, daß die Eutrophierung, d.h. die verstärkte Nährstoffzufuhr in die Oberflächenschicht, vor allem in der westlichen Ostsee und in der Arkonasee, andauert.

Rostock-Warnemünde, den 26. 2. 1985
Prof. Dr. Nehring / Expeditionsleiter

Durch Verlegen des Ansaugstutzens und der Leitungen war das Verstopfen des Kühlwassersystems durch Eisbrei beseitigt worden, so daß die Hauptmaschine der »Humboldt« aus diesem Grund nicht mehr ausfiel. Vier Wochen später wurde daher ein erneuter Versuch gestartet, das Nordseeprogramm NOWAP durchzuführen, diesmal mit mehr Erfolg. Das Programm ist jedoch nur einmal, im Frühjahr 1985, bearbeitet und dann ad acta gelegt geworden.

Im nächsten Eiswinter, 1985/86, stand uns nicht die »Humboldt« sondern nur die kleinere »Penck« für die Monitoringfahrt im Februar zur Verfügung. Im Verlauf dieser Reise wurde es so kalt, daß das Wasser in den Schläuchen der Wasserschöpfer im Handumdrehen gefror, wir also die Wasserproben nicht mehr abfüllen konnten.

Die auf dem Arbeitsdeck der »Penck« frei stehende Sonde wurde deshalb mit einem Persenning-Mantel versehen und durch lauwarmes Maschinenkühlwasser vor einer zu starken Abkühlung während der Fahrt geschützt. Überraschenderweise wurde die Elektronik der OM 75 durch Minustemperaturen nicht beeinträchtigt.

Die Monitoringfahrt im Eiswinter 1986/87 mußten wir mit dem Fischereiforschungsschiff »Eisbär« des Instituts für Hochseefischerei durchführen. Die Voraussetzungen für ozeanographische Arbeiten waren auf diesem Schiff, verglichen mit unseren Forschungsschiffen, denkbar schlecht. An Bord der »Eisbär« existierte lediglich ein nachträglich aufgesetzter Laborraum in Form eines kleinen Containers, der nur zwei bis drei Ozeanographen gleichzeitig Arbeitsmöglichkeiten bot. Außerdem mußten die Wasserproben von Hand, mittels Nansen-Schöpfern, gewonnen werden. Bei diesen Bedingungen mußte ich auf die alte Garde von Expeditionstechnikern zurückgreifen, die noch mit diesen Schöpfern, einschließlich der Temperaturablesung, umgehen konnte. Biologische Untersuchungen wurden nicht durchgeführt, weil die Tier- und Pflanzenwelt der Ostsee in dieser Jahreszeit ihren Winterschlaf hält.

Bei der Zusammenarbeit mit dem Kapitän sowie den Offizieren und Matrosen der »Eisbär« hatten wir keine Schwierigkeiten, alle unterstützten die Mitarbeiter des Warnemünder Instituts nach besten Kräften. In bezug auf das Wetter hatten wir Glück. Kurz vor Beginn der Monitoringfahrt hatte Frostmilderung eingesetzt, die längere Zeit vorhielt. Windstärken über 6 Bft traten während der gesamten Reise nicht auf. Auch die Eislage war so günstig, daß unsere Stationen oftmals am Rande ausgedehnter Treibeisfelder lagen und daher problemlos bearbeitet werden konnten. Wegen der für die Jahreszeit optimalen Bedingungen kamen wir mit den Messungen so zügig voran, daß nicht nur das östliche sondern auch das westliche Gotlandbecken beforscht werden konnte. Erst am Ende der Reise wurde es erneut sehr kalt, so daß sich das Meterrad infolge Vereisung nicht mehr drehte und beim Abfüllen das Wasser in den Schläuchen der Nansen-Schöpfer gefror.

Auch für die Unterhaltung der Reiseteilnehmer an Bord der »Eisbär« wurde etwas getan. Jeden Abend lief in der Messe ein Videofilm. Außerdem war ich im Vorfeld der Reise gebeten worden, zwei Vorträge zu halten. An einem Abend erzählte ich etwas über unsere Untersuchungen zu den Langzeitveränderungen sowie über die Beziehungen zwischen Meeresumwelt und Fischverteilung in der Ostsee. Besonders bei der letzten Problematik hatte ich aufmerksame Zuhörer. Noch reger war das Interesse an einem Abend, als ich meine Dia-Serie von der Reise mit dem Fischereiforschungsschiff »Ernst Haeckel« zum Patagonischen Schelf vorführte. Während meines Vortrages über die damals 20 Jahre zurückliegende Reise waren von den Matrosen immer wieder Ausrufe wie »ach, der war auch mit«, »kennst du den noch« oder »der ist inzwischen aber alt geworden« zu hören.

Mit dem Essen an Bord der »Eisbär« kamen wir gut klar. Wie allgemein auf Fischereischiffen üblich, gab es auch zum Wachwechsel um Mitternacht eine warme Mahlzeit. Wer aber gehofft hatte, es würden öfter mal Fischgerichte angeboten werden, sah sich getäuscht. Während der Reise gab es nur einmal zu Mittag Fisch, und der war zu Hause bei der Schiffsversorgung gekauft worden.

Abschließend zu dem Kapitel über »Monitoringfahrten«, von denen ich nur eine kleine Auswahl behandeln konnte, möchte ich noch kurz auf die Winterreise 1988 eingehen. Diese Reise mit der »Penck« wurde zwar nicht durch Eis, dafür aber durch sehr schlechtes Wetter beeinträchtigt. Rein gefühlsmäßig würde ich allerdings sagen, daß uns das Wetter in den 1980er Jahren seltener einen Strich durch die Rechnung gemacht hat als zuvor. Das ist statistisch nicht belegt. Es ist in den 1980er Jahren jedoch kaum vorgekommen, daß Stationen wegen schlechten Wetters nicht bearbeitet werden konnten. Vielleicht lag das aber auch an der moderneren Meßtechnik und den konstruktiven Verbesserungen auf unseren Schiffen.

Sei es, wie es sei, im Winter 1988 haben wir unser Meßprogramm nicht erfüllt. Bereits am Anfang der Reise lagen wir wegen schlechten Wetters einige Tage in Saßnitz fest. Am Wetter änderte sich auch in der Folgezeit wenig, wir haben kaum eine Station vom driftenden Schiff aus bearbeitet. Zumeist mußte wegen starken Windes und Seegangs mit langsam drehender Maschine gegenan gehalten werden. Kurz vor dem Gotlandtief und bei Windstärken von 7 - 8 Bft passierte es dann, daß die »Penck« sich während der Stationsarbeiten einen von dwars (seitwärts) kommenden Brecher einfing und abkippte. Die Sonde, die bereits an Deck stand, kam ins Trudeln und überschlug sich mehrmals, bis sie schließlich an ihrem Kabel hängenblieb, das glücklicherweise nicht riß. Da die Ingenieure im Registrierraum den Ausdruck der Registrierungen vorbereiteten und der Expeditionstechniker die Probenflaschen holte, war ich der einzige, der dieses Debakel an Deck miterlebte. Eingreifen konnte ich nicht, dazu war die Sonde zu schwer. Mir blieb daher nur übrig, mich in Sicherheit zu bringen. Ich kam ebenfalls aus dem Gleichgewicht und mußte mich an den Strecktauen festklammern. Als die »Penck« nach kurzer Zeit ihre Nase wieder in den Wind gedreht hatte, stellten wir fest, daß die Mikroelektronik in der

Sonde wegen des mehrfachen harten Aufpralls auf das Deck Schaden genommen hatte. Außerdem waren eine Schöpferhalterung abgerissen und zwei andere verbogen. Weil die Sonde zur Reparatur geöffnet werden mußte, brauchten wir ruhiges Wetter. Wir harrten daher noch eine Nacht im Arbeitsgebiet aus. Als auch danach laut Seewetterbericht nicht mit einem baldigen Abflauen des stürmischen Windes zu rechnen war, brachen wir das Programm ab und traten die Heimreise an.

Patient Ostsee

Die Aktualisierung der Meßverfahren und die Entwicklung neuer Untersuchungsmethoden optimieren das Umweltüberwachungsprogramm (BMP) der HELCOM. Die Zustandseinschätzungen, die auf den Meßwerten dieses Überwachungsprogramms basieren, entsprechen der Krankheitsdiagnose der Ostsee. Durch die schrittweise Eliminierung der Einträge umweltschädigender Substanzen wird die allmähliche Genesung des Patienten Ostsee angestrebt. Die Warnemünder Ozeanographen hatten wesentlichen Anteil an der Vereinheitlichung und Aktualisierung der methodischen Richtlinien für das BMP und den damit verbundenen Methodenvergleichen sowie den »Einschätzungen über den Zustand der Meeresumwelt des Ostseegebietes«.

Methodische Richtlinien

In den Richtlinien für die chemischen Meßverfahren der zweiten und dritten Stufe des BMP, die ab 1984 bzw. 1988 galten, habe ich mitgewirkt. In deren Vorbereitung fand im August 1982 ein Workshop in Rønne auf der dänischen Insel Bornholm statt, der vorrangig dem erneuten Vergleich der biologischen Meßverfahren galt, aber auch die Algennährstoffe einschloß. Wir fuhren mit der »Humboldt« zu diesen viertägigen Werkstatt-Tagen.

Alle sieben Ostseeländer waren mit je einem Forschungsschiff vertreten, neben der »Humboldt« nahmen teil die »Gunnar Thorsen« aus Dänemark, die »Alkor« aus der BRD, die »Hydromet« aus Polen, die neue »Aranda« aus Finnland und die »Argos« aus Schweden sowie ein größeres Schiff aus der UdSSR. Eine derartige Ansamm-

Rønne, 1982; Biologischer Methodenvergleich

lung von Forschungsschiffen anläßlich eines Methodenvergleichs hatte es im Ostseeraum bisher nicht gegeben, der kleine Hafen konnte die vielen Schiffe kaum fassen. Da der Workshop von den Dänen organisiert wurde, hatte die »Thorsen« die zu untersuchenden Wasserproben mitgebracht.

Die Warnemünder Meereschemiker verfügten über keinen Analysenautomaten, jedoch waren wir mit unseren Handmethoden schneller fertig als die besser ausgerüsteten Kollegen aus Kiel, Göteborg und Helsinki. Als wir bereits auf dem Weg in die Stadt waren, wurde auf dem einen oder anderen Schiff noch mit den Tücken der Analysenautomaten gekämpft. Inzwischen sind diese Geräte jedoch so zuverlässig geworden, daß sie die Handmethoden vollständig abgelöst haben.

Der Vergleich der im Hafen analysierten Wasserproben ergab zumeist eine gute Übereinstimmung der Meßwerte. Anders jedoch am nächsten Morgen, als bei starkem Wind und mäßig bewegter See in der Nähe von Bornholm Wasserproben geschöpft und an Ort und Stelle analysiert wurden. Die Abweichungen im Tiefenwasser wurden – wie konnte es anders sein – auf »Patchiness« zurückgeführt. Ich glaube jedoch, daß die Wasserschöpfer auf den verschiedenen Forschungsschiffen infolge Drahtwinkels in unterschiedlichen Wassertiefen geschlossen wurden.

Wie erfolgreich die Biologen mit ihrem Vergleich waren, weiß ich nicht mehr. Es liegt jedoch ein umfangreicher HELCOM-Bericht über den Rønne-Workshop vor. Nach dem Abschluß-Meeting haben sich die DDR-Teilnehmer einen kurzen Bus-Ausflug geleistet. Endlich lernten wir die Insel Bornholm, die die meisten von uns bisher nur mit dem Schiff umrundet hatten, auch vom Land aus kennen.

Im Zusammenhang mit der Überarbeitung der methodischen Richtlinien haben sich die Warnemünder Ozeanographen mit Erfolg bemüht, Sperrfristen für die allgemeine Nutzung der Daten durchzusetzen, die in der HELCOM-Datenbank archiviert werden. Erst fünf Jahre nach ihrer Verwendung für die Zustandseinschätzungen der Ostsee dürfen sie von anderen Ländern ohne die Zustimmung der Datenerzeuger verwendet werden. Wenngleich diese Schutzklausel ein gewisses Hemmnis darstellt, war sie aus unserer damaligen Sicht verständlich. Die DDR hatte im Gegensatz zu einigen anderen Ostseeländern viel Schiffszeit und damit Geld in das BMP investiert. Da die westlichen Industrieländer jedoch über eine wesentlich modernere Rechentechnik verfügten als die DDR, konnten sie mit unseren Daten schneller als wir wissenschaftliche Ergebnisse erzeugen und publizieren. Weniger erfolgreich waren wir mit der Anregung für eine Vereinheitlichung der Stationsbezeichnungen des BMP. Zunächst benutzte jedes Land seine eigenen Stationsbezeichnungen, die teilweise noch aus dem 19. Jahrhundert stammten oder auf das Internationale Ostseejahr zurückgingen. Nach unseren Vorstellungen sollten die BMP-Stationen fortlaufend numeriert werden, zusätzlich aber durch eine separat vorangestellte Ziffer das Gebiet, in dem sie sich befinden, gekennzeichnet werden. Der großräumigen regionalen Gliederung der Ostsee entsprechend sahen wir sechs Gebiete vor, deren Ziffern für die regionale Zuordnung man sich leicht merken kann. Obgleich unser Vorschlag im Prinzip für zweckmäßig gehalten wurde, beschritt die HELCOM jedoch einen anderen Weg. Unter Verwendung von mehr als der Hälfte des ABC entstand ein Mischmasch aus Buchstaben und Ziffern, das zwar den selben Zweck erfüllt, eine regionale Zuordnung der Stationen aber oftmals nur unter Verwendung einer Stationskarte zuläßt.

Im Juni 1982 fand in Vilnius (Litauische SSR) eine große HELCOM-Beratung statt, die der Verabschiedung der methodischen Richtlinien für die zweite Stufe des BMP diente. Sie wurde vom Chef des Hydrometeorologischen Dienstes Litauens organisiert. Vor allem wegen dieses interessanten Mannes, der später, nach seiner aus politischen Gründen erfolgten Entlassung, als Bibelforscher wirkte, sowie des gemeinsamen Busausfluges der Teilnehmer erinnere ich mich an diese Veranstaltung. Das opulente Abendessen während dieses Ausfluges entwickelte sich zu einem Trinkgelage, bei dem jeder der 30-40 Teilnehmer der Reihe nach aufgefordert wurde, einen Trinkspruch auszubringen. Da die Tafelrunde jedesmal ein Glas Wodka auf ex trinken mußte, waren die Folgen verheerend. Obgleich ich der Sprache nicht mächtig bin, fühlte ich mich zu einem Trinkspruch in russisch animiert, den ich früher einmal gehört hatte, und der »Pod stoloje videza« – »Unter dem Tisch sehen wir uns wieder« lautete, zumindest was die Übersetzung anbelangt. Bald danach war für mich »Daddeldu« – Ausscheiden. Der einzige, der bis zum Schluß durchhielt, war wohl der Gastgeber.

Zustandseinschätzungen

Die Zustandsbewertungen der Ostsee dienen vornehmlich der Untersuchung von Langzeitveränderungen und erfordern in der Regel Meßreihen von mindestens zehn Jahren. Die Veränderungen einer Meßgröße in Abhängigkeit von der Zeit werden auch Trends genannt. Im Falle der Wassertemperatur und des Salzgehalts werden sie durch klimatologische Veränderungen bestimmt und sind damit globalen Ursprungs. Die Umweltbelastung der Ostsee erfolgt dagegen durch regionale Einflüsse, die mit den Aktivitäten der Menschen zusammenhängen.

Die Veränderungen im Sauerstoffgehalt der Ostsee sind sowohl natürlichen als auch anthropogenen Ursprungs. Gleiches gilt für Schwermetalle wie Kadmium, Blei und Quecksilber. Die Nährstofftrends sowie die Verbreitung von Erdölprodukten in der Meeresumwelt werden vornehmlich durch die anthropogene Umweltbelastung bestimmt. Ausschließlich anthropogener Herkunft sind nur die chlororganischen Substanzen und andere synthetische Produkte. Da diese Produkte zumeist toxisch sind, ist ihre Anwendung inzwischen verboten oder zumindest stark eingeschränkt worden. Verwendung fanden diese Produkte vor allem als Insektizide und andere Pflanzenschutzmittel, als Kühlflüssigkeiten in Transformatoren und Kondensatoren sowie als Weichmacher bei der Herstellung von Kunststoffen. Die anthropogene Belastung der Meeresumwelt erfolgt vorrangig durch die Festlandsabflüsse sowie über die Atmosphäre. Die Zustandseinschätzungen für die HELCOM wurden später ergänzt durch Informationen über die Entwicklung der Fischbestände in der Ostsee sowie über spezielle Untersuchungen zum Gefährdungspotential durch chemische Munition, die nach dem 2. Weltkrieg in die Ostsee versenkt wurde, und künstlicher Radionuklide, die vor allem nach dem Unfall im Kernkraftwerk Tschernobyl im April 1986 in die Ostsee gelangten.

Mit der Anfertigung des Basisdokuments wurde 1979/80 begonnen. Betreut und herausgegeben wurde dieses Dokument, das den Titel »Abschätzung des Einflusses der Verschmutzung auf die natürlichen Ressourcen der Ostsee« trug, von einer wissenschaftlich-technischen Arbeitsgruppe der HELCOM unter Mitwirkung des ICES. Meereswissenschaftler des Warnemünder Instituts waren maßgeblich an der Erarbeitung von drei wichtigen Kapiteln dieser Zustandseinschätzung beteiligt. Ich hatte damals gerade meine Dissertation zur B-Promotion (Habilitationsarbeit) fertig und konnte deshalb mit statistisch gesicherten Phosphattrends sowie den Beziehungen zwischen diesem Algennährstoff und dem Salzgehalt in der Ostsee aufwarten. Andere Warnemünder Kollegen steuerten Ergebnisse über die Langzeitveränderungen der Wassertemperatur sowie des Salz- und Sauerstoffgehaltes bei oder informierten über die Verteilung von metallischen Spurenelementen in der Ostsee.

Seit Mitte der 1980er Jahre werden regelmäßig, alle fünf Jahre, Zustandseinschätzungen für die HELCOM angefertigt. Die erste periodische Zustandsbewertung der Ostsee umfaßte den Zeitraum 1979 - 1983. Neben nationalem Datenmaterial wurden dabei auch erste Meßwerte des BMP verwendet. Für die Erarbeitung des wissenschaftlichen »Background Document« dieser Zustandseinschätzung war eine Expertengruppe, die GEA (Group of Experts of the Assessment), verantwortlich. Sie stand unter der Leitung eines finnischen Meeresbiologen, der auch als Herausgeber fungierte. Mir wurde die Verantwortung für das Nährstoffkapitel übertragen. Sieben weitere Meereswissenschaftler aus der DDR wirkten an der Erarbeitung anderer Kapitel mit. Die Expertengruppe traf sich während des Bearbeitungzeitraumes mehrmals zu intensiven Beratungen und Diskussionen sowie zur Erarbeitung von Schlußfolgerungen in einem der Ostseeländer.

Von Ausnahmen abgesehen, war jedes der damals sieben Ostseeländer in den Kapiteln mit physikalischen, chemischen und biologischen Fragestellungen mit mindestens einem kompetenten Wissenschaftler vertreten, der für die Zuarbeiten aus den verschiedenen Teilgebieten der Ostsee verantwortlich war. An die meisten dieser Teilgebiete grenzen nur zwei Länder – an den Rigaer Meerbusen sogar nur eines – was die Zusammenarbeit bei der regionalen Zustandsbewertung sehr erleichtert. Anders in der eigentlichen Ostsee, zu deren Küstenländern Schweden, die UdSSR, Polen, die DDR und Finnland gehörten. Obgleich der Anteil der Küstenlänge der DDR an der eigentlichen Ostsee verhältnismäßig gering war, beanspruchten die Warnemünder Ozeanographen wegen ihrer intensiven Meßtätigkeit ein erhebliches Mitspracherecht bei der Zustandsbewertung dieses wichtigsten Teilgebietes der Ostsee. Da die Polen Wert auf einen eigenständigen Beitrag legten, wurde die Danziger Bucht, die Teil der eigentlichen Ostsee ist, als separates Gebiet behandelt.

Wegen des großen Aufwands bei der Bestimmung und der dadurch bedingten ungünstigen Datenlage waren regionale Zustandseinschätzungen bei den potentiellen Schadstoffen schwierig. Bei diesen Stoffen erfolgte zunächst einmal eine Bestandsaufnahme, wobei nach Substanzgruppen wie chlororganische Substanzen, Spurenmetalle und Erdölprodukte sowie nach den untersuchten Substraten – Fische und andere marine Lebewesen sowie Wasser – unterschieden wurde.

Vor der Drucklegung der ersten periodischen Zustandseinschätzung der Ostsee, die erst im Juni 1987 erschien, fand im März 1986 in Tallinn ein Monitoring-Symposium statt, das von der HELCOM organisiert wurde. Es diente dazu, die Ergebnisse und Schlußfolgerungen dieser Zustandseinschätzung von einem großen internationalen Wissenschaftlergremium bestätigen zu lassen. Entsprechend der aktiven Mitarbeit am BMP war die DDR auf diesem Symposium mit einer starken Delegation vertreten. Wir reisten mit der Bahn von Berlin aus über Warschau und Riga nach Tallinn. An der polnisch-russischen Grenze in Lwow wurden die Waggons von der europäischen Normalspur auf die Fahrgestelle der russischen Breitspur umgesetzt, das nahm kaum mehr als 20 Minuten in Anspruch. In der UdSSR bummelte der Zug mit 60 - 70 km/h durch die Gegend und kam deshalb überall pünktlich an. Da die Reise knapp 24 Stunden dauerte, bestand der Expreß nur aus Schlafwagen. Die fünf Meeresforscher aus Warnemünde belegten ein Abteil. Neben wenigen Polen, die in Warschau ausstiegen, waren die Mitreisenden Sowjetbürger. Sie liefen, Männlein wie Weiblein, in ihren Trainingsanzügen rum, rauchten Machorka oder machten sich Tee auf dem Samowar, der mit Holz oder Kohle beheizt wurde und im Abteil der Schlafwagenschaffnerin stand. Als sich der Zug in Riga leerte, kam die Schaffnerin, die gut deutsch sprach, für kurze Zeit in unser Abteil und erzählte ihre Leidensgeschichte. Sie war während des 2. Weltkrieges als Kind zusammen mit ihren wolgadeutschen Eltern nach Kasachstan verbannt worden. Um von dort weg zu kommen, hatte sie einen Russen geheiratet, mit dem sie in die Baltischen Sowjetrepubliken ausreisen durfte, wo sie inzwischen ihr Dasein fristete. Sie fühlte sich aber auch dort als Verbannte. So wie ihr ist es vielen Wolgadeutschen ergangen.

Unsere Vorträge in Tallinn fanden reges Interesse. In der Diskussion, die sich meinem Vortrag anschloß, zweifelten einige Kollegen aus der UdSSR die von mir gezeigten Nährstofftrends für die zentrale Ostsee an. Inzwischen waren derartige Trends aber auch in anderen Teilgebieten der Ostsee nachgewiesen worden, so daß es mir nicht an Gegenargumenten mangelte. Jetzt hatte auch für die Nährstoffe das Zeitalter der Trenduntersuchungen begonnen.

Trotz Ähnlichkeiten im Aufbau weist die zweite periodische Zustandseinschätzung der Ostsee, die den Zeitraum 1984 - 1988 betrifft, im Vergleich zur ersten einen deutlichen Qualitätssprung auf, sowohl was den wissenschaftlichen Inhalt als auch die Gestaltung des Background Document anbelangt. Herausgeber dieses Dokuments und Vorsitzender der Expertengruppe, die den Namen GESPA (von Group of

Experts of the Second Periodic Assessment) trug, war ein sehr engagierter Meeresbiologe aus Kiel.

Die zweite periodische Zustandseinschätzung der Ostsee wurde von langer Hand vorbereitet. Die erste GESPA-Beratung fand bereits im Frühjahr 1988 – also noch während des Bewertungszeitraumes – in Tallinn statt. Bei dieser Beratung ging es vor allem um die Gliederung und die Bewertungskriterien sowie um die Auswahl geeigneter Mitarbeiter für die einzelnen Kapitel. Meereswissenschaftler aus der DDR stellten bei dieser Zustandseinschätzung zwei Convener (verantwortliche Bearbeiter) sowie zwei Co-Convener, die für die Bearbeitung eines speziellen Kapitels verantwortlich bzw. teilverantwortlich waren. Die Zusammenarbeit sollte schwerpunktmäßig auf dem Korrespondenzweg erfolgen.

Am Rande des Tallinner Treffens war bemerkenswert, daß die estnischen Kollegen ihre ablehnende Haltung gegenüber der politischen Bevormundung durch die UdSSR offen bekundeten. Als wir anläßlich eines abendlichen Theaterbesuchs in der Pause zusammenstanden und uns unterhielten, äußerten sie sich auch über die Autonomiebestrebungen ihres Landes. Dieser an Landesverrat grenzenden Einstellung gegenüber verhielten sich die DDR-Wissenschaftler zurückhaltend; die Stasi hatte ihre Ohren überall!

Das erste GESPA-Meeting (oder war es eine andere HELCOM-Veranstaltung?) endete nicht in Tallinn, sondern auf der Fähre nach Helsinki. Das Wissenschaftlich-Technische Komitee der HELCOM hatte an Bord des Schiffes einen Beratungsraum und Kabinen für die Teilnehmer reserviert. Die Beratungen, die nur durch ein gemeinsames Abendessen unterbrochen wurden, dauerten bis weit nach Mitternacht. Sie endeten erst kurz vor dem Einlaufen der Fähre in Helsinki. Da war es gut, daß wir unsere Kabinen erst gegen neun Uhr räumen mußten.

Einer der Kieler Kollegen hatte einen Camcorder mit, ein gegenüber den heutigen Videokameras großdimensioniertes Gerät für die elektronische Bild- und Tonaufzeichnung. Es war das erste Gerät dieser Art, das ich sah. Während des Ablegens der Fähre und an Bord hat er eifrig aufgezeichnet. Leider klappte es später nicht mit der Bildwiedergabe über ein Fernsehgerät; eigens zu diesem Zweck hatten wir den Sitz der HELCOM in Helsinki aufgesucht. Es war das einzige Mal, daß ich in diesen heiligen Hallen weilte.

Nach einem weiteren Treffen in Kiel fand das abschließende GESPA-Meeting im zeitigen Frühjahr 1990, also bereits nach der politischen Wende in der DDR, in Sopot (Polen) statt. Der Schwerpunkt der Abschlußveranstaltung lag weniger auf gemeinsamen Beratungen mit allen Teilnehmern, als vielmehr auf Diskussionen in kleineren Gruppen zu den einzelnen Kapiteln. Bereits bei der Eröffnung des Meetings hatte der Vorsitzende der Expertengruppe uns ermahnt, Farbe zu bekennen. Insbesondere die Chemiker sollten sich positionieren, welchen Anteil die Menschen an der zunehmenden Nährstoffbelastung der Ostsee haben. Als Meeresbiologe konnte er diese Frage leicht stellen. Den Mikroalgen ist es egal, woher die von ihnen benötigten Nährstoffe stammen. Auch die Schadstoff-Chemiker waren fein raus, denn alle synthetisch erzeugten Substanzen, die in der Meeresumwelt nachgewiesen werden, sind anthropogener Herkunft.

Der Vorsitzende hatte Erfolg mit seinen Ermahnungen. Die Nährstoff-Chemiker rangen sich schließlich zu der Entscheidung durch, daß die Zunahme der Phosphat- und Nitratkonzentrationen, die in allen Teilgebieten der Ostsee beobachtet wurde, ausschließlich anthropogene Ursachen hat und damit auch die zunehmende Verschlechterung der Sauerstoffverhältnisse im Tiefenwasser der Ostsee überwiegend »hausgemacht« ist. Da der Vorsitzende uns zu klarer Ausdrucksweise anhielt, mußten wir unsere Schlußfolgerungen mehrmals umformulieren. Zum Glück war inzwischen der tragbare Personalcomputer, der Laptop, erfunden worden. Der Aufwand für die Umformulierung des Textes hielt sich daher in Grenzen. Die politische Wende in der DDR hat sich weder hemmend noch fördernd auf die zweite periodische Zustandseinschätzung der Ostsee ausgewirkt, Ende 1990 lag ihre endgültige Fassung vor.

Wenn das Internationale Ostseejahr 1969/70 als der Beginn des gemeinsamen Umweltüberwachungsprogrammes angesetzt wird, war im Verlauf von 20 Jahren genug Datenmaterial zusammengekommen, um zeigen zu können, woran die Ostsee krankt. Ihr größtes Problem waren und sind die vom Festland ausgehenden Nährstoffeinträge. Sie führen zu einer Erhöhung der Fruchtbarkeit, die für ein Brackwassermeer mit stark eingeschränktem Wasseraustausch unzuträglich ist. Der Patient Ostsee leidet daher in erster Linie an Überfütterung durch Nährstoffe.

Kaum weniger bedenklich sind schleichend wirkende Schadstoffe in Form von chlororganischen Substanzen, Erdölprodukten und Schwermetallen, die entsprechend ihrer geringen Löslichkeit nur in extrem niedrigen Konzentrationen im Wasser vorkommen. Sie werden jedoch über die Nahrungskette angereichert und führten zwischenzeitlich zu chronischen Gesundheitsschäden und zum Rückgang der Bestände bei Robben und Seevögeln.

Die periodischen Zustandseinschätzungen bilden die wissenschaftliche Grundlage für Forderungen zum Schutz der Ostsee. Die HELCOM beläßt es jedoch nicht bei der Diagnose, sondern schlägt auch Maßnahmen zum Schutz des Patienten Ostsee vor. Sie kann allerdings nur Empfehlungen aussprechen, die von den Umweltministern der Ostseeländer beschlossen werden müssen, um rechtswirksam zu werden. Auch wenn diese politischen Absichtserklärungen völkerrechtlich nicht einklagbar sind, verpflichten sie die Unterzeichnerländer zum Handeln.

Bereits 1987 wurde von der HELCOM die Empfehlung ausgesprochen, den Eintrag von Nährstoffen und anderen für die Ostsee schädlichen Substanzen bis 1995 zu halbieren. Diesem Vorschlag schlossen sich die Umweltminister der Ostseeländer an. Wenn ich meinen Beitrag abwäge, waren es nicht zuletzt die augenfälligen Trends bei den Nährstoffen, die die HELCOM zu dieser Empfehlung veranlaßt haben. Seit Beginn der 1990er Jahre geht es nicht mehr allein um den Schutz sondern auch um die Sanierung der Ostsee.

Wenn man zurückblickt auf den Zeitraum zwischen dem Ende des 2. Weltkrieges und dem Zerfall des Ostblocks, der im Herbst 1989 mit dem Zusammenbruch der DDR eingeleitet wurde, zeigt sich, daß die internationale Zusammenarbeit zur Erforschung und zum Schutz der Ostsee trotz Eisernen Vorhanges und Kalten Krieges funktioniert hat. In erster Linie ist dies den nichtstaatlichen Organisationen (CBO und BMB) und ab den 1970er Jahren auch den zwischenstaatlichen Organisationen (ICES und HELCOM) zu verdanken. Kein echter Bedarf für eine Zusammenarbeit in der Ostsee bestand im Rahmen des RGW-Komplexprogramms Weltozean, weil die Teilnahme daran allein den Ostblockländern vorbehalten war. In Bezug auf die Ostsee war dieses Programm daher zum Scheitern verurteilt. Die EWG (Europäische Wirtschaftsgemeinschaft) bzw. die EU, hat gar nicht erst versucht, eine Zusammenarbeit ihrer Mitgliedsländer in der Ostsee zu fördern. Im Zuge ihrer Osterweiterung ist jedoch zu erwarten, daß die Europäische Union ein Mitspracherecht bei der HELCOM erhält.

Das Institut – meine wissenschaftliche Heimstatt

Obgleich ich an vielen meereswissenschaftlichen Expeditionen teilgenommen habe und in einem Jahr sogar gut sechs Monate auf See zubrachte, waren nicht

Institutswimpel mit Akademie-Siegel und Forschungsschiffen

etwa die Forschungsschiffe sondern das Warnemünder Institut für Meereskunde meine eigentliche wissenschaftliche Heimstatt. Die dortige Tätigkeit war allerdings weniger faszinierend als die Seereisen. Die Planung und Auswertung der Forschungsreisen sowie die Anfertigung von wissenschaftlichen Berichten, Veröffentlichungen und Vorträgen gehörten ebenso dazu wie die Vor- und Nachbereitung von Auslandsdienstreisen. Was bleibt, sind die Arbeiten zur Entwicklung und Organisation neuer meereswissenschaftlicher Forschungsvorhaben sowie Schulungs- und Weiterbildungsmaßnahmen. Breiten Raum nahm auch alles das ein, was mit gesellschaftlicher Tätigkeit umschrieben wurde, d.h. gemeinnützige und politische Aktivitäten, die sowohl im Interesse des Instituts als auch der in der DDR herrschenden Gesellschaftsordnung lagen.

Leitungsberatungen

Für die Organisation der Arbeiten im Institut waren die Leitungsberatungen wichtig, die monatlich, im Bedarfsfall auch häufiger, stattfanden. Neben dem Direktor, seinem Stellvertreter und dem wissenschaftlichen Sekretär nahmen an diesen Beratungen die Leiter der wissenschaftlichen Bereiche und Abteilungen, der Leiter der Arbeitsgruppe bzw. des späteren Bereichs Forschungsschiffe sowie der Verwaltungsleiter, der Kaderleiter, der Institutsparteisekretär und der Vorsitzende der Institutsgewerkschaftsleitung teil. Sie bildeten das Leitungskollektiv. Zu speziellen Fragen wurden auch die Vorsitzende des Frauenausschusses, der Arbeitsschutzbevollmächtigte, die Leiterin der Bibliothek sowie andere »Halbleiter« eingeladen. Da locker 20 Teilnehmer zusammenkamen, konnten die Leitungsberatungen nicht im Zimmer des Direktors stattfinden, sondern mußten im kleinen Versammlungsraum des Instituts durchgeführt werden. Sie begannen um 8.00Uhr und dauerten bis Mittag. Bei der Protokollführung wechselten sich die Bereichs- und Abteilungsleiter ab, jeder war ein- bis zweimal im Jahr dran.

Der erste Tagesordnungspunkt war die Frage nach neuen wissenschaftlichen Ergebnissen. Da wurde über erfolgreich abgeschlossene Expeditionen, Forschungsberichte und Publikationen informiert. Die vorgestellten Ergebnisse wurden nur selten diskutiert. Natürlich war das Leitungskollektiv kein Gremium für die Erörterung meereswissenschaftlicher Probleme, aber auch auf Bereichsebene blieb es häufig bei Informationen, Problemdiskussionen waren Mangelware.

Wichtigster Tagesordnungspunkt der Leitungsberatungen waren die Beschlüsse von Partei und Regierung. Die Partei, das war natürlich die SED, deren Politbürobeschlüsse bindend waren für die Regierungspolitik in der DDR. Mit der Umsetzung dieser Beschlüsse hatten wir bezüglich unserer Forschungsaktivitäten selten Schwierigkeiten. Das Warnemünder Institut für Meereskunde betrieb angewandte Forschung und Grundlagenforschung, wobei der Übergang zwischen beiden fließend ist. Auf staatliche Vorgaben konnte das Institut daher flexibel, ohne grundlegende Änderung der Forschungsvorhaben, reagieren.

Angewandte Meeresforschung wurde vor allem zum Nutzen der Seestreitkräfte und der Hochseefischerei der DDR sowie im Zusammenhang mit dem marinen Umweltschutz, einschließlich des Küstenschutzes in der Ostsee, und der Erkundung geologischer Ressourcen im Nordatlantik betrieben. Zur Grundlagenforschung gehörten beispielsweise die Untersuchungen über den äquatorialen Unterstrom im Atlantik und über die Wechselwirkung Meer – Atmosphäre im Rahmen des internationalen Klimaforschungsprogramms.

Die Stellung des Instituts bei der Akademie war nicht immer unproblematisch. Von dieser Seite wurde mehr Wert auf Grundlagenforschung gelegt. Andererseits bemühte sich die Bezirksleitung der SED Ende der 1960er Jahre um die Zusammenführung der Forschungskapazitäten des Warnemünder Akademie-Instituts für Meereskunde mit der Sektion Biologie der Universität Rostock und dem Institut für Hochseefischerei unter ausschließlicher Orientierung auf Vorlaufforschung für die Fischerei. Diese Entwicklung konnte durch die Kooperationsvereinbarung »Interdisziplinäre Forschungskooperation Marine Eiweißträger« verhindert werden, die 1969 zwischen dem Akademiepräsidenten, dem Rektor der Rostocker Universität und dem Generaldirektor der Vereinigung Volkseigener Betriebe (VVB) Hochseefischerei abgeschlossen wurde. Aber auch in den Folgejahren hat es immer wieder Versuche gegeben, die Forschungskapazitäten des Warnemünder Instituts stärker an die Hochseefischerei der DDR zu binden. Diese für das Institut existenziellen Fragen wurden auf höherer Ebene erörtert und entschieden, das Leitungskollektiv wurde nur über den jeweiligen Sachverhalt informiert.

Prof. Voigt handelte nach dem Grundsatz, daß das Institut mindestens vier Standbeine haben müsse, wenn eines wegbricht, könnte es zur Not auch auf dreien stehen. Neben der Akademie der Wissenschaften und dem Ministerium für Wissenschaft und Technik waren es die Ministerien für Landesverteidigung, für Bezirksgeleitete Industrie und Lebensmittelindustrie, für Wasserwirtschaft und Umweltschutz sowie für Geologie, die als Auftraggeber des Instituts fungierten. In kritischen Situationen fanden wir Unterstützung bei der Akademieleitung, die am Fortbestand des Instituts bei der Akademie interessiert war. Die Bestrebungen der Bezirksleitung der SED, die 1970 versuchte, die gesamte Forschungskapazität unseres Instituts im Interesse der DDR-Hochseefischerei einzusetzen, scheiterten auch durch die Intervention der Volksmarine der DDR.

Um die Bedeutung der Meeresforschung in der DDR zu unterstreichen, waren Besuche hochrangiger Persönlichkeiten, wie des Vorsitzenden des FDGB-Bundesvorstandes und Mitglieds des Zentralkomitees der SED, Harry Tisch, sowie des Chefs der Volksmarine und stellvertretenden Verteidigungsministers der DDR, Admiral Dr. Wilhelm Ehm, für das Institut hilfreich. Der erste Besucher, der Mitte der 1970er Jahre zusammen mit Prof. Klare, dem Präsidenten der Akademie, ins Institut kam, war Harry Tisch. Ihm folgte Anfang der 1980er Jahre der Admiral. Beide kamen auch in den Bereich II, der inzwischen zum Vorzeigebereich avanciert war. Sowohl der korpulente Harry Tisch als auch der kleine Ehm gaben sich jovial. Auf das Abzeichen bei einem der jüngeren Mitarbeiter deutend, äußerte sich Harry Tisch: »Was, Jäger biste ooch?« Da genügend Leute des Bereichs II um ihn herumscharwenzelten, konnte ich mich im Hintergrund halten. Ähnlich verlief auch der Besuch Ehms. Ehrlicherweise muß ich sagen, daß meine Zurückhaltung gegenüber diesen hohen Gästen wenig mit politischen Aversionen zu tun hatte, mir lagen solche Huldbezeugungen einfach nicht.

Viel Zeit bei den Leitungsberatungen erforderte die Verwaltung der Mangelwirtschaft, zu der sich die Planwirtschaft in der DDR entwickelt hatte. Immer wieder mußte über Versorgungslücken und Engpässe informiert und Möglichkeiten zu deren Überwindung diskutiert werden. Eines der schwerwiegendsten Probleme, mit denen sich die Verwaltung herumschlagen mußte, war die Beschaffung des für den

Betrieb der Forschungsschiffe erforderlichen Dieselkraftstoffs und des Heizöls für das Institut. Infolge der weltweiten Energiekrise mußten Ende der 1970er Jahre auf Beschluß von Partei und Regierung die mit Öl betriebenen Heizkraftwerke überall in der DDR auf Braunkohlefeuerung umgestellt werden. Diese Maßnahme betraf auch unser Institut. Eigens zu diesem Zweck wurde auf dem Parkplatz des Instituts ein großer massiver Kohlebunker errichtet. Fortan rollten LKWs mit Braunkohlenbriketts an, das Gepolter bei deren Entladung war bis zum anderen Ende des Instituts zu hören. Dieses Geräusch empfand ich nicht etwa als unangenehm. Im Gegenteil, ich freute mich, daß für ein bis zwei Wochen die Wärmeversorgung gesichert war und bei annehmbaren Raumtemperaturen gearbeitet werden konnte. Einer der vier Todfeinde des Sozialismus – Frühling, Sommer, Herbst und Winter – war zumindest vorübergehend außer Gefecht gesetzt worden. Befürchtungen, daß auch bei der Versorgung mit Kohle Engpässe auftreten oder deren Heizkraft bei strenger Kälte nicht ausreichen könnten, um die Räume warm zu bekommen, waren durchaus berechtigt. Raumtemperaturen von 17 - 18 °C ertrug man noch gelassen. Kritischer wurde es, wenn es nicht wärmer als 12 - 13 °C wurde. Dann saß man mit Pullover und Mantel bekleidet an seinem Schreibtisch und versuchte zu arbeiten oder nahm sich Arbeit nach Hause mit. Was blieb, war die Hoffnung auf eine neue Fuhre Briketts oder – untrüglich – auf den Frühling. Der Witz von den vier Todfeinden des Sozialismus zeigt, wie anfällig die Wirtschaft der DDR gegenüber strengem Frost, Schnee-Chaos, Trockenheit oder ungewöhnlich großen Niederschlagsmengen war.

Relativ wenig Schwierigkeiten hatten wir bei der Beschaffung der für unsere Untersuchungen benötigten Chemikalien, immer vorausgesetzt, daß man großzügig plante und – verbotenerweise – Vorratswirtschaft betrieb. Die meisten dieser Chemikalien waren DDR-Produkte. Die wenigen Importchemikalien, die wir für unsere Analysen benötigten, konnten als Kleinimporte unkompliziert über die Akademie bestellt werden.

Größere Schwierigkeiten machte die Beschaffung von Laborgeräten. Selbst wenn sie in der DDR hergestellt wurden, mußten in den meisten Fällen lange Lieferfristen in Kauf genommen werden. War es gar zu kompliziert, an ein bestimmtes DDR-Gerät heranzukommen, half unter Umständen ein Stempel unseres Auftraggebers, ein grünes »L« für Landesverteidigung, der die Dringlichkeit der Beschaffungsmaßnahme unterstrich.

Ein ganz heikles Thema waren Importgeräte aus dem westlichen Ausland. Die dem Institut zur Verfügung stehenden Valuta reichten hinten und vorne nicht. Gemäß den Prioritäten, die vom Leitungskollektiv des Instituts gesetzt wurden, flossen diese Mittel in Forschungsgeräte und Ausrüstungen, die allen wissenschaftlichen Bereichen und Abteilungen nützten. Hierzu gehörte als bestes Pferd im Stall die im Institut entwickelte ozeanologische Meßkette, die teilweise mit Meßfühlern aus den USA ausgerüstet werden mußte, weil die Eigenentwicklungen weniger empfindlich waren. Investiert wurde auch in den Import von Geräten für die Satelliten-Navigation unserer Forschungsschiffe, vorrangig für die »A. v. Humboldt«. Das war es dann auch schon; für die Geräteausstattung der wissenschaftlichen Bereiche und Abteilungen blieben kaum noch Devisen übrig. Um teure Großgeräte anschaffen zu können, mußte der zentrale Valutafonds bei der Akademie angezapft werden. Da alle Akademieinstitute von diesem Fonds profitieren wollten, bedurfte es langfristiger Planungen und vor allem stichhaltiger Begründungen.

Entscheidungen über die Prioritäten innerhalb des Instituts wurden von einer Gerätekommission vorbereitet. Sehr erfolgreich bei der Beschaffung von Importgroßgeräten war die Arbeitsgruppe Meereschemie, sie war dem Institut »lieb und teuer«. Infolge der wachsenden Bedeutung der Problematik flossen die Valutamittel fast ausnahmslos in Geräte für die Schadstoffanalytik. Hinzu kam, daß die Arbeitsgruppe Meereschemie über einen kreativen und fleißigen Spurenstoff-Analytiker verfügte. Seine Überzeugungskraft und die Bedeutung der marinen Schadstoffproblematik waren der Grund für die bevorzugte Versorgung des Bereichs II mit Importgeräten. Allein mit einer fortschrittlichen Gesinnung konnte man im Warnemünder Institut für Meereskunde nichts werden.

Der zunehmende Devisenmangel machte auch der Bibliothek des Instituts zu schaffen. Auf den Leitungsberatungen mußte entschieden werden, welche Zeitschriften aus dem NSW (nichtsozialistischer Wirtschaftsbereich) unbedingt weiter abonniert werden sollten und auf welche verzichtet werden könnte. Während in den 1980er Jahren zahlreiche Zeitschriften aus Devisenmangel abbestellt werden mußten, erinnere ich mich nur an zwei oder drei Neubestellungen. Daß unsere Bibliothek trotz fehlender Devisen relativ gut mit Zeitschriften aus dem westlichen Ausland versorgt war, hing mit dem regen Zeitschriftentausch zusammen; besonders unsere Hauszeitschrift, die »Beiträge zur Meereskunde«, wurde von anderen Instituten gern im Tausch gegen ihre Publikationen genommen.

Viel Zeit bei den Leitungsberatungen beanspruchten Probleme, die mit dem Betrieb der Forschungsschiffe zusammenhingen. Dabei ging es weniger um die Koordinierung der benötigten Schiffszeit, darüber einigten sich die beteiligten Wissenschaftler relativ schnell. Neben dem Mangel an seemännischem Personal und der Bereitstellung von Dieselkraftstoff für die Forschungsschiffe bereiteten vor allem die Werftzeiten Sorgen. Sie mußten mit den Werften und ihren übergeordneten »Organen« ausgehandelt – bilanziert – werden. Ohne Bilanzierung halfen weder Geld noch gute Worte. Für größere, zeitaufwendige Umbauarbeiten und Rekonstruktionen der Forschungsschiffe waren sogar Ministerratsbeschlüsse erforderlich, die Ende der 1980er Jahre auch nichts mehr nützten; sie wurden infolge Überlastung von den Werften einfach ignoriert.

Obgleich beide Forschungsschiffe, die »Humboldt« und die »Penck«, über erfahrene Stammbesatzungen verfügten, kam es infolge Urlaubs, Krankheiten und Fluktuationen – letztere waren allerdings gering – zu Besetzungsproblemen. Mangel herrschte vor allem bei qualifiziertem Küchenpersonal. Prof. Voigt begrüßte uns einmal nach Rückkehr von See mit: »... außerdem haben zwei Schlachter bewiesen, daß sie auch kochen und Brot backen können.« Als Stewards mußten gelegentlich Maschinenassistenten, Matrosen oder Expeditionstechniker einspringen. Es fehlten aber auch Decksleute und Matrosen, die ebenso wie die Schiffsoffiziere von der Seereederei oder den Fischkombinaten ausgeliehen wurden. Um diese Probleme zu überwinden, mußten die für die Forschungsschiffe verantwortlichen Leiter große Anstrengungen unternehmen. Die Stammbesatzung war manchmal erst wenige Stunden vor dem Auslaufen komplett. Wenn alle Stränge rissen, mußte sich sogar Prof. Voigt einschalten und persönlich die Direktoren der Seereederei und Fischkombinate um Unterstützung bitten. Da die Hochseefischer in der DDR durch ihre Fangprämien gut verdienten, kamen dem Institut die Leihkader von den Fischkombinaten teuer zu stehen. Die Nautiker, beispielsweise, bekamen infolge ihres hohen mittleren Monatsverdienstes angeblich das anderthalbfache Gehalt wie die Kapitäne unserer Schiffe.

Personalprobleme, über die bei den Leitungsberatungen diskutiert oder informiert wurde, gab es auch im Institut. Sie waren aber nicht so gravierend wie auf den Forschungsschiffen. Keine nennenwerten Probleme gab es bei der Zusammenstellung der wissenschaftlichen Besatzung für die meereskundlichen Expeditionen, hierfür waren immer genügend Interessenten vorhanden. Zur Teilnahme abkommandiert wurde niemand. Dies wäre durchaus möglich gewesen, denn in den Arbeitsverträgen der Wissenschaftler und Expeditionstechniker waren Forschungsschiffe ausdrücklich als zeitweiliger Arbeitsplatz ausgewiesen. Neben der wissenschaftlichen Tätigkeit waren es die materiellen Anreize in Form von Handgeld und Seezuschlägen sowie die Hafenaufenthalte in fremden Ländern, die das Interesse an den Seereisen bewirkten.

Gesellschaftliche Belange

Gemeint sind der Betriebskollektivvertrag (BKV) und die Wettbewerbsprogramme sowie Prämien und staatliche Auszeichnungen, aber auch die Vergabe von Ferienplätzen und die Organisation der Betriebsfeste, um nur einige Beispiele zu nennen. Die damit verbundenen Aufgaben bildeten eine Pyramide, die auf der Leitungsebene und in den Gewerkschaftsgruppen der Bereiche und Abteilungen begann und deren Zwischenetagen die Institutsgewerkschaftsleitung (IGL) und Institutsparteiorganisation (IPO) bildeten. Daher war die meiste Arbeit bereits getan, wenn sie die Institutsleitung zur endgültigen Beschlußfassung erreichten.

Der BKV, der zu Beginn jeden Jahres neu abgeschlossen werden mußte, regelte die gegenseitigen Verpflichtungen des Betriebsleiters und der IGL zur Planerfüllung im Interesse der kontinuierlichen Verbesserung der Arbeits- und Lebensbedingungen in der DDR. Schwerpunkt im BKV des Warnemünder Instituts für Meereskunde war die Auflistung der Forschungsvorhaben, wobei der IGL die Aufgabe zukam, die Werktätigen für deren Erfüllung und Übererfüllung zu mobilisieren. Das wichtigste Mittel hierfür war der »sozialistische Wettbewerb«, der in enger Verbindung mit dem Kampf um den Titel »Kollektiv der sozialistischen Arbeit« stand.

Das Wettbewerbsprogramm wurde gemeinsam von den Arbeitsgruppen-, Abteilungs- und Bereichsleitern sowie den Gewerkschaftsgruppenleitungen erarbeitet. Ziel dieses Wettbewerbs war die Steigerung der Arbeitsproduktivität durch konkret abrechenbare Verpflichtungen. Die wissenschaftlichen Arbeitskollektive taten sich schwer damit. Die jährlichen Titelkampfprogramme des Bereichs II, die jeweils etwa 20 Seiten umfaßten, enthielten Festlegungen zur termingerechten oder vorfristigen Erfüllung von Abschlußberichten und Publikationen in hoher Qualität sowie zu Vorträgen und Publikationen. Die Techniker verpflichteten sich zum sparsamen Umgang mit Chemikalien und zum pfleglichen Umgang mit Forschungsgeräten. Besonders »wichtige« Wettbewerbsverpflichtungen wurden als Beiträge des Instituts für das zentrale Wettbewerbsprogramm an die Akademie weitergeleitet. Im Grunde genommen lief das Ganze auf Augenwischerei hinaus, weil es sich zumeist um Selbstverständlichkeiten handelte.

Ein wichtiger Bestandteil des Wettbewerbsprogramms war der Kulturplan. Er enthielt allgemeine Festlegungen über den Besuch von Kulturveranstaltungen sowie über die Durchführung von Ausflügen, Grillpartys, Kegelabenden und Weihnachtsfeiern. Letztere hießen später Jahresabschlußfeiern. Durch diese gemeinsamen Erlebnisse sollten die Gewerkschaftsgruppen, in denen die Kolleginnen und Kollegen der Bereiche, Abteilungen und Forschungsschiffe organisiert waren, auch im privaten Bereich gefestigt werden. Neben Theater- und Museumsbesuchen gehörten Ausstellungen in der Rostocker Kunsthalle zu den von uns bevorzugten Kulturveranstaltungen. Eines unserer Ausflugsziele war die Jägerhütte, eine einsam gelegene Gaststätte im Barnstorfer Wald bei Rostock. Andere Ausflüge, an denen auch die Familienangehörigen teilnahmen, führten uns nach Parkentin und auf den Darß sowie nach Warin und Hiddensee. Jeder dieser Ausflüge bot etwas Besonderes. Von Parkentin aus war es eine Pilzwanderung durch den »Hütter Wold«. Dabei stellte sich heraus, daß wir etliche Pilzexperten in unseren Reihen hatten. – Von Warin aus wanderten wir nach Blankenburg und wurden unterwegs mit einem Picknickfrühstück überrascht, das einer unserer Kollegen organisiert hatte. – Beim Ausflug auf den Darß führten wir einen Wettkampf im Luftgewehrschießen durch und besuchten in Born die Zuchtanlage für Störe. Die perfekte Organisation dieser Ausflüge ist in erster Linie »Timmi« zu verdanken, der in den 1970er Jahren die Gewerkschaftsgruppe unseres Bereichs leitete und als ehemaliger Geographielehrer gut über Land und Leute in Mecklenburg Bescheid wußte.

Der Wochenendausflug unserer Gewerkschaftsgruppe nach Hiddensee war mit einem großen Hechtessen verbunden, zu dem hochprozentiger Wacholderschnaps verabreicht wurde. Untergebracht waren wir in der Biologischen Station der Universität Greifswald, zu dessen Leiter wir guten Kontakt hatten. Da die Ausflüge relativ viel Zeit erforderten und das Wochenende verkürzten oder in Gänze beanspruchten, wurden sie in den 1980er Jahren durch Grillabende ersetzt, die auf den Gartengrundstücken der Kolleginnen und Kollegen stattfanden. Für die Kegelabende mieteten wir Bahnen im Warnemünder Neptunhotel. In den ersten Jahren endeten sie zumeist mit einem Barbesuch, der allerdings selten länger als bis 22 Uhr dauerte. Später dominierte der sportliche Ehrgeiz, allerdings nicht bei mir, denn ich war ein schlechter Kegler. Und Bier trank ich auch nur mäßig, selbst wenn es das gute »Wernesgrüner« war, das eigens aus Sachsen für das Neptunhotel herangeschafft wurde.

Zum Kampf um den Titel Kollektiv der sozialistischen Arbeit gehörte auch, daß die Mitglieder des Kollektivs ein sogenanntes Brigadetagebuch führten, dessen Inhalt ebenfalls bei der Titelkampfverteidigung bewertet wurde. In diesem Tagebuch wurden besondere Ereignisse aus dem Leben der Gewerkschaftsgruppe festgehalten. Während Beiträge über die Erfüllung der fachlichen Verpflichtungen sich auf die Wiedergabe des Titelkampfprogramms und das Protokoll der Abschlußverteidigung beschränkten, waren die Berichte über Kulturveranstaltungen oftmals liebevoll geschrieben und mit Fotos versehen.

Die Kosten, die im Zusammenhang mit dem Kulturplan anfielen, wurden aus dem Rücklauf der FDGB-Beiträge bestritten. Finanzielle Zuwendungen gab es auch, wenn der jährliche Kampf um den Titel »Kollektiv der sozialistischen Arbeit« erfolgreich abgeschlossen worden war. Voraussetzung dafür war, daß das Wettbewerbsprogramm nicht nur in Bezug auf die fachlichen sondern auch auf die kulturellen Verpflichtungen erfüllt und ein gut geführtes Brigadetagebuch vorgelegt wurde. Von 1973 - 1988 hat der Bereich II den Titelkampf in ununterbrochener Folge erfolgreich durchgeführt und durfte sich damit »Kollektiv der sozialistischen Arbeit« nennen.

Zu den Brigadetagebüchern der »Penck«- und »Humboldt«-Besatzungen haben auch die Expeditionsleiter Berichte beigesteuert. Diese Tagebücher waren daher eine Fundgrube, wenn man sich über die Arbeiten anderer Bereiche und Abteilungen informieren wollte. Dies galt auch für Arbeiten, die als »top secret« eingestuft waren, obgleich diese Geheimniskrämerei, die sich am Vorbild der UdSSR orientierte, nicht nur lästig sondern in den meisten Fällen auch maßlos übertrieben war. Im Warnemünder Institut kursierte zu DDR-Zeiten der Witz: Bei uns ist alles so geheim, daß man sich selbst kaum kennen darf.

Einmal, Mitte der 1970er Jahre, übernahm der Bereich II im Rahmen seines Titelkampfes auch die Patenschaft über ein Studienjahr der Sektion Biologie der Universität Rostock. Unsere Beiträge dazu waren die Betreuung des See-Praktikums an Bord der »Humboldt« oder »Penck« und die Einbeziehung von Warnemünder Wissenschaftlern in die Seminargruppenveranstaltungen.

Da niemand gerne nutzlose Arbeit verrichtet, war unser Wettbewerbsprogramm so etwas wie ein roter Faden für die im Verlauf des Jahres durchzuführenden Aufgaben und Maßnahmen. Durch Zwischenverteidigungen anläßlich des Kampftages aller Werktätigen und des Jahrestages der DDR konnte darüber hinaus der Stand der Planerfüllung, die »natürlich« immer 100%ig war, kontrolliert werden. Besonders großer Rummel wurde um den sozialistischen Wettbewerb gemacht, wenn der Jahrestag der DDR sich rundete oder wenn Jubiläen, wie die Vereinigung der KPD und SPD zur SED oder das Bestehen des FDGB, anstanden.

Was den wissenschaftlichen Bereichen und Abteilungen die Einsparung von Chemikalien und der pflegliche Umgang mit Forschungsgeräten war, galt den Besatzungskollektiven die sorgfältige Behandlung der Schiffsmaschinen und die staatlich geforderte Einsparung von Dieselkraftstoff. Bezüglich der letzten Verpflichtung endete unser Erfahrungsaustausch während der Forschungsreisen ohne Konsenz. Denn die Folge war, daß ab Ende der 1970er Jahre die Antriebsaggregate unserer Schiffe im Drehzahlbereich mit dem niedrigsten Verbrauch an Dieselkraftstoff gefahren wurden, die Expeditionen dafür aber länger dauerten.

Jedem von uns war klar, daß durch den sozialistischen Wettbewerb die Kreativität eines Forschers nicht gefördert werden kann. Zur Farce wurde das Ganze, als normale Forschungsergebnisse als Spitzenleistungen auswiesen wurden, die angeblich den Welthöchststand bestimmten. Ohne Skrupel wurde damit begonnen, den übergeordneten Organen etwas vorzumachen, und diese akzeptierten das! So wie in unserem Institut wurden auch in anderen Instituten der Akademie sowie der Hoch- und Fachschulen Spitzenleistungen produziert. Diese irreale Bewertung, die sich auch in der geringen Zahl von DDR-Patenten widerspiegelte, konnte schließlich auch den Partei- und Gewerkschaftsfunktionären nicht verborgen bleiben. Aber als es schließlich so weit war, näherte sich die DDR bereits mit Riesenschritten ihrem Ende.

Neben den Maßnahmen zur Planerfüllung enthielt der BKV spezielle Festlegungen zugunsten der Werktätigen, für deren Erfüllung Betriebs- und Gewerkschaftsleitung gemeinsam verantwortlich waren. Hierzu gehörten die Höhe und die Verwendung des Kultur- und Sozialfonds, aus dem beispielsweise Feierstunden, Jubiläen der Mitarbeiter und Krankenbesuche sowie Zuschüsse zum Betriebsessen und für Ferienplätze finanziert wurden. Letztere wurden dem Institut vom Feriendienst des FDGB bereitgestellt. Ein 14-tägiger Aufenthalt kostete bei Vollverpflegung lediglich 40 Mark für die gesamte Familie. An gute Plätze kam man daher nur schwer ran, andere wurden an den zentralen Feriendienst zurückgegeben. Nach Einbeziehung der Interhotels in den Feriendienst der Gewerkschaft kamen Plätze hinzu, die 160

Mark für 14 Tage kosteten, zuzüglich 40 Mark für den Ehepartner. Das war immer noch sehr preiswert.

Zu den Feierlichkeiten, die aus dem Kultur- und Sozialfonds bestritten wurden, gehörten auch die jährlichen Betriebsfeste des Instituts. Ein anderer Punkt betraf die Bildung des Prämienfonds. Aus diesem »Topf« wurden die Geldprämien anläßlich der staatlichen Feiertage sowie für die Jahresendprämien bereit gestellt. Die Vorschläge für die Auszeichnungen anläßlich des Kampftages der Werktätigen oder des Jahrestages der DDR kamen aus den Bereichen und Abteilungen. Sie wurden in der Regel zwischen dem staatlichen Leiter und der Gewerkschaftsgruppenleitung ausgehandelt. Bei den Prämienvorschlägen spielten gleichermaßen fachliche und gesellschaftliche Leistungen eine Rolle. Darüber hinaus wurde auch die Häufigkeit der Prämierung berücksichtigt. Es kam selten vor, daß jemand zweimal im Jahr ausgezeichnet wurde, in der Regel konnte man alle 2 bis 3 Jahre mit einer Geldprämie rechnen. Wenn in diesem Zusammenhang auch die Frage im Raum stand, ob jemand dran war, wurden doch Unterschiede gemacht. Wer nur geringe fachliche Leistungen aufzuweisen hatte, wurde gelegentlich übergangen.

Überreicht wurden die innerbetrieblichen Auszeichnungen am Vorabend des staatlichen Feiertages, nachdem der Anlaß der Feierstunde in einer Festrede gewürdigt und die Begründungen für die Auszeichnungen verlesen worden waren. Die Feierstunde endete bei Kaffee, Bier, Wein, Bockwurst und Disco-Musik mit einem geselligen Beisammensein, das häufig bis Mitternacht dauerte. Dabei wurde auch fleißig das Tanzbein geschwungen.

Am Vormittag des 1. Mai nahmen alle »klassenbewußten« Werktätigen des Instituts, das war etwa ein Drittel bis die Hälfte der Beschäftigten, an der großen Demonstration teil, die mal aus der einen, mal aus der anderen Richtung über den Ernst-Thälmann-Platz in Rostock führte. Auf beiden Seiten dieses Platzes waren Tribünen errichtet, zwischen denen sich der Demonstrationszug hindurchwälzte. Zu den Ehrengästen auf den Tribünen gehörten die lokalen Spitzen von Partei und Regierung, einschließlich des Oberbürgermeisters, sowie Werktätige mit »hervorragenden« Arbeitsleistungen, prominente Kulturschaffende, Wissenschaftler und Mediziner. Um nicht mitjubeln zu müssen, habe ich mich vor dem Erreichen der Tribünen immer in die Mitte des Demonstrationszuges verdrückt. Anläßlich des Jahrestages der DDR fand keine Demonstration statt.

Mit dem Internationalen Frauentag (8. März) hatten die Kolleginnen des Instituts ihren Ehrentag, der zwar nicht arbeitsfrei war, aber feierlich begangen wurde.

Die Festansprache hielt der Direktor oder sein Vertreter. Die Bedienung bei der sich anschließenden Kaffeetafel oblag zwei oder drei Kollegen, die sich nicht besonders wohl dabei fühlten. Anläßlich dieses Tages wurden gelegentlich auch Lichtbilder von Forschungs- und Auslandsdienstreisen als kultureller Beitrag gezeigt.

Die Jahresendprämie, die es in den Betrieben mit wirtschaftlicher Rechnungsführung bereits seit längerem gab, wurde in den 1970er Jahren auch von den Forschungseinrichtungen der DDR als Prämienform übernommen. Sie entsprach etwa einem 13. Monatsgehalt und wurde gezahlt, wenn der Forschungsplan erfüllt worden war. Da diese Pläne von den Forschungseinrichtungen aufgestellt wurden, war ihre Erfüllung in jedem Jahr gewährleistet. Dadurch entwickelte sich die Jahresendprämie zu einem fest einplanbaren Geldsegen. Um das ohnehin mäßige Warenangebot in der DDR nicht noch mehr zu strapazieren, wurden die Jahresendprämien in den Betrieben und anderen staatlichen Einrichtungen gestaffelt, über ein Quartal verteilt, ausgezahlt. Insgesamt gesehen wirkte sich keines der verschiedenen Prämiensysteme stimulierend auf die Arbeitsproduktivität der Forschungseinrichtungen aus.

Neben den innerbetrieblichen gab es auch überbetriebliche Auszeichnungen, deren Verleihung den übergeordneten Organen, teilweise sogar der Staatsführung vorbehalten war. Wegen der hervorragenden Unterstützung der meereswissenschaftlichen Arbeiten wurde beispielsweise das Besatzungskollektiv des Forschungsschiffes »Professor Albrecht Penck« 1981 mit dem Orden »Banner der Arbeit«, 3. Klasse geehrt. Diese relativ hohe staatliche Auszeichnung wurde »für hervorragende und langjährige Leistungen bei der Stärkung und Festigung der DDR« verliehen. Wie diese Begründung zeigt, wurde eine unpolitische Leistung häufig auch für eine politische Wertung benutzt. Die wissenschaftlichen Leistun-

Prof. Voigt (links) überreicht Dr. Schemainda die Verdienstmedaille der Seeverkehrswirtschaft, 1986

gen von Dr. Rudolf Schemainda, meines seemännischen Vorbildes und langjährigen Vorgesetzten, wurden u.a. durch die »Verdienstmedaille der Seeverkehrswirtschaft in Silber« (1986) gewürdigt. Diese Auszeichnung war Wertschätzung seiner Forschungsarbeiten für die Hochseefischerei der DDR.

Weitere Festlegungen im BKV unseres Instituts betrafen die Zahlung von See- und Erschwerniszuschlägen, die Abgeltung der auf See geleisteten Überstunden, einschließlich der arbeitsfreien Wochenenden als Sb-Tage (Sonderbeurlaubung), den monatlichen Haushaltstag für Frauen mit Kindern und den personengebundenen Sonderurlaub sowie den Institutssport. Anlage zum BKV war der Frauenförderungsplan, der die Doppelbelastung der Frauen durch Beruf und Familie abmildern sollte, beispielsweise durch Freistellung bei Krankheit der Kinder.

Trotz des Frauenförderungsplanes gab es im Warnemünder Institut für Meereskunde keine Wissenschaftlerinnen, die in der Forschung tätig waren. Anfangs waren auch auf den meereskundlichen Expeditionen keine Frauen mit. Die erste Stewardeß hatten wir Mitte der 1970er Jahre auf einer Afrikareise an Bord. Erst in den 1980er Jahren nahmen auch Technikerinnen an den Ostseereisen teil. Vorrangig waren es wohl familiäre Gründe, insbesondere die Kinder, die einer längeren Abwesenheit von zu Hause entgegenstanden. Ich habe es als angenehm empfunden, wenn Frauen an Bord unserer Forschungsschiffe tätig waren. Der männliche Teil der Besatzung bemühte sich, höflich zu sein und übte Zurückhaltung bei der gelegentlich unter Seeleuten üblichen, drastischen Ausdrucksweise.

Zu den besonders lästigen Aufgaben in den Einrichtungen der Akademie der Wissenschaften gehörten die zweijährigen Einschätzungen der Mitarbeiter durch den staatlichen Leiter. Der Zeitraum für diese Zwischenbeurteilungen wurde daher zumeist nicht eingehalten. Die Bewertungen mußten dem Betroffenen zur Kenntnis gegeben und von ihm unterschrieben werden. Dies galt auch für die Abschlußbeurteilungen beim Ausscheiden aus dem Institut. Während ich bei den fachlichen Einschätzungen kaum Schwierigkeiten hatte, bedurfte es bei den gesellschaftlichen Aktivitäten gelegentlich großer Anstrengungen, etwas Geeignetes zu finden. Nicht jeder war Vorsitzender oder Mitglied der IPO bzw. der IGL. Froh war ich schon, wenn der zu Beurteilende in der Gewerkschaftsgruppenleitung oder in der Konfliktkommission des Instituts »hervorragende Arbeit leistete«. Gab das Institut nichts her, wurde die Mitarbeit im schulischen Elternaktiv oder im Wohnbezirksaktiv als etwas Besonderes herausgestellt. Wenn der Werktätige, was ganz selten vorkam, nicht mit seiner Beurteilung einverstanden war, wurde sie meistens unter Berücksichtigung seiner Einwände geändert. An Floskeln wie, »steht fest hinter der Politik von Partei und Regierung« oder »vertritt die Politik der DDR«, hat keiner der Beurteilten Anstoß genommen! Im Grunde genommen waren es Gefälligkeitsgutachten.

Arbeitsschutz wurde zu DDR-Zeiten sehr ernst genommen. Die in der Akademie beschäftigten Werktätigen, die unter erschwerten Bedingungen arbeiteten, bekamen für die Zeit dieser Tätigkeit Erschwernis- oder Schmutzzulagen in Höhe von 10 - 30 Pfennig pro Stunde. Bei Arbeiten mit gesundheitsgefährdenden Substanzen erhielten sie darüber hinaus kostenlos Arbeitsschutzkleidung sowie täglich einen halben Liter Milch und mußten sich alle 2 - 3 Jahre einer ärztlichen Kontrolluntersuchung unterziehen. Werktätige, die in Laboratorien arbeiteten, mußten monatlich über die damit verbundenen Gefahren belehrt werden. Für alle anderen waren vierteljährliche Belehrungen obligatorisch. Arbeitsschutzbelehrungen, die den besonderen Bedingungen auf See Rechnung trugen, wurden zu Beginn jeder Expedition durchgeführt. Durch eigenhändige Unterschrift im Arbeitsschutzkontrollbuch der Arbeitsgruppen und Schiffe mußten die Werktätigen ihre Teilnahme an diesen Veranstaltungen bestätigten. Bei Abwesenheit mußten Nachbelehrungen erfolgen. Anhand des Arbeitsschutzkontrollbuches überprüfte der Arbeitsschutzbevollmächtigte des Instituts die ordnungsgemäße Durchführung der Belehrungen. Bei Arbeits- und Wegeunfällen mußten ein umfangreiches Protokoll aufgenommen und neben dem Direktor und Arbeitsschutzbevollmächtigten des Instituts auch die zuständigen Stellen der Akademie, des FDGB und der Staatlichen Versicherunganstalt der DDR informiert werden.

Verantwortlich für die Einhaltung des Arbeitsschutzes, einschließlich der Belehrungen, waren die staatlichen Leiter. Für sie fanden zentrale Schulungen statt, wenn in ihrem Verantwortungsbereich mit gesundheitsgefährdenden Substanzen gearbeitet wurde. Im Warnemünder Institut betraf das insbesondere den von mir geleiteten Bereich. Ich wurde daher einmal im Jahr nach Berlin-Adlershof beordert, um im Zentrum der chemischen Forschungsinstitute der Akademie eine diesbezügliche Schulung über mich ergehen zu lassen. Die Quintessenz dieser Belehrungen war, daß der Leiter bei Arbeitsunfällen im Labor grundsätzlich zur Verantwortung gezogen würde, selbst wenn der Geschädigte die Arbeitsschutzbestimmungen grob fahrlässig verletzt hatte. Ich bin glücklicherweise nie in die Verlegenheit gekommen, mich wegen eines Arbeitsunfalles rechtfertigen zu müssen.

In der zweiten Hälfte der 1970er Jahre ordnete die Akademie in ihren Einrichtungen die Bildung eines ständigen Bereitschaftsdienstes an. Dadurch sollte gewährleistet werden, daß außerhalb der Arbeitszeit, also auch nachts sowie am Wochenende und an Feiertagen, ein kompetenter Ansprechpartner, der so genannte Leiter vom Dienst, erreichbar war. Mit dem telefonischen Bereitschaftsdienst, der zu Hause wahrgenommen werden konnte, war unser Institut noch gut bedient. In anderen Akademieeinrichtungen mußte er in der Dienststelle abgesessen werden.

Ziel des Bereitschaftsdienstes war die schnelle Information der Akademiezentrale und anderer Dienststellen bei Naturkatastrophen, Bränden, schweren Unfällen, Sabotage, Einbrüchen oder Havarien; letzteres war insbesondere für unser Institut im Zusammenhang mit den Forschungsschiffen von Bedeutung. Erhöhte Wachsamkeit wegen eventueller Sabotageakte galt für staatliche Feiertage. Die Liste mit den Telefonnummern derjenigen Dienststellen und Leiter, die im Falle eines Falles zu benachrichtigen waren, befand sich bei den Bereitschaftsunterlagen. Zu diesen Unterlagen gehörte auch ein Kontrollbuch, in das besondere Vorkommnisse, aber auch Kontrollanrufe der Akademie-Zentrale eingetragen werden mußten.

Mir sind nur zwei wichtige Fälle bekannt, bei denen der telefonische Bereitschaftsdienst des Instituts aktiv werden mußte. Das waren die Maschinenhavarie der »Humboldt« in der Biskaya (1982) und ein Taucherunfall mit tödlichem Ausgang in der Ostsee. Der telefonische Bereitschaftsdienst wirkte sich insofern positiv auf mein Zuhause aus, weil ich 1977 endlich Besitzer eines privaten Telefonanschlusses wurde. Kurzfristig möglich war das jedoch nur Dank der guten Beziehungen unseres Verwaltungsleiters zur Post sowie einer Flasche echten schottischen Whiskeys, die ich im Basar mit Devisengutscheinen kaufte.

Die Karriereleiter aufwärts

B-Promotion und Dr. sc.

In Anlehnung an das sowjetische Bildungssystem wurde in der DDR der Dr. habil. durch den Dr. sc. ersetzt. Im Gegensatz zur A-Promotion für den einfachen Dr., der für ein bestimmtes Fachgebiet erteilt wurde, setzte der Dr. der Wissenschaften (Dr.

sc.) interdisziplinäre Kenntnisse einer Fachrichtung voraus, deren Nachweis in der Dissertation B, der schriftlichen Arbeit zur B-Promotion, erbracht werden mußte. Das Verfahren, das zum Dr. sc. führte, entsprach dem Habilitationsverfahren. Im Gegensatz zum Dr. habil. schloß jedoch der Dr. sc. nicht automatisch die Lehrbefähigung ein; diese Facultas Docendi konnte gesondert, durch einen Probevortrag, erworben werden. Der Akademie der Wissenschaften der DDR war im Rahmen der 1968 durchgeführten Akademiereform auch das Promotionsrecht zuerkannt worden.

Ich war 1965 im Warnemünder Institut mit dem Ziel angetreten, mich über kurz oder lang zu habilitieren bzw. den Dr. sc. zu erwerben. Die Jahre gingen dahin mit Forschungsreisen im Atlantik und in der Ostsee. Erst im Dezember 1977 reichte ich meine Konzeption zur B-Dissertation beim Direktor und in der Abteilung Kader/Bildung ein und entschied mich für eine Thematik aus der Ostsee. Denn hier harrten die hydrographisch-chemischen Meßwerte des Internationalen Ostseejahres 1969/70 und der erweiterten Terminfahrten 1971-1978 einer gründlichen wissenschaftlichen Bearbeitung.

Der Arbeitstitel, den ich in der Konzeption für meine Dissertation B nannte, lautete: »Untersuchungen über den Einfluß der ozeanologischen Besonderheiten der Ostsee auf die Kreisläufe des Phosphors und Stickstoffs«. Ganz wohl war mir bei diesem Titel nicht. Er war jedoch so breit gefaßt und schloß so vielfältige Variationsmöglichkeiten ein, daß es »mit dem Teufel zugehen müßte«, wenn nichts Vernünftiges daraus würde.

Anfangs fehlte der rote Faden. Das änderte sich erst, als ich unter Berücksichtigung der hydrographischen Bedingungen anfing, die Jahresgänge der Algennährstoffe Phosphat und Nitrat in der Oberflächenschicht der Ostsee zu untersuchen. Diese Jahresgänge sind gekennzeichnet durch ein Minimum im Sommer, wenn die Nährstoffe durch den Wachstumsprozeß der Mikroalgen verbraucht sind, und durch ein Maximum im Winter, wenn das Lichtangebot nicht ausreicht, um den Assimilationsprozeß aufrechtzuerhalten. Was nicht den Erwartungen entsprach, war der nahezu kontinuierliche Anstieg der winterlichen Nährstoffkonzentrationen, der im Zeitraum 1969 - 1978 in allen von uns untersuchten Ostseegebieten beobachtet wurde. Jetzt war es nur noch ein kleiner Schritt, um unter Verwendung der Winterkonzentrationen statistisch gesicherte Phosphat- und Nitrattrends zu berechnen, die auf eine zunehmende Nährstoffbelastung, die Eutrophierung der Ostsee, hindeuteten. Komplizierter sind die Bedingungen im Tiefenwasser der Ostsee, weil sie nachhaltig durch den Wechsel von Stagnationsperioden und Wassererneuerung beeinflußt werden.

Meine Untersuchungen wurden dadurch erleichtert, daß Mitte der 1970er Jahre im Warnemünder Institut ein Rechenzentrum zur elektronischen Datenverarbeitung entstanden war. Großen Aufwand erforderte die Übertragung der Meßwerte auf Lochkarten, eine Karte für jede Meßtiefe, in die außer der Stationskennung und dem Datum der Probengewinnung auch die zu untersuchenden Meßgrößen, wie die Phosphat- und Nitratkonzentrationen sowie die Sauerstoff- und Salzgehalte, eingestanzt wurden. Schließlich lagerten bei mir über 6000 Lochkarten, die nach Stationen und Meßtiefen geordnet waren und je nach Verwendungszweck von Hand neu sortiert werden mußten. Zwecks statistischer Auswertung, einschließlich Signifikanztest, durchliefen die Lochkarten einen Rechner, der das fertige Ergebnis ausdruckte.

Schwerpunkt meiner B-Dissertation – zumindest in Bezug auf ihren Neuheitsgrad – wurden jetzt die Langzeitveränderungen der Nährstoffe und ihre Abhängigkeit von den hydrographischen Bedingungen der Ostsee, während der chemisch-biologische Stoffkreislauf nur randlich, zur Interpretation der Ergebnisse, diskutiert wurde. Daher präzisierte ich den Titel der Arbeit in: »Das Nährstoffregime der Ostsee – seine Veränderungen im Zeitraum 1969 - 1978 – Ursachen und Auswirkungen«.

Im Herbst 1979 war meine wissenschaftliche Arbeit zur B-Promotion fertig. Prof. Voigt befürwortete bei der Bildungsstätte der Akademie der Wissenschaften die Eröffnung des Verfahrens und schlug gleichzeitig drei Gutachter für meine Dissertationsschrift vor. Der Vorsitz der Prüfungskommission wurde dem Leiter des Forschungsbereiches Geo- und Kosmoswissenschaften angetragen. Neben den Gutachtern wurden drei weitere anerkannte Wissenschaftler in dieses Gremium einbezogen; einer von ihnen kam als Vertreter des gesellschaftlichen Auftraggebers aus dem Institut für Hochseefischerei und Fischverarbeitung.

Zusammen mit der wissenschaftlichen Arbeit und den zugehörigen Thesen sowie den üblichen Unterlagen mußten zur B-Promotion auch Nachweise über vertiefte Kenntnisse des Marxismus-Leninismus, den Erwerb von Kenntnissen über Planung, Organisation und Leitung sowie über EDV-Kenntnisse eingereicht werden. Glücklicherweise genügte die Teilnahmebescheinigung an den entsprechenden Bildungsmaßnahmen. Außerdem wurde eine Einschätzung des Bereichsleiters angefordert, die vom Parteisekretär des Instituts gegengezeichnet sein mußte. Das

Präsidium der Akademie der Wissenschaften der DDR stimmte im März 1981 der Eröffnung des Verfahrens meiner B-Promotion zu. Die drei Gutachten, die im Mai 1981 vorlagen, fielen positiv aus.

Die Verteidigung meiner B-Dissertation erfolgte am 31. Oktober 1981 im Vortragssaal des Instituts. Damit fand meine B-Promotion ihren erfolgreichen Abschluß. Von der Konzeption bis zur Verteidigung hatte es knapp vier Jahre gedauert, eine lange Zeit, wenn man bedenkt, daß ich mich weitgehend auf vorhandenes Datenmaterial stützen konnte. Dabei muß jedoch berücksichtigt werden, daß ich in dieser Zeit etliche Ostsee-Terminfahrten sowie die große Expedition in den Kanal von Mozambique vorbereitet und geleitet habe. Außerdem mußte ich gelegentlich den erkrankten Bereichsleiter vertreten.

Vom Umfang her und wegen der Diskussion zahlreicher Publikationen – ich zitierte über 600 Arbeiten – entsprach die Dissertation einer kleinen Monographie über den Chemismus der Ostsee. Nach ihrer Publikation fand sie weite Verbreitung unter den deutschsprachigen Ostseeozeanographen sowie bei den Studenten der Sektion Biologie der Rostocker Universität. Teile meiner B-Dissertation wurden sogar ins Russische übersetzt. Außerdem wurde sie vom gesellschaftlichen Auftraggeber, vertreten durch das Institut für Hochseefischerei und Fischverarbeitung, als Abschlußbericht akzeptiert.

Bereichsleiter und Professor

In einem Brief, der mich im Sommer 1972 auf einer Atlantikreise im Hafen von Freetown (Sierra Leone) erreichte, erfuhr ich, daß mein Chef, Dr. Rudolf Schemainda, schwer erkrankt war. Nach Rückkehr von dieser Reise mußte ich ihn daher für einige Monate als Bereichsleiter vertreten. Weitere Vertretungen, die immer offizielleren Charakter annahmen, folgten ab 1977.

Mit dem Abschluß der Promotion B und dem Dr. sc. hatte ich 50jährig mein fachliches Lebensziel erreicht. Bereichsleiter werden wollte ich nicht, und von einer Ernennung zum Professor wagte ich gar nicht zu träumen, weil ich der Meinung war, daß mir hierfür die kaderpolitischen Voraussetzungen, insbesondere die Mitgliedschaft in der SED, fehlten. Als Prof. Voigt mir im Sommer 1980 die kommissarische Leitung des Bereichs II antrug, lehnte ich zunächst ab. Ich wollte mich lieber meiner wissenschaftlichen Arbeit widmen, als mich mit wissenschaftsorganisatorischen und gesellschaftspolitischen Problemen herumzuärgern – den zweiten Teil des Satzes habe ich allerdings für mich behalten. Dieses Argument fand kein Gehör, und zum 1. Januar 1981 wurde ich kommissarisch mit der Leitung des Bereichs II beauftragt. Zum 1. Januar 1982 berief mich der Präsident der Akademie der Wissenschaften der DDR offiziell für vier Jahre zum Leiter dieses Bereichs. In dieser Funktion wurde ich zweimal für weitere vier Jahre bestätigt und übte sie bis zur Schließung des Warnemünder Instituts für Meereskunde Ende 1992 aus.

Als Abteilungs- und Bereichsleiter kam man in der Akademie der Wissenschaften der DDR mit Schriftstücken – beispielsweise Forschungskonzeptionen – in Berührung oder mußte solche anfertigen, die der Geheimhaltung unterlagen. Neben der allgemein gültigen Verpflichtung »Nur für den Dienstgebrauch (NfD)« kamen die Geheimhaltungsstufen »Vertrauliche Dienstsache (VD)«, »Verschlußsache (VS)« und »Vertrauliche Verschlußsache (VVS)« hinzu. Mit den geheimen Schriftstücken war die lückenlose Registrierung über ihren Verbleib, also viel Papierkrieg, verbunden. Außerdem mußten sie in verschlossenen Stahl- oder Panzerschränken aufbewahrt werden, ihr Bestand wurde regelmäßig kontrolliert. Zu den Verpflichtungen eines »Geheimnisträgers« gehörte auch, jegliche private Kontakte mit im westlichen Ausland und in der BRD lebenden Bekannten abzubrechen. Gleiches galt für Verwandte, wobei Ausnahmen möglich waren, über die jedoch die Kaderabteilung informiert werden mußte.

Bereits Ende der 1970er Jahre, als ich Dr. Schemainda immer häufiger in seiner Funktion als Bereichsleiter vertreten mußte, war ich VD-verpflichtet worden. Um eine VS- und VVS-Verpflichtung, die mit wesentlich strengeren Auflagen verbunden war, kam ich glücklicherweise herum. Über meine Pflichten als Geheimnisträger wurde ich belehrt und mußte dies, wie auch die jährlich ein- bis zweimal erfolgenden Wiederholungsbelehrungen, durch Unterschrift bestätigen. Die angedrohten Maßnahmen bei Verstoß gegen Geheimhaltungsverpflichtungen reichten von Ermahnung, über Verweis, strenger Verweis bis hin zur fristlosen Entlassung und Gefängnis.

Infolge meiner VD-Verpflichtung durfte ich nicht mehr mit meiner Schwester in Stuttgart und meinem Onkel in Hamburg korrespondieren, geschweige denn sie besuchen. Private Kontakte zu Bekannten, die im westlichen Ausland oder in der BRD lebten, hatte ich nicht. Da meine Frau ohnehin den Briefwechsel mit der Verwandtschaft abwickelte, haben mich diese Einschränkungen wenig gestört. In die

Verlegenheit, Schriftstücke mit vertraulichem Charakter anzufertigen, kam ich nicht, so geheim waren meine Untersuchungen für die Fischerei und den marinen Umweltschutz nicht.

Gut ein Jahr nach meiner Berufung zum Bereichsleiter wurde ich zu meiner Überraschung von der Abteilung Kader/Bildung aufgefordert, einige Unterlagen einzureichen, weil das Institut meine Ernennung zum Professor beantragen wolle. Natürlich war ich stolz über diese Entwicklung. In der DDR erfolgte immer am 1. September die Ernennung der Akademieprofessoren und die Berufung der Hoch- und Fachschulprofessoren in Berlin. Für mich war es 1983 so weit. Anläßlich dieser Ernennung fand zunächst im Plenarsaal der Akademie eine Feierstunde für die neuen Akademieprofessoren statt. Der Platz, den ich an der langen Tafel einnehmen sollte, war durch eine Tischkarte gekennzeichnet. Als ich dort meinen Namen in Verbindung mit dem neuen Titel las, wurde mir zum ersten Mal bewußt, daß ich von diesem Tag an ein Professor war. Aber die Ernüchterung folgte auf dem Fuß. In der Festansprache, die der Präsident hielt, wurde die Erwartung zum Ausdruck gebracht, daß den Professoren ihre Ernennung »Ansporn zu weiteren hervorragenden Leistungen zum Wohle unseres Volkes und zur Stärkung der Deutschen Demokratischen Republik sein wird.«

Der eigentliche Festakt, zu dem der Minister für Hoch- und Fachschulwesen, der Präsident der Akademie der Wissenschaften und der Präsident der Akademie der Landwirtschaftswissenschaften der DDR eingeladen hatten, fand am Nachmittag im Haus der Ministerien (ehemaliges Reichsluftfahrtministerium) in Berlin statt; im Plenarsaal des Ministerrates bekamen die neuen Professoren ihre Ernennungs- bzw. Berufungsurkunden überreicht. Als ich zu Hause den ersten Sektkorken knallen ließ, zerschlug dieser den Kugelschirm unserer Eßzimmerlampe; ich war noch nicht geübt im Öffnen von Sektflaschen. Im weiteren Verlauf der Feierlichkeiten anläßlich meiner Ernennung änderte sich das.

Die Tätigkeit als Bereichsleiter ist mir nicht leicht gefallen. Meine Mitarbeiter waren nicht nur Chemiker sondern auch Physiker und Biologen, die sich mit der Analyse mariner Ökosysteme befaßten. Die Leitung dieser interdisziplinären Untersuchungen erforderte disziplinübergreifendes Fachwissen und Fingerspitzengefühl insbesondere dann, wenn sich die Mitarbeiter nach und nach qualifizieren und die eigenverantwortliche Bearbeitung von Forschungsaufgaben anstreben. Ich glaube, daß ich mir nach und nach in ausreichendem Maße disziplinübergreifendes Fachwissen angeeignet habe – auf dem Gebiet der Meeresbiologie mehr als auf dem Gebiet der Meeresphysik, in der Ostsee mehr als im Atlantik und Indik.

Durch die Neuorientierung der Forschungsschwerpunkte konzentrierten sich die wissenschaftlichen Arbeiten des Bereichs II ab Mitte der 1980er Jahre verstärkt auf die Umweltproblematik der Ostsee. Neben den periodischen Zustandseinschätzungen für die HELCOM wurden mehrere große Abschlußberichte für das Institut für Hochseefischerei angefertigt. Der letzte Bericht dieser Art wurde 1989 vorgelegt. Zu seiner Verteidigung wurden wir zusammen mit Vertretern dieses Instituts ins Haus der Ministerien nach Berlin beordert, um einem Staatssekretär aus dem Ministerium für Bezirksgeleitete und Lebensmittel-Industrie Rede und Antwort zu stehen. Letztendlich ging es um die Entscheidung über die Kiellegung einer größeren Flotte von Kuttern für die Heringsfischerei der DDR in der Ostsee. Von der Hydrographie und vom Nahrungsangebot her sprach nichts gegen diese Überlegungen. Dieses Beispiel zeigt, welche finanzpolitischen Entscheidungen von den Ergebnissen unserer Untersuchungen abhängen konnten. Wie die Entscheidung des Staatssekretärs ausgefallen ist, habe ich nie erfahren. Da die Verteidigung im September 1989 stattfand, wurde sie ohnehin von der politischen Entwicklung in der DDR überholt.

Prof. Bruns, der Nestor der Meeresforschung in der DDR und Gründer des Warnemünder Instituts, war am 31. Oktober 1978 in Berlin verstorben. Als ehemaliger Kapitän zur See wurde er auf dem Ehrenfriedhof der Sozialisten in Friedrichsfelde-Ost mit militärischen Ehren beigesetzt, an seinem Grab wurden drei Ehrensalven abgefeuert.

Am 18. April 1987 verstarb Rudi Schemainda. Mit ihm, der seit 1961 die Geschicke des Warnemünder Instituts für Meereskunde mitbestimmt hatte, ging eine Ära zu Ende, die durch seemännisches Brauchtum und den lockeren Umgang miteinander geprägt war. Seine Beisetzung erfolgte unter seemännischem Zeremoniell – vier Doppelschlägen mit der Ankerglocke der »Penck«.

Reisender in Sachen Meeresforschung

Italien

Zur Förderung der internationalen Zusammenarbeit unternahm die Akademie der Wissenschaften der DDR ab Mitte der 1970er Jahre verstärkte Anstrengungen, ihre Forschungsinstitute im westlichen Ausland bekanntzumachen. In diesem Zusammenhang wurden mit verschiedenen Wissenschaftsgremien bilaterale Vereinbarungen über den Austausch von Wissenschaftlern abgeschlossen. Die Kosten dafür wurden geteilt. Während die einladende Seite alle mit dem Aufenthalt im Gastland verbundenen Kosten übernahm, trug das entsendende Land die Kosten für die An- und Abreise. Wissenschaftler ohne Reisekaderstatus durften ebenfalls reisen. Allerdings nahm die Bearbeitung ihrer Bewerbungen wegen des umfangreicheren Prüfverfahrens mehr Zeit in Anspruch, und die Erfolgsquote war geringer als bei Reisekadern. Auch im Warnemünder Institut für Meereskunde boten sich Möglichkeiten zum Wissenschaftleraustausch mit Forschungseinrichtungen des westlichen Auslands. Wer nun geglaubt hatte, es würde ein Massenansturm auf diese Angebote einsetzen, sah sich getäuscht. Das mäßige Interesse am internationalen Wissenschaftleraustausch hing m.E. mit dem mangelnden Mut mancher DDR-Wissenschaftler zusammen, sich den Unbequemlichkeiten internationaler Anforderungen zu stellen. Für unser Institut kam hinzu, daß die meisten Wissenschaftler durch die Forschungsreisen ohnehin Gelegenheit zu Auslandsaufenthalten hatten, und sei es nur in den Häfen.

Obgleich mein Bedarf an Auslandsreisen mehr als gedeckt war, bewarb ich mich auf Zureden der Institutsleitung 1982 für einen vierwöchigen Aufenthalt in Italien. Ziel meiner Studienreise war die Sondierung von Möglichkeiten für eine Zusammenarbeit beider Länder auf dem Gebiet der Meeresforschung, um gegebenenfalls eine deutsch-italienische Tradition neu zu beleben. Ich äußerte und begründete meine Wünsche, welche meereswissenschaftlichen Einrichtungen ich in Italien besuchen wollte. Allerdings muß ich gestehen, daß diese Auswahl auch durch die Sehenswürdigkeiten der jeweiligen Städte beeinflußt wurde. Ansprechpartner der Akademie der Wissenschaften der DDR in Italien war der Nationale Rat für Forschung (CNR) mit Sitz in Rom. Mein Antrag wurde genehmigt, und Anfang September 1982 flog ich von Berlin-Schönefeld aus nach Rom. Dort begannen und endeten alle Auslandsaufenthalte, die vom CNR organisiert wurden. Für mich war es ein Flug ins Ungewisse, denn außer der Telefonnummer der DDR-Botschaft und der Adresse des CNR hatte ich nichts in den Händen. Ich reiste mit leichtem Gepäck. Mitgenommen hatte ich auch einige versteinerte Seeigel, Fossilien aus der Ostsee, die als Geschenke für meine Gastgeber und Betreuer gedacht waren. Außerdem hatte ich einen etwa einstündigen Vortrag vorbereitet, in dem ich anhand von DIAs das Warnemünder Institut und seine Forschungsschiffe sowie einige meiner Arbeitsschwerpunkte, wie die jahreszeitliche Verlagerung des Kaltwasserauftriebgebietes vor NW-Afrika und die Langzeitveränderungen von Nährstoffen in der Ostsee, vorstellen wollte.

Wegen eines Feiertages konnte ich mich bei meiner Ankunft in Rom nicht sofort mit dem CNR in Verbindung setzen, sondern erfuhr die Adresse meines Hotels bei der Botschaft der DDR. Erst im CNR, den ich am Morgen nach meiner Ankunft aufsuchte, erhielt ich die Besuchsbestätigung für die Institute, die ich vorgeschlagen hatte. Von Rom aus flog ich nach Reggio Calabria im Süden Italiens und setzte dort mit der Fähre nach Messina, dem zweiten Ort meines Studienaufenthaltes, über. Auf Messina folgten Neapel und Venedig, und von dort ging es wieder zurück nach Rom, wobei Bahn- und Flugreisen einander abwechselten. Gereist bin ich zumeist an den Wochenenden. Der Aufenthalt am Zielort betrug jeweils 5 - 6 Tage.

Rom, 1982; im Kollosseum

Sowohl am Anfang als auch am Ende meines Studienaufenthaltes in Italien besuchte ich die Fishery Division der FAO in Rom. Dort diskutierte ich mit verschiedenen Mitarbeitern die Bedeutung ozeanologischer Umwelteinflüsse und Langzeitveränderungen für die Erklärung von Fischfluktuationen. Ein weiteres Gesprächsthema betraf die Förderung von Ausbildungsmaßnahmen auf dem Gebiet der Meeresforschung und der Fangtechnik im Sinne von »Aus- und Weiterbildung sowie Gegenseitige Unterstützung – TEMA«.

In Messina hatte ich mich im Institut für Hydrobiologie und Aquakultur angemeldet. Außerdem besuchte ich das Thalassographische Institut sowie die Station Ganzziri, in der neben Meeresbiologen mehrere Meereschemiker tätig waren. Dagegen arbeiteten dort keine physikalischen Ozeanographen, obgleich der intensive Wasseraustausch zwischen dem Ionischen und Tyrrhenischen Meer zu physikalischen Untersuchungen herausforderte. Im Hörsaal des Zoologischen Instituts der Universität hielt ich zum ersten Mal meinen Vortrag, der gut besucht war und – wie die halbstündige Diskussion zeigte – reges Interesse geweckt hatte.

Pompeji, 1982

Mein Hotel in Neapel lag direkt am Bahnhofsvorplatz mit Blick auf den Vesuv. Der für mich wichtigste Anlaufpunkt in dieser Stadt war die traditionsreiche Zoologische Station, in der auch meereswissenschaftliche Fragestellungen bearbeitet wurden. Bereits zur Zeit Kaiser Wilhelms I. wurden dort für deutsche Wissenschaftler (Arbeits-)Tische angemietet; es galt als Ehre, in dieser Station gearbeitet zu haben. Ich hatte zahlreiche interessante Gespräche und Diskussionen mit Mitarbeitern der Station und, nach meinem Vortrag, konkrete Anfragen, die sich auf den Besuch des Warnemünder Instituts und die Teilnahme an Expeditionen mit unseren Forschungsschiffen bezogen.

In Venedig hatte ich wegen der vielen verwinkelten Gäßchen mit ihren kaum lesbaren Namen große Schwierigkeiten, mein Ho-

Venedig, 1982

tel zu finden, zudem mußte ich auch noch mein Gepäck schleppen. In dieser Stadt besuchte ich zwei meereswissenschaftliche Einrichtungen, das versteckt am Canale Grande befindliche »Institut zur Erforschung der Dynamik großer Wassermassen« und das direkt am Kanal von San Marco gelegene »Institut für Meeresbiologie«, die beide zum CNR gehörten. Forschungsschwerpunkte der zuerst genannten Einrichtung waren der Wasseraustausch zwischen der Lagune und dem Adriatischen Meer im Zusammenhang mit dem Versinken Venedigs durch übermäßige industrielle Grundwasserentnahme vom Festland aus sowie die Entwicklung von computergestützten Modellen für die Wasserstandsvorhersage auf Grundlage meteorologischer Daten. Mein Vortrag über das Warnemünder Institut fand auch hier lebhafte Resonanz. Ich erhielt sogar eine spontane Einladung, ihn auch an der Ingenieur-Fakultät der Universität Padua zu halten. Dieser Bitte kam ich gern nach, zumal man sich dort u.a. mit der Nährstoff- und Insektizidbelastung der Lagune durch die Landwirtschaft befaßte, einer Problematik, die ich in meinem Vortrag auch im Zusammenhang mit der Ostsee berührte. Bei meinem Besuch im Institut für Meeresbiologie in Venedig hatte ich Gelegenheit, Probleme der Nähr- und Schadstoffbelastung der Lagune zu diskutieren. Im Anschluß an meinen inzwischen obligatorischen Vortrag wurde auch Interesse an Gegenbesuchen im Warnemünder Institut geäußert.

Nach Rückkehr aus Rom, Anfang Oktober 1982, machte ich mich umgehend und mit Enthusiasmus an die Auswertung meines Italienaufenthaltes. In meinem ausführlichen Reisebericht, der nicht nur an die Akademie geschickt wurde, sondern auch im Warnemünder Institut kursierte, brachte ich zum Ausdruck, daß meiner Meinung nach gute Möglichkeiten für eine Zusammenarbeit beider Länder auf dem Gebiet der Meeresforschung bestünden und belegte dies anhand von Beispielen und Hinweisen. Aber weder aus den meereswissenschaftlichen Einrichtungen in Italien, in denen mir Interesse an einer Zusammenarbeit bekundet worden war, noch aus dem eigenen Institut kam Resonanz. Was unterm Strich blieb, war die Erinnerung an eine traumhaft schöne Dienstreise.

Experte für Forschungsschiffe

Nicht zuletzt wegen des neuen internationalen Seerechtregimes, das auch die Freiheit der Meeresforschung einschränkte, begann sich Anfang der 1980er Jahre ein Überangebot an Forschungsschiffen abzuzeichnen. Dies veranlaßte die IOC/FAO, sich Gedanken über deren Nutzung insbesondere im Sinne von TEMA (Training, Education, and Mutual Assistance), einer wichtigen Zielstellung der UNESCO, zu machen. An zwei Workshops, die sich mit dieser Problematik befaßten, nahm ich im Auftrag des Warnemünder Instituts als »Experte« der DDR für die Planung meereskundlicher Expeditionen und die Zusammenarbeit mit den jungen afrikanischen Nationalstaaten teil. Meine Nominierung als Experte geschah nicht von ungefähr, denn wie kein anderer im Institut war ich mit diesen Fragen bei den Arbeiten in den nordwestafrikanischen Wasserauftriebsgebieten und im Kanal von Mozambique konfrontiert worden.

Beide Workshops, die die verbesserte Nutzung von Forschungsschiffen zum Ziel hatten, wurden einschließlich der Flugkosten von der IOC finanziert. Beim ersten Workshop, der im Dezember 1983 in Santa Cruz auf der Kanarischen Insel Teneriffa stattfand, mußte ich erst Erfahrungen sammeln, wie Expertenberatungen bei der IOC ablaufen. Ich merkte schnell, daß die Experten anderer Länder auch nur mit Wasser kochten. Für den nächsten Workshop, der 1984 in Lissabon/Portugal durchgeführt wurde, hatte ich daher einen eigenen Beitrag vorbereitet. Ich berichtete über meine Erfahrungen bei der Beteiligung der afrikanischen Küstenstaaten an der Vorbereitung und Durchführung ozeanologischer Expeditionen sowie der gemeinsamen Nutzung der dabei gewonnenen Daten. Der Inhalt meines Beitrages wurde ungekürzt in den Workshop-Report aufgenommen.

Lissabon, 1980

Immaterieller Export

Als in den 1980er Jahren die ökonomischen Zwänge in der DDR infolge Mangels an frei konvertierbaren Devisen immer größer wurden, sollten auch die Akademien und Hochschulen zur Bewältigung dieses Dilemmas beitragen, sie sollten Ausbildungs- und Forschungsleistungen im westlichen Ausland anbieten und verkaufen. Diese Aktion lief unter der Bezeichnung immaterieller Export und trug die Abkürzung IMEX. Ab 1983 wurde auch das Institut für Meereskunde beauftragt, Deviseneinnahmen durch den immateriellen Export von Ausbildungs- und Forschungsleistungen zu erwirtschaften. Die Auflagen waren nicht hoch, sie betrugen einige zehntausend Valutamark, wobei dem Institut ein Teil dieses Erlöses als materieller Anreiz zur Verfügung stehen sollte.

Bei den Ausbildungsleistungen handelte es sich um Gastvorlesungen an Universitäten, möglichst in einem der reichen Ölscheichtümer oder Ölemirate des Nahen Ostens, sowie um Weiterbildungskurse, die von den internationalen Organisationen der UNESCO finanziert wurden. Diese Angebote waren an den Auslandskaderstatus gebunden, eine besondere Form des Reisekaderstatus', der längere Auslandsaufenthalte einschloß. Die Bewerbungen setzten die B-Promotion voraus und beschränkten sich daher auf eine relativ kleine Zahl von Mitarbeitern. Ihnen wurde nahegelegt, sich zu bewerben, ohne zu wissen, an welche Universitäten oder Organisationen ihre Anträge geschickt wurden. Zuständig dafür war eine eigens für IMEX gebildete Abteilung in der Berliner Akademiezentrale. Ich bewarb mich erfolglos für Vorlesungen und Kurse auf dem Gebiet der Meereschemie. So wie mir erging es allen anderen Kollegen des Instituts, die Bewerbungsunterlagen eingereicht hatten.

Eine andere Art, wissenschaftliches »know how« zu exportieren, waren »Consulting-Aufträge«. Die IMEX-Abteilung der Akademie informierte in Zusammenarbeit mit dem Ministerium für Außenhandel der DDR das Institut über internationale Ausschreibungen auf dem Gebiet der Meeresforschung. Nach einigen vergeblichen Ansätzen flatterte dem Institut Anfang 1988 eine Ausschreibung auf den Tisch, die aussichtsreich schien. Es ging um ein umfangreiches ozeanologisches Programm zur Erforschung der Großen und Kleinen Syrte, Meeresgebiete, die Libyen vorgelagert sind. Durch dieses Programm sollte ein Bruchteil der Dollarmilliarden aus der Ölförderung Libyens zur Entwicklung der Fischerei und zum Schutz der Meeresumwelt des Mittelmeeres eingesetzt werden. Es war einer von mehreren Versuchen, mit denen der »große libysche Revolutionsführer« Muammar al-Ghaddafi sein internationales Ansehen wiederherstellen wollte, das durch die Anschläge auf die vorrangig von amerikanischen Soldaten besuchte Berliner Diskothek »La Belle« (1986) sowie auf ein amerikanisches Passagierflugzeug (Lockerbie/Schottland, Anfang 1988) stark gelitten hatte. Hinter beiden Anschlägen wurden libysche Terroristen vermutet.

Prof. Voigt übertrug mir die Vorbereitung des wissenschaftlichen Programms, wobei ich von Meeresbiologen und physikalischen Ozeanographen unterstützt wurde. Da von libyscher Seite nur vage Vorgaben existierten, hatten wir weitgehend freie Hand. Das Programm, das wir für die Große und Kleine Syrte vorschlugen, sah Untersuchungen zum Aufbau und zur Dynamik der Wassermassen sowie über die Nährstoffverteilung und die biologische Produktivität vor. In Ergänzung dazu wurden Untersuchungen zur Schadstoffbelastung angeboten. Von libyscher Seite sollten meteorologische Daten sowie Angaben über die Flußwasserzufuhr beigesteuert werden. Die mit unserem Meßprogramm verbundenen kommerziellen Forderungen gingen von 20.000 US-Dollar je Schiffseinsatztag für die »A. v.Humboldt« aus. Die Kosten verringerten sich, wenn die libysche Seite die Bebunkerung des Schiffes übernahm. Unser Vorschlag war sowohl in bezug auf das Meßprogramm als auch auf die Schiffskosten flexibel.

Es kam dann relativ schnell zu Vertragsverhandlungen in Libyen. Bereits im Dezember 1988 flog ich zusammen mit einem Ökonomen der IMEX-Abteilung der Akademie und einem Juristen des Ministerium für Außenhandel der DDR für eine Woche nach Tripolis. Bereits auf dem Hinflug mit der Libyan Airline schlossen meine beiden Begleiter Bekanntschaft mit Vertretern des libyschen Sicherheitsdienstes, die den Flug begleiteten. Es wurde, obgleich der Koran den Genuß von Alkohol verbietet, fröhlich gezecht. Das hatte den Vorteil, daß wir den Flughafen in Tripolis ohne Zahlung von Sicherheitsgebühren und langwierige Paßkontrollen verlassen konnten. Außerdem wurden wir noch zu einem Espresso eingeladen; dabei wurde ein ähnlich unkompliziertes Ausreise-Procedere am Ende unseres Libyenaufenthaltes verabredet.

Unser Verhandlungspartner in Libyen war ein Meeresbiologe, der in Großbritannien studiert hatte und jetzt das Meeresbiologische Forschungszentrum von Tajura, in der Nähe von Tripolis, leitete. Ich vermag nicht zu sagen, ob es zähe Verhandlungen waren, dazu fehlt mir der Vergleich. Wir mußten einiges ändern und ergänzen. In diesem Zusammenhang waren auch Rückfragen an unsere Dienststellen zu Hause erforderlich, für die wir den Fernschreiber der DDR-Botschaft benutzen durften – Fax-Geräte gab es dort noch nicht. Auch sonst hat uns die Botschaft, insbesondere der Handelsrat, der sich in der örtlichen Szene gut auskannte, unterstützt. Schließlich lag der mit der libyschen Seite abgestimmte Vertragstext vor. Wir waren froh! Ohne zu bedenken, daß sich auch andere Interessenten für diese Aus-

Tripolis, 1989; Tagungshotel

schreibung beworben hatten, sahen wir schon den Dollarregen einer knappen Million auf unser Institut niedergehen und traten euphorisch den Heimflug an. Es kam auch bald Post aus Libyen, allerdings nicht mit der Zusage, daß unser Angebot das Rennen gemacht hätte, sondern mit der Einladung zu einem »internationalen Seminar über die Bekämpfung der Verschmutzung und den Schutz des marinen Reichtums im Mittelmeer«. Das Seminar fand im Juni 1989 in Ras-Lanuf am Golf der Syrte statt. Die Teilnehmer aus vieler Herren Länder, einschließlich der USA, waren Gäste der libyschen Regierung und entsprechend feudal untergebracht.

Die Chancen für unser Forschungsprogramm in der Großen und Kleinen Syrte wurden vom Handelsrat der DDR-Botschaft inzwischen als schlecht eingeschätzt. Unser libyscher Verhandlungspartner, den ich im Verlauf des Seminars ebenfalls darauf ansprach, vertröstete mich. Unabhängig von der politischen Entwicklung in der DDR glaube ich heute, daß unser Institut den Zuschlag nicht bekommen hätte, weil wir mit der »Humboldt« keine fischereibiologischen Untersuchungen anbieten konnten.

Libyen, 1989; Exkursion nach Magna Leptis

Gesellschaftspolitische Aktivitäten

Den »versponnenen Nur-Wissenschaftler«, der im Elfenbeinturm vor sich hin forschte, gab es zu DDR-Zeiten nicht. Ohne gesellschaftliche Aktivitäten konnte man in der DDR nichts werden. Dies galt insbesondere für diejenigen, die wie ich, nicht der staatstragenden Partei, der SED, angehörten. Die Mitwirkung in politischen Organisationen wurde höher bewertet als die Berufung in wissenschaftliche Gremien. Zu den gesellschaftlichen Aktivitäten gehörte auch die Teilnahme an politischen Weiterbildungsmaßnahmen.

Ich habe mich in DDR-Zeiten bei der Gewerkschaft engagiert. Bereits im Institut für Organische Katalyseforschung war ich Mitglied in der Institutsgewerkschaftsleitung (IGL) und während meiner Tätigkeit im Institut für Binnenfischerei deren Vorsitzender. Bald nach Beginn meiner Tätigkeit am Institut für Meereskunde Warnemünde wurde ich ebenfalls in die IGL gewählt, scheiterte aber zusammen mit der gesamten IGL an der Inaktivität des damaligen Vorsitzenden. Nach einigen Jahren politischer Untätigkeit war ich daher einer Delegierung in den Bezirksvorstand der Gewerkschaft Wissenschaft nicht abgeneigt, als dieses Anliegen 1976 an mich herangetragen wurde. Der mit der Tätigkeit im Bezirksvorstand verbundene Zeitaufwand hielt sich in Grenzen, pro Jahr wurden zwei bis drei Beratungen, die einen halben Tag dauerten, und eine mehrtägige Klausurtagung durchgeführt. Außerdem befand man sich unter Akademikern, zumeist Professoren und Doktoren, die etwa gleich stark vertreten waren wie die wissenschaftlich-technischen Angestellten.

Alle fünf Jahre wurden Bezirksdelegiertenkonferenzen durchgeführt, auf denen die Leitung des Vorstandes neu gewählt oder in ihrer Funktion bestätigt wurde. Zu diesen Veranstaltungen, die am Wochenende stattfanden, stellte das Warnemünder Institut Räumlichkeiten zur Verfügung. Die Wahl mit der Nominierung der Wahlkommission, der Rechenschaftslegung, dem Bericht der Revisionskommission, der Entlastung der alten sowie der Vorstellung der neuen Leitung und ihres Arbeitsprogramms nahm den ganzen Sonnabend in Anspruch, so viel Zeit nahm man sich für eine »demokratische Wahl« à la DDR, deren Ergebnis infolge en-bloc-Abstimmung über alle Kandidaten von vornherein feststand. Zwischendurch, während der Auszählung der Stimmzettel oder solange die Redaktionskommission den Wahlbericht erarbeitete, wurden die Teilnehmer mit Bockwurst sowie mit Kaffee und Kuchen bewirtet. Am Rande sei vermerkt, daß die Wahlen zur Institutsgewerkschaftsleitung ähnlich verliefen, nur daß hier gelegentlich mißliebige Kandidaten von der Liste gestrichen oder Wunschkandidaten hinzugesetzt wurden, ohne daß sich jedoch am Wahlergebnis etwas änderte.

Bei den halbtägigen Beratungen des Bezirksvorstandes spielten Fragen, wie die Auslastung von Großgeräten für die Forschung, die Versorgung mit Fachliteratur, das Promotionsgeschehen, die Umsetzung der Jugend- und Frauenförderungspläne oder die irreale Bewertung von Forschungsergebnissen in bezug auf den Welthöchststand, eine Rolle. Unsere Kritiken haben zumeist wenig bewirkt bis auf eine Ausnahme: Bei den schlecht bezahlten Sekretärinnen in den wissenschaftlichen Einrichtungen wurde eine Anhebung des Tarifes durchgesetzt. Neben den Beratungen zu arbeitsbezogenen Themen mußten wir auch Referate über uns ergehen lassen, die Probleme des kapitalistischen Systems und die Festigung des sozialistischen Lagers oder den Kampf zur Erhaltung des Weltfriedens betrafen. Nicht alle Referate waren langweilig.

Die mehrtägigen Klausurveranstaltungen des Bezirksvorstandes, die anfangs drei Tage dauerten und später, um Zeit zu sparen, auf zwei Tage reduziert wurden, waren nichts anderes als Schulungen durch eingeladene Referenten. Durch diese »Rotlichtbestrahlung« sollten die Mitglieder befähigt werden, den »Elan der revolutionären Arbeiterklasse« bei der Planerfüllung und -übererfüllung, beim sozialistischen Wettbewerb sowie im Kampf um die Erhaltung des Weltfriedens – oder was sonst gerade anstand – in die Institute und andere wissenschaftlichen Einrichtungen zu tragen.

Die Schulungen hatten nicht immer Vorrang. Ich erinnere mich in diesem Zusammenhang an eine Veranstaltung, die im Mai 1979 in Glowe auf Rügen stattfand. Wegen des frühsommerlichen Wetters wurden die Vorträge auf den späten Nachmittag und den Abend verlegt, während wir tagsüber im Autokorso Ausflüge zum Königsstuhl und nach Kap Arkona sowie zum Jagdschloß Granitz und zu den Feuersteinfeldern von Mukran machten. Dabei mangelte es nicht an sachkundiger Führung, denn in unseren Reihen befanden sich Geowissenschaftler und Historiker. Auch für mich hätte diese Veranstaltung ein unverhoffter Urlaub sein können, wenn ich nicht an meiner B-Dissertation geschrieben hätte. Jede freie Minute, d.h. morgens vor dem Frühstück und abends nach den Vorträgen, wenn andere bei einem Glas Bier zusammensaßen, habe ich dazu genutzt. Mein Zimmergenosse, der vom Institut für Ionosphärenforschung in Kühlungsborn kam, ertrug diese Störung geduldig.

Andere Schulungsorte, an die ich mich erinnere, sind Kloster auf Hiddensee, Greifswald sowie Pruchten im Süden der Darß-Zingster-Boddengewässer. In Kloster haben wir in der Lietzenburg – dem ehemaligen Wohnsitz der Puppenfabrikantin Käthe Kruse – getagt, die inzwischen FDGB-Ferienheim geworden war. Am Schluß dieser Veranstaltung teilte der stellvertretende Vorsitzende voller Stolz mit, daß sich alle Teilnehmer in den Diskussionen zu Wort gemeldet hätten. Seitdem weiß ich, daß über diesbezügliche Aktivitäten von der Leitung des Bezirksvorstandes eine Strichliste geführt wurde, in der ich schlecht abschnitt.

Kurz vor meinem Ausscheiden im Jahre 1986 wurden die Mitglieder aufgefordert, in schriftlicher Form die Arbeit des Bezirksvorstandes einzuschätzen. Die einzige negative Bewertung – und die hatte es in sich – kam von dem Vertreter des Instituts für Ionosphärenforschung, der in Glowe das Zimmer mit mir geteilt hatte. In seiner Stellungnahme, die während einer Vorstandssitzung verlesen wurde, bemängelte er insbesondere die Unterdrückung der freien Meinungsäußerung und das Gängeln durch die Leitung des Bezirksvorstandes. Der Kollege aus Kühlungsborn war der einzige, den ich kenne, der öffentlich Kritik an der Arbeit einer politischen Machtstruktur in der DDR geübt hat. Inzwischen hatte sich im Zusammenhang mit der zunehmenden Ost-West-Entspannung einiges verändert, so daß man in der DDR bei nicht genehmen politischen Äußerungen zwar kaltgestellt werden konnte, aber nicht gleich eingesperrt wurde.

Ein innerbetriebliches, gesellschaftliches Gremium, in dem ich lange (1976 - 1989) mitgearbeitet habe, war die Arbeiter- und Bauern-Inspektion (ABI). Sie war ein Kontrollorgan, das der Institutsparteileitung unterstand. Da ich im Auftrage der Institutsgewerkschaftsleitung die Funktion eines »Arbeiterkontrolleurs« übernommen hatte, dabei aber als Einzelkämpfer auf verlorenem Posten stand, wurde ich der ABI beigeordnet, zumal sich die Aufgaben der beiden Kontrollorgane überschnitten.

Die ABI arbeitete vorrangig mittels Fragebögen, die von den wissenschaftlichen Bereichen und Abteilungen des Instituts beantwortet werden mußten. Die Kontrollaufgaben wurden zumeist von zentralen Stellen (Akademie-Parteileitung, Zentralvorstand der Gewerkschaft Wissenschaft) vorgegeben. Sie betrafen neben dem Promotionsgeschehen und der Auslastung von Großgeräten auch den Arbeitsschutz sowie die Einhaltung der innerbetrieblichen Regelungen, die im Betriebskollektivvertrag festgelegt waren. Diese Recherchen waren mit viel Zeitaufwand und Schreibkram für beide Seiten – Kontrollierte und Kontrolleure – verbunden und haben letztendlich wenig bewirkt.

Anfang der 1980er Jahren wurde die Versorgung mit modernen Forschungsgroßgeräten infolge chronischen Devisenmangels in der DDR immer problematischer. Findige Professoren von der Rostocker Universität kamen daher auf die Idee, eine sogenannte Nutzergemeinschaft ins Leben zu rufen mit dem Ziel, vorhandene Geräte gemeinsam zu nutzen und damit besser auszulasten. Dieser Initiative konnten sich auch die Akademie-Institute im Raum Rostock nicht verschließen. Doch die anfängliche Begeisterung wich bald einer Ernüchterung, denn als es zur Sache gehen sollte, war kaum jemand bereit, sein Gerät anderen zur Verfügung zu stellen oder Messungen für andere durchzuführen.

Von 1976 - 1990 war ich Mitglied des Wissenschaftlichen Rates der HFR Meeresforschung der DDR. In diese Haupt-Forschungs-Richtung wurden Vertreter von Institutionen berufen, die mit der Erforschung und Nutzung des Meeres zu tun hatten. Vorsitzender dieses Gremiums war Prof. Klaus Voigt, dem im Auftrage des Ministers für das Hoch- und Fachschulwesen und des Präsidenten der Akademie der Wissenschaften der DDR auch die Berufung der Mitglieder oblag. Bei den Beratungen der HFR Meeresforschung, die ein- bis zweimal im Jahr tagte, ging es um »die Grundlagenforschung, insbesondere zur Erhöhung ihres wissenschaftlichen Niveaus und der gesellschaftlichen Wirksamkeit ihrer Ergebnisse.« Besonders brisant war eine Beratung, bei der die Unterstützung eines von »oben« angestrebten Forschungsvorhabens versagt werden sollte. Nach Vorstellungen des Forschungsbereiches Geo- und Kosmoswissenschaften der Akademie der Wissenschaften und des Ministeriums für Umweltschutz und Wasserwirtschaft wurde Ende der 1970er Jahre erwogen, die Versorgung der Antarktisstation der DDR dem Warnemünder Institut für Meereskunde zu übertragen und im Zusammenhang damit auch Forschungsaufgaben in den dortigen Gewässern wahrzunehmen. Nach Meinung von Prof. Voigt waren diese Vorhaben eine Nummer zu groß für uns, selbst wenn das Institut ein neues Forschungsschiff mit relativ hoher Eisklasse bekommen würde. Die Akademieleitung akzeptierte die ablehnende Haltung der HFR und beließ, nachdem die Möglichkeit der weiteren Mitnutzung sowjetischer Forschungsschiffe geklärt war, die Logistik der Antarktisforschung beim Zentralinstitut für Physik der Erde.

Wie alle Sektionen der Universität hatte auch die Sektion Biologie einen Sektionsrat, dessen Mitglieder der Rektor der Rostocker Universität berief. Neben Fachvertretern der Sektion gehörten diesem Gremium auch Vertreter der Kooperationspartner an. In dieser Eigenschaft nahm ich in den 1970er und 1980er Jahren die Interessen des Warnemünder Instituts für Meereskunde wahr. Im Vordergrund der Beratungen standen Fragen der studentischen Ausbildung, nicht nur fachlich, sondern auch auf dem Gebiet des Marxismus-Leninismus. Denn die Hochschullehrer in der DDR waren unabhängig von ihrem Fachgebiet auch für die Erziehung der Studenten zu klassenbewußten Mitgliedern der Gesellschaft verantwortlich. Meine Mitwirkung in diesem Gremium beschränkte sich auf Fragen des Seepraktikums der Studenten sowie die Einbeziehung von Nachwuchswissenschaftlern und Assistenten der Sektion Biologie in die ozeanologischen Expeditionen unseres Instituts.

Die Bereichs- und Abteilungsleiter waren nicht nur für die fachliche Arbeit sondern auch für die Durchsetzung der parteipolitischen Beschlüsse der Akademie der Wissenschaften der DDR und die politischen Schulungen der Mitarbeiter in ihrem Verantwortungsbereich zuständig. Die dafür erforderliche Befähigung sollte ihnen durch die Teilnahme an Weiterbildungsveranstaltungen vermittelt werden. Kaum jemand war begeistert von diesen »Rotlichtbestrahlungen« oder politischen »Runderneuerungen«, man drückte sich davor, so gut es ging.

Manche dieser Weiterbildungsmaßnahmen, die vor Ort, einmal pro Woche und nach Feierabend durchgeführt wurden, erstreckten sich über Monate und Jahre, andere waren ein- bis zweiwöchige Intensiv-Lehrgänge, die ganztägig, in Klausur, stattfanden. Im Februar 1974 nahm ich zusammen mit anderen Kollegen des Instituts als Gast an einem 14-tägigen Lehrgang zur »Marxistisch-leninistischen Weiterbildung für Leitungskader« der Wirtschaftszweigakademie der Direktion des Seeverkehrs und der Hafenwirtschaft teil. Die Veranstaltung, die in einem Gebäude am Warnemünder Passagierkai durchgeführt wurde, stand unter dem Motto Walter Ulbrichts: »Wir müssen Kader entwickeln, die echte Leiter der sozialistischen Wirtschaft sind. Solche Leiter sind hochqualifizierte Persönlichkeiten und in den technischen und ökonomischen Fragen ihres Gebietes beschlagen. Sie verstehen den Marxismus-Leninismus anzuwenden und sind der Arbeiterklasse treu ergeben. Sie zeichnen sich besonders aus durch Verantwortungsfreude, Schöpfertum und Kühnheit, nüchternes Kalkulieren und eiserne Arbeitsdisziplin.«

Und so wie dieses Motto war die Veranstaltung dann auch. In dieser Zeit rätselten die Leitungskader und Politfunktionäre gerade an dem Slogan des damaligen Staatsratsvorsitzenden der DDR »Überholen ohne einzuholen« rum. Richtig deuten konnte keiner diesen Slogan, ich habe ihn bis heute nicht verstanden und sollte ihn doch eigentlich meinen Mitarbeitern erläutern.

Von 1976 bis 1979 fand im Warnemünder Institut ein Lehrgang zur Qualifizierung leitender Kader statt. Dieser Lehrgang, der insgesamt 300 Unterrichtsstunden umfaßte, war in zwei Komplexe gegliedert, deren Themen ich als Beispiel für die damaligen Weiterbildungmaßnahmen aufliste:

Lehrgangsabschnitt 1: Marxismus-Leninismus
- *Theoretische und praktische Probleme des IX. Parteitages der SED*
- *Probleme des dialektischen und historischen Materialismus*
- *Probleme der politischen Ökonomie des Kapitalismus*
- *Probleme der politischen Ökonomie des Sozialismus und Grundfragen der Wirtschaftspolitik der SED*
- *Grundprobleme des Wissenschaftlichen Kommunismus*

Lehrgangsabschnitt 2: Sozialistische Leitungswissenschaften
- *Theorie und Methodik der Leitung und Entwicklung sozialistischer Kollektive und Persönlichkeiten*
- *Begründung, Änderung und Aufhebung von Arbeitsrechtsverhältnissen*

Im Lehrgangsabschnitt 1, beim Marxismus-Leninismus, gab es nichts als Probleme. Das einzige Thema, das aus heutiger Sicht Bestand hätte, betrifft die Arbeitsrechtsverhältnisse. Das Wichtigste für mich war, daß die Urkunde über die Teilnahme am Lehrgang als Nachweis über vertiefte Kenntnisse des Marxismus-Leninismus sowie den Erwerb von Kenntnissen über Planung, Organisation und Leitung für die B-Promotion genügte.

Anfang der 1980er Jahre wurde fast die gesamte Leitungsebene des Warnemünder Instituts zu einer einwöchigen gesellschaftspolitischen Weiterbildungsveranstaltung geschickt, die in einem Schulungsobjekt bei Eberswalde stattfand. Die behandelten Themen wiederholten sich, nur die Dozenten wechselten.

Im Januar 1986 fand in Bliesenthal bei Berlin eine Schulung statt, die speziell auf die höhere Leitungsebene – Abteilungsleiter bis Direktoren – der Akademieinstitute zugeschnittten war. Ich erinnere mich an diesen Termin, weil der strenge Winter 1985/86 infolge unzureichender Versorgung mit Heizmaterial fast zum Abbruch der Veranstaltung geführt hätte. Wegen des hohen Niveaus der Vorträge und der heterogenen Zusammensetzung der Zuhörer wurde für DDR-Verhältnisse relativ freimütig diskutiert. Vortragende und Diskussionsredner, vor allem solche des Forschungsbereichs »Gesellschaftswissenschaften« der Akademie, machten sich schon Gedanken über die Entwicklung von Sozialismus und Kapitalismus, nur daß ihre

Ansätze vom Klassenbewußtsein bestimmt und daher nicht realistisch waren. – Mitte der 1970er Jahre wurden die »Schulen der sozialistischen Arbeit« eingeführt, für deren Durchführung sowohl die staatlichen Leiter als auch die Gewerkschaftsfunktionäre verantwortlich waren. Das dafür erforderliche Schulungsmaterial wurde unter dem Titel »Fragen und Antworten für die Schulen der sozialistischen Arbeit« vom Bundesvorstand des FDGB herausgegeben. Eines dieser Hefte habe ich zufällig aufgehoben, die darin genannten Themen für das IV. Quartal 1986 lauten:

Oktober 1986
Unser Hauptkampffeld ist die Einheit von Wirtschafts- und Sozialpolitik. Die Rolle der wissenschaftlich-technischen Revolution.

November 1986
Die Aufgaben der Wissenschaft und die weitere Entwicklung des geistig-kulturellen Lebens.

Dezember 1986
Der sozialistische Staat, die Hauptrichtungen seiner Entwicklung und die Rolle der Gewerkschaften bei der Vervollkommnung der sozialistischen Demokratie.

Diese wenigen Beispiele zeigen bereits, welcher Art die Schulen der sozialistischen Arbeit waren; sie konnten wie alle anderen politischen Schulungen den Zusammenbruch der DDR nicht verhindern.

Das Ende der DDR und die Wiedervereinigung Deutschlands

Wann hat der Normalbürger eigentlich gemerkt, daß es mit der DDR zu Ende ging? Ich glaube sehr spät, das gilt für die Deutschen in Ost und West gleichermaßen. Bis zum Herbst 1989(!) liefen die Arbeiten im Institut nahezu unbeeinflußt von den sich anbahnenden politischen Umwälzungen. Die Öffnung der ungarischen Grenze nach Österreich, die Botschaftsbesetzungen und die beginnende Massenflucht von DDR-Bürgern in den Westen sowie die großen Montagsdemonstrationen in Leipzig,

Dresden und Berlin waren natürlich bekannt. Im Norden blieb jedoch alles ruhig. Urlaubsreisende, die mit dem Auto aus Sachsen und Thüringen zurückkehrten, erzählten, daß man ihnen aufgrund ihres Kfz-Kennzeichens im Süden der Republik kein Benzin verkaufen wollte, weil den Menschen in den Nordbezirken ihre politische Inaktivität übelgenommen wurde. Das Westfernsehen, das den meisten DDR-Bürgern zugänglich war, berichtete über Dissidenten und oppositionelle Gruppierungen, die zumeist Kulturschaffende waren oder kirchlichen Kreisen angehörten. Wenn es seine Zeit erlaubte, kam Prof. Voigt jetzt immer persönlich an Bord der von See heimkehrenden Forschungsschiffe und bemühte sich, etwaige Verunsicherungen bei den Besatzungen zu zerstreuen. Ihm lag vor allem daran, daß die Forschungstätigkeit im Institut und auf See unbeeinflußt durch die innenpolitischen Spannungen in der DDR fortgesetzt wurde.

Allmählich begannen auch in Rostock die von den Kirchen ausgehenden Massendemonstrationen. Die erste Fürbitteandacht fand am 5. Oktober 1989 in der Petrikirche statt. Auf der Rückfahrt vom Institut hörte ich einige Tage später, wie sich zwei junge Männer darüber unterhielten und sich für den Abend in einer der Rostocker Kirchen verabredeten. Zum ersten Mal kam mir zum Bewußtsein, daß die von Michail Gorbatschow, Generalsekretär des ZK der KPdSU, proklamierten Schlagworte »Glasnost« (Offenheit) und »Perestroika« (Neugestaltung) jetzt auch den Norden der DDR erreicht hatten. Da ich am 25. Oktober mit der »Penck« auf Monitoringfahrt ging, fehlte mir die Zeit, der Sache nachzugehen. In bezug auf den Ablauf der Reise, die am 17. November endete, gibt es nichts Besonderes zu berichten, wohl aber über die politischen Ereignisse, die sich in dieser Zeit überstürzten. Ich erlebte die politische Wende in der DDR fernab von zu Hause in der nördlichen Ostsee. Wegen schlechter Empfangsbedingungen konnten am 9. November 1989 keine deutschsprachigen Nachrichtensendungen auf die Bordlautsprecher geschaltet werden. Nur der Funker hatte etwas über die Ereignisse in Berlin gehört. Während ich kurz vor Mitternacht meine letzten Wasserproben aufarbeitete, kam er aufgeregt ins Labor und sagte, »die sind ja alle drüben im Westen«. Niemand von uns konnte die Tragweite dieser Information zunächst richtig erfassen, bedeutete sie doch, daß die innerdeutsche Grenze offen war. Ausgelöst wurde diese überraschende Entwicklung durch eine Fehlinformation während einer Pressekonferenz in Ostberlin. Nach dem Entwurf des neuen DDR-Reisegesetzes befragt, äußerte sich Günter Schabowski, Pressesprecher des Politbüros der SED, stotternd, daß ab sofort alle DDR-Bürger unabhängig von Reiseanlässen und Verwandtschaftsverhältnissen die Grenzübergangspunkte der DDR passieren dürfen. Mit dieser Mitteilung, die vor laufenden Fernsehkameras erfolgte und die nicht mit dem Politbüro abgestimmt war, hatte er der SED-Herrschaft den Todesstoß versetzt.

Am nächsten Morgen, als in der DDR längst der Besucherstrom gen Westen eingesetzt hatte, begannen auch wir allmählich, die Tragweite der Geschehnisse der vergangenen Nacht zu begreifen. Jetzt wollten alle möglichst schnell nach Hause, einige befürchteten sogar, daß die Grenzen wieder geschlossen werden könnten, bevor die »Penck« den heimatlichen Hafen erreicht hat. Über die Grenzöffnung herrschte ungeteilte Freude. Einige machten sich auch schon Gedanken über ihre Zukunft, der eine wollte Taxifahrer werden, andere machten Pläne für ein eigenes Fuhrunternehmen oder eine eigene Gaststätte. Auf einmal jedoch stand die Frage im Raum: »Sind wir eigentlich staatenlos oder bereits Bundesbürger, wenn wir zu Hause ankommen?« Da herrschte betretenes Schweigen, zeigte diese im Spaß gestellte Frage doch, mit wieviel Unwägbarkeiten das Ende der DDR verbunden war.

Nach Hause zurückgekehrt war nichts mehr so wie früher. Während wir mit der »Penck« auf Monitoringfahrt waren, hatten sich die Ereignisse überstürzt. Egon Krenz, der Erich Honecker als Generalsekretär der SED abgelöst hatte, war inzwischen auch entmachtet worden, und die Volkskammer der DDR hatte Hans Modrow zum Ministerpräsidenten gewählt. Die ersten »Wendehälse« des Instituts, zu denen auch der Parteisekretär gehörte, hatten bereits ihr Parteibuch abgegeben. Außerdem wurde die Belegschaft aufgefordert, im Institut aus politischen Gründen erlittene Benachteiligungen aufzudecken. Beschwerden gegenüber der Institutsleitung, die hätten verfolgt werden müssen, gab es jedoch nicht.

In Rostock fanden jetzt jeden Donnerstag Fürbittegottesdienste in den Kirchen statt, in deren Anschluß Machenschaften des SED-Regimes an den Pranger gestellt wurden, manche der Beschuldigungen waren kleinlich. An einigen Gottesdiensten in der Marienkirche habe ich teilgenommen und reihte mich anschließend in den großen Demonstrationszug ein, der sich aus Teilnehmern der Fürbittegottesdienste aller Rostocker Kirchen zusammensetzte. Er führte vorbei an der Stasizentrale, vor deren Fenster und Türen die Demonstranten brennende Kerzen abstellten.

Dann tauchten die ersten DDR-Fahnen auf, aus denen das Emblem mit Hammer, Zirkel und Ährenkranz herausgeschnitten war, einige schwenkten auch schon schwarz-rot-goldene Fahnen bzw. BRD-Dienstflaggen mit dem Bundesadler. Außerdem wurde die Losung intoniert: »Stasi in die Produktion!« Manchmal hatte ich Angst, daß das nicht gutgehen würde. Aber das Rad der Geschichte ließ sich nicht zurückdrehen. Die Forderungen nach der Einheit Deutschlands wurden lauter. Unter Teilnahme oppositioneller Gruppen nahm der Runde Tisch in Ostberlin seine Tätigkeit auf. Die Ost-CDU sagte sich von der SED los, andere Blockparteien lösten sich auf, neue Parteien wurden gegründet. Im Dezember 1989 wurde Bundeskanzler Helmut Kohl in Dresden mit Jubel und Rufen nach der Wiedervereinigung begrüßt. Die Besuche führender Politiker aus Westdeutschland häuften sich vor der ersten demokratischen Wahl zur Volkskammer der DDR, die am 18. März 1990 stattfand und zu einem triumphalen Erfolg der CDU wurde. Merkwürdig berührt war ich im Vorfeld der ersten demokratischen Kommunalwahlen in der DDR, die am 6. Mai 1990 stattfanden, darüber, daß sich Kommunalpolitiker aus der BRD anboten, leitende Funktionen in ihnen unbekannten Kommunalparlamenten zu übernehmen.

Währenddessen gingen die meisten von uns ihren dienstlichen Obliegenheiten nach. Wir glaubten zu dieser Zeit noch, daß die Wiedervereinigung Deutschlands ein langwieriger Prozeß sein würde und hatten zunächst auch keine Befürchtungen wegen der Zukunft des Warnemünder Instituts für Meereskunde. Aufgrund langfristiger Planungen verließ Prof. Klaus Voigt das Institut zum 1. Januar 1990, um in Paris die Funktion eines stellvertretenden Sekretärs bei der Zwischenstaatlichen Ozeanographischen Kommission (IOC) der UNESCO anzutreten. Sein Nachfolger wurde Prof. Dieter Lange, Leiter der Abteilung Meeresgrund, der bereits zu Voigts Zeiten stellvertretender Institutsdirektor gewesen war. Im Zusammenhang mit dem Ausscheiden von Prof. Voigt berief mich der Akademiepräsident Prof. Scheler mit Wirkung vom 1. Februar 1990 »zum Beauftragten des Präsidenten der Akademie der Wissenschaften der DDR für die Koordinierung der Zusammenarbeit mit dem VEB Fischkombinat Rostock.« Tätig zu werden brauchte ich in dieser Funktion nicht mehr.

Bald nach der Wende in der DDR wurde die Möglichkeit geschaffen, in den Vorruhestand zu gehen. Etliche Mitarbeiter des Instituts für Meereskunde nutzten sie. Bei einigen wurde eine Tätigkeit als Informeller Mitarbeiter (IM) des Ministeriums der Staatssicherheit der DDR vermutet, andere wollten einfach ihr Leben genießen. Jüngere Wissenschaftler verließen das Institut, um in der freien Wirtschaft mehr Geld zu verdienen. Ein paar versuchten ihr Glück in der Politik. Mit einigen der Kollegen, die damals das Institut verließen, hatte ich viele gemeinsame Forschungsreisen gemacht. Sie verschwanden in der Regel ohne großes Aufheben. Plötzlich waren sie weg, ohne daß ich es richtig bemerkt hatte.

Im Institut hatte sich vorübergehend eine Art Basisdemokratie entwickelt, die von der Gewerkschaft gesteuert wurde. Im Grunde genommen wußte Anfang 1990 im Institut keiner so recht, wie es weitergehen sollte. Ich organisierte die Februar-Monitoringfahrt und nahm zusammen mit anderen Wissenschaftlern des Instituts an den HELCOM-Beratungen zur Zweiten Periodischen Zustandseinschätzung der Ostsee teil. Im März wurde ein Wissenschaftlicher Rat gewählt, der den Direktor u.a. in Fragen des wissenschaftlichen Profils und der Struktur des Instituts beriet und ein Mitspracherecht bei der Besetzung von Leitungsfunktionen hatte.

Ab April 1990 waren alle politischen Signale auf Währungsunion und Wiedervereinigung Deutschlands gestellt. Es ging los mit dem Verschleudern des Volkseigentums in der DDR, ein Prozeß, der viele Jahre dauerte. Den Beginn des großen Ausverkaufs in den Läden und Warenhäusern der HO und des Konsums erlebte ich Anfang Mai in Berlin. Wir machten dort einen Kurzurlaub, um mit einem lachenden und einem weinenden Auge Abschied zu nehmen von einem Staat, in dem wir mehr als 40 Jahre gelebt und gearbeitet hatten. Einerseits sahen wir optimistisch in die Zukunft, weil sich die Wiedervereinigung Deutschlands und das Ende des Kalten Krieges in Europa abzeichneten. Andererseits waren wir traurig, denn nicht alle »Errungenschaften des real existierenden Sozialismus in der DDR« waren schlecht. Marion Gräfin Dönhoff, ehemalige Großagrarierin in Ostpreußen und später Mitherausgeberin der Hamburger Wochenzeitung »Die Zeit«, brachte es auf den Punkt. Sie schrieb 1989: »Gewiß, als wirtschaftliches System ist der Sozialismus im Wettstreit mit der Marktwirtschaft gescheitert. Aber als Utopie, als Summe aller Menschheitsideale: soziale Gerechtigkeit, Freiheit für die Unterdrückten, Hilfe für die Schwachen, ist er unvergänglich.«

Als »Mauerspecht« in Berlin, Mai 1990

Seitens der DDR wurden nur noch proforma Ausweiskontrollen an den Sektorengrenzen durchgeführt. Die S- und U-Bahnen verkehrten bereits wieder zwischen beiden

Teilen Berlins. Allenthalben waren die Spuren von »Mauerspechten« zu sehen, die mit Hammer und Meißel begonnen hatten, dem harten Beton der Berliner Mauer zu Leibe zu rücken. Betonbrocken von der Westberlin zugewandten Seite, die mit Graffitis besprüht waren, wurden als Souvenirs gegen DM verkauft. Vor den Wechselstuben am Bahnhof Zoo drängten sich Chinger, die der Sprache nach zumeist aus osteuropäischen Ländern kamen. Sie hatten auch Unter den Linden und am Brandenburger Tor ihre Stände aufgestellt und verhökerten Mützen, Stiefel und andere Uniformteile, nicht nur der Nationalen Volksarmee der DDR sondern auch der sowjetischen Streitkräfte. In den früher immer überfüllten Restaurants im Palast der Republik und im Nikolai-Viertel bekam man jetzt bequem Platz, konnte hervorragend essen und noch mit DDR-Mark bezahlen.

Allmählich begann sich abzuzeichnen, daß die Akademie der Wissenschaften in ihrer bisherigen Form keine Überlebenschance hatte. Betroffen waren insbesondere die Forschungsbereiche mit der Vielzahl ihrer Institute, die zu DDR-Zeiten gegründet worden waren. Auch im Warnemünder Institut für Meereskunde wurden unter Leitung von Prof. Lange Überlegungen angestellt, wohin die Reise gehen sollte. Angst, daß die Meeresforschung in Warnemünde eingestellt und das Institut abgewickelt werden könnte, hatten wir nicht. Wir hofften, daß unsere internationalen Aktivitäten insbesondere im Ostseeraum das Warnemünder Institut davor bewahren würden. Damals war uns übrigens der Begriff »Abwicklung«, der soviel wie Auflösung oder Schließung bedeutet, noch nicht geläufig.

Unter der damaligen Institutsleitung wurden verschiedene Möglichkeiten diskutiert, wobei sich bald herausstellte, daß eine Integration des Instituts in die Max-Planck-Gesellschaft oder seine Überführung in ein Fraunhofer-Institut nicht in Frage kamen. Denkbar erschien jedoch die Angliederung an eine Großforschungseinrichtung oder an das Deutsche Hydrographische Institut (DHI) in Hamburg, mit dem aufgrund des Ostsee-Monitoring bereits Kooperationsbeziehungen bestanden. Der Präsident, Prof. Dr. Peter Ehlers, und die Mitarbeiter des Bundesamtes für Seeschiffahrt und Hydrographie (BSH) – aus dem DHI war inzwischen ein Amt geworden – standen unseren Vorstellungen bezüglich des Umweltüberwachungsprogramms der Ostsee wohlwollend gegenüber. In der zweiten Hälfte des Jahres 1990 erfolgten häufig Beratungen mit den Hamburger Kollegen. Eines wurde uns dabei bald klar, daß nämlich eine Behörde zwar Überwachungsprogramme, aber keine Grundlagenforschung finanzieren kann.

Mit der Währungs-, Wirtschafts- und Sozialunion zwischen der Bundesrepublik und der DDR wurde am 1. Juli 1990 die DM als offizielle Währung in der DDR eingeführt. Fortan bekamen wir auch im Warnemünder Institut unser Gehalt nach den Kriterien des Öffentlichen Dienstes, wenn auch nicht in voller Höhe der entsprechenden Westgehälter. Trotzdem verdienten wir wesentlich mehr als zu DDR-Zeiten. Gleichzeitig damit stiegen aber auch Sozialabgaben, Steuern und Preise für Dienstleistungen, während Industrieerzeugnisse billiger waren.

Nach Unterzeichnung des Einigungsvertrages (31. August) und des Zwei-Plus-Vier-Vertrages durch die ehemaligen Besatzungsmächte und die beiden deutschen Staaten (12. September) war der Weg frei für den Beitritt der DDR zur Bundesrepublik Deutschland, der am 3. Oktober 1990 erfolgte. Trotz anfänglicher Widerstände der ehemaligen Besatzungsmächte wurde die Vereinigung der beiden deutschen Staaten in überraschend kurzer Zeit erreicht. Nicht alle Nachbarländer Deutschlands waren glücklich darüber. Insbesondere die Polen fürchteten ein wieder erstarkendes Deutschland, wie Kollegen aus dem Institut für Meteorologie und Hydrologie offen äußerten, als ich sie während der Monitoringfahrt im Februar 1990 in Gdynia aufsuchte.

Der Tag der Wiedervereinigung Deutschlands – der 3. Oktober 1990 – war für einige Meereswissenschaftler mit einem Kuriosum verbunden. Die langfristig geplanten Beratungen eines hochrangigen, internationalen Gremiums, die in Verbindung mit einem Symposium im Warnemünder Institut für Meereskunde durchgeführt wurden, begannen am 1. Oktober in der DDR und endeten am Tag 1 nach dem Anschluß an die BRD.

Daß bereits im Frühjahr 1990 die Chancen für die Weiterführung der Meeresforschung in Warnemünde nicht schlecht standen, zeigte die Einbeziehung von Wissenschaftlern des Instituts in westdeutsche Beratungsgremien. So erhielt Prof. Lange den Status eines ständigen Gastes bei den Konferenzen Leitender Meereswissenschaftler Norddeutschlands. Außerdem wurde in diesem Jahr das Meeresforschungsprogramm der Bundesregierung neu aufgelegt, in dem die Schwerpunkte für die nächsten 5 - 10 Jahre aktualisiert wurden. Aus Sicht der Kollegen des Warnemünder Instituts für Meereskunde war in diesem Programm die Ostsee zu kurz gekommen; die Ergänzungen, die hierzu von uns vorgeschlagen wurden, fanden weitgehend Berücksichtigung.

In Vorbereitung des im Sommer 1990 durchzuführenden »Kamingesprächs« zwischen den Forschungsministern der BRD und der DDR besuchten im Mai Mit-

Hoher Besuch im Bereich II, Sommer 1990; Bundesforschungsminister Dr. Riesenhuber, begleitet von Prof. Lange (rechts)

arbeiter des Bundesministeriums für Forschung und Technologie (BMFT) unter Leitung des Bundesforschungsministers Dr. Heinz Riesenhuber erstmals das Warnemünder Institut, das zu einer Vorzeigeeinrichtung in der Forschungslandschaft der DDR geworden war. Gleichzeitig erfolgte im Rahmen von Projekten des BMFT und verschiedener anderer Fördereinrichtungen sowie der Übergangsfinanzierung der Akademieinstitute eine großzügige Ausstattung des Instituts mit moderner Forschungstechnik und Computern. Endlich konnte auch die längst überfällige Rekonstruktion des Forschungsschiffes »Professor Albrecht Penck« durchgeführt werden. Parallel dazu begannen Diskussionen über die Neuorientierung der meereswissenschaftlichen Arbeiten. Unter stärkerer Verlagerung auf interdisziplinäre Untersuchungen zum Ökosystem der Ostsee und der Fortführung des Ostsee-Monitoring sollte das Institut als Einheit erhalten bleiben.

Auf Initiative von Prof. Lange kam es im Sommer 1990 zu einem ersten Informationsgespräch mit dem Rektor der Rostocker Universität, Prof. Dr. Gerhard Maeß, bei dem es um die Weiterführung des Warnemünder Instituts als Einrichtung der »Blaue-Liste-Institute« ging. Diese jeweils zur Hälfte von Bund und Land finanzierten Institute haben ihren Namen daher, weil sie anfangs auf blauem Papier aufgelistet waren. Erste Gespräche, die in diesem Zusammenhang mit dem Aufbaustab für das Kultusministerium des neuen Bundeslandes Mecklenburg-Vorpommern geführt wurden, fanden im Oktober 1990 statt.

Neuordnung der Meeresforschung in Warnemünde

Im Einigungsvertrag war festgelegt worden, die Akademieinstitute in der DDR aufzulösen und ihr Forschungspotential gegebenenfalls an die Organisationsstrukturen in der BRD anzupassen. Hierzu wurden diese Institute ebenso wie die Hoch- und Fachschulen einer Begutachtung durch den Wissenschaftsrat unterzogen. Die Durchführung dieser Aufgabe wurde einem Evaluierungsausschuß übertragen, der aus einer Reihe fachspezifischer Arbeitsgruppen bestand. Letztere hatten die Aufgabe, die Ost-Institute zu besuchen, die Qualität ihrer wissenschaftlichen Arbeiten zu beurteilen und im Falle einer positiven Bewertung organisatorische und strukturelle Vorschläge für ihre Weiterführung zu unterbreiten. Bei der Begutachtung der einzelnen Institute wurden Fachkollegen als Berater hinzugezogen.

Die Arbeitsgruppe Geo- und Kosmoswissenschaften, die auch die meereswissenschaftlichen und fischereibiologischen Institute zu bewerten hatte, zählte 16 Mitglieder, darunter drei Geowissenschaftler aus der DDR und ein Schweizer Geowissenschaftler. Sie stand unter Leitung eines der führenden Meereswissenschaftler der BRD, Prof. Dr. Gotthilf Hempel, der u.a. langjähriger Direktor des Alfred-Wegener-Instituts für Polar- und Meeresforschung in Bremerhaven war und leitende Funktionen in zahlreichen internationalen Organisationen innehatte. Prof. Hempel hatte das Warnemünder Institut für Meereskunde bereits zu DDR-Zeiten sowie im Vorfeld der Evaluierung besucht. Er kannte daher etliche seiner Mitarbeiter persönlich und war gut über das wissenschaftliche Leistungsspektrum unseres Instituts informiert.

In Vorbereitung der Evaluierung hatte das Warnemünder Institut für Meereskunde eine umfangreiche Dokumentation über seine Struktur und seine wissenschaftlichen Leistungen erarbeitet, die dem Wissenschaftsrat in Köln Ende August 1990 übergeben wurde. Am 6. Februar 1991 besuchte die Arbeitsgruppe Geo- und Kosmoswissenschaften das Institut. Im Anschluß an die Institutsbesichtigung und Befragungen der Mitarbeiter wurden leitende Wissenschaftler des Instituts auch in die Beratungen dieses Gremiums einbezogen.

Ich erinnere mich an dieses Datum auch aus einem anderen Grund. Am gleichen Tag brach ich nämlich zu einer Expedition mit dem BRD-Forschungsschiff »Meteor« auf und wurde, weil ich die Evaluierungsgruppe vorzeitig verlassen mußte, von Prof. Hempel vor versammelter Mannschaft verabschiedet. Zusammen mit zwei weiteren Kollegen des Warnemünder Instituts flog ich am späten Nachmittag von Hamburg aus über Rio de Janeiro nach Vitória in Brasilien, um dort an Bord der »Meteor« zu gehen. Die Untersuchungen auf dieser Reise, die vom 9. Februar bis 23. März 1991 dauerte, begannen vor Brasilien und endeten vor Zentralafrika. Sie standen unter der wissenschaftlichen Leitung eines physikalischen Ozeanographen des Kieler Instituts für Meereskunde und erfolgten im Rahmen des World Ocean Circulation Experiment (WOCE).

Der Grund, Warnemünder Ozeanographen zur Teilnahme an Expeditionen auf Forschungsschiffe der BRD einzuladen, war vor allem die Freude über die Wiedervereinigung Deutschlands. Wir nahmen diese Gastfreundschaft gerne an, bot sie uns doch Gelegenheit, in internationalen Forschergruppen mitzuarbeiten. Außerdem reizte uns auch die Tätigkeit auf einem modernen Forschungsschiff.

Im Vergleich zu unseren Schiffen war die »Meteor« riesig, anfangs hatte ich Schwierigkeiten, mich an Bord zurechtzufinden. Anders als auf unseren Forschungsschiffen gab es in der Messe der »Meteor« keine feste Sitzordnung. Da ich Frühaufsteher bin, habe ich dem Kapitän oftmals beim Frühstück Gesellschaft geleistet. Auf der »Meteor« wurde nicht nur das Meer, sondern auch die Konstitution der Expeditionsteilnehmer in regelmäßigen Abständen vermessen, besonders interessant war in diesem Zusammenhang die Gewichtszunahme. Und siehe da, trotz intensiven Frühsports hatte ich am Ende der Reise 2 kg zugenommen. Von Point Noir im Kongo traten wir am 24. März 1991 den Heimflug nach Hamburg an.

Geburtsdatum: 30.12.30
Erstvermessung: 17.02.91
METEOR 15 • SÜDATLANTIK
WOCE 1991
Fahrt: M15/3
Tag der Ausstellung: 17.03.91

Vermessungsdaten
Gewicht in kg

Datum	Gewicht	Blutdruck	BZS-Wert
D/M/Y	SW/WW	AW/EW	E0.3
17.02.	66/66	150/85	92
24.02.	66,5/67	150/85	159
03.03.	–	–	198
10.03.	–	–	249
17.03.	68/71,5	115/70	2

Fahrt: M15/3
Eigenmaechtige Aenderungen machen die Vermessung ungueltig.

-- PRUEFE DEIN GEWICHT --
Dem Inhaber dieser Karte wird hiermit bestaetigt am traditionellen 'Wiegen am Sonntag' teilgenommen zu haben.
Die Vermessungskarte dient NICHT als Ersatz fuer die Seetauglichkeitsbescheinigung.
Die Waegung ist nicht Liquiditionspflichtig. Die positive Einflussnahme auf den BZS-Wert wird dankend zur Kenntnis genommen.
-- Das Vermessen(d)e Komitee --

VERMESSUNGSKARTE
entsprechend den allgemein anerkannten Regeln der
METEOR - Vermessung
FS Meteor
Vorname: Dietwart
Name:

Vermessungskarte von der »Meteor«-Reise

Das wissenschaftliche Potential und die Forschungsaktivitäten des Warnemünder Instituts wurden vom Wissenschaftsrat positiv beurteilt. Gleichzeitig wurde empfohlen, ein Institut für Ostseeforschung zu gründen, das sich schwerpunktmäßig der multidisziplinären Erforschung dieses Brackwassermeeres widmen sollte. Außerdem konnte damit eine Lücke in der deutschen Forschungslandschaft geschlossen werden. Es wurde ferner vorgeschlagen, dieses Institut als von Bund und Land finanzierte Einrichtung der »Blauen Liste« eng mit den Universitäten Rostock und Greifswald zu verbinden. Die Betreuung der Forschungsschiffe wurde aus dem Institut ausgegliedert und ihre Bereederung der Baltic Marine Service (BMS) GmbH, einer Tochtergesellschaft der westdeutschen Reedereigemeinschaft Forschungsschiffahrt, übertragen.

Das Umweltüberwachungsprogramm in der Ostsee gehörte zu den wichtigsten Aufgaben des Warnemünder Instituts für Meereskunde. Das BSH hatte diesem Institut noch 1991 die Durchführung des Ostsee-Monitoring vor der Küste des Landes Mecklenburg-Vorpommern übertragen. Dem Institut für Ostseeforschung war damit im Vorfeld seiner Gründung bereits die Führungsrolle und die Legitimation für den deutschen Beitrag zum Ostsee-Monitoring der HELCOM erteilt worden. Die erforderlichen Personalstellen sowie die Geräte- und Materialkosten wurden vom BSH im Rahmen einer Verwaltungsvereinbarung bereitgestellt. Diese für die BRD einmalige Konstruktion sicherte dem neuen Institut einen größeren Mitarbeiterstab, als die Blaue-Liste-Lösung ursprünglich vorsah. Durch das Ostsee-Monitoring wird etwa ein Viertel des Institutshaushalts bestritten. Nur das Biologische Ostsee-Monitoring blieb zunächst außen vor. Das BSH schuf erst Mitte der 1990er Jahre Möglichkeiten für dessen Finanzierung. Zwischenzeitlich wurde es aus Projektmitteln bestritten.

Eine weitere wichtige Entscheidung zugunsten des Standorts Warnemünde wurde ebenfalls bald nach der Wende getroffen. Der für die finanzielle Förderung der Meeresforschung zuständige Projektträger des Bundesforschungsministeriums eröffnete Anfang 1991 seinen Dienstsitz in der bald nach der Wende rekonstruierten Villa des Instituts, die dem früheren Flugzeugkonstrukteur Ernst Heinkel gehört hatte. Dieser Projektträger leistete wesentliche Unterstützung bei der apparativen Ausstattung und der Überwindung personeller Engpässe. Hinzu kam, daß die Warnemünder Ozeanographen sich erst in die Einwerbung von Forschungsprojekten hineinfinden mußten. Bei diesbezüglichen Problemen erhielten sie dort jederzeit Unterstützung.

In Vorbereitung des neu zu gründenden Instituts für Ostseeforschung konstituierte sich Mitte August 1991 unter Vorsitz von Prof. Hempel ein Gründungskomitee, dem in- und ausländische Wissenschaftler sowie Vertreter der Universitäten Rostock und Greifswald, der zuständigen Bundes- und Landesministerien und des BSH angehörten. Gemäß Statut war für das Institut für Ostseeforschung eine disziplinorientierte Struktur vorgesehen, die sich in den Sektionen Physikalische Ozeanographie und Meßtechnik, Meereschemie, Biologische Meereskunde und Marine Geologie widerspiegelt. Die Sektionsleiter und ihre Stellvertreter – ebenfalls Professoren – waren verpflichtet, Vorlesungen an den Universitäten Rostock oder Greifswald zu halten. Aus ihren Reihen sollte später auch der Institutsdirektor berufen werden, für den eine Amtszeit von fünf Jahren vorgesehen ist.

Bei den Bewerbungen für das neue Institut wurde den Mitarbeitern des Warnemünder Instituts für Meereskunde ein Bonus eingeräumt. Ich bewarb mich als Leiter für die Sektion Meereschemie und mußte dem Gründungskomitee in bezug auf meine Vorstellungen über deren wissenschaftliches Profil, einschließlich der chemischen Monitoring-Untersuchungen, Rede und Antwort stehen. Besonderer Wert wurde auf Aussagen über Möglichkeiten zur interdisziplinären Zusammenarbeit mit den anderen Sektionen und der Universität gelegt. Auf wissenschaftliche Vorträge wurde aus Zeitmangel verzichtet, die Bewerber um die Sektionsleitung waren den Mitgliedern des Gründungskomitees seit Jahren bekannt. Am 15. Dezember 1991 erhielt ich vom Kultusministerium des Landes Mecklenburg-Vorpommern die Zusage, daß ich mit der Leitung der Sektion Meereschemie des Instituts für Ostseeforschung Warnemünde beauftragt würde. In dem ab 1. Januar 1992 gültigen Arbeitsvertrag wird die Einschränkung gemacht, daß das Arbeitsverhältnis gemäß Einigungsvertrag außerordentlich gekündigt werden kann, falls sich eine Tätigkeit für das Ministerium für Staatssicherheit der DDR herausstellen sollte.

Insgesamt verlief der Stellenabbau bei der Abwicklung des Instituts für Meereskunde glimpflich. Dies hing mit den überplanmäßigen Personalstellen für das Ostsee-Monitoring zusammen. Hinzu kam, daß die Stellen für die Besatzungen der Forschungsschiffe ausgeliedert und von der Baltic Marine Service Reederei übernommen wurden.

Das Institut für Meereskunde wurde zum 31. 12. 1991 geschlossen, seine Mitarbeiter wurden entlassen. Damit war die Abwicklung beendet. Ein Großteil seiner Mitarbeiter wurde vom Institut für Ostseeforschung übernommen und erhielt unbefristete Arbeitsverträge. In diesem Institut wird die Tradition der Meeresforschung in Warnemünde unter anderen Rahmenbedingungen und teilweise neuen Zielstellungen fortgesetzt.

Prof. Hempel führt Prof. v. Bodungen in sein Amt als Sektionsleiter ein, 1993

Sowohl die Evaluierungskommission als auch das Gründungskomitee haben im Zeitraum zwischen der Wiedervereinigung Deutschlands bis zur Gründung des Instituts für Ostseeforschung ein enormes Arbeitspensum bewältigt. Diesem Umstand ist es zu verdanken, daß der Übergang zwischen den beiden Instituten nahezu reibungslos verlief und die übernommenen Mitarbeiter zum 1. Januar 1992 ihren Arbeitsplatz sicher hatten. Mit den Bewerbern für die Leitung der Sektionen Biologische Meereskunde und Marine Geologie sowie mit der Berufung der stellvertretenden Sektionsleiter, die von außerhalb kamen, konnte man sich mehr Zeit lassen. Die Auswahl geeigneter Kandidaten erfolgte im Frühjahr 1992 im Alfred-Wegener-Institut für Polar- und Meeresforschung in Bremerhaven und fand unter Beteiligung der bereits bestätigten Sektionsleiter statt. Nach Abschluß der Berufungsverfahren kamen drei Sektionsleiter des Instituts für Ostseeforschung aus den neuen Bundesländern. Nur der Leiter der Sektion Biologische Meereskunde kam aus Kiel. Schwierigkeiten gab es, einen geeigneten Institutsdirektor zu gewinnen. Unter großer Zustimmung der Belegschaft erklärte sich Prof. Hempel schließlich bereit, neben seinen vielen anderen Verpflichtungen auch das Amt des Gründungsdirektors zu übernehmen.

Das Institut für Ostseeforschung wurde am 28. Februar 1992 offiziell eröffnet. Die Ansprachen hielten der Bundesforschungsminister, Dr. Heinz Riesenhuber, sowie der Staatssekretär Thomas De Maiziere, der den Ministerpräsidenten des Landes Mecklenburg-Vorpommern, Dr. Alfred Gomolka, vertrat. Der Oberbürgermeister der Stadt Rostock sowie die Rektoren der Universitäten Rostock und Greifswald richteten Grußworte an das neue Institut.

Im Sommer nach der Eröffnung des Instituts fand eine von Prof. Hempel angeregte »Good-Will-Tour« mit der »A. v. Humboldt« statt, die in die Ostseeländer des ehemaligen Ostblocks führte; auch hier hatten sich die politischen Bedingungen grundlegend geändert. Diese Reise diente dazu, den zu DDR-Zeiten bestehenden Draht nach dem Osten nicht abreißen zu lassen oder gegebenenfalls neue Kooperationsbeziehungen herzustellen. Dabei sollte auch das neue Warnemünder Institut vorgestellt werden. Da

Teilnehmer der Good Will Reise mit der »A. v. Humboldt« im August 1992; (Ehepaar Hempel 3. und 4. von rechts)

die materiellen Probleme in den meereswissenschaftlichen Einrichtungen des ehemaligen Ostblocks groß waren, sollte ferner geprüft werden, welche unterstützenden Maßnahmen am dringendsten notwendig sind, um die Forschungs- und Monitoring-Aufgaben abzusichern.

Neben dem Ehepaar Hempel und Kollegen aller vier im Institut für Ostseeforschung vertretenen Disziplinen nahmen an dieser Reise, die vom 9. bis 24. August 1992 dauerte, auch eine Wissenschaftsjournalistin und ein Mitarbeiter des BMFT teil. Besucht wurden meereswissenschaftliche Einrichtungen in den Städten Kaliningrad (Königsberg), Gdynia (Gdingen), Klaipeda (Memel), Riga, Tallinn (Reval) und St. Petersburg (Leningrad). Außerdem fanden an Bord der »Humboldt« Empfänge statt, auf denen die Diskussionen fortgesetzt wurden.

Die Gründung des Instituts für Ostseeforschung und die »Good-Will-Tour« mit der »A. v. Humboldt« erfolgten zu einem günstigen Zeitpunkt. Durch den Fall des Eisernen Vorhangs zwischen Ost und West war auch die Ostsee als Gesamtsystem für die moderne Meeresforschung zugänglich geworden. In den Baltischen Republiken, Polen und Rußland herrschte großes Interesse an einer Zusammenarbeit mit dem neuen Warnemünder Institut im Verbund mit den anderen Ostseeländern. Bei den Gesprächen wurde auch deutlich, wie groß der Wille zum gegenseitigen Zuhören und Verständnis war und wo die Grenzen lagen.

Ebenfalls im Sommer 1992 mußten sich die Wissenschaftler aus den neuen Bundesländern, die in den Öffentlichen Dienst übernommen werden sollten, einem »Ehrenverfahren« stellen. In diesem Verfahren ging es ausschließlich um die politischen und gesellschaftlichen Aktivitäten in der DDR, die zunächst in einem »Ehrenfragebogen« offengelegt werden mußten. Meine Anhörung vor der »Ehrenkommission für außeruniversitäre Forschung des Landes Mecklenburg-Vorpommern« fand am 4. Juni 1992 statt. Der Vorsitzende der Kommission war ein ehemaliger Staatsanwalt aus Hamburg, der für den Verfassungsschutz der BRD tätig gewesen war. Außerdem gehörten diesem Gremium auch Vertreter der Landesregierung sowie Fachkollegen des früheren Instituts für Meereskunde an, die vom neugegründeten Institut für Ostseeforschung übernommen worden waren.

Am Tag meiner Vorladung herrschte hochsommerliches Wetter, wir saßen alle in Hemdsärmeln da. Das Gespräch verlief im wesentlichen sachlich, ich ahnte daher nichts Böses. Aufgrund meines Ehrenfragebogens und meiner Anhörung sowie einer nachträglichen, schriftlichen Stellungnahme – die ich besser nicht abgegeben hätte – kam die Ehrenkommission jedoch zu folgenden, für mich niederschmetternden Schlußfolgerungen und Empfehlungen, die ich auszugsweise, mit Anmerkungen versehen (Normalschrift), wiedergebe:

»Der Werdegang des Betroffenen, insbesondere die dabei erreichten staatlichen Positionen und wahrgenommenen Funktionen lassen feststellen, daß der Betroffene aktiv und exponiert einen erheblichen Beitrag zur Durchsetzung der Machtpolitik des in der ehemaligen DDR herrschenden Regimes, auch innerhalb der Forschungseinrichtung geleistet hat. Bereits in der Übernahme, alsdann der Ausübung leitender Ämter und die Machtstruktur der ehemaligen DDR tragender Funktionen liegt ein objektives Fehlverhalten im Sinne von Art. 1 § 2 Abs. 4 des Hochschulerneuerungsgesetzes (ich hätte mich demnach weigern müssen, zu DDR-Zeiten eine wissenschaftliche Leitungsaufgabe zu übernehmen)*, das der einschränkungslosen Eignung des Betroffenen für den Öffentlichen Dienst eines Rechtsstaates nur dann nicht entgegensteht, wenn sich die Beförderung in Leitungsaufgaben ausschließlich auf fachliche Leistung und Befähigung zurückführen läßt und auf ihre Anwendung richtet* (das gab es in der DDR nicht, die Zugehörigkeit zur SED war jedoch im Warnemünder Institut für Meereskunde keine Voraussetzung dafür)*. Das ließ sich bei dem Betroffenen nicht feststellen.*

Die Kommission verkennt nicht den sich schon in der Vielzahl wissenschaftlicher Veröffentlichungen widerspiegelnden fachlichen Rang des Betroffenen, welcher zur Berufung als Bereichsleiter beitragen konnte (dies war der vorrangige Grund)*. Aber auch wenn der Betroffene keine parteipolitische Karriere gemacht hat, bestätigt seine ergänzende Stellungnahme vom 14. 06. 1992 die aller Erfahrung entsprechende Feststellung der Kommission, daß einem Bereichsleiter nicht nur wissenschaftliche Arbeit oblag, daß er vielmehr auch für die Durchführung von parteipolitischen Beschlüssen der ehemaligen AdW und damit der Staatsführung verantwortlich war* (die zumeist auch wissenschaftspolitische Beschlüsse waren; nach Meinung der Ehrenkommission hätte ich mich diesen Beschlüssen widersetzen oder sie zumindest mißachten müssen)*. Eine solchermaßen nicht nur der fachlichen Aufgabe verbundene Berufung in das Leitungsamt spiegelt sich auch in dem vom damaligen Institutsdirektor, Prof. Dr. Voigt, niedergelegten Vermerk vom 15. 12. 1980 wider, wonach der Betroffene als befähigt eingeschätzt wurde, nicht nur fachlichen sondern auch künftigen politischen Anforderungen* (eine der damals üblichen, ergänzenden Floskeln) *zu genügen* (die Aussage insgesamt ist aus dem Zusammenhang gerissen und verzerrt die Wichtung).

Anhaltspunkte für eine nach außen erkennbare Nutzung der vielfältigen Mitgliedschaften des Betroffenen zur Abwendung von erkannten Fehlentwicklungen und Schäden, etwa für die Umwelt, haben sich der Kommission nicht geboten (mein Engagement bei der HELCOM zum Schutz der Meeresumwelt der Ostsee wurde nicht berücksichtigt). *Der Betroffene hat sich vielmehr in seinem Amt gesellschaftlich und in den die Forschung und Entwicklung beeinflussenden Organisationen, so dem Wissenschaftlichen Rat der Hauptforschungsrichtung Meeresforschung und dem Bezirksvorstand der Gewerkschaft Wissenschaft, aber auch als Mitglied der ABI-Kommission systemkonform verhalten und Verantwortung getragen* (jeder, der in der DDR gelebt und gearbeitet hat, weiß, was andernfalls passiert wäre: Entfernung aus dem Beruf, gegebenenfalls Gefängnis).

Die Kommission sieht sich nach alledem veranlaßt, dem Anstellungsträger zu empfehlen, dem Betroffenen wegen festgestellten Fehlverhaltens eine Mißbilligung auszusprechen und ihm darüber hinaus für den Zeitraum von zwei Jahren die Fähigkeit abzuerkennen, eine leitende Funktion in der Forschungseinrichtung und ein Amt in der Selbstverwaltung einer Hochschule auszuüben. Dabei hat die Kommission berücksichtigt, daß sich dem Betroffenen nicht vorwerfen läßt, Mitarbeitern rechtswidrige Nachteile zugefügt zu haben.
Der Vorsitzende«

Mir erscheint dieses Schriftstück wie die reife Leistung eines der letzten »Kalten Krieger« Deutschlands. Als ehemaliger Leiter eines wissenschaftlichen Bereichs bei der Akademie hatte ich von vornherein keine Chance, ungeschoren durch die Ehrenkommission für außeruniversitäre Forschung des Landes Mecklenburg-Vorpommern zu kommen, es sei denn, ich hätte mich den parteipolitischen und wissenschaftspolitischen Beschlüssen der DDR-Regierung widersetzt. Was mich an der Begründung besonders schmerzt, ist der Vorwurf, ich hätte mein Fachwissen nicht für den Schutz der Umwelt eingesetzt. Mein Engagement zum Schutz der Ostsee, auf das ich ausdrücklich hingewiesen hatte, fand in diesem Zusammenhang keine Beachtung. Warum wurde es auch von meinen in der Ehrenkommission tätigen Kollegen übersehen?

An meiner Position im Institut für Ostseeforschung änderte sich durch die Empfehlungen der Ehrenkommission nichts. Ich blieb mit der Leitung der Sektion Meereschemie beauftragt – war die »Beauftragung« bereits in weiser Voraussicht des Kommenden geschehen? Damit war der wichtigsten Empfehlung der Ehrenkommission Genüge getan. Eine Mißbilligung wegen angeblichen Fehlverhaltens zu DDR-Zeiten wurde mir seitens des Kultusministeriums Mecklenburg-Vorpommerns weder schriftlich noch mündlich ausgesprochen.

Mit Schreiben vom 12. 07. 1994 erhielt ich die Information, daß nach Auskunft der »Gauckbehörde« keine Belastung bezüglich einer Mitarbeit beim Staatssicherheitsdienst der DDR vorläge. Alle diesbezüglichen Vorbehalte waren somit hinfällig. Andere Mitarbeiter mußten das Institut für Ostseeforschung Ende 1992 wegen Stasi-Verstrickungen verlassen. Dies brachte auch die Sektion Meereschemie in vorübergehende Schwierigkeiten.

Durch die verschiedenen Arbeits- und Lebensverhältnisse wichen die Denk- und Verhaltensweisen der Ostdeutschen gelegentlich deutlich von denen der Westdeutschen ab. In allen Diskussionen, die wir im Zusammenhang mit der Gründung des Instituts für Ostseeforschung Warnemünde geführt haben, war das ehrliche Bemühen von Prof. Hempel zu erkennen, den ostdeutschen Befindlichkeiten Rechnung zu tragen. Anstelle von Ostdeutschen und Westdeutschen hätte ich genau so gut Ossis und Wessis schreiben können, für mich ist mit diesen Bezeichnungen keine Abwertung verbunden.

Die Tätigkeit unter Leitung von Prof. Hempel war eine ganz neue Erfahrung für mich. Wegen zahlreicher anderweitiger Verpflichtungen konnte der Gründungsdirektor allerdings nicht allzuoft im Institut sein. Wenn er jedoch anwesend war, wurde die Zeit intensiv genutzt und die Beratungen beim Abendessen in einer Warnemünder Gaststätte fortgesetzt. Die Gastronomen haben sich wahrscheinlich über die Aktenberge gewundert, die wir neben unseren Tellern gestapelt hatten. Die Atmosphäre bei den Diskussionen zu fachlichen und organisatorischen Problemen war viel freimütiger und offener als zu DDR-Zeiten. Dies gilt auch für die gelegentlichen Arbeitstreffen, die am Wochenende im Hause Hempel in Kiel stattfanden. Im Zusammenhang mit diesen Treffen muß ich auch Frau Dr. Irmtraut Hempel erwähnen, die eine Gesellschaft von 7 bis 8 Personen mit immer verschiedenen Eintopfgerichten verköstigt hat.

An den Dienstberatungen im Institut für Ostseeforschung nahmen außer dem Direktor nur die Sektionsleiter und der Verwaltungsleiter teil; später kam eine Kustodin hinzu. Sie unterstützte den Direktor bei der Vorbereitung von Leitungs- und Beschlußvorlagen und entlastete ihn bezüglich der Öffentlichkeitsarbeit, um nur einige ihrer Aufgaben zu nennen. Die Vertreter gesellschaftlicher Organisationen und andere Funktionsträger – wie zu DDR-Zeiten – waren überflüssig geworden, und Beschlüsse von Partei und Regierung mußten nicht mehr umgesetzt werden. Daher waren die Leitungsberatungen effektiver als im früheren Institut, es blieb mehr Zeit für Beratungen über Forschungsprojekte und zu Personalfragen; letztere nahmen vor allem in den ersten Jahren nach Gründung des Instituts viel Zeit in Anspruch. Eine Neuerung waren auch die Klausurberatungen an den Wochenenden, die ein- bis zweimal jährlich in der näheren und weiteren Umgebung von Warnemünde durchgeführt wurden. Bei diesen Beratungen konnten ungestört neue Schwerpunkte und Strategien der Meeresforschung diskutiert und anstehende personelle Besetzungen erörtert werden.

Die Neugründung des Instituts sowie die besseren Forschungsmöglichkeiten vermittelten in den Jahren 1992/93 das Gefühl eines wissenschaftlichen Aufbruchs. Hierzu beigetragen haben auch die außerdienstlichen Einladungen der Sektionsleiter, einschließlich des Verwaltungsleiters, durch Familie Hempel. Die Einbeziehung der Ehepartner in diesen Kreis förderte das gegenseitige Kennenlernen. Diese Beispiele zeigen, daß sich im Institut ein neuer Leitungsstil entwickelt hatte.

Nach und nach wurden auch die Wissenschaftler- und Technikerstellen besetzt, die durch die personelle Erweiterung der Sektionen Meereschemie, Biologische Meereskunde und Marine Geologie offen waren. Außer den Wissenschaftlern des ehemaligen Warnemünder Instituts für Meereskunde sowie den Meeresbiologen der Rostocker Universität gab es in den neuen Bundesländern kaum Bewerber, die Erfahrungen auf dem Gebiet der Meeresforschung hatten. Um den Personalbestand des Instituts für Ostseeforschung aufzufüllen, wurden in den Jahren 1992 - 1994 zahlreiche Meereswissenschaftler aus den alten Bundesländern eingestellt. Die Vermischung von Wissenschaftlern aus Ost und West führte im Institut für Ostseeforschung zu keinen nennenswerten Reibereien. Während die Wessis das »know how« bei der modernen Gerätetechnik hatten, besaßen die Ossis größere Erfahrungen auf dem Gebiet der Ostseeforschung, beide ergänzten sich daher. Auch wegen der unterschiedlichen Gehälter – die Wessis hatten Bestandsschutz und wurden daher nach dem höheren Westtarif bezahlt – gab es kaum Mißgunst. Dem guten Willen aller Beteiligten ist es zu verdanken, daß es die immer wieder »beschworenen« Gräben zwischen Ost und West im Institut für Ostseeforschung nicht gegeben hat. Ein Teil der neu besetzten Wissenschaftlerstellen im Institut für Ostseeforschung wurde nur befristet vergeben, um sich die Möglichkeit von »gewollten« Fluktuationen zu bewahren.

Prof. Hempel sah die Gründung und Konsolidierung des neuen Warnemünder Instituts als seinen persönlichen Beitrag zur Wiedervereinigung Deutschlands und verstand es, hohe Regierungsvertreter hierfür zu interessieren. Der Bundesforschungsminister Dr. Heinz Riesenhuber hatte bereits im Sommer 1990 das Warnemünder Akademie-Institut besucht und kam aus diesem Anlaß auch in den Bereich II. Im Sommer 1993 war der Bundesforschungsminister Paul Krüger im Institut für Ostseeforschung. Anläßlich der Übergabe von Forschungsgroßgeräten und der Einführung neuer Professoren kamen auch die jeweiligen Kultusministerinnen des Landes Mecklenburg-Vorpommern, Frau Steffie Schnoor und Frau Regine Marquardt ins Institut.

Nach einer kurzen Übergangsphase ging es auf dem Gebiet der Ostseeforschung mit Riesenschritten voran. Auf einer von Prof. Hempel einberufenen Beratung, die bereits im Sommer 1991 in der Biologischen Station auf der Insel Hiddensee stattgefunden hatte, wurden die Verbundprojekte »Greifswalder Bodden und Oderästuar Austauschprozesse« (GOAP) sowie »Transport- und Umsatzprozesse in der Pommerschen Bucht« (TRUMP) andiskutiert. Ziel dieser Untersuchungen, die 1993/94 begannen und 1996/97 endeten, war die Bewertung der Pufferkapazität und des Rückhaltevermögens der Bodden und Haffe gegenüber natürlichen und anthropogenen Stoffeinträgen durch die Oder bzw. deren Verbreitung, Veränderung und Verbleib in der Pommerschen Bucht. Beide Projekte wurden vom Bundesministerium für Forschung und Technologie gefördert und vom Bundesforschungsminister Dr. Paul Krüger im August 1994 anläßlich einer Pressekonferenz an Bord der »A. v. Humboldt« vorgestellt. Auf dieser Veranstaltung mußte ich in Vertretung des Direktors die Honneurs machen. Neben dem Institut für Ostseeforschung Warnemünde, den Universitäten Rostock und Greifswald sowie anderen Forschungseinrichtungen aus Ost- und Westdeutschland waren an den Un-

Bundesforschungsminister Dr. Krüger (Mitte) und Kapitän Herzig (links) an Bord der »Humboldt«, August 1994

tersuchungen zum zweiten Projekt auch Forschungseinrichtungen aus Polen beteiligt. Außer diesen beiden Großprojekten wurden auch zahlreiche kleinere bearbeitet. Parallel mit der Entwicklung der Ostseeforschung erfolgte die Rekonstruktion der Labor- und Arbeitsräume sowie die Ausstattung des Instituts mit modernen Forschungsgeräten. Später wurde auch die Außenseite des Gebäudes verschönert.

Im Zusammenhang mit der Durchführung meereskundlicher Aufgaben vor der Küste Mecklenburg-Vorpommerns, die im Auftrag des BSH erfolgten, wurde vor allem das permanente hydrographisch-meteorologische Meßnetz ausgebaut. Neben der Erweiterung der Station auf der Darßer Schwelle – dem Tor zur Ostsee – wurden in der Pommerschen Bucht und im Arkonabecken zwei neue Stationen errichtet. Von dieser Entwicklung hatten die Warnemünder Ozeanographen zu DDR-Zeiten nur zu träumen gewagt. Schwieriger gestaltete sich die Beibehaltung der Monitoring-Stationen in der zentralen Ostsee. Es bedurfte hartnäckiger Diskussionen, die Verantwortlichen des BSH davon zu überzeugen, daß der Wasseraustausch zwischen Ost- und Nordsee, der für die hydrographisch-chemischen Zustandseinschätzungen wichtig ist, erst in diesem Teil der Ostsee ausklingt.

Der Wissenschaftsrat führte 1993/94 in den alten Bundesländern eine groß angelegte Erfassung der Umweltforschung durch. Die Leitung der hierfür gebildeten Arbeitsgruppe wurde Prof. Hempel übertragen. In die Begehungen, die sowohl universitäre als auch außeruniversitäre Forschungseinrichtungen betrafen, waren auch Wissenschaftler aus der ehemaligen DDR einbezogen. Ich nahm an der Bewertung der Institute in Kiel, Hamburg, Bremen und Bremerhaven teil. Die Beratungen im Anschluß an die Begehungen dauerten oft bis in die Nachtstunden. Anders als in den neuen Bundesländern schwebte über den evaluierten Instituten und Forschungsanstalten nicht das Damoklesschwert der Abwicklung. Ich erinnere mich nur an eine meereswissenschaftliche Einrichtung in den alten Bundesländern, die wegen mangelnder Effizienz in Schwierigkeiten geriet.

Institut für Ostseeforschung
Warnemünde, 1999

Der Kreis schließt sich

Meine Aufgaben als Sektionsleiter ließen mir kaum noch Zeit, an meereswissenschaftlichen Expeditionen teilzunehmen. Neben der Betreuung von Forschungsvorhaben und Monitoring-Arbeiten in der Ostsee wollte ich in den vier Jahren, die mir nach der Gründung des Instituts für Ostseeforschung verblieben, die Sektion Meereschemie konsolidieren. Obgleich die Stellen des Sektionsleiters – meines Nachfolgers – und seines Stellvertreters bereits 1993 ausgeschrieben wurden, zogen sich die Auswahl geeigneter Kandidaten und die Berufungsverfahren in die Länge. Als sich Mitte 1994 abzeichnete, daß der Zeitplan nicht einzuhalten war, fragte mich Prof. Hempel, ob ich bereit wäre, nach Erreichen des Rentenalters ein Jahr dranzuhängen. Dem leistete ich gern Folge, meine Arbeit machte mir nach wie vor Freude.

Inzwischen wurde es Zeit, meine Altersrente zu beantragen. Als ich meine Unterlagen dafür zusammenstellte und bei der Seekasse einreichte, wurde mir bewußt, wie schnell die letzten Jahre vergangen waren. Wegen meiner langen Fahrenszeit wurde ich nun sogar als Seemann berentet. Von den 31 Jahren als Meeresforscher war ich insgesamt 5,1 Jahre an Bord von Forschungsschiffen tätig, davon 2,9 Jahre in der Ostsee. Diese Angaben beziehen sich auf eine tägliche Arbeitszeit von zwölf Stunden und schließen Wochenenden und Feiertage ein. Hochgerechnet auf eine Arbeitswoche von 40 Stunden ergeben sich sogar 10,7 Jahre.

Prof. Dr. Dieter Lange schied im Februar 1993 aus dem Institut für Ostseeforschung aus, um eine leitende Tätigkeit auf dem Gebiet des Umweltschutzes zu übernehmen. In seine Amtszeit als Direktor des Instituts für Meereskunde fielen die Auflösung der DDR und der Anschluß der ostdeutschen Länder an die Bundesrepublik Deutschland. Auf ihn stützten sich die Hoffnungen der Warnemünder Meereswissenschaftler, als dieses Institut abgewickelt und wie alle wissenschaftlichen Einrichtungen der ehemaligen DDR, die nicht in die Forschungslandschaft der BRD paßten, geschlossen wurde.

Nach langer schwerer Krankheit verstarb am 23. April 1995 Prof. Dr. Klaus Voigt. Anläßlich der Trauerfeier waren viele seiner Mitarbeiter aus dem ehemaligen Akademie-Institut gekommen, um ihm die letzte Ehre zu erweisen. Als langjähriger Direktor hat er das Warnemünder Institut für Meereskunde sicher um zahlreiche Untiefen und Klippen gesteuert und ihm zu internationalem Ansehen verholfen. Trotz politischer und ökonomischer Zwänge in der DDR hat er seinen Mitarbeitern Freiraum für ozeanologische Grundlagenforschung gelassen und für viele von uns die Tür nach dem Westen einen Spalt breit offengehalten. Prof. Voigt hat damit den Grundstein gelegt für den Fortbestand der Meeresforschung in Warnemünde in einem wiedervereinigten Deutschland.

Meine letzte Monitoringfahrt bestritt ich an Bord der »A. v. Humboldt« im Februar 1997. Die Bestimmung der Nährstoffe erfolgte inzwischen mittels Analysenautomaten und erforderte daher nur noch einen Chemiker. Um neben meiner Tätigkeit als Expeditionsleiter eine Aufgabe zu haben, übernahm ich das Abfüllen der Wasserproben. Damit endete meine Tätigkeit als Ozeanograph, wie sie vor gut 30 Jahren begonnen hatte. Daß auf der letzten Station etwas im Busch war, ahnte ich schon wegen der Anwesenheit meiner Mitstreiter. Als ich die Wasserschöpfer abfüllte, war einer von ihnen mit Bier gefüllt. Dieser Scherz half mir über die Wehmut anläßlich meiner letzten Seereise hinweg.

Inzwischen hatte sich das Institut für Ostseeforschung freigeschwommen, seine Gründungsphase war abgeschlossen. Der anfängliche Bonus bei der Genehmigung von Forschungsprojekten war hinfällig geworden. Nach fünf Jahren, am 3. März 1997, übergab Prof. Hempel im Rahmen eines Festaktes, dem sich ein Festkolloquium anschloß, die Leitung des Instituts an Prof. Dr. Bodo v. Bodungen, dem Leiter der Sektion Biologische Meereskunde, der von Kiel nach Warnemünde gekommen war. Der Gründungsdirektor konnte dies in dem sicheren Gefühl tun, daß unter seiner Leitung in bezug auf die Forschungsaufgaben, den Leitungsstil und die Denkweisen der Mitarbeiter ein neues Institut entstanden war.

Beim Abfüllen meiner letzten Wasserprobe, Februar 1997

Wenig später, am 30. April 1997, schied auch ich aus dem Institut für Ostseeforschung aus, um in den Ruhestand zu gehen. Zu meiner Verabschiedung am Vorabend dieses Tages waren viele gute Freunde und Kollegen aus den alten und neuen Bundesländern nach

Warnemünde gekommen. Aus diesem Anlaß fand ein Festkolloquium statt, das von Kollegen aus dem Bundesamt für Seeschiffahrt und Hydrographie Hamburg, dem Institut für Meereskunde Kiel, dem Institut für Ostseeforschung Warnemünde sowie dem Meeresfischereiinstitut Gdynia gestaltet wurde. Die Stimmung war bereits gelockert, als mir Mitarbeiter aus dem früheren Akademie-Institut, die jetzt im Institut für Ostseeforschung arbeiteten, die Urkunde »Aktivist der letzten Stunde« überreichten.

Meine Verabschiedung am 29. April 1997; an meiner Seite Ehefrau und Sohn

Mit diesem Scherz wurde der endgültige Schlußstrich unter meine DDR-Vergangenheit gezogen. Ich bin der einzige Meeresforscher, der vor der Wende im alten Institut sowie danach im neuen Institut in leitender Funktion tätig war und in Ehren verabschiedet wurde.

URKUNDE

Anläßlich der Feier zum 1. Mai 1997
und für
Verdienste an Volk und Vaterland

wird Herrn

Prof. Dr. habil. Dietwart Nehring

DER TITEL

Aktivist
der letzten Stunde

verliehen, Warnemünde am 29 April 1997

Der Emeritus – Gastprofessor an der Universität Namibia

Zu Beginn des Ruhestands habe ich vor allem die Seereisen vermißt. Ich bedauerte, nicht dabei zu sein, als in der zweiten Hälfte der 1990er Jahre vom Institut für Ostseeforschung Untersuchungen in den westafrikanischen Küstengewässern begannen und damit eine Tradition der Warnemünder Ozeanographen fortgesetzt wurde. In Gedanken war ich auch bei den Kollegen, die auf den Monitoring-Fahrten in der Ostsee den Wetterunbilden trotzten oder sich bei ruhiger See über das »Forscherwetter« freuten. Erst nach drei oder vier Jahren war ich ganz froh, daß die Zeit meiner Seereisen vorbei war und ich nicht bei Wind und Wetter zum Wachwechsel antreten mußte.

Das Ende meiner Berufstätigkeit war jedoch nicht gleichbedeutend mit dem Ende meiner Tätigkeit als Meereswissenschaftler. Ich wollte mein Wissen und meine Erfahrungen auf dem Gebiet der Meeresforschung, die sich im Verlauf von über 30 Jahren angesammelt hatten, an andere weitergeben. Das war leichter gesagt als getan. Zeitlebens hatte ich gute Sekretärinnen, die mir alle Schreibarbeiten abnahmen. Das änderte sich mit meinem Rentnerdasein. Als 66jähriger mußte ich daher den Umgang mit einem Computer als komfortables Schreibgerät erlernen. Durch »training by doing« beherrschte ich die elektronische Textverarbeitung nach etwa vier Wochen, auch wenn der Computer mich anfangs nicht immer verstand und eigene Wege ging.

Zunächst schrieb ich noch einige Vortragsmanuskripte und Übersichtsartikel. Eine umfangreiche Korrespondenz entwickelte sich, als im Sommer 2000 die Bitte der HELCOM an mich herangetragen wurde, den Entwurf der Vierten Periodischen Zustandseinschätzung der Ostsee, 1994-1998, zu begutachten. Jetzt mußte ich die Zuarbeiten meiner früheren Mitstreiter, nicht nur aus Deutschland, sondern aus allen Ostseeländern, kritisch unter die Lupe nehmen. Ich hatte viel zu bemängeln, am wenigsten allerdings bei meinen früheren Warnemünder und Rostocker Kollegen, die in bezug auf das Ostsee-Monitoring und seine Auswertung durch eine gute Schule gegangen waren.

Für das Frühjahr 1999 vermittelte mir Prof. Hempel über den Deutschen Akademischen Austauschdienst (DAAD) eine Gastprofessur an der Universität von Namibia (UNAM), die mit wöchentlich acht Vorlesungsstunden verbunden war. Am Institut für Ostseeforschung hatte ich mich erfolgreich gedrückt, Vorlesungen zu halten; als

Sektionsleiter wäre ich eigentlich dazu verpflichtet gewesen. Wegen meiner absehbaren Emeritierung hatte ich jedoch den damit verbundenen Vorbereitungsaufwand gescheut.

Jetzt kam es dicke. In Vorbereitung dieser Gastprofessur habe ich drei Monate lang – etwa 10 Stunden täglich – die Vorlesung ausgearbeitet sowie Schrift- und Abbildungsvorlagen für Projektionsfolien angefertigt, und das in Englisch!

Mein Aufenthalt in Namibia dauerte von Anfang Februar bis Anfang Mai 1999. Die Universität in Windhoek bestand damals erst fünf Jahre. Ihr Lehrbetrieb war den englischen Universitäten angepaßt und in Trimester unterteilt. Die 13 Studenten, vor denen ich Vorlesungen über allgemeine Ozeanographie und Meereschemie hielt, gehörten zur Fakultät für Landwirtschaft und Natürliche Ressourcen, einschließlich Fischerei. Diese Fakultät hat ihr Domizil im Neudamm-Campus etwa 35 km außerhalb von Windhoek. Die Studenten waren Farbige, darunter vier gutaussehende Frauen, sowie ein Weißer. Sie waren wißbegierig und fragten während der Vorlesung so lange, bis sie das Problem begriffen hatten. Es bestanden auch sprachliche Verständigungsschwierigkeiten, denn in Namibia wird ein schauerlicher Slang gesprochen. Manchmal schien es mir, als ob die Studenten sich nicht in Englisch sondern in einem einheimischen Dialekt unterhielten. Daß diese Probleme weniger bei mir als bei den Studenten lagen, zeigte sich bei Gesprächen mit den Dozenten der Fakultät, die wie ich aus dem Ausland kamem. Mit ihnen hatte ich diese Schwierigkeiten nicht.

Die ersten acht Wochen des Trimesters standen für Vorlesungen zur Verfügung. Die letzten vier Wochen waren einem einwöchigen Praktikum sowie Prüfungen vorbehalten.

Nicht immer machten die Vorlesungen Spaß. Dabei ging ich durch ein Wechselbad der Gefühle, wenn nämlich nur drei Studenten anwesend waren, weil die anderen sich »Tests«, kleinen Zwischenprüfungen, unterziehen mußten oder der elektrische Strom wegen Abschaltung oder tropischer Gewitter ausfiel und wir

Im Kreise meiner namibischen Studenten, 1999

im Dunkeln saßen. Einmal erfüllte sich auch mein Alptraum, ich stand vor leeren Bänken. Am nächsten Tag holten mich zwei verschüchterte Studenten ab. Meine Vorlesung war, ohne daß ich informiert wurde, in einen anderen Raum und auf einen früheren Termin verlegt worden. Wegen der gelegentlichen Ausfälle und der häufigen Wiederholungen für die Studenten mußte ich den mühsam erarbeiteten Vorlesungsstoff um ein Drittel kürzen.

Blick auf das alte Windhoek

In Windhoek war ich als Gast der Universität im ersten Haus am Platz, dem Hotel »Safari«, untergebracht. Das Frühstück in diesem Hotel war üppig, und das war gut so. Denn die finanzielle Ausstattung durch den DAAD war dies nicht. Ich bekam als Tagegeld nur 37,50 DM, die nach zwei Monaten halbiert wurden. Davon mußte ich 15% an den DAAD zurückzahlen, weil das Frühstück im Hotelpreis enthalten war. Was übrig blieb, war nicht viel, wenn man im Ausland lebt. Es langte aber, weil ich wegen des reichlichen Frühstücks das Mittagessen einsparen konnte und mich abends selbst beköstigte.

Die Universität stellte mir auch ein kleines Auto, einen Toyota, zur Verfügung. Nur das Benzin mußte ich selbst bezahlen. Wegen der großen Entfernungen zum Neudamm Campus und zur Universität, die etwa 10 km vom Stadtzentrum Windhoeks entfernt liegt, und wegen unzureichender öffentlicher Verkehrsmittel war ich auf ein eigenes Fahrzeug angewiesen. An den Linksverkehr und die Raserei (70-80 km/h) auf den breiten Asphaltstraßen in Windhoek hatte ich mich schnell gewöhnt.

Bei Tagestemperaturen von 29-31°C bot der Swimmingpool eine willkommene Abwechslung in den vorlesungsfreien Stunden. An den Wochenenden hatte ich ausgiebig Zeit, Windhoek kennenzulernen. Die Stadt liegt etwa 1.600 m über dem Meeresspiegel und hat daher ein für Mitteleuropäer erträgliches Klima. Der Einfluß des Kaiserreichs auf die ehemalige Kolonie Deutsch-Südwestafrika ist unverkennbar. Als historische Überbleibsel existieren ein kaiserliches Landvermessungsamt sowie Vermessungspunkte aus der Kaiserzeit. Die Straßen ganzer Stadtteile tragen deutsche Vogelnamen oder die Namen deutscher Komponisten und Dichter, andere sind nach bekannten deutschen Ärzten, Technikern und Politikern aus der Zeit vor dem 1. Weltkrieg benannt. Im Tintenpalast oberhalb der Stadt war früher die kaiserliche Verwaltung untergebracht. In dessen Nähe befinden sich auch das Alte Kastell, heute Museum, und das große Reiterdenkmal. Letzteres erinnert an die über 1.000 Deutschen, zumeist Schutztruppler, aber auch Zivilisten, die bei den Herero-Aufständen 1903 bis 1906 umgekommen sind. Der mehr als 60.000 getöteten Aufständischen wird nicht gedacht. Außerdem sind in Windhoek drei historische Burgen nach deutschen Generälen benannt.

Hererofrauen mit ihrer charakteristischen Kopfbedeckung

Auf dem beherrschenden Hügel in Windhoek steht die Christuskirche der deutschen Gemeinde. An ihrem Fuß befindet sich ein Gedenkstein mit der Inschrift: »Ostdeutsche Provinzen unvergessen«. Einige Male habe ich am Sonntagsgottesdienst teilgenommen. Das Umfeld – die deutsche Predigt und die deutsche Gemeinde – zogen mich an und trösteten mich über eine zeitweilige Einsamkeit hinweg. An einer Seite des Kirchenschiffes hängt eine große Bronzetafel mit den Namen der deutschen Opfer des Herero-Aufstandes. Es war ein seltsames und überwältigendes Gefühl, in der Gluthitze von Windhoek an historischer Stätte der ehemaligen Deutsch-Südwester zu gedenken.

Mit den Studenten habe ich mich gut verstanden. Wenn ich ihnen in der Stadt begegnete, wurde ich gleich mit einem »Hallo Prof« begrüßt, sie freuten sich, wenn sie mich trafen.

Im Gegensatz zu anderen afrikanischen Staaten war die Kriminalität in Namiba 1999 verhältnismäßig gering. Trotzdem hatte ich eine unangenehme Überraschung. In einer wenig belebten Straße befand ich mich plötzlich in einer Gruppe Jugendlicher, die um mich herumhampelten. Als ich vorsichtshalber oder instinktiv in meine Hosentasche faßte, war schon eine Hand drin und wollte gerade meinen Brustbeutel »zupfen«, den ich wegen starken Schwitzens nicht vor der Brust trug. Mein Schreck war groß, denn der Brustbeutel enthielt meinen Reisepaß und die Visa Card sowie Travellerschecks und etwa 1.400 DM in bar. Die Jugendlichen machten sich sofort aus dem Staub, als sie sich ertappt sahen; außer zu drohen konnte ich jedoch nichts machen.

Eines Sonntags war ich auch in Katutura, einem der zwei Elendsviertel von Windhoek. Hierher wurden zwischen 1959 und 1969 die Menschen aus den alten Schwarzenvierteln der Stadt zwangsumgesiedelt. In diesem Slum umherzufahren, gab ich schnell auf. Ich hatte Angst, in den engen Straßen aus dem Auto gezerrt und ausgeraubt zu werden. Etwas sicherer als Parkplatz erschien mir der eingezäunte Hof einer kleinen Eingeborenenkirche. Nach dem Blick auf den Gottesdienst wagte ich einen kurzen Rundgang. Gelegentlich wurde ich angepöbelt und mit unflätigen Zurufen bedacht. Die Elendsviertel gehören zu den Schattenseiten von Windhoek.

Besonders stressig war das meereschemische Praktikum, das im Anschluß an die Vorlesungszeit im Institut für Fischereibiologie in Swakopmund durchgeführt wurde. Stärker noch als in Windhoek war in dieser Stadt der deutsche Einfluß spürbar.

Die Studenten waren anstellig und eifrig. Nach Einführung in einfache meereschemische Analysenmethoden wurde ein kleines Küstenmeßprogramm durchgeführt, u.a. nahmen wir von der »Jetty« aus Wasserproben. Diese ins Meer hinausgehende Eisenbrücke wurde vor dem 1. Weltkrieg gebaut und ist 262 m lang. Als Anlegebrücke für Überseedampfer war ursprünglich eine Länge von 640 m vorgesehen.

Die Wasserproben wurden später im Labor auf ihren Gehalt an Algennährstoffen analysiert. Dabei nervten mich die Studenten mit »was sind Reagenz- und Trübungsblindwerte, wie werden die Konzentrationen berechnet«, alles Fragen, die ich ihnen x-mal erklärt hatte. Außerdem mußte ich wegen des Spieltriebs der Studenten, die sich beim Versetzen der Wasserproben mit agressiven Reagenzien und beim Arbeiten am Photometer im Takt ihrer Kofferheulen oder Kassettenrecorder wiegten, ständig auf dem Sprung sein. Trotz dieser Einschränkungen freute ich mich, jungen Menschen Wissen vermitteln zu können.

Als die Studenten am letzten Tag ihre Abschlußberichte abgeliefert hatten, lud ich sie zum Bier ein und bedankte mich für ihre aktive Mitarbeit beim meereschemischen Praktikum. Diese Zusammenarbeit war eine neue Erfahrung für mich. Anschließend machten wir mit dem Kleinbus der Fakultät eine Exkursion nach Walvis Bay, dem größten, südlich von Swakopmund gelegenen Fischereihafen Namibias. An der Küste entlang führte die breite Asphaltstraße vorbei an hohen Sanddünen. Zeitweise war die Straße im Sandsturm kaum zu erkennen, es war beeindruckend.

Dünen am Rande der Namib-Wüste

Die Stadt Walvis Bay liegt auf flachem Land und ist auf drei Seiten vom Wüstensand umgeben. Ihr Fischereihafen unterschied sich nicht von anderen Häfen dieser Art: Lange Kaianlagen mit mehr oder weniger verrosteten Fischereischiffen, große Lagerhallen und penetranter Fischgestank. Auch das Gebaren einiger Seeleute kam mir bekannt vor. Sie waren bepackt mit Paketen und Plastebeuteln. Es handelte sich um Besatzungsangehörige eines russischen Trawlers, die vom Einkaufen kamen. Kaum zu glauben, daß unsere Hafenaufenthalte zu DDR-Zeite ähnlich aussahen, als wir in den 1970er und Anfang der 1980er Jahre in den afrikanischen Küstengewässern forschten. Anschließend fuhren wir auf ebenen, glatten Straßen, die aus rötlich-braunen Salzrückständen hergestellt waren, in die Walfischbucht weiter. Wir kamen vorbei an Salinen und einer Fabrik, vor der sich Berge weißen Salzes häuften. Unterwegs sahen wir Salzmarschen, die sich bis an den Horizont erstreckten und von großen Flamingoschwärmen bevölkert waren. Dies war ein schöner Abschluß des Praktikums in Swakopmund und meines Aufenthalts an der Atlantikküste.

Für die letzten zwei Wochen in Namibia kam meine Frau nach. Endlich wurde auch das zweite Bett in meinem Doppelzimmer benutzt. Als ich zum ersten Mal mit ihr im Speisesaal aufkreuzte, entstand unter dem weiblichen Personal großes Getuschel.

Während ich vormittags die Prüfungsarbeiten der Studenten bewertete, war meine Frau in Windhoek unterwegs. Nachmittags machten wir Ausflüge in die Umgebung der Stadt. So waren wir in Okahandja, einem größeren Ort, der etwa 75 km

Unsere »Taschenuhr-Währung« in den 1970er Jahren

nördlich von Windhoek liegt. Dort befinden sich die Gräber einiger Herero-Häuptlinge, die bei den Aufständen 1903 bis 1906 umgekommen waren. Hauptziel dieses Ausflugs waren aber zwei große Holzschnitzermärkte. Dort erwarben wir schöne Souvenirs. Ich kam mir fast vor wie in den 1970er Jahren in Dakar und erinnerte mich daran, wie wir die Holzschnitzereien gegen Taschenuhren eingetauscht haben. Die Zeit, in der DDR-Seeleute gelegentlich diese »Währung« benutzten, ist inzwischen längst vorbei. In Okahandja wurde Cash, in namibischen Dollars, bezahlt.

Ein anderer Halbtagsausflug führte uns nach Düsternbrook, einer Rast- und Wildfarm, die etwa 50 km von Windhoek entfernt liegt. Die Hauptattraktion dieser einsam gelegenen Farm ist das »game watching«, die Wildbeobachtung vom offenen Jagdwagen aus, in Verbindung mit der Fütterung von Geparden und Leoparden.

Unsere viertägige Safari in die Etoscha-Pfanne, dem ältesten Wildtierreservat Afrikas war ein einmaliges Erlebnis. Wir hatten einen erfahrenen Reisebegleiter zur Seite, der auf alle unsere Wünsche einging und auf vieles hinwies, was wir ohne ihn übersehen hätten. Die Ruhe und Beschaulichkeit, mit der Elefantenherden, Giraffen, Zebras, Antilopen, ja sogar Hyänen, an den Wasserlöchern dösten, tranken oder auch badeten, ist mit Worten kaum zu beschreiben. An anderer Stelle kamen Löwen bis auf 5 m an unser Auto heran. Ein einsamer Elefantenbulle fühlte sich gestört und bedrohte uns. Es ist schon richtig, daß man im Reservat nicht die Autotüren öffnen, geschweige

Etoscha-Pfanne, Löwen in freier Wildbahn

denn aussteigen darf. Übernachtet wurde in eingezäunten Camps, die eine halbe Stunde nach Sonnenuntergang erreicht werden müssen und nachts verschlossen sind.

Das Okaukuejo-Camp in der Etoscha-Pfanne

Zurück in Windhoek habe ich die letzten Prüfungsarbeiten bewertet und sie erst kurz vor der Heimreise in der Fakultät abgeliefert. Die Ergebnisse zeigten, daß fast alle Studenten etwas auf meereskundlichem Gebiet gelernt hatten. Ein Drittel erreichte die Noten »sehr gut« und »gut«. Nur ein Student fiel durch.

Das Angebot, meine Vorlesung an der Universität Namibia im nächsten Jahr zu wiederholen, habe ich abgelehnt. Ich hatte andere Pläne, die nicht zuletzt mit meinen schriftstellerischen Ambitionen zusammenhingen. Es wurde jedoch vereinbart, daß mein namibischer Praktikumsassistent zur Qualifizierung ans Institut für Ostseeforschung nach Warnemünde kommen sollte. Dieser Besuch fand im Herbst 1999 statt.

Insgesamt bin ich froh und auch etwas stolz darauf, mich im Alter von 68 Jahren der Herausforderung einer Gastprofessur im Ausland gestellt zu haben. Die Lehrtätigkeit an der Universität von Namibia war der abschließende Höhepunkt meines Wirkens als Meereswissenschaftler.